Web前端开发技术 丛书

U0749123

JavaScript与jQuery
网页前端开发与设计

第2版·微课视频·题库版

◎ 周文洁　编著

清华大学出版社

北京

内 容 简 介

本书从零开始讲解 JavaScript 与 jQuery 技术，全书以项目为驱动，循序渐进、案例丰富。全书共分 14 章，主要内容包括四部分。第一部分是概述篇，即第 1 章，内容主要有 JavaScript 与 jQuery 的简介、发展史和特点，以及开发工具的选择。第二部分是 JavaScript 技术篇，包括第 2～5 章的内容。这 4 章循序渐进地介绍了 JavaScript 入门、JavaScript 数据类型与运算符、JavaScript 语句与函数、JavaScript DOM 和 BOM。第 3～5 章包含的阶段案例分别是"生肖计算"、"猜数字小游戏"以及"Nim 博弈小游戏"。第三部分是 jQuery 技术篇，包括第 6～12 章的内容。这 7 章由浅入深地介绍了 jQuery 入门、jQuery 选择器与过滤器、jQuery 事件、jQuery 特效、jQuery HTML DOM、jQuery 遍历、jQuery AJAX 技术。第 7～12 章包含的阶段案例分别是"网页一键换肤"、"鼠标悬停切换图片"、"动态下拉菜单特效"、"仿公众号留言板"、"仿电商购物车效果"以及"简易单词查询"。第四部分是综合篇，即第 13 章和第 14 章，提供了两个完整的项目实例，第 13 章是"天气预报查询的设计与实现"，第 14 章是"思政答题程序的设计与实现"，综合应用了全书所学知识，让读者所学即所用。

本书可作为高等院校计算机相关专业 JavaScript 和 jQuery 课程的教材，也可作为学习 JavaScript 和 jQuery 开发的自学教材或培训教材。

图书在版编目（CIP）数据

JavaScript 与 jQuery 网页前端开发与设计：微课视频：题库版 / 周文洁编著. —2 版. —北京：清华大学出版社，2024.7
（Web 前端开发技术丛书）
ISBN 978-7-302-66339-3

I. ①J… II. ①周… III. ①JAVA 语言－程序设计－教材 IV. ①TP312.8

中国国家版本馆 CIP 数据核字（2024）第 105910 号

策划编辑：魏江江
责任编辑：王冰飞
封面设计：刘　键
责任校对：时翠兰
责任印制：宋　林

出版发行：清华大学出版社
　　　　网　　　址：https://www.tup.com.cn，https://www.wqxuetang.com
　　　　地　　　址：北京清华大学学研大厦 A 座　　　　邮　　编：100084
　　　　社 总 机：010-83470000　　　　邮　　购：010-62786544
　　　　投稿与读者服务：010-62776969，c-service@tup.tsinghua.edu.cn
　　　　质 量 反 馈：010-62772015，zhiliang@tup.tsinghua.edu.cn
　　　　课 件 下 载：https://www.tup.com.cn，010-83470236
印 装 者：三河市铭诚印务有限公司
经　　销：全国新华书店
开　　本：185mm×260mm　　　印　　张：23　　　字　　数：604 千字
版　　次：2018 年 7 月第 1 版　2024 年 8 月第 2 版　　印　　次：2024 年 8 月第 1 次印刷
印　　数：21501～23000
定　　价：69.80 元

产品编号：102201-01

前言 FOREWORD

党的二十大报告指出：教育、科技、人才是全面建设社会主义现代化国家的基础性、战略性支撑。必须坚持科技是第一生产力、人才是第一资源、创新是第一动力，深入实施科教兴国战略、人才强国战略、创新驱动发展战略，开辟发展新领域新赛道，不断塑造发展新动能新优势。高等教育与经济社会发展紧密相连，对促进就业创业、助力经济社会发展、增进人民福祉具有重要意义。

JavaScript 和 HTML、CSS 一起被称为"Web 前端开发的三大技术"，该技术目前被大多数主流浏览器支持，也应用于市面上绝大部分网站中，随着 JavaScript 的广泛使用，基于 JavaScript 的框架也层出不穷。jQuery 是 JavaScript 框架中的优秀代表，也是目前网络上使用范围较为广泛的 JavaScript 函数库。

本书从零开始讲解 JavaScript 与 jQuery 技术，全书以项目为驱动，循序渐进、案例丰富，既可作为 JavaScript、jQuery 初学者的入门教程，也可为具有一定 Web 前端开发基础的读者进一步学习提供参考。

全书分为 14 章，主要内容包括以下四部分。

第一部分是概述篇，即第 1 章，内容主要有 JavaScript 与 jQuery 的简介、发展史和特点，以及开发工具的选择。

第二部分是 JavaScript 技术篇，包括第 2～5 章的内容。这 4 章循序渐进地介绍了 JavaScript 入门、JavaScript 数据类型与运算符、JavaScript 语句与函数、JavaScript DOM 和 BOM。第 3～5 章包含的阶段案例分别是"生肖计算"、"猜数字小游戏"以及"Nim 博弈小游戏"。

第三部分是 jQuery 技术篇，包括第 6～12 章的内容。这 7 章由浅入深地介绍了 jQuery 入门、jQuery 选择器与过滤器、jQuery 事件、jQuery 特效、jQuery HTML DOM、jQuery 遍历、jQuery AJAX 技术。第 7～12 章包含的阶段案例分别是"网页一键换肤"、"鼠标悬停切换图片"、"动态下拉菜单特效"、"仿公众号留言板"、"仿电商购物车效果"以及"简易单词查询"。

第四部分是综合篇，包括第 13 章和第 14 章的内容。第 13 章是"天气预报查询的设计与实现"，第 14 章是"思政答题程序的设计与实现"，综合应用了全书所学知识，让读者所学即所用。

本书精选例题 136 个、阶段案例 9 个、综合案例 2 个，均在浏览器中调试通过。考虑旧版浏览器的兼容性和稳定性，本书选用的 jQuery 版本为 1.12.3。本书还提供了丰富的配套资源，包括教学大纲、教学课件、电子教案、例题源代码、阶段案例代码、在线题库、课后习题及答案、1300 分钟的微课视频。

资源下载提示

课件等资源：扫描封底的"图书资源"二维码，在公众号"书圈"下载。

素材（源代码）等资源：扫描目录上方的二维码下载。

在线自测题：扫描封底的作业系统二维码，再扫描自测题二维码，可以在线做题及查看答案。

微课视频：扫描封底的文泉云盘防盗码，再扫描书中相应章节的视频讲解二维码，可以在线学习。

最后，感谢清华大学出版社计算机与信息分社的魏江江分社长、本书责任编辑王冰飞老师以及相关工作人员，非常荣幸能有机会与卓越的你们再度合作；感谢家人和朋友给予的关心和大力支持，本书能够完成与你们的鼓励是分不开的；特别感谢敬爱的周泉先生和任萱女士对本书的出版给予的倾力帮助，同时也要感谢我的丈夫刘嵩先生多年来对我的工作的一贯支持。

愿本书能够对读者学习 Web 前端新技术有所帮助，并真诚地欢迎读者批评指正，希望能与读者朋友们共同学习成长，在浩瀚的技术之海不断前行。

作　者

2024 年 5 月

目录 CONTENTS

第一部分 概 述 篇

第二部分 JavaScript 技术篇

第三部分　jQuery 技术篇

第四部分　综　合　篇

第一部分　概　述　篇

第1章

← **Chapter 1**

绪论

本章是全书的绪论部分，主要介绍 JavaScript、jQuery 概述以及 Web 开发工具的选择。JavaScript 和 HTML、CSS 一起被称为"Web 前端开发的三大技术"，当今所有的浏览器都支持 JavaScript，无须额外安装第三方插件；而 jQuery 是一个轻量级的跨平台 JavaScript 函数库，它简化了 JavaScript 代码的复杂度，其语法能让用户更方便地选取和操作 HTML 元素、处理各类事件、实现 JavaScript 特效与动画，并且能为不同类型的浏览器提供更便捷的 API 用于 AJAX 交互。

本章学习目标

- 了解 JavaScript 的概念与特点；
- 了解 jQuery 的概念与特点；
- 掌握任意一款 Web 开发工具。

1.1 JavaScript 概述

1.1.1 JavaScript 简介

JavaScript 是一种轻量级的直译式编程语言，基于 ECMAScript 标准（注：一种由 ECMA 国际组织通过 ECMA-262 标准化的脚本程序语言）。通常在 HTML 网页中使用 JavaScript 为页面增加动态效果和功能。JavaScript 和 HTML、CSS 一起被称为"Web 前端开发的三大技术"，目前 JavaScript 已经广泛应用于 Web 开发，市面上绝大多数网页都使用了 JavaScript 代码，可以说当今所有的浏览器都支持 JavaScript，无须额外安装第三方插件。

1.1.2 JavaScript 的起源

JavaScript 最早是在 1995 年由网景（Netscape）公司的 Brendan Eich 用了十天时间开发出来的，用于当时的网景导航者（Netscape Navigator）浏览器 2.0 版。最初这种脚本语言的官方名称为 LiveScript，后来应用于网景导航者浏览器 2.0B3 版的时候正式更名为 JavaScript。更名的原因是当时网景公司与 Sun 公司开展了合作，网景公司的管理层希望在他们的浏览器中增加对 Java 技术的支持。此名称容易让人误以为该脚本语言和 Java 语言有关，但实际上该语言的语法风格与 Scheme 更为接近。

1.1.3 JavaScript 和 Java

因为名称相近，JavaScript 常被误以为和 Java 有关，但事实上它们无论从概念还是从设计都是毫无关联的两种语言。JavaScript 是网景公司的 Brendan Eich 发明的一种轻量级语言，主要应用于网页开发，无须事先编译；而 Java 是由 Sun 公司的 James Gosling 发明的一种面向对象程序语言，根据应用方向又可分为 J2SE（Java2 标准版）、J2ME（Java2 微型版）和 J2EE（Java2 企业版）3 个版本，需要先编译再执行。JavaScript 是一种能够让非程序开发者快速上手使用的语言，而 Java 是一种更高级、更复杂的面向专业程序开发者的语言，比 JavaScript 的难度大、应用范围广。

1.1.4　JavaScript 的特点

1 脚本语言

JavaScript 是一种直译式的脚本语言，无须事先编译，可以在程序运行的过程中逐行解释使用。该语言适合非程序开发人员使用。

2 简单性

JavaScript 具有非常简单的语法，其脚本程序面向非程序开发人员。HTML 前端开发者都有能力为网页添加 JavaScript 片段。

3 弱类型

JavaScript 无须定义变量的类型，所有变量的声明都可以用统一的类型关键字表示。在运行过程中，JavaScript 会根据变量的值判断其实际类型。

4 跨平台性

JavaScript 语言是一种 Web 程序开发语言，它只与浏览器的支持情况有关，与操作系统的平台类型无关。目前，JavaScript 可以在无须安装第三方插件的情况下被大多数主流浏览器完全支持，因此 JavaScript 程序在编写后可以在不同类型的操作系统中运行，适用于个人计算机、笔记本式计算机、平板式计算机和手机等各类包含浏览器的设备。

5 大小写敏感

JavaScript 语言是一种大小写敏感的语言，例如字母 a 和 A 会被认为是不同的内容。同样，开发人员在使用函数时也必须严格遵守大小写的要求使用正确的方法名称。

1.2　jQuery 概述

1.2.1　jQuery 简介

jQuery 这个名称来源于 JavaScript 和 Query（查询）的组合，是一个轻量级的跨平台 JavaScript 函数库，拥有 MIT 软件许可协议。目前，主流浏览器基本上都支持 jQuery。jQuery 秉承 "write less,do more（写的更少，做的更多）" 的核心理念，其语法能让用户更方便地选取和操作 HTML 元素、处理各类事件、实现 JavaScript 特效与动画，并且能为不同类型的浏览器提供更便捷的 API 用于 AJAX 交互。jQuery 也能让开发者基于 JavaScript 函数库开发新的插件。jQuery 通用性和可扩展性相结合，它的出现改变了人们对 JavaScript 的使用方式。

1.2.2　jQuery 的发展史

jQuery 最早是在 2006 年 1 月由一位美国的软件工程师 John Resig 在纽约的 BarCamp（注：一种国际研讨会网络，由参与者互相分享 Web 技术）上发布的，John Resig 既是 jQuery 的创造者，也是 jQuery JavaScript 函数库的核心开发者。最初的 jQuery 1.0 正式发布于 2006 年

4 月 26 日，经历多次升级，直至 2022 年 12 月发布的 jQuery 3.6.3 为本书修订时的最新版本。目前，jQuery 由 Timmy Willison 所领导的开发团队负责进行维护。

目前，jQuery 仍然是网络上使用范围最广泛的 JavaScript 函数库。根据 BuiltWith（注：一款用于统计流行网站使用的构建技术和编程语言的工具）的最新统计数据得出结论，目前流量排名最高的百万个网页中超过 70%都在使用 jQuery，如图 1-1 所示，其中国内比较著名的网站有 CCTV、新浪、搜狗、爱奇艺、豆瓣、CSDN、bilibili、支付宝等。

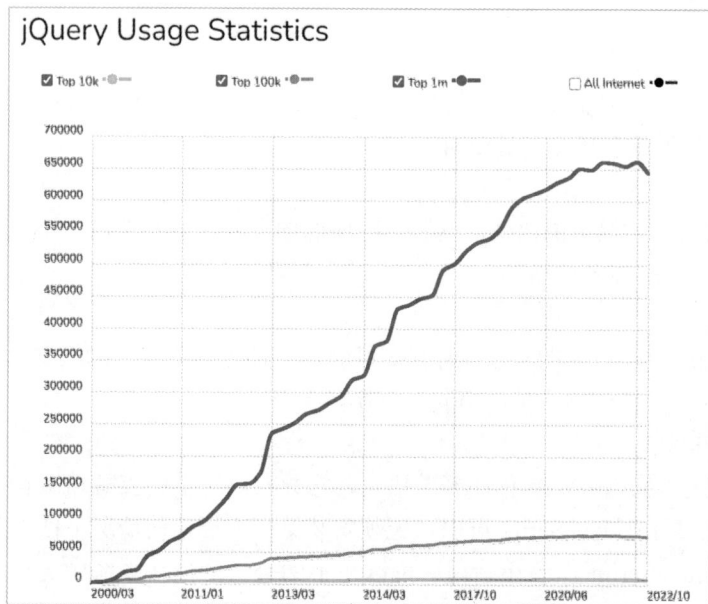

图 1-1　jQuery 在最流行的百万个网站中的使用情况
（数据来源：BuiltWith，2023 年 1 月 11 日）

1.2.3　jQuery 的特点

1 轻量级封装

网页使用 jQuery 所需要引用的 JS 文件约有 32KB，几乎不会影响页面的加载速度。

2 化简 JavaScript

jQuery 的选择器简化了 JavaScript 查找 DOM 对象的代码的复杂度，基本上只需要一行代码就可以查找各种 HTML 元素或更改指定元素的 CSS 样式。

3 兼容 CSS3

兼容 CSS3 的选择器语法规则，可以根据元素的样式快速查找 HTML 元素。

4 跨浏览器支持

jQuery 支持目前所有的主流浏览器，例如 Microsoft Edge、Firefox、Safari、Opera、Chrome 等，因此开发者不用担心浏览器的兼容性问题。

1.2.4　jQuery 版本的比较

目前 jQuery 共有以下 3 个版本。

- jQuery 1.x 版本：该版本是使用最为广泛的 jQuery 版本，适用于绝大多数 Web 前端项目开发，兼容性较高。该版本未来不会再增加新的功能，官网只做 bug 维护。其最终版为 2016 年 5 月发布的 jQuery 1.12.4。

- jQuery 2.x 版本：jQuery 2.x 版本相对 1.x 而言实际上没有新增功能，仅是在 1.x 的基础上去除了对浏览器的某些支持，降低了文件大小且提升了性能，因此使用人数相对较少。该版本未来同样不会再增加新的功能，官网只做 bug 维护。其最终版为 2016 年 5 月发布的 jQuery 2.2.4。
- jQuery 3.x 版本：该版本是目前较新的 jQuery 版本，最新的是 2022 年 12 月发布的 jQuery 3.6.3。该版本支持 Opera 最新版，以及其他主流浏览器的最新版及前一版。

需要注意的是，如果需要兼容 Opera 12.1x 或者 Safari 5.1 等旧版本的浏览器，官方建议使用 jQuery 1.12.x。

1.3　Web 开发工具

JavaScript 和 jQuery 的源代码文件内容均为纯文本，使用计算机操作系统中自带的写字板或记事本工具就可以打开和编辑，因此本书不对开发工具作特定要求，使用任意一款纯文本编辑器均可以进行网页内容的编写。这里介绍几款常用的网页开发工具，包括 Adobe Dreamweaver、Sublime Text、Notepad++、EditPlus、VSCode 以及 WebStorm。

1.3.1　Adobe Dreamweaver

Adobe Dreamweaver 是一款所见即所得的网页编辑器，中文名称为"梦想编织者"或"织梦"。该软件最初的 1.0 版本是在 1997 年由美国的 Macromedia 公司发布的，后来该公司于 2005 年被 Adobe 公司收购。Dreamweaver 也是当时第一套针对专业 Web 前端工程师所设计的可视化网页开发工具，整合了网页开发与网站管理的功能。

Dreamweaver 支持 HTML5/CSS3 源代码的编辑和预览功能，最大的优点是可视化性能带来的直观效果，开发界面可以分屏为代码部分和预览视图（如图 1-2 所示），在开发者修改代码部分时预览视图会随着修改内容实时变化。

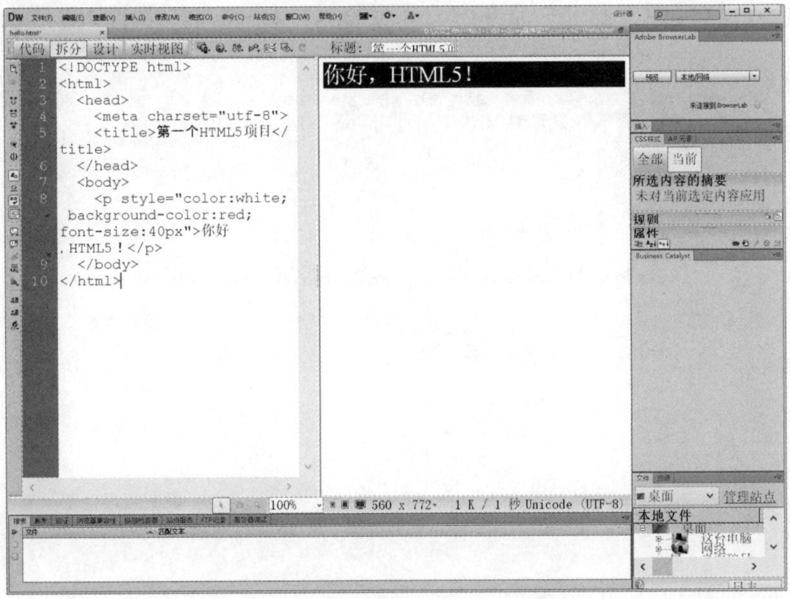

图 1-2　Dreamweaver 可视化开发界面

Dreamweaver 也有它的缺点，由于不同浏览器存在兼容性问题，Dreamweaver 的预览视图难以达到与所有浏览器完全一致的效果。如需考虑跨浏览器兼容问题，预览画面仅能作为辅助参考。

1.3.2 Sublime Text

Sublime Text 的界面布局非常有特色，它支持文件夹导航图和代码缩略图效果（如图 1-3 所示）。该软件支持多种编程语言的语法高亮显示，也具有代码自动完成提示功能。此外，该软件还具有自动恢复功能，如果开发人员在编程过程中意外退出，在下次启动该软件时文件会自动恢复到关闭之前的编辑状态。

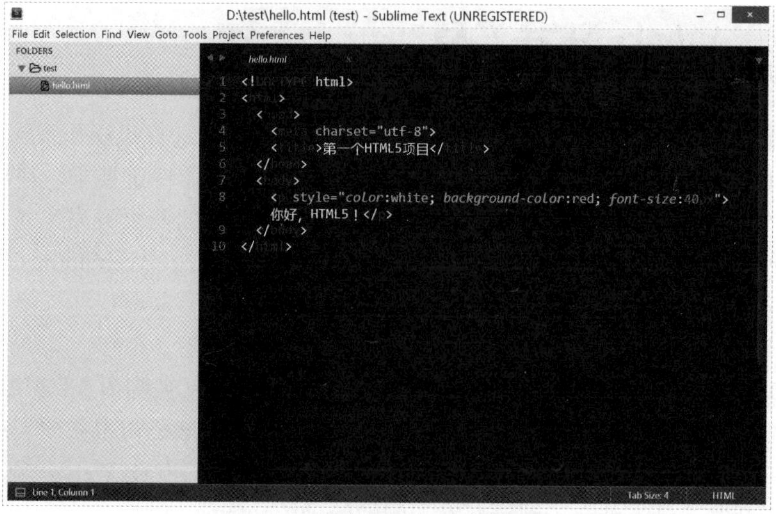

图 1-3 Sublime Text 开发界面

1.3.3 Notepad++

Notepad++的名称来源于 Windows 系列操作系统自带的记事本 Notepad，在此基础上多了两个加号，功能更加强大。这是一款免费、开源的纯文本编辑器（如图 1-4 所示），具有完整

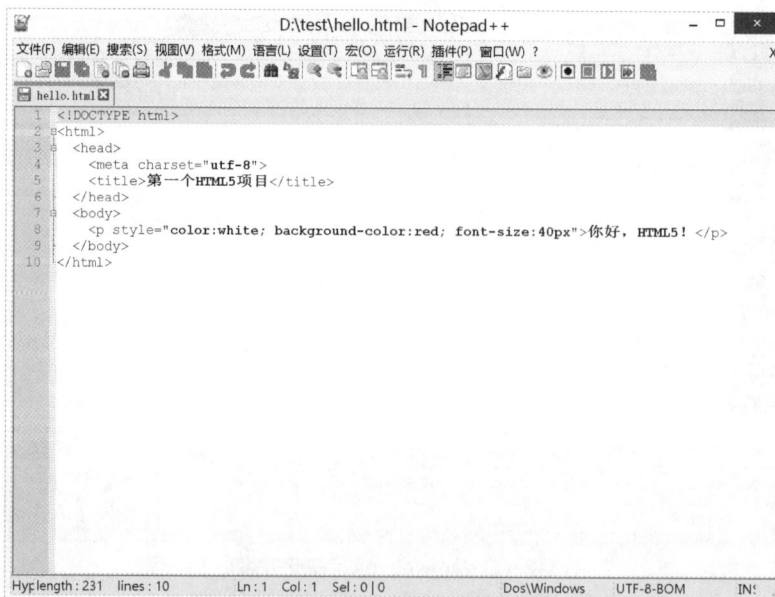

图 1-4 Notepad++开发界面

中文化接口并支持 UTF-8 技术。由于它具有语法高亮显示、代码折叠等功能，所以也非常适合作为计算机程序的编辑器。

1.3.4 EditPlus

EditPlus 是由韩国的 Sangil Kim（ES-Computing）公司发布的一款文字编辑器，支持 HTML、CSS、JavaScript、PHP、Java 等多种计算机程序的语法高亮显示与代码折叠功能。其中最具特色的是 EditPlus 具有自动完成功能，例如在 CSS 源文件中输入字母 b 加上空格就会自动生成 border:1px solid red 语句（如图 1-5 所示）。开发者可以自行编辑快捷键所代表的代码块，然后在开发过程中使用快捷方式让 EditPlus 自动完成指定代码内容。

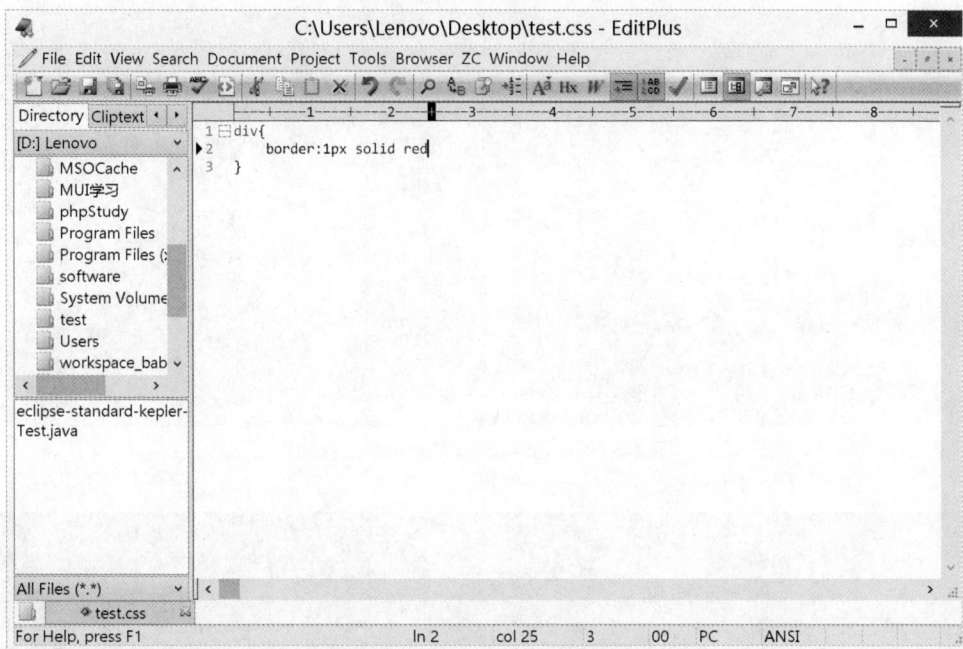

图 1-5　EditPlus 开发界面

1.3.5 Visual Studio Code

Visual Studio Code 常被简称为 VSCode，是微软公司出品的一款免费、开源的开发工具，支持 Windows、macOS 以及 Linux 操作系统（如图 1-6 所示）。VSCode 具有语法高亮显示、代码自动补全、查看定义等功能，还内置了 Git 版本控制系统和命令行工具。该工具在安装后可以通过其内置的扩展商店安装扩展插件来扩展功能，例如安装 Chinese Language（汉化）插件、Beautify（代码格式化）插件、Auto Rename Tag（自动补全 HTML/XML 头尾标签）插件等，适合喜欢自己 DIY 配置工具的开发者。VSCode 支持多种编程语言，例如 JavaScript、TypeScript、HTML、CSS，也可以通过下载扩展插件来支持 Java、Python、Go 等其他编程语言。

1.3.6 WebStorm

WebStorm 是 JetBrains 公司旗下的一款 JavaScript 开发工具，适合进行 Web 前端开发以及与 JavaScript 相关的程序的编写（如图 1-7 所示）。WebStorm 支持代码高亮显示、代码折叠、

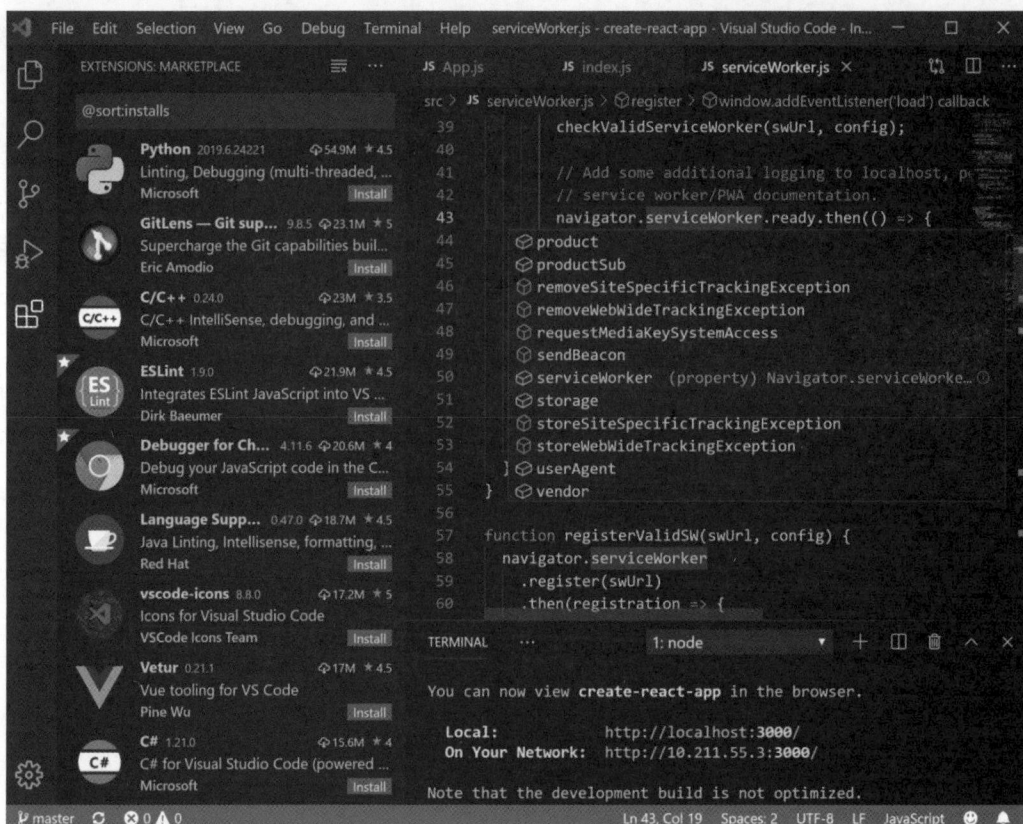

图 1-6   Visual Studio Code 开发界面

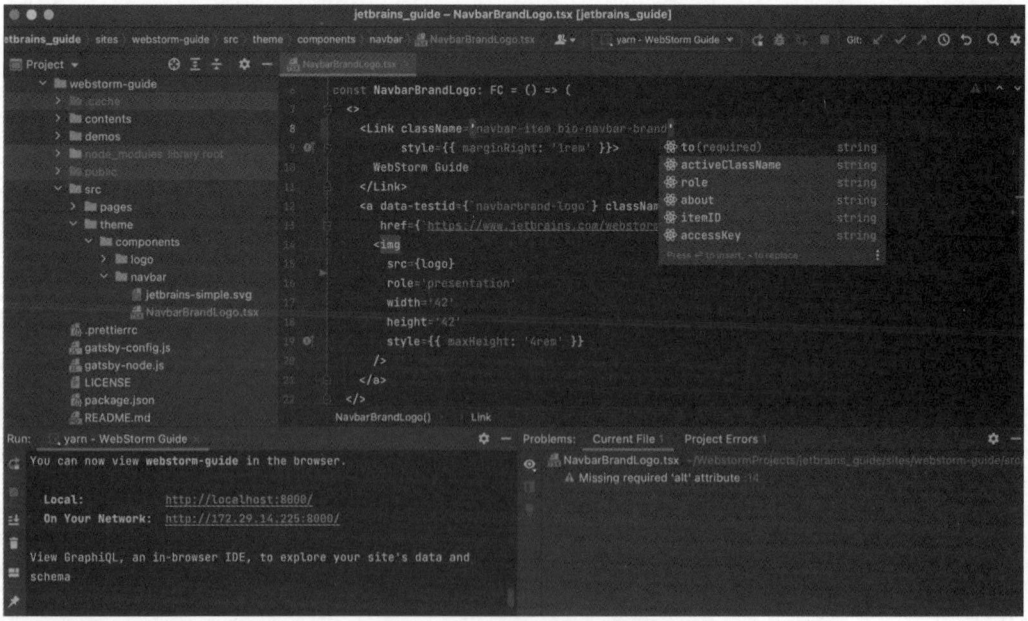

图 1-7   WebStorm 开发界面

代码补全以及格式化等功能，无须安装额外的插件。WebStorm 是付费工具，但是它对于教育教学行业非常友好，学生和教师均可使用学校邮箱申请免费教育版许可证，该许可证的有效期为一年，如果到期时用户还在学校，可以免费续约。

本章小结

　　本章首先介绍了 JavaScript 基础知识，包括 JavaScript 简介和起源、JavaScript 与 Java 的不同之处以及 JavaScript 的特点；然后详细介绍了 jQuery 背景知识，包括 jQuery 简介、发展史和特点；最后介绍了 6 款 Web 开发工具，分别是 Adobe Dreamweaver、Sublime Text、Notepad++、EditPlus、Visual Studio Code 以及 WebStorm。

习题 1

扫一扫　　　　扫一扫

习题　　　　　自测题

第二部分　JavaScript 技术篇

← **Chapter 2**

JavaScript 入门

本章主要内容是 JavaScript 基础知识,包括 JavaScript 的实现原理、使用方式、语法规则,以及变量的声明与命名规范等内容。

本章学习目标

- 了解完整 JavaScript 实现的组成部分;
- 掌握 JavaScript 的使用方式;
- 掌握 JavaScript 的基本语法规则;
- 掌握 JavaScript 的变量声明与命名规范。

2.1 JavaScript 的实现 ≪≪ ←

完整 JavaScript 的实现由以下三部分组成。

- ECMAScript:核心标准。
- DOM:文档对象模型。
- BOM:浏览器对象模型。

1 ECMAScript

ECMAScript 是 JavaScript 的核心标准,它描述了该语言的语法和基本对象。

2 DOM

DOM 指的是 Document Object Model(文档对象模型),它是 HTML 的应用程序接口。DOM 将整个 HTML 页面看作由各种节点层级构成的结构文档。

3 BOM

BOM 指的是 Browser Object Model(浏览器对象模型),使用它可以对浏览器窗口进行访问和操作处理。该模型最早是由 Netscape Navigator 3.0 提供的,目前所有的主流浏览器都支持 BOM,但是会有各自独立的实现内容。

2.2 JavaScript 的使用 ≪≪ ←

JavaScript 有两种使用方式:一种是在 HTML 文档中直接添加代码;另一种是将 JavaScript 代码写到外部的 JavaScript 文件中,然后在 HTML 文档中引用该文件的路径地址。这两种使用方式的效果完全相同,用户可以根据使用率和代码量选择相应的方式。例如,有多个网页文件需要引用同一段 JavaScript 代码,可以将其写在外部文件中进行引用,以减少代码冗余。

2.2.1 内部 JavaScript

JavaScript 代码可以直接写在 HTML 页面中，只需使用<script>首尾标签嵌套即可。相关 HTML 代码的语法格式如下。

```
<script>
  //JavaScript 代码
</script>
```

这里使用 JavaScript 代码中的 alert()方法制作一个简单的示例。

```
<script>
  alert("Hello JavaScript!");
</script>
```

该语句表示打开网页后弹出一个对话框，显示的文字内容为"Hello JavaScript!"。

【例 2-1】 内部 **JavaScript** 的简单应用。

在 HTML5 页面中使用内部 JavaScript 代码弹出对话框。

```
1. <!DOCTYPE html>
2. <html>
3.   <head>
4.     <meta charset="utf-8">
5.     <title>内部 JavaScript 的简单应用</title>
6.   </head>
7.   <body>
8.     <h3>内部 JavaScript 的简单应用</h3>
9.     <hr/>
10.    <!--JavaScript 代码部分-->
11.    <script>
12.        alert("Hello JavaScript!");
13.    </script>
14.  </body>
15.</html>
```

运行效果如图 2-1 所示。

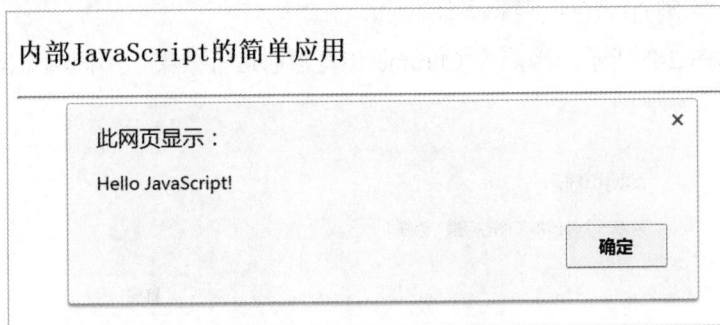

图 2-1 内部 JavaScript 的简单应用效果

【代码说明】

本例在<body>首尾标签之间使用<script>标签插入了一行简单的 JavaScript 代码，用于弹出对话框并显示提示语句。当前为 Chrome 浏览器的运行效果，不同浏览器的对话框样式稍有不同。

内部 JavaScript 代码可位于 HTML 网页的任何位置，例如放入<head>或者<body>首尾标签中均可。同一个 HTML 网页也允许在不同位置放入多段 JavaScript 代码。为了保证页面代码的可读性，通常把 JavaScript 代码放在同一个位置，例如页面的底部或者<head>首尾标签中。

2.2.2　外部 JavaScript

如果选择将 JavaScript 代码保存到外部文件中，则只需要在 HTML 页面的<script>标签中声明 src 属性即可，此时外部文件必须是 JavaScript 类型文件（简称 JS 文件），即文件的扩展名为.js。相关 HTML 代码的语法格式如下。

```
<script src="JavaScript 文件 URL"></script>
```

以本地 js 文件夹中的 myFirstScript.js 文件为例，在 HTML 页面中的引用方法如下。

```
<script src="js/myFirstScript.js"></script>
```

引用语句放在<head>或<body>首尾标签中均可，与在<script>标签中直接写脚本代码的运行效果完全一样。

【例 2-2】　外部 JavaScript 的简单应用。

在 HTML5 页面中引用外部 JS 文件弹出对话框。

```
1. <!DOCTYPE html>
2. <html>
3.   <head>
4.     <meta charset="utf-8">
5.     <title>外部 JavaScript 的简单应用</title>
6.     <!--外部 JavaScript 文件引用的部分-->
7.     <script src="js/myFirstScript.js"></script>
8.   </head>
9.   <body>
10.    <h3>外部 JavaScript 的简单应用</h3>
11.    <hr/>
12.  </body>
13.</html>
```

其中，外部 myFirstScript.js 文件的内容如下。

```
alert("来自一个外部 JS 文件的问候：你好！");
```

运行效果如图 2-2 所示，当前为 Chrome 浏览器的运行效果，不同浏览器的对话框样式稍有不同。

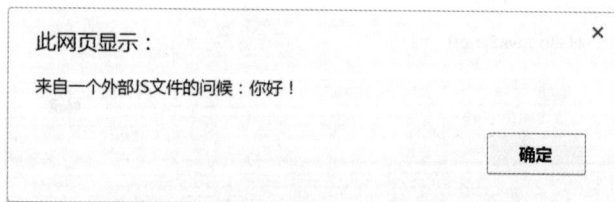

图 2-2　外部 JavaScript 的简单应用效果

【代码说明】

本例在<head>首尾标签之间对外部 JS 文件 myFirstScript.js 进行了引用，该方法的运行效果与内部 JavaScript 代码的完全一样。不同之处在于，在外部 JS 文件中直接写 JavaScript 相关代码即可，无须使用<script>首尾标签。

2.3　JavaScript 的语法

2.3.1　JavaScript 中的大小写

在 JavaScript 中是严格区分大小写的，无论是变量、函数名称、运算符还是其他语法都必须严格按照要求的大小写进行声明和使用。例如，变量 hello 和变量 HELLO 会被认为是完全不同的内容。

2.3.2　JavaScript 中的分号

很多编程语言（例如 C、Java 和 Perl 等）都要求在每句代码的结尾使用分号（;）表示结束，而 JavaScript 的语法规则对此比较宽松，如果一行代码的结尾没有分号也是可以被正确执行的。例如：

```
var x=99;
```

或

```
var x=99
```

以上均为正确的语法格式，在没有使用分号结束的时候，JavaScript 会把该行代码的折行看作结束标志。但是考虑到浏览器的兼容性，建议不要省略代码结尾的分号，以免部分浏览器不能正常显示。

2.3.3　JavaScript 中的注释

为了提高程序代码的可读性，JavaScript 允许在代码中添加注释。注释仅用于对代码进行辅助提示，不会被浏览器执行。JavaScript 有两种注释方式，即单行注释和多行注释。

单行注释用双斜杠（//）开头，可以自成一行，也可以写在 JavaScript 代码的后面。例如：

```
//该提示语句自成一行
alert("Hello JavaScript!");
```

或

```
alert("Hello JavaScript!"); //该提示语句写在 JavaScript 代码的后面
```

多行注释使用/*开头，以*/结尾，在这两个符号之间的所有内容都会被认为是注释内容，均不会被浏览器执行。例如：

```
/*
   这是一个多行注释
   在首尾符号之间的所有内容都被认为是注释
   均不会被浏览器执行
*/
alert("Hello JavaScript!");
```

注：这两种注释符号仅可在 JavaScript 代码中使用，其使用范围是所有外部 JS 文件以及<script>和</script>标签之间。

由于注释内容不会被执行，在调试 JavaScript 代码时如果希望暂停某一句或几句代码的执行，可以使用单行或多行注释符号将需要禁用的代码做成注释。例如：

```
//alert("Hello JavaScript1");
//alert("Hello JavaScript2");
alert("Hello JavaScript3");
```

此时第 1、2 行的 JavaScript 代码由于最前面添加了单行注释符号，所以不会被执行。在调试完成后去掉注释符号，代码即可恢复运行。

2.3.4　JavaScript 中的代码块

和 Java 语言类似，JavaScript 语言也使用一对大括号标识需要被执行的多行代码。例如：

```
var x=9;
if(x<10){
    x=10;
    alert(x);
}
```

对于上述代码，在 if 条件成立时会执行大括号里面的所有代码。

2.4　JavaScript 变量

2.4.1　变量的声明

JavaScript 是一种弱类型的脚本语言，无论是数字、文本还是其他内容，统一使用关键字 var 加上变量名称进行声明，其中关键字 var 来源于英文单词 variable（变量）的前 3 个字母。用户可以在声明变量的同时对其指定初始值；也可以先声明变量，再另行赋值。例如：

```
var x=2;
var msg="Hello JavaScript!";
var name;
```

常见变量的赋值为数字、文本形式。当变量的赋值内容为文本时，需要将内容放在引号（单引号、双引号均可）内；当变量的赋值内容为数字时，内容不要加引号，否则会被当作字符串处理。

JavaScript 也允许使用一个关键字 var 同时定义多个变量。例如：

```
var x1, x2, x3; //一次定义了 3 个变量名称
```

同时定义的变量的类型可以不一样，并且可以对其中部分或全部变量进行初始化。例如：

```
var x1=2, x2="Hello", x3;
```

由于 JavaScript 变量是弱类型的，所以同一个变量可以用来存放不同类型的值。例如，可以声明一个变量，初始化时用来存放数值，然后将其更改为存放字符串，代码如下。

```
var x=99;   //初始化时变量 x 存放的是数值 99
x="Hello"; //将变量 x 更改为存放字符串"Hello"
```

这段代码从语法上来说没有任何问题，但是为了保持良好的编程习惯，不建议使用此种写法，应该将变量用于保存相同类型的值。

变量的声明不是必需的，可以不使用关键字 var 声明，直接使用。例如：

```
msg1="Hello"
msg2="JavaScript";
```

```
msg=msg1+" "+msg2;
alert(msg); //运行结果为显示 Hello JavaScript
```

上述代码中的 msg1、msg2 和 msg 均没有使用关键字 var 事先声明就直接使用了，这种写法也是有效的。当程序遇到未声明过的名称时会自动使用该名称创建一个变量并继续使用。

扫一扫

【例 2-3】 **JavaScript 变量的简单应用。**

在 JavaScript 中使用关键字声明变量并使用。

视频讲解

```
1. <!DOCTYPE html>
2. <html>
3.     <head>
4.         <meta charset="utf-8">
5.         <title>JavaScript 变量的简单应用</title>
6.     </head>
7.     <body>
8.         <h3>JavaScript 变量的简单应用</h3>
9.         <hr/>
10.         <script>
11.             //声明变量 msg
12.             var msg="Hello JavaScript!";
13.             //在 alert()方法中使用变量 msg
14.             alert(msg);
15.         </script>
16.     </body>
17. </html>
```

运行效果如图 2-3 所示。

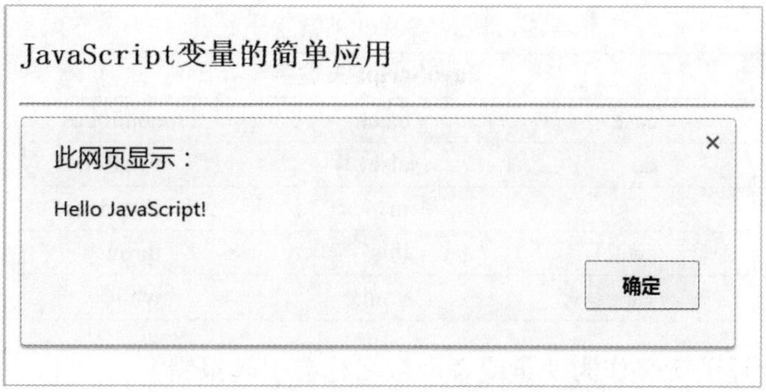

图 2-3 JavaScript 变量的简单应用效果

【代码说明】

本例在 JavaScript 代码部分使用关键字 var 声明了变量 msg，并将其应用于 alert()方法中，浏览器会根据变量名称找到其所对应的值并显示出来。需要注意的是，如果声明的变量没有赋值，则本例中 alert(msg)的显示内容会变成 undefined（未定义）。

2.4.2 变量的命名规范

一个变量的命名有效需要遵守以下两条规则。

- 首位字符必须是字母（A～Z、a～z）、下画线（_）或者美元符号（$）。
- 其他位置上的字符可以是下画线（_）、美元符号（$）、数字（0～9）或字母（A～Z、a～z）。

例如：

```
var hello;      //正确
```

```
var _hello;        //正确
var $hello;        //正确
var $x_$y;         //正确
var 123;           //不正确，首位字符必须是字母、下画线或者美元符号
var %x;            //不正确，首位字符必须是字母、下画线或者美元符号
var x%x;           //不正确，中间的字符不能使用下画线、美元符号、数字或字母以外的内容
```

常用的变量命名方式有 Camel 标记法、Pascal 标记法和匈牙利类型标记法等。

- Camel 标记法：又称为驼峰标记法，该方法声明的变量的首字母为小写，其他单词以大写字母开头。例如 var myFirstScript、var myTest 等。
- Pascal 标记法：该方法声明的变量的所有单词的首字母均大写。例如 var MyFirstScript、var MyTest 等。
- 匈牙利类型标记法：该方法是在 Pascal 标记法的基础上为变量加一个小写字母的前缀，用于提示该变量的类型，如 i 表示整数、s 表示字符串等。例如 var sMyFirstScript、var iMyTest 等。

事实上，只要是符合变量命名规范的写法都可以被正确执行，以上标记法仅为开发者提供参考，从而形成良好的编程风格。

2.4.3　JavaScript 关键字和保留字

JavaScript 遵循 ECMA-262 标准中规定的一系列关键字规则，这些关键字不能作为变量或者函数名称。JavaScript 关键字共计 25 个，如表 2-1 所示。

表 2-1　JavaScript 关键字一览表

JavaScript 关键字				
break	case	catch	continue	default
delete	do	else	finally	for
function	if	in	instanceof	new
return	switch	this	throw	try
typeof	var	void	while	with

如果使用了上述关键字作为变量或者函数名称会引起报错。

在 ECMA-262 中还规定了一系列保留字，它们是为将来的关键字保留的单词，同样不可以作为变量或者函数名称。JavaScript 保留字共计 31 个，如表 2-2 所示。

表 2-2　JavaScript 保留字一览表

JavaScript 保留字				
abstract	boolean	byte	char	class
const	debugger	double	enum	export
extends	final	float	goto	implements
import	int	interface	long	native
package	private	protected	public	short
static	super	synchronized	throws	transient
volatile				

如果使用了上述保留字作为变量或者函数名称会被认为使用了关键字，从而一样引起报错。

2.5　JavaScript 弹窗

　　JavaScript 可以为网页创建弹窗式的消息对话框，例如，之前例 2-1 中使用的 alert() 就是弹出一个带有"确定"按钮的警告对话框。当弹窗式对话框出现后，用户必须关闭后才可以继续浏览或操作网页上的其他内容。

　　JavaScript 弹窗共有 3 种形式，分别是警告对话框、提示对话框和确认对话框。

2.5.1　警告对话框（alert）

　　警告对话框是最常用的对话框，可以用来显示一段文本给用户查看，它只包含一个"确定"按钮，用户必须单击按钮后对话框才可消失。

　　其语法格式如下。

```
window.alert("文本内容");
```

或

```
alert("文本内容");  //window 前缀可以省略，简写为 alert() 即可
```

　　例如：

```
alert("你好！");
```

　　上述代码表示打开网页后弹出警告对话框，显示的文字内容为"你好！"。

2.5.2　提示对话框（prompt）

　　提示对话框自带一个文本输入区域，可以用于收集用户输入的内容。当用户输入某个值并单击"确定"按钮后就可以获取到该值。需要注意的是，如果用户单击了"取消"按钮，即使输入了值也不会获取，返回值为 null（空值）。

　　其语法格式如下。

```
window.prompt("提示内容", "默认值");
```

或

```
prompt("提示内容", "默认值"); //window 前缀可以省略，简写为 prompt() 即可
```

其中默认值为选填内容，如果未填写具体的值只留下一对引号，则用户会看到一个空白输入框，否则会先显示默认值，再由用户删除并重新填写。

　　例如：

```
var x = window.prompt("请输入一个数字", "");  //这里默认值未填写内容
//用户单击了"取消"按钮
if(x==null){
    alert("您单击了"取消"按钮，因此未能获取到填写内容");
}
//用户单击了"确定"按钮
else{
    alert("您填写的数字是"+x);
}
```

　　上述代码表示打开网页后弹出提示对话框，尝试获取用户填写的值并赋值给 x。

2.5.3　确认对话框（confirm）

确认对话框有"确定"和"取消"两个按钮，用于确认用户的行为，例如用户单击按钮希望删除某些数据时，可以使用确认对话框进行二次确认操作。

其语法格式如下。

```
window.confirm("提示内容");
```

或

```
confirm("提示内容"); //window 前缀可以省略，简写为 confirm()即可
```

当用户单击"确定"按钮后会返回布尔值 true，当单击"取消"按钮时会返回布尔值 false，可以以此判断用户的意愿进行下一步操作。

例如：

```
var result = window.confirm("您确认删除数据吗？");
//用户单击了"确定"按钮
if(result==true){
    alert("数据已删除");
}
//用户单击了"取消"按钮
else{
    alert("您单击了"取消"按钮，数据未删除");
}
```

上述代码表示打开网页后弹出确认对话框，当用户单击了"确定"按钮后才进一步操作。

注： 以上 3 种弹窗均可以使用反斜杠+n（\n）的模式表示文本换行，例如：

```
alert("第一行\n 第二行");
```

扫一扫

视频讲解

【例 2-4】 JavaScript 弹窗的简单应用。

在 HTML5 页面中依次使用 3 种弹窗式对话框。

```
1.  <!DOCTYPE html>
2.  <html>
3.    <head>
4.      <meta charset="utf-8">
5.      <title>JavaScript 弹窗的简单应用</title>
6.    </head>
7.    <body>
8.      <h3>JavaScript 弹窗的简单应用</h3>
9.      <hr/>
10.     <!--JavaScript 代码部分-->
11.     <script>
12.         //1. 警告对话框
13.         alert("Hello JavaScript!");
14.         //2. 提示对话框
15.         var name = prompt("请输入您的姓名", "");
16.         if(name!="null") alert(name+", 欢迎您!"); //如果获取到了，则弹出问候语
17.         //3. 确认对话框
18.         var rs = confirm("是否关闭当前页面？");
19.         if(rs==true) window.close(); //关闭页面
20.     </script>
21.   </body>
22. </html>
```

运行效果如图 2-4 所示，当前为 Microsoft Edge 浏览器的运行效果，不同浏览器的对话框样式稍有不同。

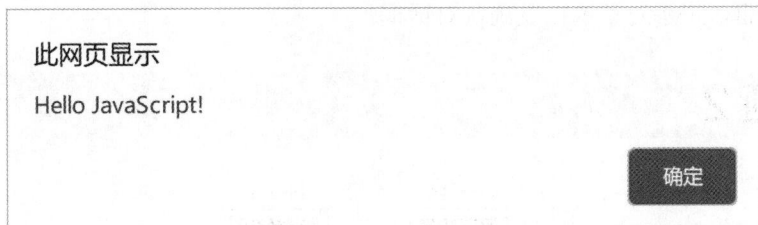

此网页显示

Hello JavaScript!

确定

（a）警告对话框的弹窗效果

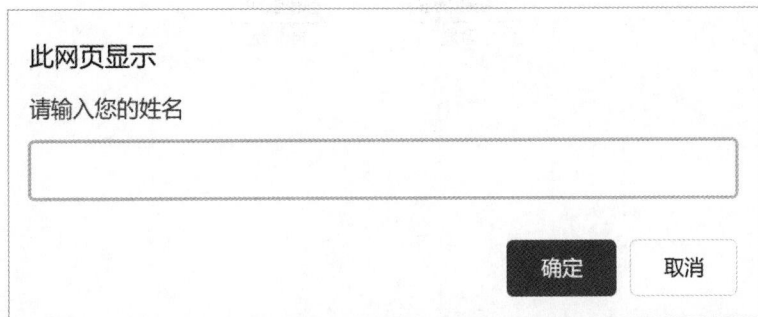

此网页显示

请输入您的姓名

确定　取消

（b）提示对话框的弹窗效果

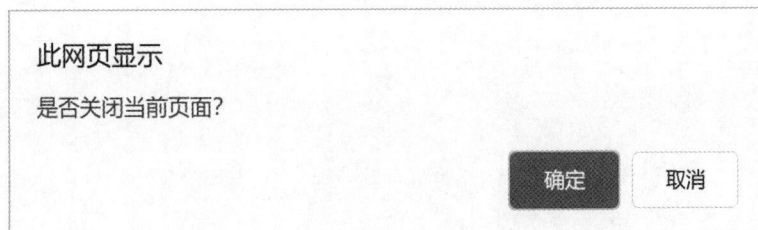

此网页显示

是否关闭当前页面？

确定　取消

（c）确认对话框的弹窗效果

图 2-4　JavaScript 弹窗的简单应用效果

【代码说明】

本例使用内部 JavaScript 依次展示 3 种不同的弹窗。图 2-4（a）是警告对话框的弹窗效果，用于显示一段文字，用户单击"确定"按钮即可关闭。图 2-4（b）是提示对话框的弹窗效果，用于显示一个问题并等待用户输入，用户输入后单击"确定"按钮就可以被浏览器获得输入值。图 2-4（c）是确认对话框的弹窗效果，用于显示一段提醒文字，用户单击"确定"按钮后执行 window.close() 方法可以关闭当前页面。

为了方便在同一个例题中依次查看 3 种弹窗效果，本例把 3 段弹窗代码按顺序写到了一起，需要用户单击按钮才会显示下一个弹窗。如果用户希望单独显示其中一个对话框，可以使用双斜杠临时注释掉其他对话框代码，只保留需要展示的内容。

本章小结

本章为 JavaScript 入门，首先介绍了 JavaScript 的实现原理，包括 ECMAScript、DOM 和 BOM 的概念；接下来介绍了 JavaScript 的使用方法，分为内部和外部两种模式；然后介绍了

JavaScript 的语法规则，包括大小写、分号、注释和代码块；接着介绍了 JavaScript 变量的概念，包括变量的声明、命名规范以及关键字和保留字；最后介绍了 JavaScript 的 3 种弹窗，分别是警告对话框、提示对话框以及确认对话框。

习题 2

扫一扫

习题

扫一扫

自测题

JavaScript 数据类型与运算符

本章主要内容是 JavaScript 数据类型与运算符，包括基本数据类型、对象、类型转换、运算符的用法。

本章学习目标

- 掌握 JavaScript 的基本数据类型与对象类型；
- 掌握 JavaScript 类型转换方法；
- 掌握 JavaScript 运算符的使用。

3.1 JavaScript 基本数据类型

JavaScript 有 5 种基本数据类型，分别是 Number（数字）、Boolean（布尔值）、String（字符串）、Null（空值）和 Undefined（未定义）。

JavaScript 提供了 typeof 关键字用于检测变量的数据类型，该关键字会根据变量本身的数据类型给出对应的返回值。其语法格式如下。

`typeof 变量名称`

对于变量使用 typeof 关键字，其返回值有多种情况，用于表示变量的数据类型，常见情况如表 3-1 所示。

表 3-1 typeof 关键字的常见返回值

返 回 值	示 例	解 释
undefined	var x; alert (typeof x);	该变量未赋值
boolean	var x = true; alert (typeof x);	该变量为布尔值
string	var x = "Hello"; alert (typeof x);	该变量为字符串
number	var x = 3.14; alert (typeof x);	该变量为数值
object	var x = null; alert (typeof x);	该变量为空值或对象

3.1.1 Undefined 类型

所有 Undefined 类型的输出值都是 undefined。若需要输出的变量从未声明过，或者使用关键字 var 声明过但是从未进行赋值，此时会显示 undefined 字样。例如：

```
alert(y); //返回值为 undefined，因为变量 y 之前从未使用关键字 var 进行声明
```

或

```
var x;
alert(x); //返回值也是 undefined，因为未给变量 x 赋值
```

【例 3-1】 JavaScript 基础数据类型 Undefined 的简单应用。

```
1. <!DOCTYPE html>
2. <html>
3.    <head>
4.       <meta charset="utf-8">
5.       <title>JavaScript 变量之 Undefined 类型</title>
6.    </head>
7.    <body>
8.       <h3>JavaScript 变量之 Undefined 类型</h3>
9.       <hr/>
10.       <script>
11.          //声明变量 msg
12.          var msg;
13.          //在 alert()方法中使用变量 msg
14.          alert(msg);
15.       </script>
16.    </body>
17.</html>
```

运行效果如图 3-1 所示。

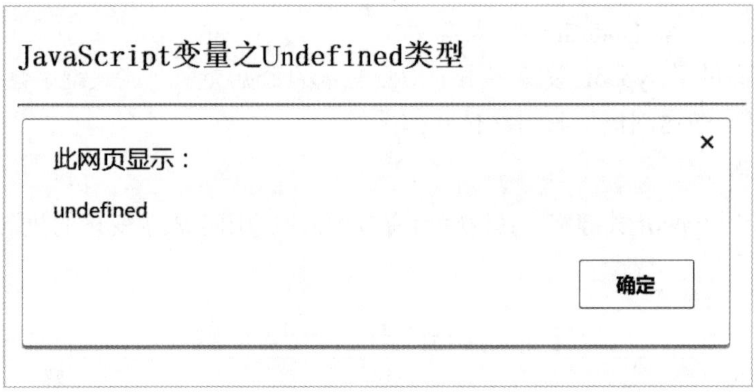

图 3-1　JavaScript 基础数据类型 Undefined 的简单应用效果

【代码说明】

本例使用关键字 var 声明了变量 msg，但未对其进行初始赋值，直接使用 alert(msg)方法想要在对话框中显示该变量的内容。由图 3-1 可见，此时显示的结果为 undefined。

3.1.2　Null 类型

null 值表示变量的内容为空，可用于初始化变量，或者清空已经赋值的变量。例如：

```
var x=99;
x=null;
alert(x); //此时返回的值是 null，而不是 99
```

【例 3-2】 JavaScript 基础数据类型 Null 的简单应用。

```
1. <!DOCTYPE html>
2. <html>
3.    <head>
```

```
4.          <meta charset="utf-8">
5.          <title>JavaScript 变量之 Null 类型</title>
6.      </head>
7.      <body>
8.          <h3>JavaScript 变量之 Null 类型</h3>
9.          <hr/>
10.         <script>
11.             //声明变量msg
12.             var msg=99;
13.             //将变量msg赋值为null
14.              msg=null;
15.             //在alert()方法中使用变量msg
16.             alert(msg);
17.         </script>
18.     </body>
19.</html>
```

运行效果如图 3-2 所示。

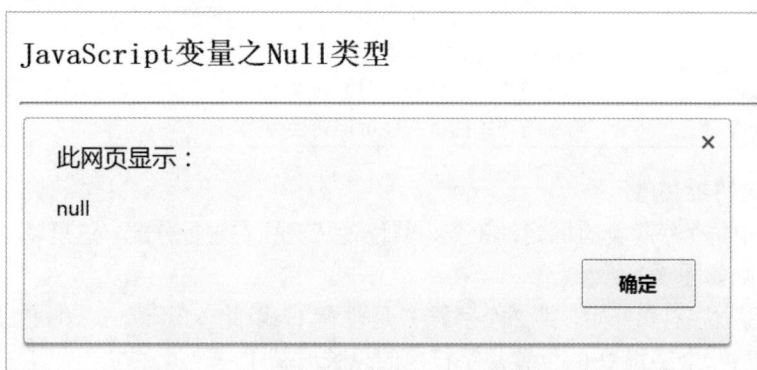

图 3-2　JavaScript 基础数据类型 Null 的简单应用效果

【代码说明】

本例使用关键字 var 声明了变量 msg 并将其赋值为 null，然后使用 alert(msg)方法想要在对话框中显示该变量的内容。由图 3-2 可见，此时显示的结果为 null。

3.1.3　String 类型

在 JavaScript 中，String 类型用于存储文本内容，又称为字符串类型。在为变量进行字符串赋值时文本内容外需要加引号（单引号或双引号均可）。例如：

```
var country='China';
```

或

```
var country="China";
```

与 JavaScript 不同的是，在 Java 中使用单引号声明单个字符、使用双引号声明字符串，而在 JavaScript 中没有区分单个字符和字符串，因此两种声明方式任选一种都是有效的。

如果字符串内容本身也需要加引号，则用于包围字符串的引号不可以和文本内容中的引号相同。如果字符串本身带有双引号，则使用单引号包围字符串，反之亦然。例如：

```
var dialog='Today is a gift, that is why it is called "Present".';
```

或

```
var dialog="Today is a gift, that is why it is called 'Present'. ";
```

25

此时字符串内部的引号会默认保留字面的样式。

String 对象有一系列方法，常见方法如表 3-2 所示。

表 3-2　JavaScript String 对象的常见方法

方　法　名	解　　释
charAt()	返回指定位置上的字符
charCodeAt()	返回指定位置上的字符的 Unicode 编码
concat()	连接字符串
indexOf()	正序检索字符串中指定内容的位置
lastIndexOf()	倒序检索字符串中指定内容的位置
match()	返回匹配正则表达式的所有字符串
replace()	替换字符串中匹配正则表达式的指定内容
search()	返回匹配正则表达式的索引值
slice()	根据指定位置节选字符串片段
split()	把字符串分隔成字符串数组
substring()	根据指定位置节选字符串片段
toLowerCase()	将字符串中的所有字母都转换为小写
toUpperCase()	将字符串中的所有字母都转换为大写

1 获取字符串长度

在字符串中每个字符都有固定的位置，其位置从左往右进行分配。这里以单词 HELLO 为例，其位置规则如图 3-3 所示。

首字符 H 从位置 0 开始，第 2 个字符 E 是位置 1，以此类推，直到最后一个字符 O 的位置是字符串的总长度减 1。

用户可以使用 String 对象的 length 属性获取字符串的长度。例如：

H	E	L	L	O

位置序号　0　1　2　3　4

图 3-3　字符位置对照图

```
var s="Hello";
var slen=s.length; //返回值是变量 s 的字符串长度，即 5
```

扫一扫

视频讲解

【例 3-3】 **JavaScript 获取字符串长度的简单应用。**

```
1.  <!DOCTYPE html>
2.  <html>
3.     <head>
4.        <meta charset="utf-8">
5.        <title>JavaScript 获取字符串长度</title>
6.     </head>
7.     <body>
8.        <h3>JavaScript 获取字符串长度</h3>
9.        <hr/>
10.       <script>
11.          //声明变量 msg
12.          var msg="Hello JavaScript!";
13.          //获取字符串长度
14.           var len=msg.length;
15.          alert("Hello JavaScript!的字符串长度为: "+len);
16.       </script>
17.    </body>
18.</html>
```

运行效果如图 3-4 所示。

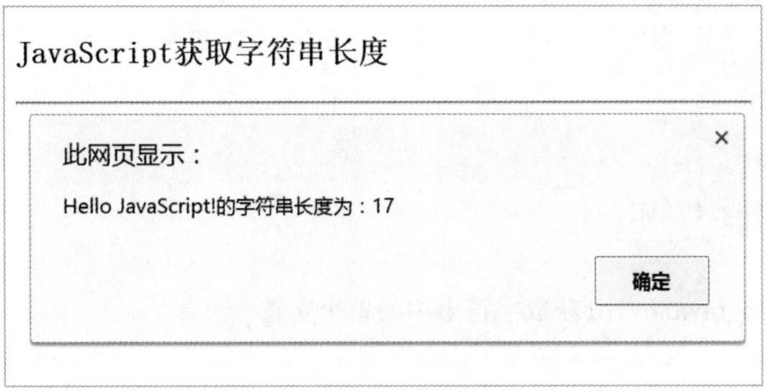

JavaScript获取字符串长度

此网页显示：   ×

Hello JavaScript!的字符串长度为：17

确定

图 3-4 JavaScript 获取字符串长度的简单应用效果

【代码说明】

本例使用关键字 var 声明了变量 msg 并将其赋值为"Hello JavaScript!"，然后使用字符串类型的 length 属性获取其字符长度并使用 alert()方法显示出来。由图 3-4 可见，此时显示的结果为 17，因为空格和感叹号分别为一个字符位置，所以总长度为 5+1+10+1=17。

2 获取字符串中的单个字符

在 JavaScript 中可以使用 charAt()方法获取字符串指定位置上的单个字符，其语法格式如下。

```
charAt(index)
```

其中，index 处填写需要获取的字符所在位置。

例如：

```
var msg="Hello JavaScript";
var x=msg.charAt(0); //表示获取 msg 中的第 1 个字符，返回值为 H
```

如果需要获取指定位置上单个字符的字符代码，可以使用 charCodeAt()方法，其语法格式如下。

```
charCodeAt(index)
```

其中，index 处填写需要获取的字符所在位置。

例如：

```
var msg="Hello JavaScript";
var x=msg.charCodeAt(0); //表示获取 msg 中第 1 个字符的字符代码，返回值为 72
```

【例 3-4】 **JavaScript 获取字符串中单个字符的应用。**

```
1.  <!DOCTYPE html>
2.  <html>
3.      <head>
4.          <meta charset="utf-8">
5.          <title>JavaScript 获取字符串中的单个字符</title>
6.      </head>
7.      <body>
8.          <h3>JavaScript 获取字符串中的单个字符</h3>
9.          <hr/>
10.         <script>
11.             //声明变量 msg
12.             var msg="Hello JavaScript";
13.             //获取字符串中的单个字符
14.             var letter=msg.charAt(10);
15.             //获取字符串中单个字符的字符代码
```

扫一扫

视频讲解

```
16.         var code=msg.charCodeAt(10);
17.         alert("Hello JavaScript 在第 10 位上的字符为："+letter+"\n 其字符代
            码为："+code);
18.     </script>
19.     </body>
20. </html>
```

运行效果如图 3-5 所示。

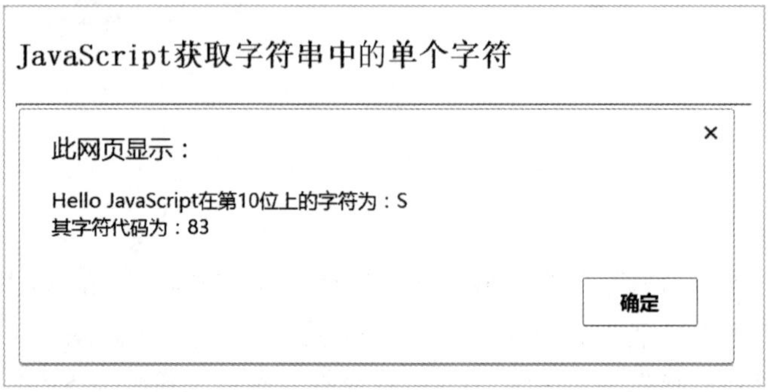

图 3-5　JavaScript 获取字符串中单个字符的应用效果

【代码说明】

本例使用关键字 var 声明了变量 msg 并将其赋值为"Hello JavaScript"，然后使用字符串类型的 charAt()方法获取其中第 10 位上的字符，并且用 charCodeAt()方法获取该字符的字符代码，最后用 alert()方法将结果显示出来。由图 3-5 可见，此时显示的结果为 S，其对应的字符代码为 83。alert()方法中的\n 为转义字符，表示换行。

3　连接字符串

在 JavaScript 中可以使用 concat()方法将新的字符串内容连接到原始字符串上，其语法格式如下。

```
concat(string1,string2,…,stringN);
```

该方法允许带有一个或多个参数，表示按照从左往右的顺序依次连接这些字符串。

例如：

```
var msg="Hello";
var newMsg=msg.concat(" JavaScript");
alert(newMsg); //返回值为"Hello JavaScript"
```

用户也可以直接使用加号（+）进行字符串的连接，其效果相同，即将上述代码改写如下。

```
var msg="Hello";
var newMsg=msg+" JavaScript";
alert(newMsg); //返回值为"Hello JavaScript"
```

【例 3-5】　JavaScript 连接字符串的简单应用。

```
1. <!DOCTYPE html>
2. <html>
3.     <head>
4.         <meta charset="utf-8">
5.         <title>JavaScript 连接字符串</title>
6.     </head>
7.     <body>
8.         <h3>JavaScript 连接字符串</h3>
```

扫一扫

视频讲解

```
9.        <hr/>
10.       <script>
11.          //声明变量 s1、s2、s3
12.          var s1="Hello";
13.          var s2="Java";
14.          var s3="Script";
15.          //连接字符串
16.          var msg=s1.concat(s2, s3);
17.          alert(msg);
18.       </script>
19.    </body>
20.</html>
```

运行效果如图 3-6 所示。

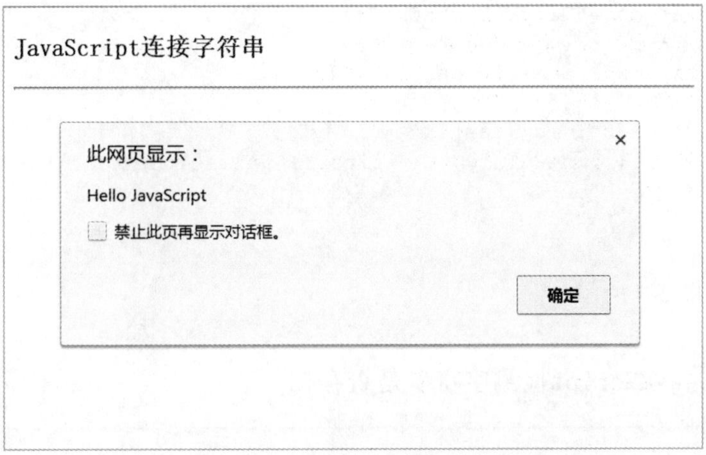

图 3-6　JavaScript 连接字符串的简单应用效果

【代码说明】

本例在 JavaScript 中首先声明了 3 个字符串变量，即 s1、s2 和 s3，然后对 s1 使用 concat()方法连接 s2 和 s3 形成新的变量 msg，最后使用 alert()方法测试输出变量 msg 的效果。由图 3-6 可见，变量 msg 为变量 s1、s2 和 s3 的连接。

本例也可以直接使用加号（+）连接 3 个变量实现同样的效果，写成 var msg = s1+s2+s3。注意，使用 concat()方法只会连接形成新的返回值，不会影响变量 s1 的初始内容。

4 查找字符串是否存在

使用 indexOf()和 lastIndexOf()方法可以查找原始字符串中是否包含指定的字符串内容，其语法格式如下。

```
indexOf(searchString, startIndex)
```

或

```
lastIndexOf(searchString, startIndex)
```

其中，searchString 参数位置填入需要用于对比查找的字符串片段；startIndex 参数用于指定搜索的起始字符，该参数内容如果省略，则按照默认顺序搜索全文。

indexOf()和 lastIndexOf()方法都可以用于查找指定内容是否存在，如果存在，其返回值为指定内容在原始字符串中的位置序号；如果不存在，则直接返回−1。它们的区别在于，indexOf()是从序号 0 的位置开始正序检索字符串内容，而 lastIndexOf()是从序号最大值的位置开始倒序检索字符串内容。

【例 3-6】 **JavaScript** 检测字符串是否存在的简单应用。

分别使用 indexOf() 与 lastIndexOf() 方法查找字符串中是否包含指定的字母。

```html
1.  <!DOCTYPE html>
2.  <html>
3.      <head>
4.          <meta charset="utf-8">
5.          <title>JavaScript 检测字符串是否存在</title>
6.      </head>
7.      <body>
8.          <h3>JavaScript 检测字符串是否存在</h3>
9.          <hr/>
10.         <p>查找字母 y 在字符串"Happy Birthday"中的位置</p>
11.         <script>
12.             //声明变量 msg
13.             var msg="Happy Birthday";
14.             //检测字符 y 存在的位置（正序）
15.             var firstY=msg.indexOf("y");
16.             //检测字符 y 存在的位置（倒序）
17.             var lastY=msg.lastIndexOf("y");
18.             alert('indexOf("y"): '+firstY+'\nlastIndexOf("y"): '+lastY);
19.         </script>
20.     </body>
21. </html>
```

运行效果如图 3-7 所示。

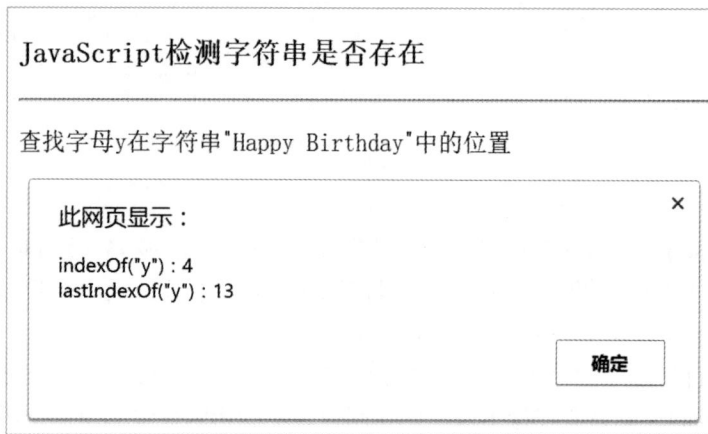

图 3-7　JavaScript 检测字符串是否存在的简单应用效果

【代码说明】

本例在 JavaScript 中声明了变量 msg 作为测试样例，并检测其中字母 y 存在的位置，分别使用 indexOf() 和 lastIndexOf() 方法进行正序和倒序检测并获取返回值，最后使用 alert() 方法输出返回结果。

由图 3-7 可见，对于同一个字母 y 使用 indexOf() 和 lastIndexOf() 方法获取位置的结果不同，正序查找的结果为 4，倒序查找的结果为 13。原因是原字符串 msg 中包含了不止一个字母 y，而这两种方法会返回在字符串中查找到的第 1 个符合条件的字符位置，因此结果不同。需要注意的是，JavaScript 是大小写敏感的脚本语言，因此如果本例查找大写字母 Y 会获取返回值-1，表示该字符不存在。

5 查找与替换字符串

在 JavaScript 中使用 match()、search() 方法可以查找匹配正则表达式的字符串内容。

match()方法的语法格式如下。

```
match(regExp)
```

在参数 regExp 的位置需要填入一个正则表达式，例如 match(/a/g)表示全局查找字母 a，后面的小写字母 g 是英文单词 global 的首字母简写，表示全局查找，其返回值为符合条件的所有字符串片段。关于正则表达式的更多用法，读者可查阅 3.2 节的相关内容。

search()方法的语法格式如下。

```
search(regExp)
```

在参数 regExp 的位置同样需要填入一个正则表达式，不同之处在于 search()方法的返回值是符合匹配条件的字符串索引值。

在 JavaScript 中使用 replace()方法可以替换匹配正则表达式的字符串内容。

replace()方法的语法格式如下。

```
replace(regExp, replaceText)
```

在参数 regExp 的位置需要填入一个正则表达式，在参数 replaceText 的位置填入需要替换的新的文本内容。例如 replace(/a/g,"A")表示把所有的小写字母 a 都替换为大写形式。该方法的返回值是已经替换完毕的新字符串内容。

【例 3-7】　JavaScript 查找与替换字符串。

分别使用 match()、search()和 replace()方法查找与替换字符串。

扫一扫

视频讲解

```
1. <!DOCTYPE html>
2. <html>
3.     <head>
4.         <meta charset="utf-8">
5.         <title>JavaScript 查找与替换字符串</title>
6.     </head>
7.     <body>
8.         <h3>JavaScript 查找与替换字符串</h3>
9.         <hr/>
10.        <p>用于查找和替换的字符串为"Happy New Year 2024"</p>
11.        <script>
12.            //声明变量 msg
13.            var msg="Happy New Year 2024";
14.            //检测字符 y 是否存在
15.            var result1=msg.search(/y/);
16.            //全局查找数字
17.            var result2=msg.match(/\d/g);
18.            //将小写字母 a 全部替换为大写字母 A
19.            var result3=msg.replace(/a/g,"A");
20.            alert('search(/y/g): '+result1+'\nmatch(/\\d/g): '+result2+
                   '\nreplace(/a/g,"A"): '+result3);
21.        </script>
22.    </body>
23.</html>
```

运行效果如图 3-8 所示。

【代码说明】

本例在 JavaScript 中声明了变量 msg 作为测试样例，分别使用 match()、search()和 replace()方法查找与替换字符串，最后使用 alert()方法输出全部的返回结果。

由图 3-8 可见，search()方法可以获取指定内容所在的索引位置，而 match()方法是把符合条件的所有字符串以逗号隔开的形式全部展现出来。其中，\d 表示数字 0～9 中的任意一个

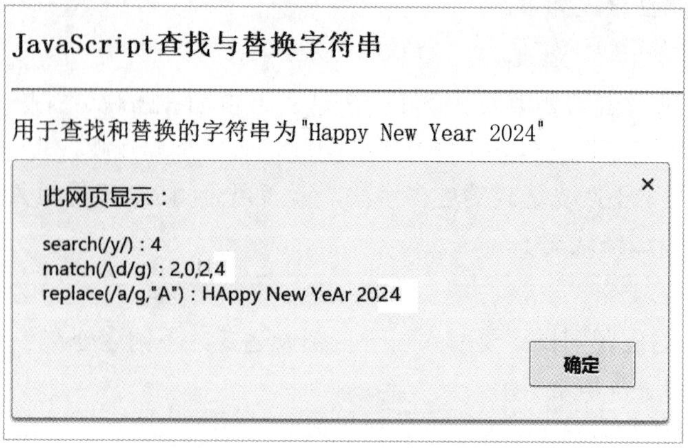

图 3-8　JavaScript 查找与替换字符串

字符，/g 表示全局查找。replace()方法将原字符串中所有的小写字母 a 均替换成大写字母的形式。如果没有加全局字符 g，则只会替换其中第 1 个小写字母 a。

　　6 获取字符串片段

　　在 JavaScript 中可以对字符串类型的变量使用 slice()和 substring()方法截取其中的字符串片段。

　　slice()方法的语法格式如下。

```
slice(start, end)
```

其中，start 参数位置填写需要截取的字符串的第 1 个字符位置；end 参数位置填写需要截取字符串的结束位置（不包括该位置上的字符），如果 end 参数省略，则默认填入字符串长度。如果填入的属性值为负数，则表示从字符串的最后一个位置开始计算，例如-1 表示倒数第 1 个字符。

　　substring()方法的语法格式如下。

```
substring(start, end)
```

　　与 slice()方法的语法格式类似，其中，start 参数位置填写需要截取的字符串的第 1 个字符位置，end 参数位置填写需要截取字符串的结束位置（不包括该位置上的字符）。同样，如果 end 参数省略，则默认填入字符串长度。

　　当参数均为非负数时，substring()与 slice()方法获取的结果完全一样，只有当参数值存在负数情况时，这两种方法才会有所不同。substring()方法会忽略负数，直接将其当作 0 来处理；而 slice()方法会用字符串长度加上该负数值，计算出对应的位置。

　　例如：

```
var msg="happy";                    //该字符串长度为 5 位
var result1=msg.substring(1, -1);   //返回值为 h
var result2=slice(1, -1);           //返回值为 app
```

其中，substring(1,-1)会忽略负数，直接当作 0 来处理，因此实际运行的是 substring(1,0)方法。由于此时结束位置比开始位置靠前，JavaScript 会自动对调位置转换成 substring(0,1)方法，最终获得返回值 h；而 slice(1,-1)会将负数加上字符串长度换算成 slice(1,4)方法，因此最终获得返回值 app。

　　【例 3-8】 **JavaScript** 获取字符串片段的简单应用。

　　分别使用 substring()和 slice()方法获取字符串片段。

```
1. <!DOCTYPE html>
2. <html>
3.    <head>
4.       <meta charset="utf-8">
5.       <title>JavaScript 获取字符串片段</title>
6.    </head>
7.    <body>
8.       <h3>JavaScript 获取字符串片段</h3>
9.       <hr/>
10.      <p>分别使用 substring()和 slice()方法截取字符串"Happy Birthday"</p>
11.      <script>
12.         //声明变量 msg
13.         var msg="Happy Birthday";
14.         //使用 substring()截取指定位置范围的字符串
15.         var result1=msg.substring(0,5);
16.         //使用 slice()截取指定位置范围的字符串
17.         var result2=msg.slice(0,-9);
18.         alert('substring(0,5): '+result1+'\nslice(0,-9): '+result2);
19.      </script>
20.   </body>
21.</html>
```

运行效果如图 3-9 所示。

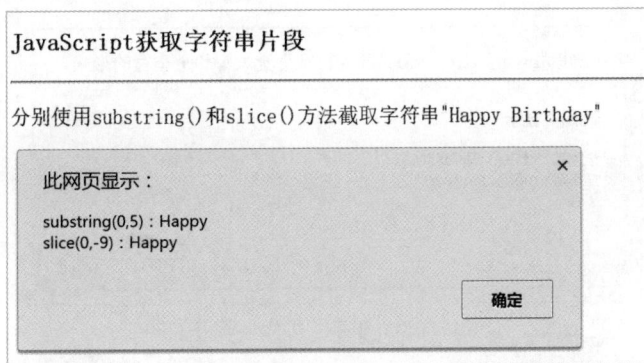

图 3-9　JavaScript 获取字符串片段的简单应用效果

【代码说明】

本例在 JavaScript 中声明了变量 msg 作为字符串测试样例，其中字符串内容为"Happy Birthday"，共计 14 个字符位置，分别使用 substring(0,5)和 slice(0,−9)方法进行字符串截取，最后使用 alert()方法输出返回结果。

由图 3-9 可见，substring(0,5)方法获取了从第 0 位开始到第 5 位结束（不包括第 5 位本身）的所有字符；slice(0,−9)方法因为带有负数−9，表示倒数第 9 位字符，将其加上字符串长度换算后得到 slice(0,5)，在没有负数的情况下与 substring(0,5)的效果完全相同，因此得到同样的结果。

7 字符串大小写转换

在 JavaScript 中可以对字符串类型的变量使用 toLowerCase()和 toUpperCase()方法转换其中存在的大小写字母，toLowerCase()表示将所有字母转换为小写，toUpperCase()表示将所有字母转换为大写。

【例 3-9】 JavaScript 字符串大小写转换。

对字符串分别使用 toLowerCase()和 toUpperCase()方法进行大小写转换。

```
1. <!DOCTYPE html>
2. <html>
```

扫一扫

视频讲解

33

```
3.      <head>
4.          <meta charset="utf-8">
5.          <title>JavaScript 字符串大小写转换</title>
6.      </head>
7.      <body>
8.          <h3>JavaScript 字符串大小写转换</h3>
9.          <hr/>
10.         <p>将字符串"Merry Christmas"分别转换为全大写和全小写的形式。</p>
11.         <script>
12.             //声明变量msg
13.             var msg="Merry Christmas";
14.             //将字符串转换为全大写形式
15.             var upper=msg.toUpperCase();
16.             //将字符串转换为全小写形式
17.             var lower=msg.toLowerCase();
18.             alert('全大写: '+upper+'\n 全小写: '+lower);
19.         </script>
20.     </body>
21.</html>
```

运行效果如图 3-10 所示。

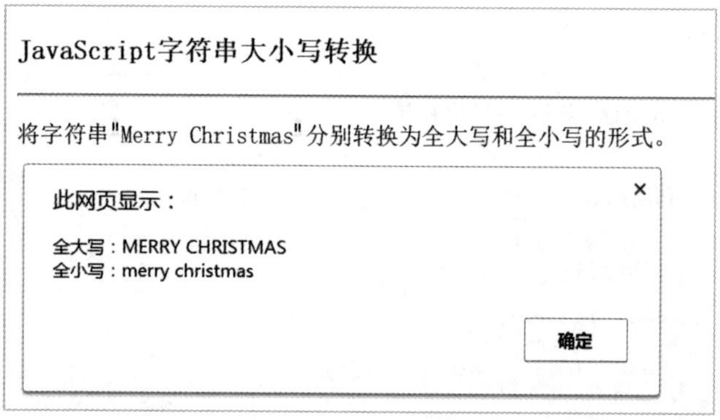

图 3-10 JavaScript 字符串大小写转换的效果

8 转义字符

在前面的例题中可以看到 alert()方法中带有\n 符号，表示换行，这种符号称为转义字符。与 C 语言、Java 语言相似，在 JavaScript 中 String 类型也包含一系列转义字符，具体情况如表 3-3 所示。

表 3-3　JavaScript 常用的转义字符

转 义 字 符	含　义
\n	换行
\t	空一个 Tab 格，相当于 4 个空格
\b	空格符
\r	回车符
\f	换页符
\\	反斜杠
\'	单引号
\"	双引号
\0nnn	八进制代码 nnn 表示的字符，n 是 0～7 中的一个八进制数字，范围是 000～377
\xnn	十进制代码 nn 表示的字符，n 是 0～F 中的一个十六进制数字，范围是 00～FF
\unnn	十六进制代码 nnn 表示的字符，n 是 0～F 中的一个十六进制数字

【例 3-10】　**JavaScript** 转义字符的简单应用。

```
1. <!DOCTYPE html>
2. <html>
3.     <head>
4.         <meta charset="utf-8">
5.         <title>JavaScript 转义字符的简单应用</title>
6.     </head>
7.     <body>
8.         <h3>JavaScript 转义字符的简单应用</h3>
9.         <hr/>
10.        <script>
11.            alert("双引号 \"\n单引号 \'");
12.        </script>
13.    </body>
14.</html>
```

运行效果如图 3-11 所示。

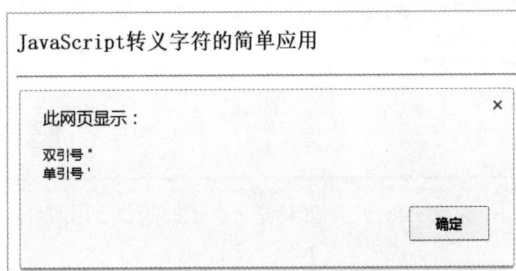

图 3-11　JavaScript 转义字符的简单应用效果

3.1.4　Number 类型

在 JavaScript 中使用 Number 类型表示数字，其数字可以是 32 位以内的整数或 64 位以内的浮点数。例如：

```
var x = 9;
var y = 3.14;
```

Number 类型还支持使用科学记数法、八进制和十六进制的表示方式。

1 科学记数法

对于极大或极小的数字可以使用科学记数法表示，格式如下。

数值 e 倍数

上述格式表示数值后面跟指数 e 再紧跟乘以的倍数，其中数值可以是整数或浮点数，倍数允许为负数。例如：

```
var x1=3.14e8;
var x2=3.14e-8;
```

变量 x1 表示的数是 3.14 乘以 10 的 8 次方，即 314000000；变量 x2 表示的数是 3.14 乘以 10 的 -8 次方，即 0.0000000314。

【例 3-11】　**JavaScript** 科学记数法的简单应用。

```
1. <!DOCTYPE html>
2. <html>
3.     <head>
4.         <meta charset="utf-8">
5.         <title>JavaScript 科学记数法</title>
```

```
6.      </head>
7.      <body>
8.          <h3>JavaScript 科学记数法</h3>
9.          <hr/>
10.         <script>
11.             var x1=3e6;
12.             var x2=3e-6;
13.             alert('3e6='+x1+'\n3e-6='+x2);
14.         </script>
15.     </body>
16.</html>
```

运行效果如图 3-12 所示。

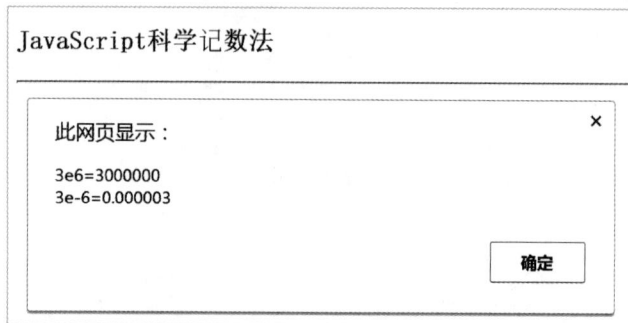

图 3-12　JavaScript 科学记数法的简单应用效果

2 八进制与十六进制数

在 JavaScript 中，Number 类型也可以用于表示八进制或十六进制数。

八进制数需要以数字 0 开头，后面跟的数字只能是 0～7（八进制字符）中的一个。例如：

```
var x=010; //这里相当于十进制的 8
```

十六进制数需要以数字 0 和字母 x 开头，后面跟的字符只能是 0～9 或 A～F（十六进制字符）中的一个，大小写不限。例如：

```
var x=0xA;                            //这里相当于十进制的 10
```

或

```
var x=0xa;                            //等同于 0xA
```

虽然 Number 类型可以使用八进制或十六进制的赋值方式，但是在执行代码时仍然会将其转换为十进制结果。

【例 3-12】　**JavaScript 八进制与十六进制数。**

```
1.  <!DOCTYPE html>
2.  <html>
3.      <head>
4.          <meta charset="utf-8">
5.          <title>JavaScript 八进制与十六进制数</title>
6.      </head>
7.      <body>
8.          <h3>JavaScript 八进制与十六进制数</h3>
9.          <hr/>
10.         <script>
11.             //八进制数
12.             var x1=020;
13.             //十六进制数
```

扫一扫

视频讲解

```
14.          var x2=0xAF;
15.          alert('八进制数 020='+x1+'\n 十六进制数 0xAF='+x2);
16.      </script>
17.   </body>
18.</html>
```

运行效果如图 3-13 所示。

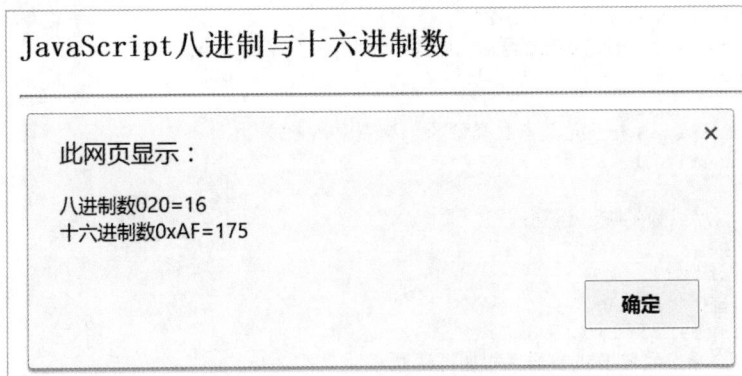

图 3-13　JavaScript 八进制与十六进制数的输出结果

【代码说明】

本例为变量 x1 赋值了以 0 开头的数字代表八进制数，为变量 x2 赋值了以 0x 开头的数字代表十六进制数，并使用 alert()方法将其显示在提示对话框中。由图 3-13 可见，最终显示结果会自动转换为十进制数。注意，如果需要正常表示十进制整数，则不要使用数字 0 开头，以免被误认为八进制数。

3　浮点数

如果要定义浮点数，必须使用小数点，并且小数点后面至少跟一位数字。例如：

```
var x=3.14;
var y=5.0;
```

即使小数点后面的数字为 0，也被认为是浮点数类型。

如果浮点数类型的小数点前面的整数位为 0，可以省略。例如：

```
var x=.15;                    //等同于 0.15
```

浮点数可以使用 toFixed()方法规定小数点后保留几位数，其语法格式如下。

```
toFixed(digital)
```

其中，参数 digital 换成小数点后需要保留的位数即可。例如：

```
var x=3.1415926;
var result=x.toFixed(2);     //返回值为 3.14
```

该方法遵循四舍五入的规律，即使进位后小数点后面只有 0 也会保留指定的位数。例如：

```
var x=0.9999;
var result=x.toFixed(2);     //返回值为 1.00
```

需要注意的是，在 JavaScript 中使用浮点数进行计算有时会产生误差。例如：

```
var x=0.7 + 0.1;
alert(x);                    //返回值会变成 0.7999999999999999，而不是 0.8
```

这是由于表达式使用的是十进制数，但实际上是转换成二进制数进行计算再转换为十进制结果的，在此过程中可能会损失精度。此时使用自定义函数将两个加数都乘以 10 进行计算，然后再除以 10 还原。

【例 3-13】 **JavaScript** 浮点数类型的简单应用。

```
1. <!DOCTYPE html>
2. <html>
3.     <head>
4.         <meta charset="utf-8">
5.         <title>JavaScript 浮点数类型的简单应用</title>
6.     </head>
7.     <body>
8.         <h3>JavaScript 浮点数类型的简单应用</h3>
9.         <hr/>
10.        <p>
11.            浮点数的加法运算：
12.        </p>
13.        <script>
14.        //直接将两数相加
15.        var result1=0.7+0.1;
16.        //将浮点数转换成整数后相加再还原
17.        var result2=(0.7*10+0.1*10)/10;
18.        //输出结果
19.        document.write("0.7+0.1="+result1+"<br>(0.7*10+0.1*10)/10="+result2);
20.        </script>
21.    </body>
22.</html>
```

运行效果如图 3-14 所示。

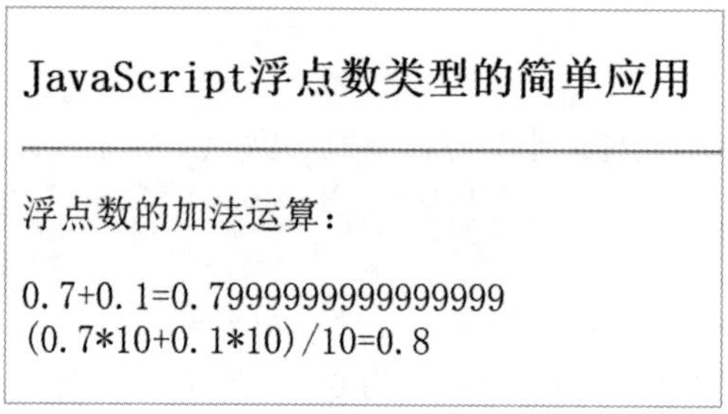

> ### JavaScript浮点数类型的简单应用
>
> 浮点数的加法运算：
>
> 0.7+0.1=0.7999999999999999
> (0.7*10+0.1*10)/10=0.8

图 3-14　JavaScript 浮点数类型的简单应用效果

【代码说明】

本例用于测试两个浮点数在进行算术运算时导致的误差，并给出了解决办法。事实上，目前 JavaScript 尚不能解决该问题，必须手动将浮点数放大 10 的倍数成为整数再进行计算才能避免误差，未来也可以使用自定义函数处理此类问题。

4 特殊 Number 值

在 JavaScript 中，Number 类型还有一些特殊值，如表 3-4 所示。

表 3-4　JavaScript 中 Number 类型的特殊值

特 殊 值	解 释
Infinity	正无穷大，在 JavaScript 中使用 Number.POSITIVE_INFINITY 表示
−Infinity	负无穷大，在 JavaScript 中使用 Number.NEGATIVE_INFINITY 表示
NaN	非数字，在 JavaScript 中使用 Number.NaN 表示
Number.MAX_VALUE	数值范围允许的最大值，大约等于 1.8e308
Number.MIN_VALUE	数值范围允许的最小值，大约等于 5e−324

1）Infinity

Infinity 表示无穷大，有正、负之分。当数值超过了 JavaScript 允许的范围时就会显示为 Infinity（超过上限）或 –Infinity（超过下限）。例如：

```
var x=9e30000;
alert(x);                 //因为该数值已经超出上限，返回值为 Infinity
```

在比较数值大小时，无论原数据值为多少，认为结果为 Infinity 的两个数相等。同样，结果为 –Infinity 的两个数也是相等的。例如：

```
var x1=3e9000;
var x2=9e3000;
alert(x1==x2);            //判断变量 x1 与 x2 是否相等，返回值为 true
```

在上述代码中变量 x1 与 x2 的实际数据值并不相等，但是由于它们均超出了 JavaScript 可以接受的数据范围，所以返回值均为 Infinity，从而在判断是否相等时会返回 true（真）。

在 JavaScript 中使用数字 0 作为除数不会报错，如果正数除以 0 返回值就是 Infinity，负数除以 0 返回值为 –Infinity，特殊情况 "0 除以 0" 的返回值为 NaN（非数字）。例如：

```
var x1=5/0;              //返回值是 Infinity
var x2=-5/0;             //返回值是-Infinity
var x3=0/0;             //返回值是 NaN
```

Infinity 不可以与其他正常显示的数字进行数学计算，返回结果均是 NaN。例如：

```
var x=Number.POSITIVE_INFINITY;
var result=x+99;
alert(result);           //返回值为 NaN
```

【例 3-14】 **JavaScript 特殊值 Infinity 的应用。**

```
1.  <!DOCTYPE html>
2.  <html>
3.    <head>
4.      <meta charset="utf-8">
5.      <title>JavaScript 特殊值 Infinity</title>
6.    </head>
7.    <body>
8.      <h3>JavaScript 特殊值 Infinity</h3>
9.      <hr/>
10.     <script>
11.         var x1=2e9000;
12.         var x2=-2e9000;
13.         var result=x1+x2;
14.         alert("x1(2e9000)="+x1+"\nx2(-2e9000)="+x2+"\nx1+x2="+result);
15.     </script>
16.   </body>
17. </html>
```

运行效果如图 3-15 所示。

2）NaN

NaN 表示的是非数字（Not a Number），该数值用于表示数据转换成 Number 类型失败的情况，从而无须抛出异常错误，例如将 String 类型转换为 Number 类型。NaN 因为不是真正的数字，不能用于数学计算，并且即使两个数值均为 NaN，它们也不相等。

例如，将英文单词转换为 Number 类型会导致转换结果为 NaN，具体代码如下。

```
var x="red";
var result = Number(x);          //返回值为 NaN，因为没有对应的数值可以转换
```

扫一扫

视频讲解

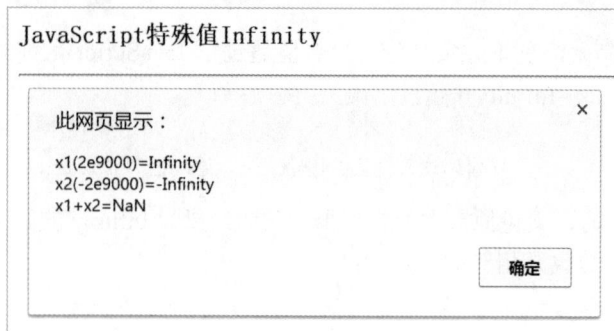

图 3-15　JavaScript 特殊值 Infinity 的输出结果

JavaScript 还提供了用于判断数据类型是否为数值的方法 isNaN()，其返回值是布尔值。当检测的数据无法正确转换为 Number 类型时返回真（true），其他情况返回假（false）。

其语法格式如下。

```
isNaN(变量名称)
```

例如：

```
var x1="red";
var result1=isNaN(x1);          //返回值是真（true）

var x2="999";
var result2=isNaN(x2);          //返回值是假（false）
```

【例 3-15】　**JavaScript 特殊值 NaN 的应用。**

```
1.  <!DOCTYPE html>
2.  <html>
3.      <head>
4.          <meta charset="utf-8">
5.          <title>JavaScript 特殊值 NaN</title>
6.      </head>
7.      <body>
8.          <h3>JavaScript 特殊值 NaN</h3>
9.          <hr/>
10.         <script>
11.             var x1="hello";
12.             var x2=999;
13.             var result1=Number(x1);
14.             alert('x1(hello)不是数字: '+isNaN(x1)+'\nx2(999)不是数字: '+isNaN(x2)
                +'\nx1 转换为数字的结果为: '+result1);
15.         </script>
16.     </body>
17. </html>
```

运行效果如图 3-16 所示。

3.1.5　Boolean 类型

布尔值（Boolean）在很多程序语言中被用于进行条件判断，其值只有两种——true（真）和 false（假）。

布尔类型的值可以直接使用 true 或 false，也可以使用表达式。例如：

```
var answer=true;
var answer=false;
var answer=(1>2);
```

JavaScript特殊值NaN

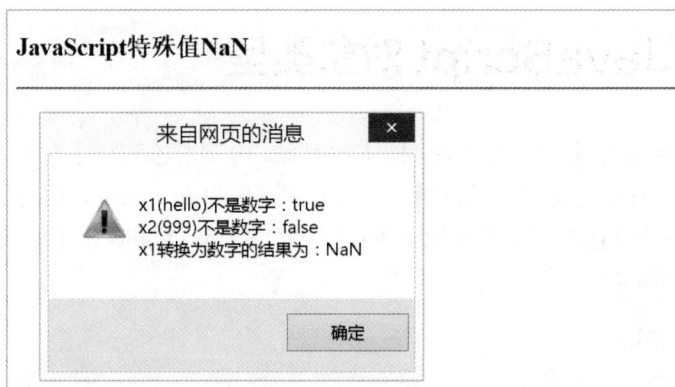

图 3-16 JavaScript 特殊值 NaN 的输出结果

扫一扫

视频讲解

其中，1>2 表达式不成立，因此返回结果为 false（假）。

【例 3-16】 **JavaScript Boolean 类型的简单应用。**

```
1.  <!DOCTYPE html>
2.  <html>
3.    <head>
4.      <meta charset="utf-8">
5.      <title>JavaScript Boolean 类型的简单应用</title>
6.    </head>
7.    <body>
8.      <h3>JavaScript Boolean 类型的简单应用</h3>
9.      <hr/>
10.     <script>
11.         var x1=Boolean("hello");
12.         var x2=Boolean(999);
13.         var x3=Boolean(0);
14.         var x4=Boolean(null);
15.         var x5=Boolean(undefined);
16.         alert("hello:"+x1+"\n999:"+x2+"\n0:"+x3+"\nnull:"+x4+"
            \nundefined:"+x5);
17.     </script>
18.   </body>
19. </html>
```

运行效果如图 3-17 所示。

JavaScript Boolean类型的简单应用

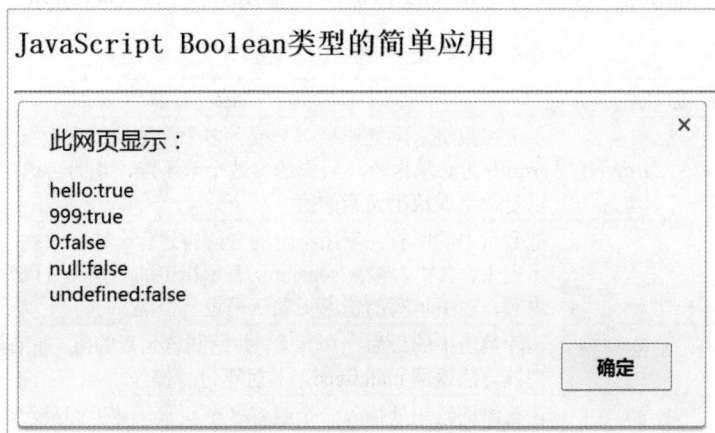

图 3-17 JavaScript Boolean 类型的简单应用效果

41

3.2 JavaScript 对象类型 ◁◁◁◁——

在 JavaScript 中对象类型分为 3 种，即本地对象、内置对象和宿主对象。本地对象（native object）是 ECMAScript 定义的引用类型；内置对象（built-in object）指的是无须实例化可以直接使用的对象，其实也是特殊的本地对象；宿主对象（host object）指的是用户的计算机环境，包括 DOM 和 BOM。

3.2.1 本地对象

1 Array 对象

在 JavaScript 中可以使用数组（Array）类型在单个变量中存储一系列的值。例如：

```
var mobile=new Array();
mobile[0]="苹果";
mobile[1]="三星";
mobile[2]="华为";
```

数组是从 0 开始计数的，因此第 1 个元素的下标是[0]，后面每新增一个元素，下标加 1。使用 Array 类型存储数组的特点是无须在一开始声明数组的具体元素数量，可以在后续代码中陆续新增数组元素。

如果一开始就可以确定数组的长度，即其中的元素不需要后续动态加入，可以直接写成如下形式。

```
var mobile=new Array("苹果", "三星", "华为");
```

或

```
var mobile=["苹果", "三星", "华为"];
```

此时数组元素之间使用逗号隔开。

Array 对象带有 length 属性可以用于获取当前数组的长度，即数组中元素的个数。如果当前数组中没有包含元素，则 length 值为 0。例如：

```
var mobile=["苹果", "三星", "华为"];
var x=mobile.length; //这里 x 值为 3
```

Array 对象还提供了一系列方法用于操作数组，常用方法如表 3-5 所示。

表 3-5 JavaScript Array 对象的常用方法

方 法 名 称	解 释
concat(array1,array2,···, arrayN)	用于在数组末尾处连接一个或者多个新的数组或数组元素。其中，参数 array1 为必填内容，后面的参数个数不限，均为可选内容。参数内容可以是数组或数组元素的值
join(separator)	把数组中的所有元素用指定的分隔符进行分隔，并在同一个字符串中显示出来。其中，参数 separator 表示指定的自定义分隔符。该参数为可选内容，在不填写的情况下默认用逗号分隔
pop()	删除数组中的最后一个元素，并返回该元素的值。如果数组内容是空的，则该方法返回 undefined，并且不进行操作
push(element1, element2,···,elementN)	在数组的结尾处插入一个或者多个元素，并返回最新数组长度。其中，参数 element1 为必填内容，表示至少添加一个元素，后面的参数个数不限，均为可选内容

方 法 名 称	解　　释
reverse()	用于将数组中的所有元素倒序重组。该方法会直接更改原始数组，而不是生成一个新的数组
shift()	删除数组中的第 1 个元素，并返回该元素的值。如果数组内容为空，则该方法返回 undefined，并且不进行操作
slice(start, end)	用于返回数组中指定了开始与结束范围的一系列元素。其中，参数 start 为必填内容，表示从第几个元素开始选取；参数 end 为可选内容，表示选取到第几个元素结束，并且不包括该元素本身。如果没有指定 end 参数，则一直选取到数组的最后一个元素结束。如果这两个参数填写了负数，则表示从数组末尾开始计算个数。例如，−1 表示最后一个元素，−2 表示倒数第 2 个元素，以此类推
toString()	用于把数组元素显示在同一个字符串中，并且用逗号分隔，相当于没有指定分隔符的 join() 方法的使用
unshift(element1,…,elementN)	在数组的开头插入一个或多个元素，并返回最新数组长度。其中，参数 element1 为必填内容，表示至少添加一个元素，后面的参数个数不限，均为可选内容

扫一扫

视频讲解

【例 3-17】　**JavaScript Array** 对象的简单应用。

```
1.  <!DOCTYPE html>
2.  <html>
3.      <head>
4.          <meta charset="utf-8">
5.          <title>JavaScript Array 对象的简单应用</title>
6.      </head>
7.      <body>
8.          <h3>JavaScript Array 对象的简单应用</h3>
9.          <hr/>
10.         <script>
11.         //使用 new Array()构建数组对象
12.         var students=new Array();
13.         students[0]="张三";
14.         students[1]="李四";
15.         students[2]="王五";
16.
17.         //直接声明数组对象
18.         var mobile=["Nokia","HTC","iPhone"];
19.         alert(students+"\n"+mobile);
20.         </script>
21.     </body>
22.</html>
```

运行效果如图 3-18 所示。

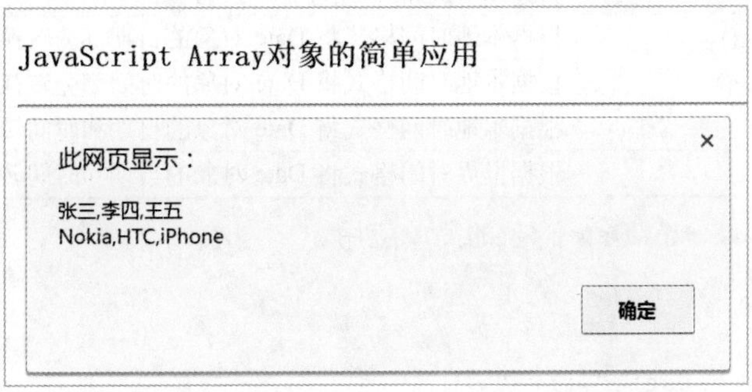

JavaScript Array对象的简单应用

此网页显示：

张三,李四,王五
Nokia,HTC,iPhone

确定

图 3-18　JavaScript Array 对象的简单应用效果

【代码说明】

本例分别使用了两种不同的声明方式创建数组，并在最后使用 alert()方法在弹出的提示对话框中显示这两个数组的内容。由图 3-18 可见，两种声明方式均可成功地使用 Array 对象创建数组，并对数组元素进行赋值。

2 Date 对象

在 JavaScript 中使用 Date 对象处理与日期、时间有关的内容，有 4 种初始化方式，列举如下。

```
//表示获取当前的日期与时间
new Date();
//使用表示日期、时间的字符串定义时间，例如填入 May 10, 2000 12:12:00
new Date(dateString);
//使用从 1970 年 1 月 1 日到指定日期的毫秒数定义时间，例如填入 1232345
new Date(milliseconds);
//自定义年、月、日、时、分、秒和毫秒，当时、分、秒和毫秒参数省略时默认为 0
new Date(year, month, day, hours, minutes, seconds, milliseconds);
```

用户可以通过 Date 对象的一系列方法分别获取指定的内容。JavaScript Date 对象的常用方法如表 3-6 所示。

表 3-6　JavaScript Date 对象的常用方法

方 法 名 称	解 释
Date()	获取当前的日期和时间
getDate()	获取 Date 对象处于一个月里面的哪一日（1～31）
getDay()	获取 Date 对象处于星期几（0～6），其中 0 表示星期日
getMonth()	获取 Date 对象处于几月份（0～11），其中 0 表示一月份
getFullYear()	获取 Date 对象的完整年份（4 位数）
getHours()	获取 Date 对象的小时（0～23）
getMinutes()	获取 Date 对象的分钟（0～59）
getSeconds()	获取 Date 对象的秒（0～59）
getTime()	返回 1970 年 1 月 1 日至今经历的毫秒数
setDate()	重新设置 Date 对象中的日期，精确到天
setFullYear()	重新设置 Date 对象中的年份，年份必须为 4 位数的完整表达
setHours()	重新设置 Date 对象中的小时（0～23）
setMinutes()	重新设置 Date 对象中的分钟（0～59）
setMonth()	重新设置 Date 对象中的月份（0～11）
setSeconds()	重新设置 Date 对象中的秒（0～59）
setTime()	重新以 1970 年 1 月 1 日至今经历的毫秒数设置 Date 对象
toDateString()	将 Date 对象的日期部分转换为字符串
toLocaleDateString()	根据本地时间格式将 Date 对象的日期部分转换为字符串
toLocaleTimeString()	根据本地时间格式将 Date 对象的时间部分转换为字符串
toLocaleString()	根据本地时间格式将 Date 对象的日期和时间转换为字符串
toUTCString()	根据世界时间格式将 Date 对象的日期和时间转换为字符串

扫一扫

视频讲解

【例 3-18】　JavaScript Date 对象的简单应用。

```
1.  <!DOCTYPE html>
2.  <html>
3.      <head>
4.          <meta charset="utf-8">
5.          <title>JavaScript Date 对象的简单应用</title>
```

```
6.      </head>
7.      <body>
8.          <h3>JavaScript Date 对象的简单应用</h3>
9.          <hr/>
10.         <script>
11.         //获取当前日期时间对象
12.         var date=new Date();
13.         //获取年份
14.         var year=date.getFullYear();
15.         //获取月份
16.         var month=date.getMonth()+1;
17.         //获取天数
18.         var day=date.getDate();
19.         //获取星期
20.         var week=date.getDay();
21.         alert("当前是"+year+"年"+""+month+"月"+day+"日，星期"+week);
22.         </script>
23.     </body>
24.</html>
```

运行效果如图 3-19 所示。

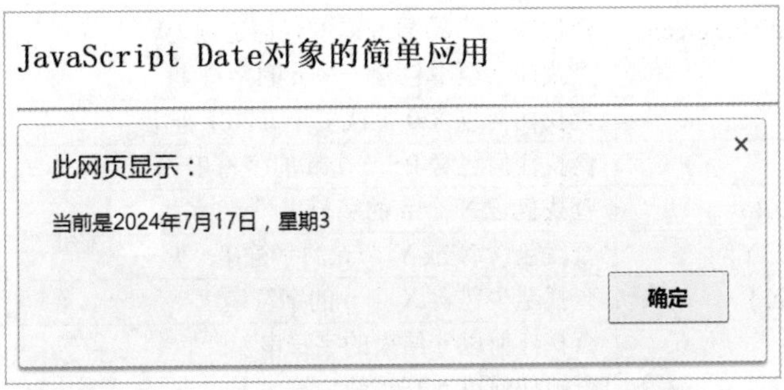

图 3-19　JavaScript Date 对象的简单应用效果

【代码说明】

本例声明了当前的日期时间对象 date，然后分别获取其中的年、月、日与星期，并使用 alert()方法在弹出的提示对话框中显示组合内容。由于月份的取值范围是 0～11，所以如果要显示实际月份，需要将获取的月份值进行加 1 处理。

3 RegExp 对象

RegExp 对象表示正则表达式（regular expression），通常用于检索文本中是否包含指定的字符串，其语法格式如下。

```
new RegExp(pattern [, attributes])
```

参数解释如下。

- pattern：该参数为字符串形式，用于规定正则表达式的匹配规则或填入其他正则表达式。
- attributes：该参数为可选参数，可以包含属性值 g、i 或者 m，分别表示全局匹配、不区分大小写匹配与多行匹配。

例如：

```
var pattern=new RegExp([0-9], g);
```

上述代码表示声明了一个用于全局检索文本中是否包含数字 0～9 中的任意字符的正则表达式。

RegExp 对象还有一种简写形式，格式如下。

```
/pattern/[attributes]
```

前面用于全局检索数字 0～9 的正则表达式声明可修改为如下内容。

```
var pattern=/[0-9]/g;
```

两种写法的效果完全相同，需要注意参数 attributes 仅适用于参数 pattern 为匹配规则字符串的情况。如果参数 pattern 填写的是其他正则表达式，则参数 attributes 必须省略。

JavaScript 中常用的正则表达式如表 3-7 所示。

表 3-7　JavaScript 中常用的正则表达式

正则表达式		解　　释
括号表达式	[0-9]	查找 0～9 的数字
	[a-z]	查找从小写字母 a 到小写字母 z 之间的字符
	[A-Z]	查找从大写字母 A 到大写字母 Z 之间的字符
	[A-z]	查找从大写字母 A 到小写字母 z 之间的字符
	[abc]	查找括号之间的任意一个字符
	[^abc]	查找括号内字符之外的所有内容
	(red|blue|green)	查找以"|"符号间隔的任何选项内容
量词表达式	n+	查找任何至少包含一个 n 的字符串
	n*	查找任何包含 0 个或多个 n 的字符串
	n?	查找任何包含 0～1 个 n 的字符串
	n{X}	查找包含 X 个 n 的字符串
	n{X,Y}	查找包含 X 或 Y 个 n 的字符串
	n{X,}	查找至少包含 X 个 n 的字符串
	n$	查找任何以 n 结束的字符串
	^n	查找任何以 n 开头的字符串
	?=n	查找任何后面紧跟字符 n 的字符串
	?!n	查找任何后面没有紧跟字符 n 的字符串
元字符	.	查找除了换行符与行结束符以外的单个字符
	\w	查找单词字符。w 表示 word（单词）
	\W	查找非单词字符
	\d	查找数字字符。d 表示 digital（数字）
	\D	查找非数字字符
	\s	查找空格字符。s 表示 space（空格）
	\S	查找非空格字符
	\n	查找换行符
	\f	查找换页符
	\r	查找回车符
	\t	查找制表符
	\xxx	查找八进制数 xxx 对应的字符，如果没有找到则返回 null。例如，\130 表示的是大写字母 X
	\xdd	查找十六进制数 dd 对应的字符，如果没有找到则返回 null。例如，\x58 表示的是大写字母 X
	\uxxxx	查找十六进制数 xxxx 对应的 Unicode 字符，如果没有找到则返回 null。例如，\u0058 表示的是大写字母 X

注：量词表达式中的 n 可以替换成其他任意字符。

在 RegExp 对象创建完毕后有两种方法用于检索文本，如表 3-8 所示。

表 3-8　JavaScript 中 RegExp 对象的方法

方　法　名	解　　　释
exec()	该方法适用于具有参数的情况，每次运行都按照顺序从文本中找到对应的字符串，直到全部找完，再次运行会返回 null 值
test()	用于检索文本中是否包含指定的字符串

1）exec()方法的应用

exec()方法用于检索文本中匹配正则表达式的字符串内容，其语法格式如下。

```
RegExpObject.exec(string)
```

该方法如果找到了匹配内容，其返回值为存放有检索结果的数组；如果未找到任何匹配内容，则返回 null 值。

例如：

```
var pattern=new RegExp("e");        //检索文本中是否包含小写字母 e 的正则表达式
var result1=pattern.exec("Hello ");  //返回值为 e，因为字符串中包含小写字母 e
var result2=pattern.exec("Hello ");  //返回值为 null，因为字符串后续内容中不包含
                                     //小写字母 e
```

如果查到的内容较多，可以使用 while 循环语句进行检索。例如：

```
var s="Hello everyone";             //初始字符串
var pattern=new RegExp("e");        //检索文本中是否包含小写字母 e 的正则表达式
var result;                         //用于获取每次的检索结果
//while 循环
while((result=pattern.exec(s))!=null){
    alert(result);                  //输出本次检索结果
}
```

关于 while 循环的更多内容可查阅 4.2 节。

【例 3-19】　**JavaScript 正则表达式 exec()方法的应用。**

使用 exec()方法匹配符合正则表达式的字符串。

扫一扫

视频讲解

```
1.  <!DOCTYPE html>
2.  <html>
3.     <head>
4.        <meta charset="utf-8">
5.        <title>JavaScript 正则表达式 exec()方法的应用</title>
6.     </head>
7.     <body>
8.        <h3>JavaScript 正则表达式 exec()方法的应用</h3>
9.        <hr/>
10.       <p>原始字符串为："Happy New Year 2024"</p>
11.       <script>
12.       //原始字符串
13.       var s="Happy New Year 2024";
14.       //定义正则表达式，用于全局检索字母 N 是否存在
15.       var pattern=/N/g;
16.       //第一次匹配结果
17.       var result1=pattern.exec(s);
18.       //第二次匹配结果
19.       var result2=pattern.exec(s);
20.       alert("第一次匹配结果:"+result1+"\n 第二次匹配结果:"+result2);
21.       </script>
```

```
22.    </body>
23.</html>
```

运行效果如图 3-20 所示。

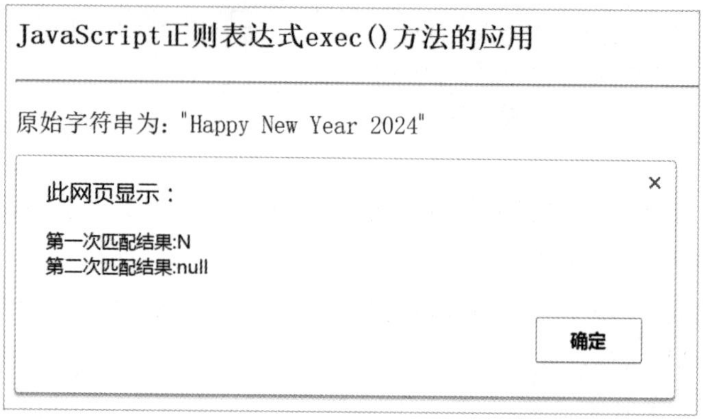

图 3-20　JavaScript 正则表达式 exec()方法的应用效果

2）test()方法的应用

test()方法用于检测文本中是否包含指定的正则表达式内容，返回值为布尔值，其语法格式如下。

```
RegExpObject.test(string)
```

其中，RegExpObject 指的是自定义的 RegExp 对象；参数 string 指的是需要被检索的文本内容。如果文本中包含该 RegExp 对象指定的内容，返回值为 true，否则返回值为 false。该方法只用于无参数的情况，并且只检索一次，一旦检索到了就停止并提供返回值。

例如：

扫一扫

视频讲解

```
var pattern=new RegExp("e");            //检索文本中是否包含小写字母 e 的正则表达式
var result=pattern.test("Hello ");  //返回值为 true，因为字符串中包含小写字母 e
```

【例 3-20】　JavaScript 正则表达式 test()方法的应用。

使用 test()方法匹配符合正则表达式的字符串。

```
1. <!DOCTYPE html>
2. <html>
3.    <head>
4.        <meta charset="utf-8">
5.        <title>JavaScript 正则表达式 test()方法的应用</title>
6.    </head>
7.    <body>
8.        <h3>JavaScript 正则表达式 test()方法的应用</h3>
9.        <hr/>
10.       <p>原始字符串为: "Happy New Year 2024"</p>
11.       <script>
12.       //原始字符串
13.       var s="Happy New Year 2024";
14.       //定义正则表达式，用于全局检索字母 N 是否存在
15.       var pattern=/N/g;
16.       //匹配结果
17.       var result=pattern.test(s);
18.       alert("查找字母 N 的匹配结果:"+result);
19.       </script>
20.    </body>
21.</html>
```

运行效果如图 3-21 所示。

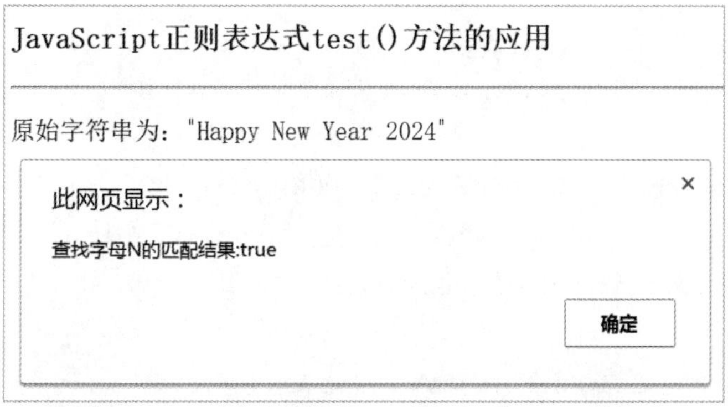

图 3-21　JavaScript 正则表达式 test()方法的应用效果

4 Object 对象

在 JavaScript 中所有类型都是对象，例如字符串、数字、数组等，这些可以带有属性和方法的变量称为对象。例如，String 对象带有 length 属性用于获取字符串的长度，带有 substring()、indexOf()等方法用于处理字符串。

属性是与对象相关的值，方法是对象可执行的动作。例如，将学生作为现实中的对象，可以具有学号、姓名、班级、专业等属性值，也可以具有选课、学习和考试等行为动作。

在 JavaScript 中创建 student 对象的代码如下。

```
var student=new Object();
student.name="张三";              //姓名
student.id="2024010212";          //学号
student.major="计算机科学与技术";    //专业
//学习方法
student.study=function(){
    alert("开始学习");
};
```

上述代码为 student 对象添加了 name、id 和 major 属性以及 study()方法，分别用于表示学生的姓名、学号、专业属性和学习的行为动作。对象名称为自定义，其内部的属性和方法均可以根据实际需要自定义名称与数量。

获取对象中的指定属性有两种方法：一种是在对象变量名称后面加点（.）和属性名称（对象名.属性名）；另一种是在对象变量名称后面使用中括号和引号包围属性名称（对象名["属性名"]）。

这里仍然以上面的 student 对象为例，获取其中学生姓名的写法如下。

```
var result=student.name;
```

或

```
var result=student["name"];
```

另外，还可以用该方法直接修改对象中的属性值，例如将之前的学生姓名"张三"换成新内容"李四"。

```
student.name="李四";
alert(student.name); //此时的输出结果不再是张三，而是修改后的李四
```

【例 3-21】　**JavaScript Object** 对象的简单应用。

创建自定义名称的 Object 对象。

扫一扫

视频讲解

49

```
1. <!DOCTYPE html>
2. <html>
3.     <head>
4.         <meta charset="utf-8">
5.         <title>JavaScript Object 对象的简单应用</title>
6.     </head>
7.     <body>
8.         <h3>JavaScript Object 对象的简单应用</h3>
9.         <hr/>
10.        <p>
11.            自定义 ticket 对象表示电影票信息。
12.        </p>
13.        <script>
14.            //自定义 JavaScript 对象 ticket 表示电影票
15.            var ticket=new Object();
16.            //电影主题
17.            ticket.topic="热辣滚烫";
18.            //电影时间
19.            ticket.time="2024 年 2 月 10 日 14:30";
20.            //电影票价格
21.            ticket.price="55 元";
22.            //座位号
23.            ticket.seat="8 排 6 号";
24.            alert("电影主题: " + ticket.topic+"\n 电影时间: " + ticket.time+"\n
                   电影票价格: "+ticket.price+"\n 座位号: "+ticket.seat);
25.        </script>
26.    </body>
27.</html>
```

运行效果如图 3-22 所示。

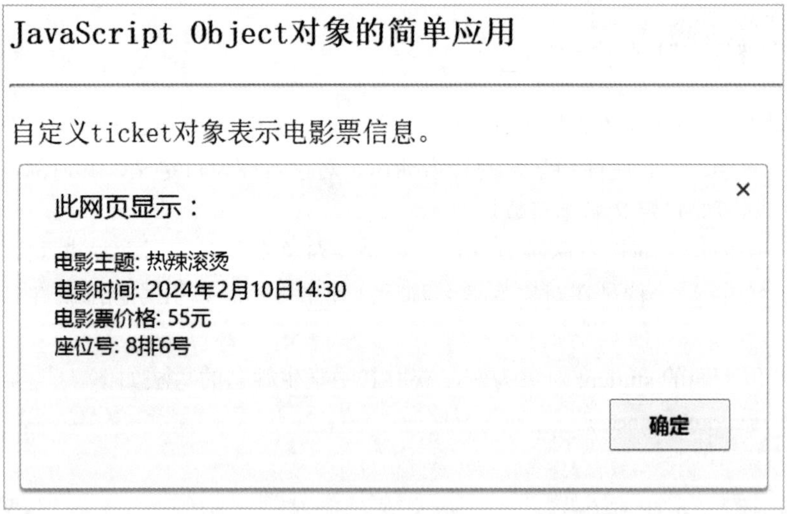

图 3-22 JavaScript Object 对象的简单应用效果

3.2.2 内置对象

1 Global 对象

在 JavaScript 中 Global 对象又称为全局对象,其属性和方法可以用于所有的本地 JavaScript 对象。Global 对象的属性和方法分别如表 3-9 和表 3-10 所示。

表 3-9　Global 对象的属性

属 性 名 称	解　　释
Infinity	表示正无穷大的数值，在数值超过了 JavaScript 规定的范围时使用
java	表示引用的一个 Java 包，它是 Packages.java 的简写
NaN	表示非数值（Not a Number），通常在其他类型转换成 Number 类型时使用
Packages	表示 JavaPackage 对象，它是所有 Java 包的根
undefined	表示未声明或未赋值的变量值

表 3-10　Global 对象的方法

方 法 名 称	解　　释
decodeURI()	解码 URI
decodeURIComponent()	解码 URI 组件
encodeURI()	把字符串编码为 URI
encodeURIComponent()	把字符串编码为 URI 组件
escape()	对字符串进行编码
eval()	将 JavaScript 字符串转换为脚本代码
getClass()	返回 Java 对象的类
isFinite()	判断某个值是否为无穷大
isNaN()	判断值是否为数字
Number()	把对象的值转换为数字类型
parseInt()	把字符串转换为整数
parseFloat()	把字符串转换为浮点数
String()	把对象的值转换为字符串类型
unescape()	对使用 escape()编码的字符串进行解码

2 Math 对象

在 JavaScript 中 Math 对象用于数学计算，无须初始化创建，可以直接调用其属性和方法。Math 对象的常用属性和方法分别如表 3-11 和表 3-12 所示。

表 3-11　Math 对象的常用属性

属 性 名 称	解　　释
E	返回算术常量 e（约为 2.718）
LN2	返回 log 以算术常量 e 为底的 2 的对数（约为 0.693）
LN10	返回 log 以算术常量 e 为底的 10 的对数（约为 2.302）
LOG2E	返回 log 以 2 为底的算术常量 e 的对数（约为 1.414）
LOG10E	返回 log 以 10 为底的算术常量 e 的对数（约为 0.434）
PI	返回圆周率 π 的值（约为 3.1415926）
SQRT1_2	返回数字 2 的平方根的倒数（约为 0.707）
SQRT2	返回数字 2 的平方根（约为 1.414）

表 3-12　Math 对象的常用方法

方 法 名 称	解　　释	使 用 示 例	示例中 result 的值
abs(x)	返回数字的绝对值	var x =−100; var result = abs(x);	100
ceil(x)	使用进一法返回整数值，即舍去小数点和后面的所有内容，整数部分加 1	var x = 3.1415; var result = ceil(x);	4

续表

方 法 名 称	解　　释	使 用 示 例	示例中 result 的值
cos(x)	返回数字的余弦值，x 指的是弧度值	var x = Math.PI/2; var result = cos(x);	0
floor(x)	使用去尾法返回整数值，即舍去小数点和后面的所有内容，整数部分不变	var x = 3.1415; var result = floor(x);	3
max(x,y)	返回两个数之间的最大值	var x = 2, y = 3; var result = max(x, y);	3
min(x,y)	返回两个数之间的最小值	var x = 2, y = 3; var result = min(x, y);	2
pow(x,y)	返回 x 的 y 次方	var x = 2, y = 3; var result = pow(x, y);	8
random()	返回[0,1)的随机数	var result = random();	0～1 的随机浮点数
round(x)	返回数字四舍五入后的整数	var x = 3.1415; var result = round(x);	3
sin(x)	返回数字的正弦值，x 指的是弧度值	var x = Math.PI/2; var result = sin(x);	1
sqrt(x)	返回数字的平方根	var x = 9; var result = sqrt(x);	3
tan(x)	返回数字的正切值，x 指的是弧度值	var x = Math.PI/4; var result = tan(x);	1

注：角度值 360°相当于弧度值 2π。

【例 3-22】 **JavaScript Math 对象的简单应用。**

使用 Math 对象的部分属性和方法计算球体的体积，公式为 $V=4/3\pi R^3$。

```
1. <!DOCTYPE html>
2. <html>
3.   <head>
4.     <meta charset="utf-8">
5.     <title>JavaScript Math 对象的简单应用</title>
6.   </head>
7.   <body>
8.     <h3>JavaScript Math 对象的简单应用</h3>
9.     <hr/>
10.    <p>
11.       已知球体半径为 100 米，使用 Math 对象计算球体的体积。<br>
12.        公式：V=4/3πR<sup>3</sup>
13.    </p>
14.    <script>
15.    //初始化球体半径
16.     var R=100;
17.     //计算球体的体积
18.     var V=4/3*Math.PI*Math.pow(R,3);
19.     //四舍五入后显示计算结果
20.     alert("半径为 100 米的球体体积是："+Math.round(V)+"m³");
21.    </script>
22.  </body>
23.</html>
```

运行效果如图 3-23 所示。

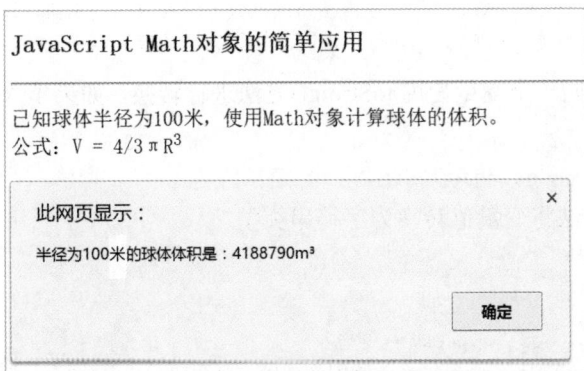

图 3-23 JavaScript Math 对象的简单应用效果

3.2.3 宿主对象

宿主对象包括 HTML DOM（文档对象模型）和 BOM（浏览器对象模型），具体内容和用法请参考第 5 章。

3.3 JavaScript 类型转换

3.3.1 转换成字符串

在 JavaScript 中，布尔值类型（Boolean）和数字类型（Number）均可使用 toString()方法把值转换为字符串形式。

布尔值类型（Boolean）的 toString()方法只能根据初始值返回 true 或者 false。例如：

```
var x=true;
var result=x.toString(); //返回"true"
```

数字类型（Number）使用 toString()方法有两种模式，即默认模式和基数模式。

在默认模式中，toString()不带参数直接使用，此时无论是整数、小数还是科学记数法表示的内容都会显示为十进制的数值。例如：

```
var x1=99;
var x2=99.90;
var x3=1.25e8;

var result1=x1.toString(); //返回值为"99"
var result2=x2.toString(); //返回值为"99.9"
var result3=x3.toString(); //返回值为"125000000"
```

如果小数点后面以 0 结束，那么在转换成 String 类型时最末端的 0 都会被省略，本例中变量 x2 的返回值就是"99.9"，而不是原始的"99.90"；使用科学记数法表示的数值也会显示成计算后的十进制完整结果，本例中变量 x3 的返回值就是"125000000"，而不是"1.25e8"本身。

在基数模式下，需要在 toString()方法的括号内部填入一个指定的参数，根据参数指示把原始数据转换为二进制、八进制或十六进制数。其中，二进制对应基数 2，八进制对应基数 8，十六进制对应基数 16。例如：

```
var x=10;
var result1=x.toString(2);        //声明将原始数据转换成二进制数，返回值为"1010"
```

```
var result2=x.toString(8);        //声明将原始数据转换成八进制数,返回值为"12"
var result3=x.toString(16);       //声明将原始数据转换成十六进制数,返回值为"A"
```

扫一扫

视频讲解

由此可见,对于同一个变量使用 toString()方法进行转换,如果填入的基数不同会导致返回完全不同的结果。

【例 3-23】 JavaScript 转换字符串类型的简单应用。

使用 toString()方法将变量值转换为字符串类型。

```
1.  <!DOCTYPE html>
2.  <html>
3.      <head>
4.          <meta charset="utf-8">
5.          <title>JavaScript 转换字符串类型的简单应用</title>
6.      </head>
7.      <body>
8.          <h3>JavaScript 转换字符串类型的简单应用</h3>
9.          <hr/>
10.         <p>
11.             将数值 200 分别转换为二进制、八进制和十六进制数。
12.         </p>
13.         <script>
14.         //初始化变量
15.         var x=200;
16.         //转换为二进制数
17.         var result1=x.toString(2);
18.         //转换为八进制数
19.         var result2=x.toString(8);
20.         //转换为十六进制数
21.         var result3=x.toString(16);
22.         //输出结果
23.         alert("toString(2):"+result1+"\ntoString(8):"+result2+"\ntoString(16):
            "+result3);
24.         </script>
25.     </body>
26.</html>
```

运行效果如图 3-24 所示。

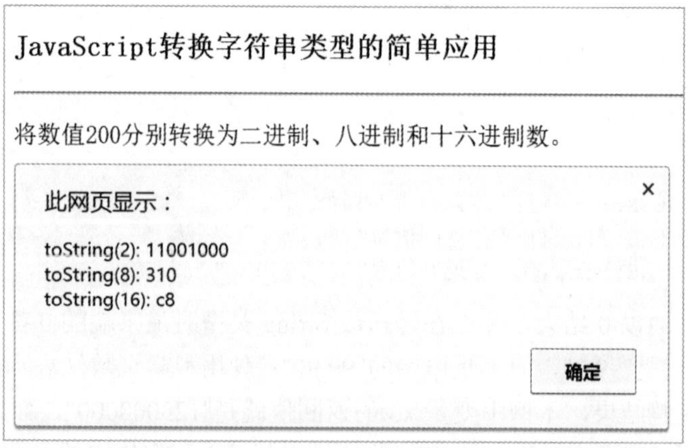

图 3-24 JavaScript 转换字符串类型的简单应用效果

3.3.2 转换成数字

JavaScript 提供了两种将 String 类型转换为 Number 类型的方法,即 parseInt()和 parseFloat(),

其中，parseInt()用于将值转换为整数，parseFloat()用于将值转换为浮点数。这两种方法仅适用于对 String 类型的数字内容的转换，其他类型的返回值都是 NaN。

1　parseInt()方法

parseInt()方法转换的原理是从左向右依次检查每个位置上的字符，判断该位置上是否为有效数字，如果是则将有效数字转换为 Number 类型，直到发现不是数字的字符，停止后续的检查工作。例如：

```
var x="123hello";
var result=parseInt(x);  //返回值是 123，因为 h 不是有效数字，停止检查
```

如果需要转换的字符串从第一个位置就不是有效数字，则直接返回 NaN。例如：

```
var x="hello";
var result=parseInt(x);   //返回值是 NaN，因为第一个字符 h 就不是有效数字，直接停止检查
```

由于 parseInt()只能进行整数数字的转换，所以即使检测到某个字符位置上是小数点，也会认为不是有效数字，从而终止检测和转换。例如：

```
var x="3.14";
var result=parseInt(x); //返回值是 3，因为小数点不是有效数字，停止检查
```

parseInt()方法还有一个参数 2，可以用于声明需要转换的数字为二进制、八进制、十进制、十六进制数等。例如：

```
var x="10";
var result1=parseInt(x, 2);      //表示原始数据为二进制数，返回值为 2
var result2=parseInt(x, 8);      //表示原始数据为八进制数，返回值为 8
var result3=parseInt(x, 10);     //表示原始数据为十进制数，返回值为 10
var result4=parseInt(x, 16);     //表示原始数据为十六进制数，返回值为 16
```

需要注意的是，如果原始数据为十进制数，但是前面以数字 0 开头，则最好使用参数 2 进行特别强调，否则会被默认转换为八进制数。例如：

```
var x="010";
var result1=parseInt(x);         //表示原始数据为八进制数，返回值为 8
var result2=parseInt(x, 10);     //表示原始数据为十进制数，返回值为 10
var result3=parseInt(x, 8);      //表示原始数据为八进制数，返回值为 8
```

因此，如果是声明十进制数，请尽量避免使用 0 作为开头的写法。

【例 3-24】 **JavaScript** 转换整数类型的简单应用。

使用 parseInt()方法将变量值转换为整数类型。

扫一扫

视频讲解

```
1.  <!DOCTYPE html>
2.  <html>
3.      <head>
4.          <meta charset="utf-8">
5.          <title>JavaScript 转换整数类型的简单应用</title>
6.      </head>
7.      <body>
8.          <h3>JavaScript 转换整数类型的简单应用</h3>
9.          <hr/>
10.         <p>
11.             var x="3.99";
12.         </p>
13.         <script>
14.            //初始化变量 x
15.             var x="3.99";
16.             //直接使用+号
```

```
17.          var result1=x+1;
18.          //转换为整数后使用+号
19.          var result2=parseInt(x)+1;
20.          //输出结果
21.          alert("x+1="+result1+"\nparseInt(x)+1="+result2);
22.      </script>
23.   </body>
24.</html>
```

运行效果如图 3-25 所示。

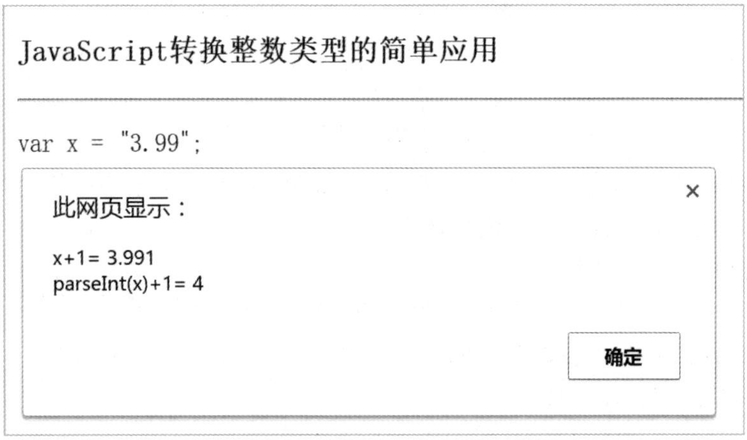

图 3-25　JavaScript 转换整数类型的简单应用效果

【代码说明】

本例声明了变量 x 并赋值为字符串"3.99"作为测试用例,变量 result1 的返回值为直接使用加号(+)连接变量 x 和数字 1 的结果;变量 result2 的返回值为使用 parseInt()方法对变量 x 进行类型转换后再与数字 1 相加的结果。

由图 3-25 可见,当直接使用加号(+)时会默认为是两个字符串的连接,并没有进行加法计算,只有先将变量 x 转换为整数类型后才进行数学运算,其中字符串"3.99"转换后为数字 3。这是由于加号的特殊性,既可以做数学运算符号,也可以做字符串的连接符号。

2 parseFloat()方法

parseFloat()方法的转换原理与 parseInt()方法类似,都是从左向右依次检查每个位置上的字符,判断该位置上是否为有效数字,如果是则将有效数字转换为 Number 类型,直到发现不是数字的字符,停止后续的检查工作。

与 parseInt()方法类似,如果需要转换的字符串从第一个位置就不是有效数字,则直接返回 NaN。例如:

```
var x="hello3.14";
var result=parseFloat(x); //返回值是 NaN,因为第一个字符 h 就不是有效数字,停止检查
```

与 parseInt()方法不同的是,小数点在 parseInt()方法中也被认为是无效字符,但是在 parseFloat()方法中首次出现的小数点被认为是有效的。例如:

```
var x="3.14hello";
var result=parseFloat(x); //返回值是 3.14,因为 h 不是有效数字,停止检查
```

如果同时出现多个小数点,只有第一个小数点是有效的。例如:

```
var x="3.14.15.926";
var result=parseFloat(x); //返回值是 3.14,因为第二个小数点不是有效数字,停止检查
```

parseFloat()和 parseInt()还有一个不同之处：parseFloat()方法只允许接受十进制的表示方法，而 parseInt()方法允许转换为二进制、八进制和十六进制数。

对于八进制数，如果是最前面带有数字 0 的形式，会直接忽略 0 转换为十进制数。例如：

```
var x="010";
var result1=parseInt(x);          //默认为八进制数，返回值为 8
var result2=parseFloat(x);        //默认为十进制数，返回值为 10
```

对于十六进制数，如果出现字母，则直接按照字面的意思认为是无效的字符串。例如：

```
var x="A";
var result1=parseInt(x, 16);      //parseInt()允许十六进制数，返回值为 10
var result2=parseFloat(x);        //parseFloat()不允许十六进制数，返回值为 NaN
```

扫一扫

视频讲解

【例 3-25】 **JavaScript** 转换浮点数类型的简单应用。

使用 parseFloat()方法将变量值转换为浮点数类型。

```
1. <!DOCTYPE html>
2. <html>
3.     <head>
4.         <meta charset="utf-8">
5.         <title>JavaScript 转换浮点数类型的简单应用</title>
6.     </head>
7.     <body>
8.         <h3>JavaScript 转换浮点数类型的简单应用</h3>
9.         <hr/>
10.        <p>
11.            不同内容的字符串转换浮点数的结果。
12.        </p>
13.        <script>
14.        //纯字母的情况
15.        var result1=parseFloat("hello");
16.        //多个小数点的情况
17.        var result2=parseFloat("12.12.13");
18.        //既有数字又有字母的情况
19.        var result3=parseFloat("3.14PI");
20.        //输出结果
21.        alert("hello=> "+result1+"\n12.12.13=> "+result2+"\n3.14PI=> "+
           result3);
22.        </script>
23.    </body>
24.</html>
```

运行效果如图 3-26 所示。

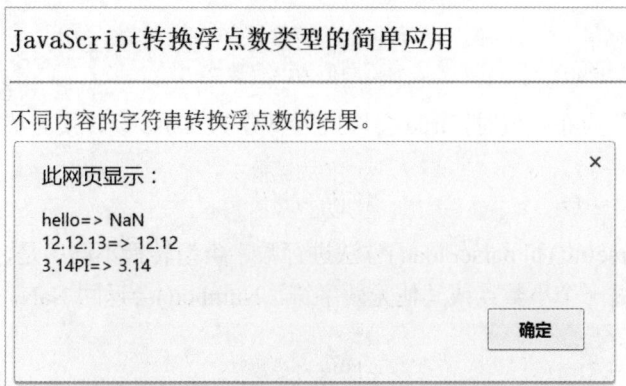

图 3-26　JavaScript 转换浮点数类型的简单应用效果

3.3.3　强制类型转换

一些特殊的值无法使用 toString()、parseInt()或 parseFloat()方法进行转换，例如 null、undefined 等，此时可以使用 JavaScript 中的强制转换（Type Casting）对其进行转换。

在 JavaScript 中有以下 3 种强制类型转换函数。

- Boolean(value)：把指定的值强制转换为布尔值。
- Number(value)：把指定的值强制转换为数值（整数或浮点数）。
- String(value)：把指定的值强制转换为字符串。

1 Boolean()函数

JavaScript 中的所有其他类型都可以使用强制类型转换函数 Boolean()转换为布尔值，再进行后续计算。

当需要转换的值为非空字符串时，Boolean()函数的返回值为 true；当需要转换的值为空字符串时，会返回 false。例如：

```
var result1=Boolean("hello");        //非空字符串的返回值为 true
var result2=Boolean("");             //空字符串的返回值为 false
```

当需要转换的值为数字时，整数 0 的返回值为 false，其余所有整数与浮点数的返回值为true。例如：

```
var result1=Boolean(0);              //数字 0 的返回值为 false
var result2=Boolean(999);            //非 0 整数的返回值为 true
var result3=Boolean(3.14);           //浮点数的返回值为 true
```

当需要转换的值为 null 或 undefined 时，Boolean()函数的返回值均为 false。例如：

```
var result1=Boolean(null);           //返回值为 false
var result2=Boolean(undefined);      //返回值为 false
```

当需要转换的值本身就是布尔值时会转换为原本的值。例如：

```
var result1=Boolean(true);           //返回值为 true
var result2=Boolean(false);          //返回值为 false
```

2 Number()函数

在 JavaScript 中，Number()函数可以将任意类型的值强制转换为数字类型。当需要转换的内容为符合语法规范的整数或小数时，Number()将调用对应的 parseInt()或 parseFloat()方法进行转换。例如：

```
var x=Number("2");                   //返回值为整数 2
var y=Number("2.9");                 //返回值为浮点数 2.9
```

当需要转换的值为布尔值时，true 会转换为整数 1，false 会转换为整数 0。例如：

```
var x=Number(true);                  //返回值为整数 1
var y=Number(false);                 //返回值为整数 0
```

与直接使用 parseInt()和 parseFloat()方法进行数字类型转换不同的是，如果需要转换的值为数字后面跟随超过一个小数点或其他无效字符，Number()会返回 NaN。例如：

```
var x="2.12.13";
var result1=parseInt(x);             //返回值为整数 2
var result2=parseFloat(x);           //返回值为浮点数 2.12
var result3=Number(x);               //返回值为 NaN
```

当需要转换的值为 null 或 undefined 时，Number()函数分别返回 0 和 NaN。例如：

```
var x1=null;                    //null 值
var x2;                         //undefined 值
var result1=Number(x1);        //返回整数 0
var result2=Number(x2);        //返回 NaN
```

当需要转换的值为其他自定义对象时，返回值均为 NaN。例如：

```
var student=new Object();
var result=Number(student);     //返回 NaN
```

3 String()函数

在 JavaScript 中，String()函数可以将任意类型的值强制转换为字符串类型并保留字面内容，这与 toString()的转换方法类似。与 toString()方法的不同之处在于，String()函数还可以将 null、undefined 类型强制转换为字符串类型。例如：

```
var x=null;
var result1=String(x);         //返回值为字符串"null"
var result2=x.toString();      //发生错误，无返回值
```

3.4　JavaScript 运算符

3.4.1　赋值运算符

在 JavaScript 中，=运算符专门用来为变量赋值，因此也称为赋值运算符。在声明变量时可以使用赋值运算符对其进行初始化，例如：

```
var x1=9;             //为变量 x1 赋值整数 9
var x2="hello";       //为变量 x2 赋值字符串"hello"
```

用户也可以使用赋值运算符将已存在的变量值赋给新的变量，例如：

```
var x1=9;             //为变量 x1 赋值整数 9
var x2=x1;            //将变量 x1 的值赋给新声明的变量 x2
```

另外，还可以使用赋值运算符为多个变量连续赋值，例如：

```
var x=y=z=99;         //此时变量 x、y、z 均被赋值整数 99
```

赋值运算符的右边还可以接受表达式，例如：

```
var x=100+20;         //此时变量 x 被赋值为 120
```

这里使用了加法（+）运算符形成的表达式，在运行过程中会优先对表达式进行计算，然后再对变量 x 进行赋值。加法运算符属于算术运算符的一种，接下来将介绍常用的各类算术运算符。

3.4.2　算术运算符

在 JavaScript 中，所有的基本运算均可以使用对应的算术运算符完成，包括加、减、乘、除、求余等。算术运算符的常见用法如表 3-13 所示。

表 3-13　算术运算符的常见用法

运　算　符	解　释	示　例	变量 **result** 的返回值
+	加号，将两端的数值相加求和	var x=3, y=2; var result = x + y;	5
−	减号，将两端的数值相减求差	var x=3, y=2; var result = x−y;	1
*	乘号，将两端的数值相乘求积	var x=3, y=2; var result = x * y;	6
/	除号，将两端的数值相除求商	var x=4, y=2; var result = x / y;	2
%	求余符号，将两端的数值相除求余数	var x=3, y=2; var result = x % y;	1

++	自增符号，数字自增 1	var x=3;
		x++;
		var result = x;
			4

−−	自减符号，数字自减 1	var x=3;
		x−−;
		var result = x;
			2

其中，加号还有一个特殊用法，即可用于连接文本内容或字符串变量。例如：

```
var s1="Hello";
var s2=" JavaScript";
var s3=s1+s2;        //结果是 Hello JavaScript
```

如果将字符串和数字用加号相连，则会先将数字转换为字符串，再进行连接。例如：

```
var s="Hello";
var x=2024;
var result=s+x;      //结果是 Hello2024
```

在上述代码中即使字符串本身也是数字内容，使用加号连接仍然不会进行数学运算。例如：

```
var s="2023";
var x=2024;
var result=s+x;      //结果是 20232024，而不是两个数字相加的和
```

将赋值运算符（等号）和算术运算符（加、减、乘、除、求余数）结合使用可以达到简写的效果，具体用法如表 3-14 所示。

表 3-14　运算符组合表

运算符组合	格　式	解　释
+=	x += y	等同于 x = x + y
−=	x −= y	等同于 x = x − y
*=	x *= y	等同于 x = x * y
/=	x /= y	等同于 x = x / y
%=	x %= y	等同于 x = x % y

3.4.3　逻辑运算符

逻辑运算符有 3 种类型，即 NOT（逻辑非）、AND（逻辑与）和 OR（逻辑或）。逻辑运算符使用的符号与对应关系如表 3-15 所示。

表 3-15 逻辑运算符使用的符号与对应关系

运 算 符	解 释
!	逻辑非，表示对布尔值结果再次反转。例如原先为 true，加上！符号后返回值就变为 false
&&	逻辑与，表示并列关系。注意，在&&符号前后的条件均为 true，返回值才为 true；只要有一个条件为 false，则返回值就为 false
‖	逻辑或，表示二选一的关系。在‖符号前后的条件只要有一个为 true，返回值就为 true；如果两个条件都为 false，则返回值为 false

在进行逻辑运算之前，JavaScript 中自带的抽象操作 ToBoolean 会将运算条件转换为逻辑值，转换规则如表 3-16 所示。

表 3-16 ToBoolean 的转换规则

值	示 例	转 换 结 果
布尔值真（true）	var x = true;	维持原状，仍为 true
布尔值假（false）	var x = false;	维持原状，仍为 false
null	var x = null;	false
undefined	var x = undefined;	false
非空字符串	var x = "Hello";	true
空字符串	var x = "";	false
数字 0	var x = 0;	false
NaN	var x = NaN;	false
其他数字（非 0 或 NaN）	var x = 99;	true
对象	var student = new Object();	true

1 逻辑非运算符

在 JavaScript 中，逻辑非运算符（NOT）与在 C 语言和 Java 语言中相同，使用感叹号（！）并放置在运算内容左边。逻辑非运算符的返回值只能是布尔值，即 true 或者 false。逻辑非运算符的运算规则如表 3-17 所示。

表 3-17 逻辑非运算符的运算规则

运算数类型	示 例	返 回 值
数字 0	var result = !0;	true
其他非 0 的数字	var result = !99;	false
对象	var student = new Object(); var result = !student;	false
空值 null	var x = null; var result = !x;	true
NaN	var x = NaN; var result = !x;	true
未赋值 undefined	var x; var result = !x;	true

2 逻辑与运算符

在 JavaScript 中，逻辑与运算符（AND）使用双和符号（&&）表示，用于连接符号前后的两个条件判断，表示并列关系。当两个条件均为布尔值时，逻辑与的运算结果也是布尔值（true 或者 false）。逻辑与的判断结果如表 3-18 所示。

表 3-18　逻辑与（&&）的判断结果

条件 1	条件 2	返 回 值
真（true）	真（true）	真（true）
真（true）	假（false）	假（false）
假（false）	真（true）	假（false）
假（false）	假（false）	假（false）

由表 3-18 可见，在条件 1 和条件 2 本身均为布尔值的前提下，只有当两个条件均为真（true）时，逻辑与的返回值才为真（true）；只要有一个条件为假（false），逻辑与的返回值就为假（false）。

另外还有一种特殊情况：当条件 1 为假（false）时，无论条件 2 是什么内容（例如 null 值、undefined、数字、对象等），最终返回值都是假（false）。原因是逻辑与有简便运算的特性，即如果第一个条件为假（false），直接判断逻辑与的运行结果为假（false），不再执行第二个条件。例如：

```
var x1=false;
var result=x1&&x2;       //因为 x1 为 false，可以忽略 x2 直接判断最终结果
alert(result);           //该语句的执行结果为 false
```

由于条件 1 为 false，逻辑与会直接判断最终结果为 false，忽略条件 2。因此，即使本例中条件 2 的变量未声明，也不影响代码的运行。

但是如果条件 1 为真（true），无法判断最终结果，此时仍然需要判断条件 2。例如，上例中修改变量 x1 的值为真（true），代码如下。

```
var x1=true;
var result=x1&&x2;       //因为未声明变量 x2，所以在执行时发生错误
alert(result);           //该语句不会被执行
```

此时由于逻辑与需要判断条件 2 的值，所以会发现变量 x2 从未被声明过，从而在执行时发生错误，导致后续语句不会被执行。

如果存在某个条件是数字类型，则先将其转换为布尔值再继续判断。其中，数字 0 对应的是假（false），其他非 0 数字对应的都是真（true）。例如：

```
var x1=0;         //对应的是 false
var x2=99;        //对应的是 true
var result=x1&&x2; //结果是 false
```

逻辑与运算符的返回值不一定是布尔值，如果其中某个条件的返回值不是布尔值，有可能出现其他返回值。逻辑与的运算规则如表 3-19 所示。

表 3-19　逻辑与（&&）的运算规则

运算数类型	示　例	返 回 值
一个是对象，另一个是布尔值	var student = new Object(); var result = student&&true;	返回对象类型，即 student

两个都是对象	var student1 = new Object();
	var student2= new Object();
	var result = student1&&student2;
		返回第二个对象，即 student2

一个是空值 null，另一个是布尔值	var x = null; var result = x&&true;	null

续表

运算数类型	示　　例	返　回　值
存在 NaN	var x = 100 / 0; var result = x&&true;	NaN
存在未赋值 undefined	var x; var result = x&&true;	undefined

注：以上所有情况均不包括条件 1 为假（false），因为此时无论条件 2 是什么内容，最终返回值都是假（false）。

3 逻辑或运算符

在 JavaScript 中，逻辑或运算符（OR）使用双竖线符号（||）表示，用于连接符号前后的两个条件判断，表示二选一的关系。当两个条件均为布尔值时，逻辑或的运算结果也是布尔值（true 或者 false）。逻辑或的判断结果如表 3-20 所示。

表 3-20　逻辑或（||）的判断结果

条件 1	条件 2	返　回　值
真（true）	真（true）	真（true）
真（true）	假（false）	真（true）
假（false）	真（true）	真（true）
假（false）	假（false）	假（false）

由表 3-20 可见，在条件 1 和条件 2 本身均为布尔值的前提下，只有当两个条件均为假（false）时，逻辑或的返回值才为假（false）；只要有一个条件为真（true），逻辑或的返回值就为真（true）。

另外还有一种特殊情况：当条件 1 为真（true）时，无论条件 2 是什么内容（例如 null 值、undefined、数字、对象等），最终返回值都是真（true）。原因是逻辑或也具有简便运算的特性，即如果第一个条件为真（true），直接判断逻辑或的运行结果为真（true），不再执行第二个条件。例如：

```
var x1=true;
var result=x1||x2; //因为 x1 为 true，可以忽略 x2 直接判断最终结果
alert(result);        //该语句的执行结果为 true
```

由于条件 1 为真（true），逻辑或会直接判断最终结果为真（true），忽略条件 2。因此，即使本例中条件 2 的变量未声明，也不影响代码的运行。

但是如果条件 1 为假（false），无法判断最终结果，此时仍然需要判断条件 2。例如，上例中修改变量 x1 的值为假（false），代码如下。

```
var x1=false;
var result=x1||x2; //因为未声明变量 x2，所以在执行时发生错误
alert(result);        //该语句不会被执行
```

此时由于逻辑或需要判断条件 2 的值，所以会发现变量 x2 从未被声明过，从而在执行时发生错误，导致后续语句不会被执行。

和逻辑与运算符类似，如果存在某个条件是数字类型，则先将其转换为布尔值再继续判断。其中，数字 0 对应的是假（false），其他非 0 数字对应的都是真（true）。例如：

```
var x1=0;            //对应的是 false
var x2=99;           //对应的是 true
var result=x1||x2; //结果是 true
```

逻辑或运算符的返回值也不一定是布尔值，如果其中某个条件的返回值不是布尔值，有可能出现其他返回值。逻辑或的运算规则如表 3-21 所示。

表 3-21　逻辑或（||）的运算规则

运算数类型	示　　例	返　回　值
条件 1 为 false，条件 2 为对象	var student = new Object(); var result = false||student;	返回对象类型，即 student

两个都是对象	var student1 = new Object();
	var student2= new Object();
	var result = student1||student2;
		返回第一个对象，即 student1

条件 1 为 false，条件 2 为 null	var x = null; var result = false||x;	null
条件 1 为 false，条件 2 为 NaN	var x = 100 / 0; var result = false||x;	NaN
条件 1 为 false，条件 2 为 undefined	var x; var result = false||x;	undefined

注：以上所有情况均不考虑条件 1 为真（true），因为此时无论条件 2 是什么内容，根据逻辑或的简便运算特性，最终返回值都是真（true）。

3.4.4　关系运算符

在 JavaScript 中关系运算符共有 4 种，即大于（>）、小于（<）、大于或等于（>=）和小于或等于（<=），用于比较两个值的大小，返回值一定是布尔值（true 或 false）。

1 数字之间的比较

数字之间的比较完全依据数学中比大小的规律，当条件成立时返回真（true），否则返回假（false）。例如：

```
var result1=99>0;        //符合数学规律，返回 true
var result2=1>100;       //不符合数学规律，返回 false
```

此时只要两个运算数都是数字即可，整数或小数都可以依据此规律进行比较，并且返回对应的布尔值。

2 字符串之间的比较

当两个字符串比大小时是按照从左向右的顺序依次比较相同位置上的字符，如果字符完全一样，则继续比较下一个。

如果两个字符串在相同位置上都是数字，则仍然按照数学上的大小进行比较。例如：

```
var x1="9";
var x2="1";
var result=x1>x2;        //返回 true
```

此时从数学概念上来说 9 大于 1，因此返回值是真（true）。

如果两个数字的位数不一样，仍然只对相同位置上的数字比大小，不按照数学概念看整体数值大小。例如：

```
var x1="9";
var x2="10";
var result=x1>x2;        //返回 true
```

虽然从数学概念上来说 10 应该大于 9，但是由于字符串同位置比较原则，此时比较的是变量 x1 中的 9 和变量 x2 中的 1，得出结论 9 大于 1，因此返回值仍然是真（true）。

由于 JavaScript 是一种大小写敏感的程序语言，所以如果相同位置上的字符大小写不同可以直接做出判断，因为大写字母的代码小于小写字母的代码。例如：

```
var x1="hello";
var x2="HELLO";
var result=x1>x2;        //返回 true
```

在该例中按照从左向右的顺序先比较两个字符串的第一个字符，即变量 x1 中的 h 和变量 x2 中的 H。由于大写字母的代码小于小写字母的代码，所以返回值是真（true）。此时已判断出结果，所以不再继续比较后续的字符。

如果大小写相同，则按照字母表的顺序进行比较，字母越往后越大。例如：

```
var x1="hello";
var x2="world";
var result=x1>x2;        //返回 false
```

在上例中同样按照从左向右的顺序先比较两个字符串的第一个字符，即变量 x1 中的 h 和变量 x2 中的 w。按照字母表的顺序 h 在先、w 在后，所以返回值是假（false）。此时已判断出结果，所以不再继续比较后续的字符。

如果不希望两个字符串之间的比较受到大小写字母的干扰，而是无论大小写都按照字母表的顺序比较，可以将所有字母都转换为小写或大写的形式，再进行大小的比较。

使用 toLowerCase()方法可以将所有字母转换为小写形式，例如：

```
var x1="ball";
var x2="CAT";
var result1=x1>x2;                              //返回 true
var result2=x1.toLowerCase()>x2.toLowerCase(); //返回 false
```

本例给出了变量 result1 作为参照，当未进行大小写转换时，由于大写字母小于小写字母，即使字母 c 在字母表更后的位置，也只能返回真（true）；使用 toLowerCase()方法将字母全部转换为小写形式后，结果符合字母表顺序排序的要求，返回假（false）。

使用 toUpperCase()方法可以将所有字母转换为大写形式，例如：

```
var x1="ball";
var x2="CAT";
var result1=x1>x2;                              //返回 true
var result2=x1.toUpperCase()>x2.toUpperCase(); //返回 false
```

本例使用 toUpperCase()将所有字母转换为大写再进行比较，与之前使用 toLowerCase()方法将所有字母转换为小写的原理相同，这里不再赘述。

③ 字符串与数字的比较

当对字符串与数字比大小时，总是先将字符串强制转换为数字再进行比较。例如：

```
var x1="100";
var x2=99;
var result1=x1>x2; //返回 true
```

如果字符串中包含字母或其他字符导致无法转换为数字，则直接返回假（false）。例如：

```
var x1="hello";
var x2=99;
var result1=x1>x2; //返回 false
```

因为变量 x1 的字符串在强制转换为数字时会变成 NaN 类型，当用 NaN 类型与数字类型比大小时默认返回假（false）。无论中间的关系运算符是哪一种，所产生的结果都是一样的，即使修改本例中的最后一行代码为相反的含义（var result1=x1 < x2;），返回值仍然为假（false）。

3.4.5　相等性运算符

在 JavaScript 中相等性运算符共有 4 种，即等于（==）、非等于（!=）、全等于（===）和非全等于（!==），用于判断两个值是否相等，返回值一定是布尔值（true 或 false）。

1 等于和非等于运算符

在 JavaScript 中，判断两个数值是否相等用双等于号（==），只有在两个数值完全相等时才返回真（true）；判断两个数值是否不相等使用感叹号加等号（!=），在两个数值不一样的情况下返回真（true）。

在使用等于或非等于运算符进行比较时，如果两个值均为数字类型，则直接进行数学逻辑上的比较，判断是否相等。例如：

```
var x1=100;
var x2=99;
alert(x1 == x2);          //返回 false
```

如果需要进行比较的数据存在其他数据类型（例如字符串、布尔值等），要先将运算符前后的内容尝试转换为数字再进行比较判断。数据类型转换规则如表 3-22 所示。

表 3-22　数据类型转换规则

数　据　类　型	示　　　例	转　换　结　果
布尔值（真）	true	1
布尔值（假）	false	0
字符串（纯数字内容）	"99"	99
字符串（非纯数字内容）	"99hello123"	NaN
空值	null	null
未定义的值	undefined	undefined

注：在进行数字转换时，null、undefined 不可以进行转换，需保持原值不变，并且在判断时 null 与 undefined 被认为是相等的。

在进行了数据类型转换后仍然不是数字类型的特殊情况判断规则如表 3-23 所示。

表 3-23　相等性特殊情况判断规则

运算数类型	示　　　例	返　回　值

一个为 null，另一个为 undefined	var x1=null;
	var x2;
	var result = (x1==x2);
		true

两个值均为 null	var x1 = null;
	var x2 = null;
	var result = (x1==x2);
		true

两个值均为 undefined	var x1; var x2; var result = (x1==x2);	true

一个为数字，另一个为 NaN	var x1 = 5;
	var x2 = parseInt("a");
	var result = (x1==x2);
		false

两个值均为 NaN	var x1 = parseInt("a");
	var x2 = parseInt("b");
	var result = (x1==x2);
		false

2 全等于和非全等于运算符

全等于号由 3 个连续的等号组成（===），也用于判断两个数值是否相同，作用和双等于号（==）类似，但是全等于号更加严格，在执行判断前不进行任何类型转换，两个数值必须数据类型相同并且内容也相同才返回真（true）。例如：

```
var x1=100;
var x2="100";
var result1=(x1 == x2);        //返回 true
var result2=(x1 === x2);       //返回 false
```

在本例中变量 x1 是数字类型，变量 x2 是字符串类型。虽然它们的内容都是 100，参照变量 result1 使用了普通双等于号（==），返回结果为真（true），但是变量 result2 使用了全等于号（===）会判断为假（false），因为它们的数据类型不相同，数字不能等于字符串。所以全等于号更为严谨，只要数据类型不同则直接判断为假（false），不再进行数据类型转换。

非全等于号由感叹号和两个连续的等号组成（!==），用于判断两个数值是否不同。它有两种情况返回真（true），一是两个数值的数据类型不相同；二是两个数值虽然数据类型一样，但是内容不相同；其他情况均返回假（false）。继续使用上例中的变量 x1 和 x2 判断非全等于，代码如下。

```
var x1=100;
var x2="100";
var result1=(x1 != x2);        //返回 false
var result2=(x1 !== x2);       //返回 true
```

此时参照变量 result1 使用的是普通非等于号（!=），因此会先把变量 x2 转换为数字再进行判断，得出二者相等的结论，最后返回结果为假（false）。变量 result2 使用的是非全等于号（!==），因此首先判断两个数值的数据类型。由于变量 x1 是数字，变量 x2 是字符串，数据类型不相同，所以直接返回真（true），不再继续判断数据的内容。

3.4.6　条件运算符

JavaScript 中的条件运算符的语法和 Java 语言相同，语法格式如下。

变量=布尔表达式条件？ 结果 1： 结果 2

该格式使用问号（?）标记前面的内容为条件表达式，返回值以布尔值的形式出现。问号后面是两种不同的选择结果，用冒号（:）将其隔开，如果条件为真则把结果 1 赋给变量，否则把结果 2 赋给变量。

例如使用条件运算符进行数字大小比较，代码如下。

```
var x1=5;
var x2=9;
var result=(x1>x2)? x1: x2;
```

在本例中变量 result 将被赋予变量 x1 和 x2 中的最大值。表达式判断 x1 是否大于 x2，如果为真则把 x1 值赋给 result，否则把 x2 值赋给 result。显然，x1>x2 的返回值是 false，因此变量 result 最终会被赋成 x2 的值，最终答案为 9。

3.5 阶段案例：生肖计算

3.5.1 案例需求

制作一款可以根据输入的 4 位数年份自动计算当年生肖的小应用，例如输入"2023"会得到提示"2023 年是兔年"。

3.5.2 案例分析

因为生肖一共有 12 个，可以尝试求年份与 12 的余数，会发现相同余数的年份其生肖也是相同的，例如余数是 6 的都是虎年，余数是 8 的都是龙年。那么把生肖按照余数从 0 到 11 的顺序排列出来的数组是["猴","鸡","狗","猪","鼠","牛","虎","兔","龙","蛇", "马","羊"]，根据余数和数组下标的对应关系就能判断出所输入年份对应的生肖了。

3.5.3 案例制作

创建一个 HTML 文件，文件名可自定义，例如 ChineseZodiac.html。
相关代码如下：

```
1. <!DOCTYPE html>
2. <html>
3. <head>
4. <meta charset="utf-8">
5. <title>生肖计算</title>
6. </head>
7. <body>
8. <!--标题-->
9. <h3>生肖计算</h3>
10.<!--水平线-->
11.<hr>
12.<p>秘诀：求年份与 12 的余数，例如余数为 6 的都是虎年，余数为 8 的都是龙年。 </p>
13.<script>
14.        //生肖数组
15.        var shengxiao = ["猴","鸡","狗","猪","鼠","牛","虎","兔","龙","蛇",
        "马","羊"];
16.        //获取输入的年份
17.        var myYear = prompt("请输入您要计算生肖的 4 位数年份","");
18.        //生肖计算（秘诀：求年份与 12 的余数，判断数组下标）
19.        var i = myYear % 12;
20.        //显示结果
21.        alert(myYear+"年是"+shengxiao[i]+"年");
22.</script>
23.</body>
24.</html>
```

运行效果如图 3-27 所示。

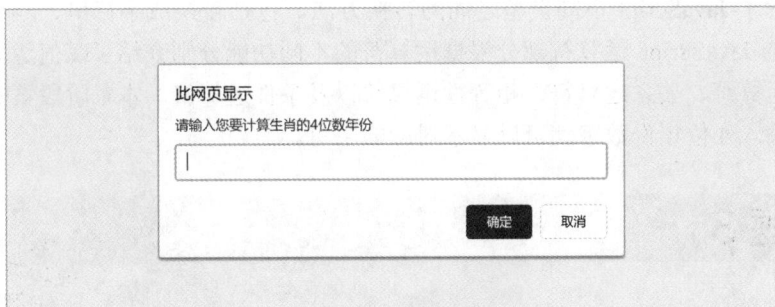

（a）提示输入 4 位数年份

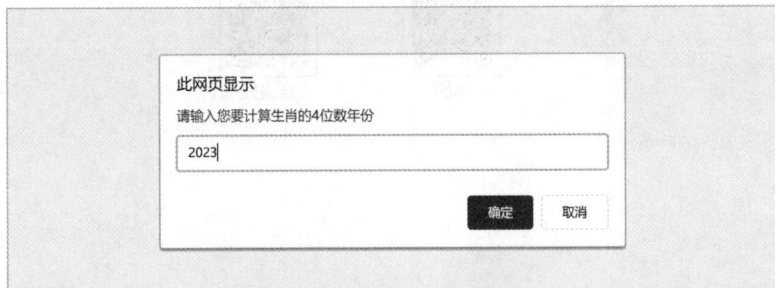

（b）输入年份数字并单击"确定"按钮

（c）显示生肖计算结果

图 3-27　第 3 章阶段案例最终效果图

3.5.4　案例思考

【拓展练习】　是否可以根据输入的月份和日期计算星座？十二个星座的日期范围如下：

水瓶座	双鱼座	白羊座	金牛座	双子座	巨蟹座
1.20—2.18	2.19—3.20	3.21—4.19	4.20—5.20	5.21—6.21	6.22—7.22
狮子座	处女座	天秤座	天蝎座	射手座	摩羯座
7.23—8.22	8.23—9.22	9.23—10.23	10.24—11.22	11.23—12.21	12.22—1.19

【进阶改造】　由于当前尚未学习 if 语句，所以暂时不考虑玩家恶意输入非数字或者不是 4 位的年份数字等特殊情况，请读者在学完第 4 章后考虑如何优化改良本案例。

本章小结

本章首先介绍了 JavaScript 的基本数据类型，包括 Undefined、Null、String、Number 和 Boolean 类型；然后介绍了 JavaScript 的 3 种对象类型，分别是本地对象、内置对象和宿主对象；接着讲解了 JavaScript 不同类型之间的转换方法，包括转换成字符串、数字和强制类型转换；最后在 JavaScript 运算符部分根据运算符的不同功能分别介绍了赋值运算符、算术运算符、逻辑运算符、关系运算符、相等性运算符以及条件运算符。本章阶段案例介绍了生肖计算，用户输入 4 位年份数字就可以显示对应的生肖。

习题 3

扫一扫　　　扫一扫

习题　　　自测题

Chapter 4

JavaScript 语句与函数

本章主要内容是 JavaScript 语句与函数，包括 JavaScript 条件语句、循环语句的使用，以及 JavaScript 函数的应用。

本章学习目标

- 掌握 JavaScript 条件语句的用法；
- 掌握 JavaScript 循环语句的用法；
- 掌握 JavaScript 函数的使用。

4.1 JavaScript 条件语句

4.1.1 几种 if 语句

在各类计算机程序语言中最常见的条件语句就是 if 语句。

1 if 语句

最简单的 if 语句由单个条件组成，语法格式如下。

```
if(条件){
  条件为真（true）时执行的代码
}
```

在 if 后面的括号中填入一个判断条件，一般来说要求填入条件的运算结果为布尔值。如果填入其他数据类型的内容，系统会先将其转换为布尔值再执行后续操作。如果该条件的结果为真（true），则执行大括号内部的代码，可以是单行代码也可以是代码块；如果条件判断的结果为假（false），则直接跳过此段代码不做任何操作。

例如判断成绩等级，如果高于 90 分弹出的对话框提示为"Excellent!"，代码如下。

```
var score=99;
if(score>90){
  alert("Excellent!");
}
```

2 if…else 语句

当判断条件成立与否需要有对应的处理时可以使用 if…else 语句，其语法格式如下。

```
if(条件){
  条件为真（true）时执行的代码
}else{
  条件为假（false）时执行的代码
}
```

如果条件成立，则执行紧跟 if 语句的代码部分，否则执行跟在 else 语句后面的代码部分。

这些代码均可以是单行语句，也可以是一段代码块。

例如，同样是判断成绩等级，如果大于或等于 60 分，则弹出对话框提示"考试通过！"，否则提示"不及格！"。修改后的代码如下。

```
var score=99;
if(score>=60){
  alert("考试通过!");
}else{
  alert("不及格!");
}
```

3 if…else if…else 语句

当有多个条件分支需要分别判断时可以使用 if…else if…else 语句。

```
if(条件1){
  条件1为真（true）时执行的代码
}else if(条件2){
  条件2为真（true）时执行的代码
} else{
  所有条件都为假（false）时执行的代码
}
```

如果条件成立，则执行紧跟 if 语句的代码部分，否则执行 else if 对应的条件判断；如果前面的所有条件都不符合，执行最后一个 else 条件对应的代码。其中的 else if 语句可以根据实际需要有一个或多个。

【例 4-1】 JavaScript if…else 语句的简单应用。

```
1.  <!DOCTYPE html>
2.  <html>
3.      <head>
4.          <meta charset="utf-8">
5.          <title>JavaScript if…else 语句的简单应用</title>
6.      </head>
7.      <body>
8.          <h3>JavaScript if…else 语句的简单应用</h3>
9.          <hr/>
10.         <p>
11.             使用 if…else if…else 语句判断今天是星期几。
12.         </p>
13.         <script>
14.         //获取当前日期时间对象
15.         var date=new Date();
16.         //获取当前是一周中的第几天（0～6）
17.         var day=date.getDay();
18.         //使用 if 语句判断星期几
19.         if(day==1){
20.             alert("今天是星期一。");
21.         }else if(day==2){
22.             alert("今天是星期二。");
23.         }else if(day==3){
24.             alert("今天是星期三。");
25.         }else if(day==4){
26.             alert("今天是星期四。");
27.         }else if(day==5){
28.             alert("今天是星期五。");
29.         }else if(day==6){
30.             alert("今天是星期六。");
```

```
31.        }else if(day==0){
32.            alert("今天是星期日。");
33.        }
34.    </script>
35.    </body>
36.</html>
```

运行效果如图 4-1 所示。

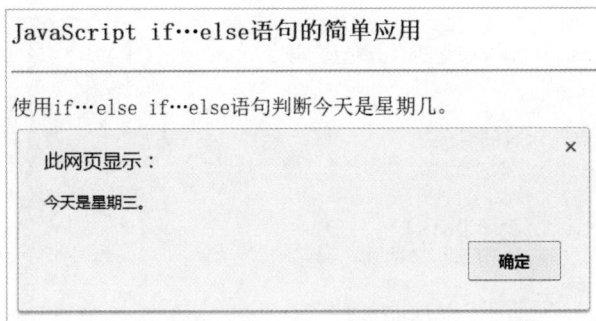

图 4-1　JavaScript if…else 语句的简单应用效果

【代码说明】

本例使用了 if…else if…else 语句判断当前日期是星期几。首先创建 Date 对象，然后使用 getDay()方法获取当前日期为一周中的第几天，最后使用 if 语句分别判断返回值为 0~6 的每一种情况，并使用 alert()方法输出提示语句。

4.1.2　switch 语句

当需要对同一个变量进行多次条件判断时也可以使用 switch 语句代替多重 if…else if…else 语句，语法格式如下。

```
switch(变量){
    case 值1:
     执行代码块1
     break;
    case 值2:
     执行代码块2
     break;
    …
    case 值n:
     执行代码块n
     break;
    [default:
     以上条件均不符合时执行的代码块]
}
```

首先在 switch 后面的小括号中设置一个表达式（通常是一个变量），然后在每一个 case 语句中给出一个值与变量进行比对，如果不一致则跳过该 case 语句，继续比对下一个 case 中给出的值。当变量与比对的值完全一致时执行该 case 语句分支里面的代码块，然后使用 break 语句终止其余代码的执行。其中，default 分支用于执行以上条件均不符合的情况，中括号表示该语句片段为可选内容。

【例 4-2】　JavaScript switch 语句的简单应用。

使用 switch 语句改写例 4-1 中的 if…else if…else 语句，得到同样的最终效果。

扫一扫

视频讲解

```html
1.  <!DOCTYPE html>
2.  <html>
3.      <head>
4.          <meta charset="utf-8">
5.          <title>JavaScript switch 语句的简单应用</title>
6.      </head>
7.      <body>
8.          <h3>JavaScript switch 语句的简单应用</h3>
9.          <hr/>
10.         <p>
11.             使用 switch 语句判断今天是星期几。
12.         </p>
13.         <script>
14.         //获取当前日期时间对象
15.         var date=new Date();
16.         //获取当前是一周中的第几天（0～6）
17.         var day=date.getDay();
18.         //使用 switch 语句判断星期几
19.         switch(day){
20.             case 1:alert("今天是星期一。");break;
21.             case 2:alert("今天是星期二。");break;
22.             case 3:alert("今天是星期三。");break;
23.             case 4:alert("今天是星期四。");break;
24.             case 5:alert("今天是星期五。");break;
25.             case 6:alert("今天是星期六。");break;
26.             case 0:alert("今天是星期日。");break;
27.         }
28.         </script>
29.     </body>
30. </html>
```

运行效果如图 4-2 所示。

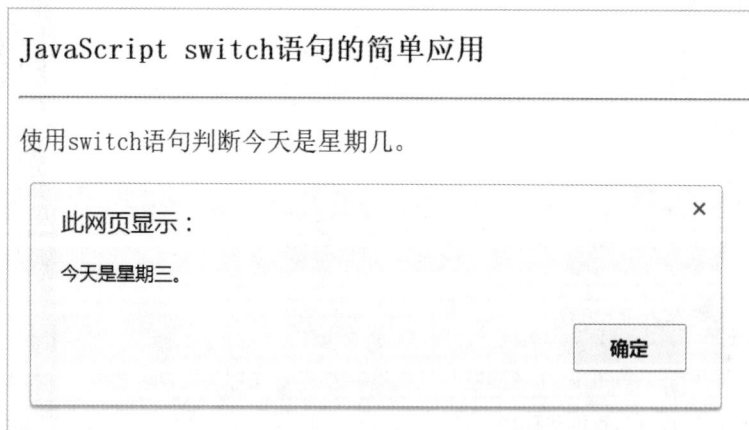

图 4-2   JavaScript switch 语句的简单应用效果

4.2   JavaScript 循环语句

在 JavaScript 中有以下 4 种类型的循环语句。

- for：在指定的次数中循环执行代码块。
- for…in：循环遍历对象的属性。

- while：当条件为 true 时循环执行代码块。
- do…while：与 while 循环类似，只不过是先执行代码块再检测条件是否为 true。

4.2.1　for 循环

for 循环的语法格式如下。

```
for(语句1; 语句2; 语句3){
    代码块
}
```

其中，语句 1 在循环开始之前执行；语句 2 为循环的条件；语句 3 为代码块执行后需要执行的内容。

例如：

```
var msg="";
for(var i=0; i<10; i++){
    msg+="第"+i+"行\n";
}
alert(msg);
```

上述代码表示从变量 i=0 开始执行 for 循环，每次执行前判断变量 i 是否小于 10，如果满足条件则执行 for 循环内部的代码块，然后令变量 i 自增 1，直到变量 i 不再小于 10 终止该循环语句。

在通常情况下，语句 1 都是用于声明循环所需使用的变量初始值，例如 i=0。该语句也可以在 for 循环之前就声明完成，并在 for 循环条件中省略语句 1 的内容。例如：

```
var i=0;
for(;i<10;i++){
    msg+="第"+i+"行\n";
}
alert(msg);
```

上述代码的运行效果与前一示例完全相同。

【例 4-3】 JavaScript for 循环的简单应用。

```
1. <!DOCTYPE html>
2. <html>
3.     <head>
4.         <meta charset="utf-8">
5.         <title>JavaScript for 循环的简单应用</title>
6.     </head>
7.     <body>
8.         <h3>JavaScript for 循环的简单应用</h3>
9.         <hr/>
10.        <script>
11.        var msg="for 循环的简单示例：\n";
12.        for(var i=0; i<10; i++){
13.            msg+="第"+i+"行\n";
14.        }
15.        alert(msg);
16.        </script>
17.    </body>
18.</html>
```

运行效果如图 4-3 所示。

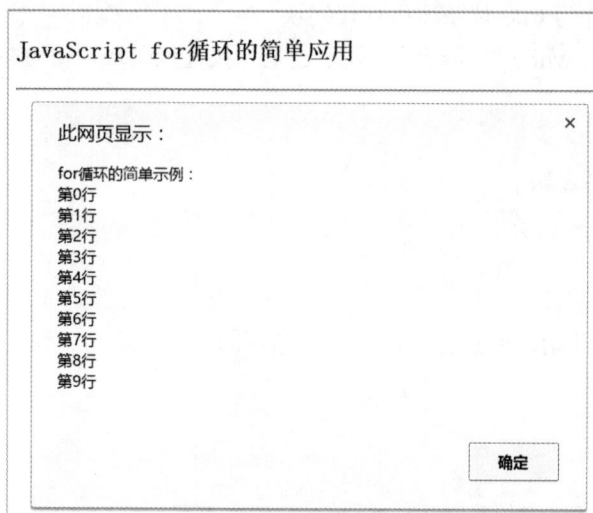

图 4-3　JavaScript for 循环的简单应用效果

4.2.2　for…in 循环

在 JavaScript 中，for…in 循环可以用于遍历对象的所有属性和方法，其语法格式如下。

```
for(x in object){
    代码块
}
```

其中，x 是变量，每次循环将按照顺序获取对象中的一个属性或方法名；object 指的是被遍历的对象。

例如：

```
var people=new Object();
people.name="Mary";
people.age=20;
people.major="Computer Science";
for(x in people){
    msg+=people[x];
}
alert(msg);
```

其中，变量 x 指的是 people 对象中的属性名称，people[x]指的是对应的属性值。

【例 4-4】　**JavaScript for…in 循环的简单应用。**

```
1.  <!DOCTYPE html>
2.  <html>
3.      <head>
4.          <meta charset="utf-8">
5.          <title>JavaScript for…in 循环的简单应用</title>
6.      </head>
7.      <body>
8.          <h3>JavaScript for…in 循环的简单应用</h3>
9.          <hr/>
10.         <script>
11.         var student=new Object();
12.         student.name="张三";        //姓名
13.         student.age=20;             //年龄
14.         student.id="2024123";       //学号
15.
```

扫一扫

视频讲解

```
16.        var msg="";
17.        for(x in student){
18.            msg+=student[x]+"\n";
19.        }
20.        alert(msg);
21.        </script>
22.    </body>
23.</html>
```

运行效果如图 4-4 所示。

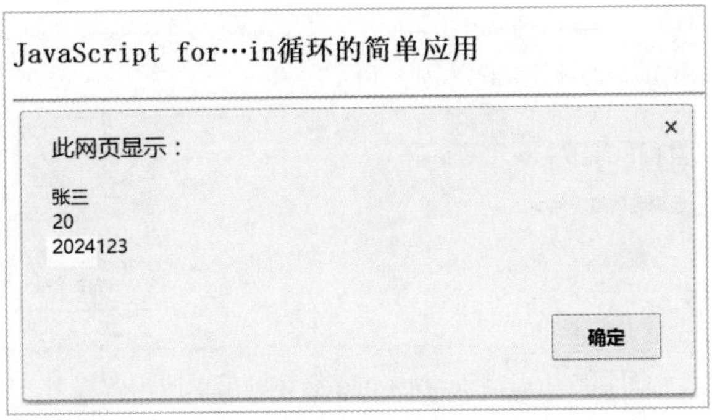

JavaScript for…in循环的简单应用

此网页显示：

张三
20
2024123

确定

图 4-4　JavaScript for…in 循环的简单应用效果

4.2.3　while 循环

while 循环又称为前测试循环，必须先检测表达式的条件是否满足，如果条件满足就开始执行循环内部的代码块，其语法格式如下。

```
while(条件表达式){
    代码块
}
```

例如：

```
var i=1;
while(i<10){
    i++;
}
```

上述代码表示将初始值为 1 的变量 i 进行自增，在没有超过 10 的情况下每次自增 1。

【例 4-5】　JavaScript while 循环的简单应用。

```
1. <!DOCTYPE html>
2. <html>
3.    <head>
4.        <meta charset="utf-8">
5.        <title>JavaScript while 循环的简单应用</title>
6.    </head>
7.    <body>
8.        <h3>JavaScript while 循环的简单应用</h3>
9.        <hr/>
10.        <p>
11.            使用 while 循环计算 1+2+3+…+100 的总和。
12.        </p>
13.        <script>
14.        var i=1;
15.        var sum=0;
16.        while(i<=100){
17.            sum+=i;
```

扫一扫

视频讲解

```
18.            i++;
19.        }
20.        alert("运算结果是: "+sum);
21.        </script>
22.    </body>
23.</html>
```

运行效果如图 4-5 所示。

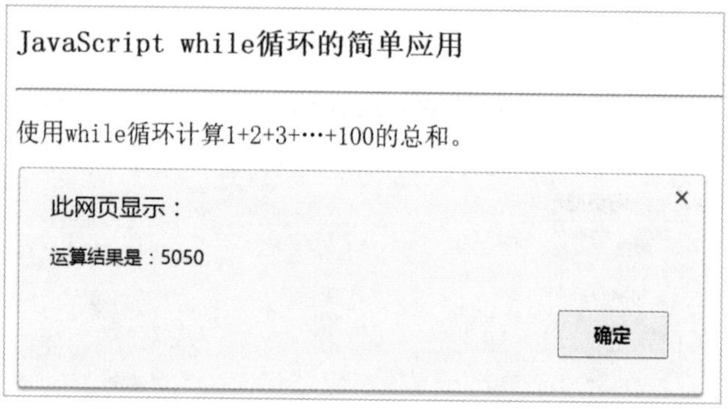

图 4-5　JavaScript while 循环的简单应用效果

【代码说明】

本例在 JavaScript 中使用 while 循环进行 1~100 的数字求和。首先声明变量 i 从 1 开始,只要变量 i 没有超过 100 就将其与求和变量 sum 相加,然后自增 1 进行下一次循环,直到变量 i 已经增长到 100 停止循环语句,此时变量 sum 的返回值 5050 便是计算结果。

4.2.4　do…while 循环

do…while 循环又称为后测试循环,不论是否满足条件都先执行一次循环内的代码块,然后判断是否满足表达式的条件,如果满足条件则进入下一次循环,否则将终止循环。其语法格式如下。

```
do{
    代码块
} while(条件表达式)
```

例如:

```
var i=1;
do{
    i++;
} while(i<10)
```

【例 4-6】　JavaScript do…while 循环的简单应用。

```
1.  <!DOCTYPE html>
2.  <html>
3.      <head>
4.          <meta charset="utf-8">
5.          <title>JavaScript do…while 循环的简单应用</title>
6.      </head>
7.      <body>
8.          <h3>JavaScript do…while 循环的简单应用</h3>
9.          <hr/>
10.         <script>
11.         var i=10;
12.         do{
```

扫一扫

视频讲解

```
13.            alert(i);
14.          }while(i<10)
15.          </script>
16.      </body>
17.</html>
```

运行效果如图 4-6 所示。

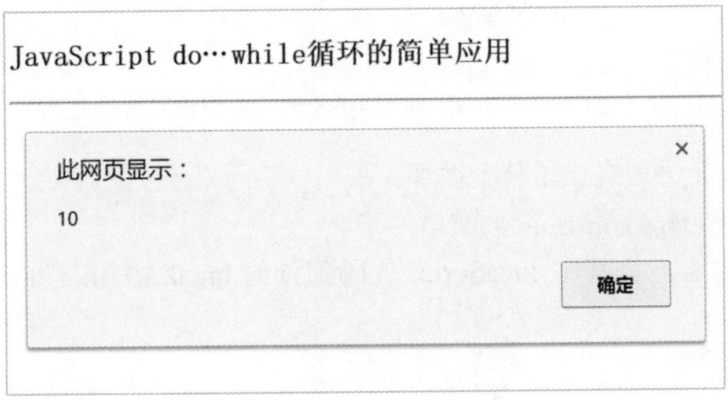

图 4-6   JavaScript do…while 循环的简单应用效果

【代码说明】

本例在 JavaScript 中声明了变量 i 的初始值为 10，并在 do…while 循环的条件表达式中故意声明了一个不满足的条件（i<10）以检测运行效果。由于 do…while 循环在查看条件之前就先运行一次，所以最终仍然会弹出提示对话框并显示变量 i 的当前值为 10。

4.2.5   break 语句和 continue 语句

break 语句用于终止全部循环；continue 语句用于中断本次循环，但是会继续执行下一次循环。

【例 4-7】 **JavaScript break 的简单应用。**

```
1. <!DOCTYPE html>
2. <html>
3.    <head>
4.       <meta charset="utf-8">
5.       <title>JavaScript break 的简单应用</title>
6.    </head>
7.    <body>
8.       <h3>JavaScript break 的简单应用</h3>
9.       <hr/>
10.      <script>
11.       for(var i=1; i<=10;i++){
12.           if(i==5)
13.              break;
14.           document.write("当前变量值: "+i+"<br>");
15.          }
16.      </script>
17.   </body>
18.</html>
```

运行效果如图 4-7 所示。

【代码说明】

本例包含了一个 for 循环语句，从变量 i=1 开始执行循环，每次 i 自增 1 直到取值变成 10 停止循环。当满足 if 条件执行到 break 语句时会直接终止整个循环语句并忽略后面的代码，因此在页面输出的内容中只能显示变量值为 1～4 的情况，当变量 i 的值自增到 5 时满足 if

扫一扫

视频讲解

79

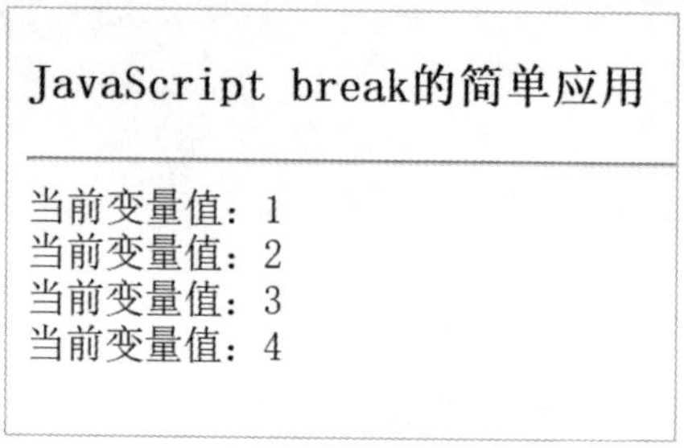

图 4-7 JavaScript break 的简单应用效果

条件，从而触发 break 语句终止了整个循环。

【例 4-8】 **JavaScript continue** 的简单应用。

　　修改例 4-7 的内容，将其中 JavaScript 代码部分的 break 语句改为 continue 语句并查看效果。

```
1.  <!DOCTYPE html>
2.  <html>
3.      <head>
4.          <meta charset="utf-8">
5.          <title>JavaScript continue 的简单应用</title>
6.      </head>
7.      <body>
8.          <h3>JavaScript continue 的简单应用</h3>
9.          <hr/>
10.         <script>
11.         for(var i=1; i<=10;i++){
12.             if(i==5)
13.                 continue;
14.             document.write("当前变量值: "+i+"<br>");
15.         }
16.         </script>
17.     </body>
18. </html>
```

运行效果如图 4-8 所示。

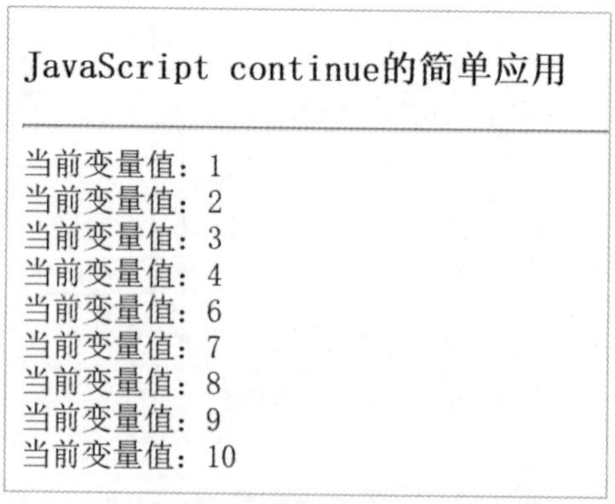

图 4-8 JavaScript continue 的简单应用效果

【代码说明】

　　本例是将例 4-7 中的 break 语句修改为 continue 语句的对比版本。当满足 if 条件执行到 continue 语句时会直接跳过后续的代码并跳转到下一次循环，因此在页面输出的内容中缺少了变量值为 5 的情况，但是后续变量值 6~10 均正常输出，不会受到影响。

4.3　JavaScript 函数

4.3.1　函数的基本结构

函数是在调用时才会执行的一段代码块，可以重复使用，其基本语法格式如下。

```
function 函数名称(参数 0, 参数 1, …, 参数 N){
    待执行代码块
}
```

上述语法是由关键字 function、函数名称、小括号内的一组可选参数以及大括号内的待执行代码块组成的。其中，函数名称和参数个数均可以自定义，待执行代码块可以由一行或多行 JavaScript 代码组成。

例如：

```
function welcome(){
    alert("Welcome to JavaScript World");
}
```

上述代码定义了一个名称为 welcome 的函数，该函数的参数个数为 0。在待执行的代码部分只有一个 alert()方法，用于在浏览器上弹出对话框并显示双引号内的文本内容。

如果需要弹出的对话框中每次显示的文本内容不同，可以使用参数传递的形式。

```
function welcome(msg){
    alert(msg);
}
```

此时为之前的 welcome 函数传递了一个参数 msg，在待执行的代码部分修改原先的 alert()方法，用于在浏览器上弹出对话框并动态显示 msg 传递的文本内容。

4.3.2　函数的调用

函数可以通过使用函数名称的方法进行调用。例如：

```
welcome();
```

如果该函数存在参数，则调用时必须在函数的小括号内传递对应的参数值。

```
welcome("Hello JavaScript!");
```

函数可以在 JavaScript 代码的任意位置进行调用，也可以在指定的事件发生时调用。例如在按钮的单击事件中调用函数：

```
<button onclick="welcome()">单击此处调用函数</button>
```

上述代码中的 onclick 属性表示元素被单击的状态触发等号右边的内容。

【例 4-9】　JavaScript 函数的简单应用。

扫一扫

视频讲解

```
1.  <!DOCTYPE html>
2.  <html>
3.      <head>
4.          <meta charset="utf-8">
5.          <title>JavaScript 函数的简单应用</title>
6.      </head>
7.      <body>
```

```
8.        <h3>JavaScript 函数的简单应用</h3>
9.        <hr/>
10.       <button onclick="test()">点我调用函数</button>
11.       <script>
12.       function test(){
13.           alert("test()函数被触发。");
14.       }
15.       </script>
16.    </body>
17.</html>
```

运行效果如图 4-9 所示。

（a）页面初始加载的状态 　　　　　　　　　　（b）单击按钮后函数被调用

图 4-9　JavaScript 函数的简单应用效果

4.3.3　函数的返回值

相比 Java 而言，JavaScript 函数的使用更加简便，无须特别声明返回值类型。在 Java 语言中如果函数存在返回值，则需要在函数名称前面注明类型（例如 int、string、double 等），即使无返回值也需要在函数名称前面加上 void 字样，表示返回值为空值。

JavaScript 函数如果存在返回值，直接在大括号内的代码块中使用 return 关键字，后面紧跟需要返回的值即可。

例如：

```
function total(num1, num2){
   return num1+num2;
}
var result=total(8,10);              //返回值是 18
alert(result);
```

上述代码对两个数字进行了求和运算，使用自定义变量 result 获取 total 函数的返回值。此时在 total 函数的参数位置填入两个测试数据，得到正确的计算结果。

函数也可以带有多个 return 语句。例如：

```
function maxNum(num1, num2){
   if(num1>num2) return num1;
   else return num2;
}
var result=maxNum(99,100);           //返回值是 100
alert(result);
```

上述代码对两个数字进行了比大小运算，然后返回其中较大的数值，使用自定义变量 result 获取 maxNum 函数的返回值。此时在 maxNum 函数的参数位置填入两个测试数据，得到正确的计算结果。

　　单独使用 return 语句可以随时终止函数代码的运行。例如测试数值是否为偶数，如果是奇数则不提示，如果是偶数则弹出对话框。

```
function testEven(num){
    if(num%2!=0) return;
    alert(num+"是偶数！");
}
testEven(99);                   //不会弹出对话框
testEven(100);                  //会弹出对话框显示"100 是偶数！"
```

　　函数在执行到 return 语句时直接退出代码块，即使后续还有代码也不会被执行。在本例中只有参数为奇数时才满足 if 条件，然后触发 return 语句，因此后续的 alert()方法不会被执行，从而做到只有参数为偶数时才显示对话框。

扫一扫

视频讲解

　　【例 4-10】　**JavaScript 带有返回值函数的应用。**

　　在 JavaScript 中创建自定义名称的函数用于比较两个数字的大小，并返回较大值。

```
1. <!DOCTYPE html>
2. <html>
3.     <head>
4.         <meta charset="utf-8">
5.         <title>JavaScript 带有返回值函数的应用</title>
6.     </head>
7.     <body>
8.         <h3>JavaScript 带有返回值函数的应用</h3>
9.         <hr/>
10.        <p>
11.            在 JavaScript 中自定义 max 函数用于比较两个数的大小并给出较大值。
12.        </p>
13.        <script>
14.        //该函数用于两个数值之间的大小比较，返回其中较大的数
15.        function max(x1, x2){
16.            if(x1>x2) return x1;
17.            else return x2;
18.        }
19.        alert("10 和 99 之间的最大值是:"+max(10,99));
20.        </script>
21.    </body>
22.</html>
```

　　运行效果如图 4-10 所示。

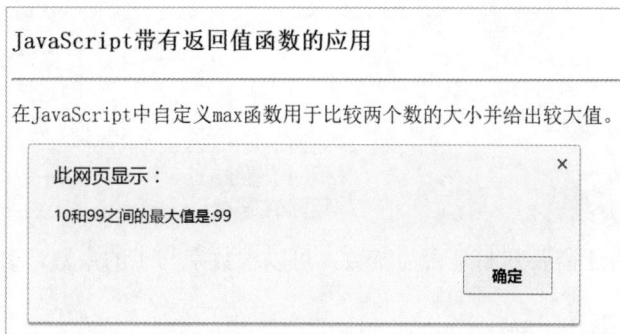

图 4-10　JavaScript 带有返回值函数的应用效果

4.4 阶段案例：猜数字小游戏

4.4.1 案例需求

制作一款猜数字小游戏，每轮游戏系统都随机生成一个 1～100 的整数（包含 1 和 100 本身）让玩家猜，玩家输入猜的数字后系统会提示猜大了、猜小了或者猜中了，如果已经猜了 8 个回合仍未猜对，则强制结束游戏。刷新网页后可以重新开始下一轮游戏。

4.4.2 案例分析

1 生成随机数

在 JavaScript 中有一个 Math.random()函数用于生成[0,1)的小数（即该数字大于或等于 0.0，但是小于 1.0），并且可以通过 Math.floor()函数向下取整。

如果想随机生成一个 0～N 的整数（包含 0，但不包含 N），代码如下：

```
var x = Math.floor(Math.random()*N);
```

稍加修改，想随机生成一个 0～N 的整数（既包含 0，也包含 N），代码如下：

```
var x = Math.floor(Math.random()*(N+1));
```

进阶思考，想随机生成一个 M～N 的整数（既包含 M，也包含 N），代码如下：

```
var x = Math.floor(Math.random()*(N-M+1))+M;
```

这里的随机数其实是 0～N－M 的一个数字，再加上至少要生成的最小底数 M。

不妨封装一个自定义函数用于随机生成 a～b 的数字，参考代码如下：

```
//随机生成一个a～b的数字（包含a和b本身）
function getRandomNum(a, b){
    return Math.floor(Math.random()*(b-a+1))+a;
}
```

代入数字进行尝试，例如直接调用 var x = getRandomNum(5, 10)就可以随机获得 5～10 的整数（包含 5 和 10 本身），那么本题就应该是调用 getRandomNum(1, 100)来获取 1～100 的随机整数（包含 1 和 100 本身）。

2 判断数字的有效性

本案例要求玩家输入的必须是数字，否则无法进行比大小操作。判断变量是否为数字的参考代码如下：

```
var x1 = 99;
var x2 = 3.14;
var x3 = "Hello!";

isNaN(x1)                    //返回值是false
isNaN(x2)                    //返回值是false
isNaN(x3)                    //返回值是true
```

在确定是数字后还需要判断是否为整数，可以求数字与 1 的余数，参考代码如下：

```
var x = 99;
var y = 3.14;
```

```
x%1                          //整数的返回值是 0
y%1                          //小数的返回值不是 0
```

提示：以上内容也可用到第 3 章阶段案例中的方法确保所输入数字的有效性。

最后，确认是整数后还要确认是否在游戏要求的 1~100 范围内，参考代码如下：

```
var x1 = 99;
var x2 = 128;

x1 < 1 || x1 > 100           //返回 false，未超出范围
x2 < 1 || x2 > 100           //返回 true，超出范围
```

3 用循环实现游戏回合

这里不妨试着使用 while(true)制作一个永久循环，直到判断出回合数超过 8 次再使用 break 强制停止循环，参考代码如下：

```
1. var currentRound = 1;      //当前回合数
2. var maxRound = 8;          //允许猜的总回合数
3.
4. while(true){
5.     //游戏过程（待补充）
6.
7.     //回合数增 1
8.     currentRound++;
9.     //如果机会用光
10.    if(currentRound>maxRound){
11.        alert("机会已用光！请刷新后重新开始。");    //提示游戏结束
12.        break;                                  //强制停止游戏
13.    }
14.}
```

4.4.3　案例制作

创建一个 HTML 文件，文件名可自定义，例如 GuessGame.html。

相关代码如下：

```
1. <!DOCTYPE html>
2. <html>
3. <head>
4. <meta charset="utf-8">
5. <title>猜数字小游戏</title>
6. </head>
7. <body>
8. <!--标题-->
9. <h3>猜数字小游戏</h3>
10.<!--水平线-->
11.<hr>
12.<script>
13.var minNum = 1;             //允许猜的最小数
14.var maxNum = 100;           //允许猜的最大数
15.var maxRound = 8;           //允许猜的总回合数
16.var currentRound = 1;       //当前回合数
17.
18.//随机生成一个 a~b 的数字（包含 a 和 b 本身）
```

扫一扫

视频讲解

```
19.function getRandomNum(a,b){
20.    return Math.floor(Math.random()*(b-a+1))+a;
21. }
22.
23.//随机生成一个 1～100 的数字（包含 1 和 100 本身）
24.var x = getRandomNum(minNum,maxNum);
25.
26.while(true){
27.    //请玩家输入数字
28.    var myNum = prompt("请输入您要猜的数字（1～100，包含 1 和 100 本身）");
29.
30.    //判断数字的有效性
31.    if(isNaN(myNum)){   //如果不是数字
32.        alert("您输入的不是数字，请重新输入!");
33.        continue;
34.    }
35.    else if(myNum%1!==0){   //如果不是整数
36.        alert("您输入的不是整数，请重新输入!");
37.        continue;
38.    }
39.    else if(myNum<minNum||myNum>maxNum){   //如果数字超出范围
40.            alert("您输入的数字超出了范围，请重新输入!");
41.            continue;
42.    }
43.    //正式比大小
44.    else{
45.        if(myNum>x){
46.            alert("猜大了！");          //提示猜大了
47.        }
48.        else if(myNum<x){
49.            alert("猜小了！");          //提示猜小了
50.        }
51.        else if(myNum==x){
52.            alert("猜对了！您一共用了"+currentRound+"回合。");
53.            break;                  //猜对了，则停止游戏
54.        }
55.    }
56.
57.    //回合数增 1
58.    currentRound++;
59.    //如果机会用光
60.    if(currentRound>maxRound){
61.        alert("机会已用光！请刷新后重新开始。"); //提示游戏结束
62.        break;                              //强制停止游戏
63.    }
64.}
65.</script>
66.</body>
67.</html>
```

运行效果如图 4-11 所示。

（a）提示输入要猜的数字

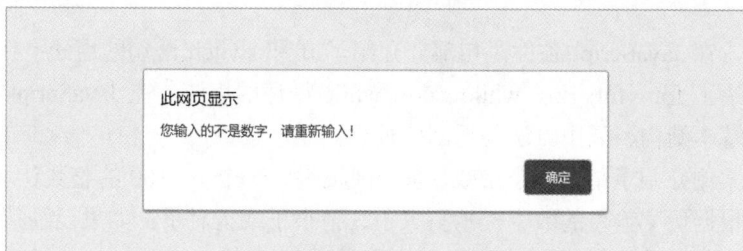

（b）输入不符合规定的字符得到提示

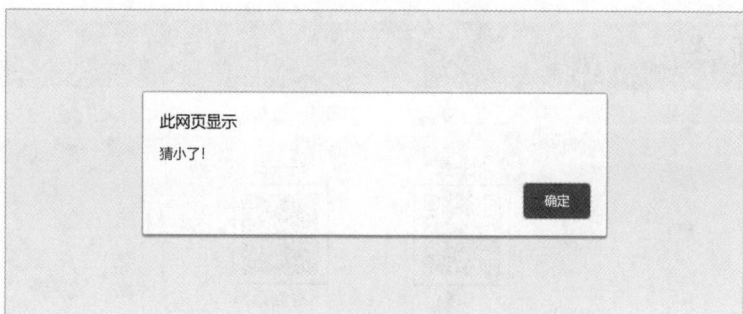

（c）提示猜的数字大小

（d）猜对了，游戏结束

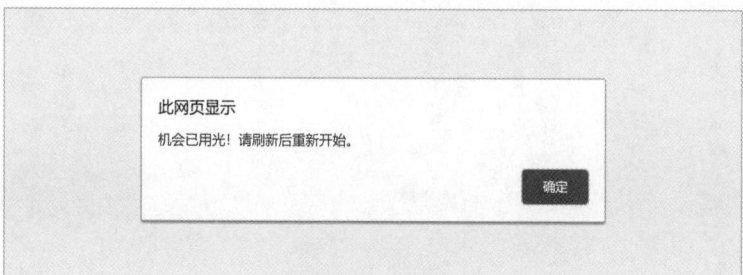

（e）机会用光，游戏结束

图 4-11　第 4 章阶段案例最终效果图

4.4.4　案例思考

【拓展练习】　可否改成猜 0～1000 的随机数字？能否修改游戏回合数为 10？

【进阶改造】　请在学习了本书第 5 章 JavaScript DOM 技术和第 10 章 jQuery HTML DOM 技术后，分别用这两种方式将每个回合猜的数字以及提示大小的语句显示到页面上，以方便玩家查看。

本章小结

在本章中，在 JavaScript 条件语句部分介绍了 if 和 switch 语句的用法；在 JavaScript 循环语句部分介绍了 for、for…in、while、do…while 循环的用法；在 JavaScript 函数部分主要介绍了函数的基本结构、调用方法与返回值处理。

本章阶段案例介绍了猜数字小游戏，系统随机生成一个 1～100 的整数让玩家猜，共计 8 个回合，系统根据玩家输入的数字提示猜大了、猜小了或猜对了，如果已经猜了 8 个回合仍未猜中，则提示游戏机会已用光。

习题 4

扫一扫　　扫一扫

习题　　自测题

JavaScript DOM 和 BOM

本章介绍 JavaScript 文档对象模型 DOM 和浏览器对象模型 BOM 的用法，在 DOM 部分主要包括对 HTML 元素的查找、动态创建、内容/属性修改，以及事件和节点；在 BOM 部分主要包括 5 种常用对象。

本章学习目标

- 掌握 JavaScript DOM 的用法；
- 掌握 JavaScript BOM 的用法。

5.1 文档对象模型

浏览器在加载网页时会创建文档对象模型（Document Object Model，DOM）来确定网页中元素的层次结构，JavaScript 可以通过 DOM 动态改变 HTML 元素、属性、CSS 样式以及对事件做出响应。

5.1.1 查找 HTML 元素

在 JavaScript 中有以下 3 种方式可以查找 HTML 元素。

- 通过 HTML 元素的 id 名称查找；
- 通过 HTML 元素的标签名称查找；
- 通过 HTML 元素的类名称查找。

1 通过 id 名称查找 HTML 元素

一般默认不同的 HTML 元素使用不同的 id 名称以示区别，因此通过 id 名称可以找到指定的单个元素，在 JavaScript 中的语法格式如下。

```
document.getElementById("id名称");
```

其中，getElementById()方法遵守驼峰命名法，即第一个单词全小写，后面的每一个单词的首字母大写。这种命名方法在 JavaScript 中比较普遍。如果未找到该元素，返回值为 null；如果找到该元素，则会以对象的形式返回。

例如，查找 id="test"的元素并获取该元素内部的文本内容。

```
//根据 id 名称获取元素对象
var test=document.getElementById("test");
//获取元素内容
var result=test.innerHTML;
```

为了使代码简便，这里使用了与 id 名称同名的变量 test 获取指定元素，该变量名称也可以是其他自定义变量名，不影响运行效果。innerHTML 可以用于获取元素内部的 HTML 代码，对于 innerHTML 的更多用法请读者参考 5.1.2 节。

2 通过标签名称查找 HTML 元素

HTML 元素均有固定的标签名称，因此通过标签名称可以找到指定的单个或一系列元素，在 JavaScript 中的语法格式如下。

```
document.getElementsByTagName("标签名称");
```

此时方法中的 Elements 是复数形式，因为要考虑到有可能存在多个元素符合要求。同样，如果未找到符合条件的元素，则返回值为 null；如果有多个符合条件的元素，则返回值是数组的形式。

例如，查找所有的段落元素<p>并获取第一个段落标签内部的文本内容。

```
var p=document.getElementByTagName("p");

var result=p[0].innerHTML;
```

因为有多个段落标签，所以变量的返回值是数组的形式。其中，第一个段落标签对应的是 p[0]，以此类推，最后一个元素对应的索引号为数组长度减 1。

3 通过类名称查找 HTML 元素

document.getElementsByClassName() 方法可用于根据类名称获取 HTML 元素，在 JavaScript 中的语法格式如下。

```
document.getElementsByClassName("类名称");
```

此时方法中的 Elements 是复数形式，因为要考虑到有可能存在多个元素符合要求。同样，如果未找到符合条件的元素，则返回值为 null；如果有多个符合条件的元素，则返回值是数组的形式。

【例 5-1】 **JavaScript DOM 查找元素的简单应用。**

分别根据 id 名称、标签名称和类名称查找指定的元素对象，并使用 alert() 方法输出指定元素对象的内容。

扫一扫

视频讲解

```
1.  <!DOCTYPE html>
2.  <html>
3.      <head>
4.          <meta charset="utf-8">
5.          <title>JavaScript DOM 查找元素的简单应用</title>
6.          <style>
7.          p{
8.              width:130px;
9.              height:50px;
10.             border:1px solid;
11.         }
12.         .coral{
13.             background-color:coral;
14.         }
15.         </style>
16.     </head>
17.     <body>
18.         <h3>JavaScript DOM 查找元素的简单应用</h3>
19.         <hr/>
20.         <p id="p01">这是第一个段落。</p>
21.         <p id="p02" class="coral">这是第二个段落。</p>
22.         <p id="p03">这是第三个段落。</p>
23.         <script>
24.         //根据 id 名称查找指定的元素
25.         var p01=document.getElementById("p01");
```

```
26.        //根据标签名称查找指定的元素
27.        var p=document.getElementsByTagName("p");
28.        //根据类名称查找指定的元素
29.        var p02=document.getElementsByClassName("coral");
30.        alert("id 名称为 p01 的段落内容是：\n"+p01.innerHTML
31.        +"\n\n 第三个段落的内容是：\n"+p[2].innerHTML
32.        +"\n\n 类名称为 coral 的段落内容是：\n"+p02[0].innerHTML);
33.        </script>
34.    </body>
35.</html>
```

运行效果如图 5-1 所示。

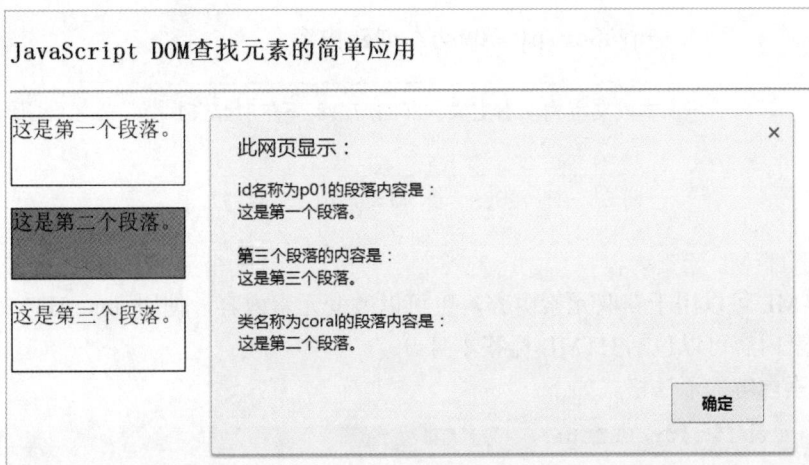

图 5-1　JavaScript DOM 查找元素的简单应用效果

【代码说明】

本例分别使用了 document 对象中的 getElementById()、getElementsByTagName() 和 getElementsByClassName()方法获取指定的元素对象，其中，getElementById()根据 id 名称准确获取唯一的元素，另外两种方法根据元素标签名称或类名称获取符合条件的所有元素。

5.1.2　DOM HTML

1　创建动态的 HTML 内容

在 JavaScript 中，使用 document.write()方法可以在 HTML 页面动态输出内容。例如：

```
<body>
   <script>
   document.write("Hello 2024");
   </script>
</body>
```

上述代码片段表示将在空白页面上动态输出字符串"Hello 2024"。需要注意的是，alert()方法中的换行符\n 在这里是无效的，如果需要输出换行，直接使用 HTML 换行标签
即可。

【例 5-2】　**JavaScript DOM 动态创建内容。**

使用 document.write()方法向 HTML 页面输出内容。

扫一扫

视频讲解

```
1. <!DOCTYPE html>
2. <html>
3.    <head>
4.       <meta charset="utf-8">
5.       <title>JavaScript DOM 动态创建内容</title>
```

```
6.    </head>
7.    <body>
8.        <h3>JavaScript DOM 动态创建内容</h3>
9.        <hr/>
10.       <script>
11.         var date=new Date();
12.         document.write("本段文字为动态生成。"+date.toLocaleString());
13.       </script>
14.    </body>
15.</html>
```

运行效果如图 5-2 所示。

JavaScript DOM动态创建内容

本段文字为动态生成。2024/7/18 下午8:45:51

图 5-2　JavaScript DOM 动态创建内容的效果

2　改变 HTML 元素内容

innerHTML 可以用于获取元素内容，也可以改变元素内容，使用 innerHTML 属性获取或更改的元素内容可以包括 HTML 标签本身。

获取元素内容的语法格式如下。

```
var 变量名=元素对象.innerHTML;
```

更改元素内容的语法格式如下。

```
元素对象.innerHTML=新的内容;
```

这里的元素对象可以使用 document 对象的 getElementById("id 名称")方法获取。

【例 5-3】　JavaScript DOM 修改元素内容。

使用 innerHTML 属性改变指定元素的内容。

```
1. <!DOCTYPE html>
2. <html>
3.    <head>
4.        <meta charset="utf-8">
5.        <title>JavaScript DOM 修改元素内容</title>
6.    </head>
7.    <body>
8.        <h3>JavaScript DOM 修改元素内容</h3>
9.        <hr/>
10.       <p id="test"><i>Hello 2024</i></p>
11.       <script>
12.       //获取 id="test"的段落元素对象
13.       var p=document.getElementById("test");
14.       //获取该段落元素对象的初始内容
15.       var msg=p.innerHTML;
16.       //改变该段落元素对象的内容
17.       p.innerHTML="<strong>Hello 2024</strong>";
18.       alert("段落元素的初始内容是: \n"+msg);
19.       </script>
20.    </body>
21.</html>
```

运行效果如图 5-3 所示。

JavaScript DOM修改元素内容

Hello 2024

此网页显示：

段落元素的初始内容是：
Hello 2024

确定

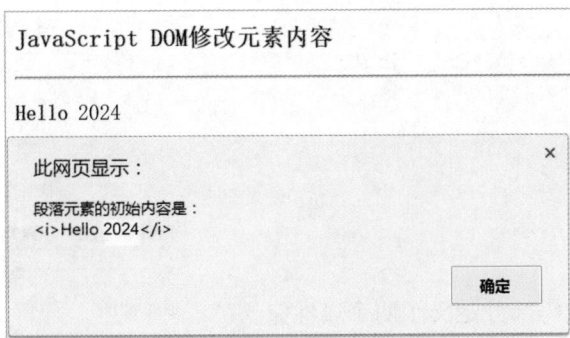

图 5-3　JavaScript DOM 修改元素内容的效果

【代码说明】

本例在页面上包含了一个用于测试的段落元素<p>，并为其自定义 id="test"，以便在 JavaScript 中获取该对象。在初始情况下，该段落元素的内容为带有斜体字标签<i>的文本内容。该例在 JavaScript 中首先使用 document 对象的 getElementById("id名称")方法获取 id="test" 的段落元素对象，然后使用 innerHTML 属性分别获取和重置其内容。

由图 5-3 可见，使用 innerHTML 属性获取的段落元素内容中包含了 HTML 标签与文本内容。同样，使用 innerHTML 属性更新的段落元素内容也可以包含带有 HTML 标签的文本。

3 改变 HTML 元素属性

在 JavaScript 中还可以根据属性名称动态地修改元素属性，其语法格式如下。

```
元素对象.attribute=新的属性值;
```

这里的 attribute 替换为真正的属性名称即可使用。

例如，更改 id="image"的图片地址属性的代码如下。

```
var img=document.getElementById("image");
img.src="image/newpic.jpg";
```

可以使用 setAttribute()方法达到同样的效果，其语法格式如下。

```
元素对象.setAttribute("属性名称","新的属性值");
```

例如，更改 id="image"的图片地址属性的代码修改后如下。

```
var img=document.getElementById("image");
img.setAttribute("src","image/newpic.jpg");
```

扫一扫

视频讲解

【例 5-4】 **JavaScript DOM 修改元素属性。**

```
1. <!DOCTYPE html>
2. <html>
3.    <head>
4.       <meta charset="utf-8">
5.       <title>JavaScript DOM 修改元素属性</title>
6.    </head>
7.    <body>
8.       <h3>JavaScript DOM 修改元素属性</h3>
9.       <hr/>
10.      <h4>原始状态: </h4>
11.      <img id="img01" src="image/sunflower.jpg" alt="向日葵"/>
12.      <h4>使用 JavaScript 修改 src 属性后: </h4>
13.      <img id="img02" src="image/sunflower.jpg" alt="向日葵"/>
14.      <script>
15.      //获取 id="img02"的图片元素
```

```
16.        var img=document.getElementById("img02");
17.        //更改其 src 和 alt 属性值
18.        img.src="image/lily.jpg";
19.        img.alt="百合";
20.        </script>
21.    </body>
22.</html>
```

运行效果如图 5-4 所示。

【代码说明】

本例在 HTML 代码部分定义了两个属性完全相同的图像元素<img>，并分别添加了自定义名称 img01 和 img02 以示区别。其图像素材均来源于本地 image 文件夹中的 sunflower.jpg 文件。其中，id 为 img01 的图像元素仅用于参考对比，不会对其做任何更改；id 为 img02 的图像元素为测试元素，将会在 JavaScript 中重新设置其 src 与 alt 属性。

在 JavaScript 中使用 document.getElementById() 方法获取 id 为 img02 的图像元素，然后更改其 src 属性为同一个 image 文件夹下的 lily.jpg，并更改其 alt 属性为新的说明文字。由图 5-4 可见，作为测试的第二幅图片的内容发生了变化。

5.1.3　DOM CSS

JavaScript 还可以改变 HTML 元素的 CSS 样式，其语法格式如下。

图 5-4　JavaScript DOM 修改元素属性的效果

```
元素对象.style.属性=新的值;
```

这里的元素对象可以使用 document 对象的 getElementById("id 名称")方法获取，属性指的是 CSS 样式中的属性名称，等号右边填写该属性更改后的样式值。

例如，更改 id="test"的元素的背景颜色为蓝色的代码如下。

```
var test=document.getElementById("test");
test.style.backgroundColor="blue";
```

需要注意的是，这里元素的 CSS 属性的名称需要修改成符合驼峰标记法规则的写法，即首个单词全小写，后面的每个单词均首字母大写，而属性值在定义时需要加上双引号。

上述代码也可以连成一行，写法如下。

```
document.getElementById("test").style.backgroundColor="blue";
```

【例 5-5】　JavaScript DOM 修改元素 CSS 样式。

```
1. <!DOCTYPE html>
2. <html>
3.     <head>
4.         <meta charset="utf-8">
5.         <title>JavaScript DOM 修改元素 CSS 样式</title>
6.     </head>
7.     <body>
```

扫一扫

视频讲解

```
8.          <h3>JavaScript DOM 修改元素CSS 样式</h3>
9.          <hr/>
10.         <p id="test">Hello 2024</p>
11.         <script>
12.         //获取 id="test"的段落元素对象
13.         var p=document.getElementById("test");
14.         //修改该段落元素的样式
15.         p.style.backgroundColor="orange";
16.         p.style.color="white";
17.         p.style.fontWeight="bold";
18.         p.style.textAlign="center";
19.         </script>
20.      </body>
21.</html>
```

运行效果如图 5-5 所示。

JavaScript DOM修改元素CSS样式

Hello 2024

图 5-5　JavaScript DOM 修改元素 CSS 样式的效果

【代码说明】

本例在 JavaScript 中动态修改了 id="test"的段落元素<p>的 CSS 样式。初始情况下的段落元素<p>没有额外设置任何 CSS 样式效果，因此显示为左对齐、黑色字体并且无背景颜色的默认样式。在 JavaScript 中首先使用 document 对象的 getElementById("id 名称")方法获取 id="test"的段落元素对象，然后使用 style 属性分别设置其背景颜色为橙色、字体颜色为白色、字体加粗以及文本居中显示效果。

5.1.4　DOM 事件

JavaScript 还可以在 HTML 页面状态发生变化时执行代码，这种状态的变化称为 DOM 事件（Event）。

例如，用户单击元素会触发单击事件，使用事件属性 onclick 可以捕获这一事件。为元素的 onclick 属性添加需要的 JavaScript 代码，即可做到在用户单击元素时触发动作。

```
<button onclick="alert('hi')">单击此处会弹出对话框</button>
```

JavaScript 代码可以直接在 onclick 属性的双引号中添加，也可以写到 JavaScript 函数中，在 onclick 属性的双引号中调用函数名称。例如，上述代码可以改写为如下。

```
<button onclick="test()">单击此处会弹出对话框</button>
<script>
function test(){
   alert("hi");
}
</script>
```

以上两种方式的效果完全相同，用户可根据代码量决定使用哪种方式。如果单击事件触发后需要执行的代码较多，建议使用函数调用的方式。

HTML 常用的事件属性如表 5-1 所示。

表 5-1　HTML 常用的事件属性

事 件 属 性	解　　释
onabort	图像加载过程被中断
onblur	元素失去焦点
onchange	域的内容被改变
onclick	元素被单击
ondblclick	元素被双击
onerror	加载文档或图像时发送错误
onfocus	元素获得焦点
onkeydown	键盘按键被按下
onkeypress	键盘按键被按下并松开
onkeyup	键盘按键被松开
onload	页面或图像被加载完成
onmousedown	鼠标按键被按下
onmousemove	鼠标光标被移动
onmouseout	鼠标光标从当前元素上移走
onmouseover	鼠标光标移动到当前元素上
onmouseup	鼠标按键被松开
onreset	重置按钮被单击
onresize	窗口或框架的大小被更改
onselect	文本被选中
onsubmit	提交按钮被单击
onunload	退出页面

扫一扫

视频讲解

【例 5-6】 **JavaScript DOM 事件的简单应用。**

为按钮添加 onclick 事件，当用户单击按钮时更改段落元素中的文字内容。

```
1.  <!DOCTYPE html>
2.  <html>
3.     <head>
4.        <meta charset="utf-8">
5.        <title>JavaScript DOM 事件的简单应用</title>
6.     </head>
7.     <body>
8.        <h3>JavaScript DOM 事件的简单应用</h3>
9.        <hr/>
10.       <p id="p1">
11.           这是一个段落元素。
12.       </p>
13.       <!--按钮元素-->
14.       <button onclick="change()">单击此处更改段落内容</button>
15.       <script>
16.       function change(){
17.           document.getElementById("p1").innerHTML="onclick 事件被触发,
              从而调用 change()函数修改此段文字内容。";
18.       }
19.       </script>
20.    </body>
21.</html>
```

运行效果如图 5-6 所示。

【代码说明】

本例包含了一个 id="p1"的段落元素<p>和一个按钮元素<button>用于测试按钮的单击事件 onclick 的触发效果。在按钮元素中添加 onclick 事件的回调函数 change()，并在 JavaScript 中定义该函数，该函数的名称可自定义。在 change()函数中使用 document.getElementById() 方法获取段落元素<p>并使用 innerHTML 属性更新其中的内容。

（a）页面初始加载时　　　　　　　　　　　　　（b）单击按钮后

图 5-6　JavaScript DOM 事件的简单应用效果

图 5-6（a）显示的是页面初始加载的效果，此时段落元素显示的还是最初的文字内容；图 5-6（b）显示的是单击按钮之后的页面效果，此时可以看到段落元素中的文字内容已经发生了改变。

5.1.5　DOM 节点

使用 JavaScript 可以为 HTML 页面动态添加和删除 HTML 元素。

1 添加 HTML 元素

添加 HTML 元素需要两步，首先创建需要添加的 HTML 元素，然后将其追加到一个已存在的元素中。

使用 document 对象的 createElement()方法可以创建新的元素，其语法格式如下。

```
document.createElement("元素标签名");
```

例如，创建一个新的段落标签<p>。

```
document.createElement("p");
```

使用 appendChild()方法可以将创建好的元素追加到已存在的元素中，其语法格式如下。

```
已存在的元素对象.appendChild(需要添加的新元素对象);
```

这里已存在的元素对象可以使用 document 对象的 getElementById("id 名称")方法获取。

例如，将上例中创建的段落标签<p>追加到 id="test"的<div>标签中。

```
var p=document.createElement("p");
var test=document.getElementById("test");
test.appendChild(p);
```

【例 5-7】　**JavaScript DOM 添加 HTML 元素。**

在 JavaScript 中使用 createElement()方法动态创建新的 HTML 元素，并用 appendChild() 方法将其添加到指定元素中。

扫一扫

视频讲解

```
1.  <!DOCTYPE html>
2.  <html>
3.      <head>
4.          <meta charset="utf-8">
5.          <title>JavaScript DOM 添加 HTML 元素</title>
6.          <style>
7.          p{
8.              width:100px;
9.              height:100px;
10.             border:1px solid;
11.             padding:10px;
12.             margin:10px;
13.             float:left;
14.         }
15.         </style>
16.     </head>
17.     <body>
18.         <h3>JavaScript DOM 添加 HTML 元素</h3>
19.         <hr/>
20.         <p>未添加元素的参照段落。</p>
21.         <p id="container">将被添加新元素的段落。</p>
22.         <script>
23.         //获取 id="container"的段落元素对象
24.         var p=document.getElementById("container");
25.         //创建新元素
26.         var box=document.createElement("div");
27.         //设置新元素的背景颜色为黄色
28.         box.style.backgroundColor="yellow";
29.         //设置新元素的内容
30.         box.innerHTML="这是动态添加的 div 元素。";
31.         //将新创建的元素添加到 id="container"的段落元素中
32.         p.appendChild(box);
33.         </script>
34.     </body>
35.</html>
```

运行效果如图 5-7 所示。

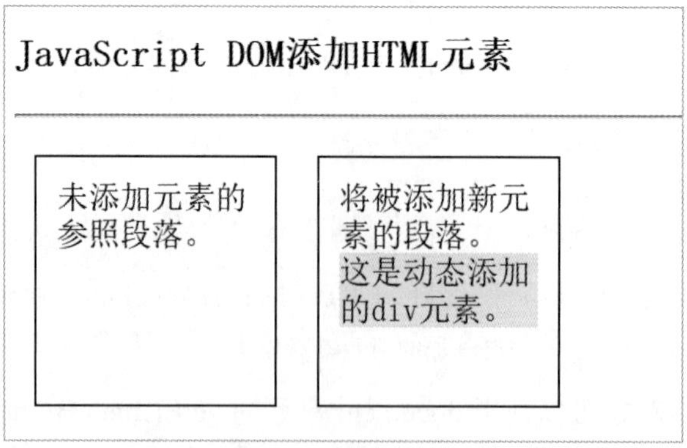

图 5-7　JavaScript DOM 添加 HTML 元素的效果

【代码说明】

本例包含了两个段落元素<p>，并在 CSS 内部样式表中为其设置统一样式：宽和高均为 100 像素，带有 1 像素宽的实线边框，各边的内、外边距均为 10 像素，向左浮动。其中，第一个段落元素将保持原状，作为参照样例；第二个段落元素添加自定义 id 名称 container，以便在 JavaScript 中获取该对象。

为了使最终显示效果更加明显，在使用 createElement()方法动态创建了<div>元素之后将<div>元素的背景颜色设置为黄色，然后使用 appendChild()方法动态地添加到 id="container"的段落元素中。由图 5-7 可见，右边的段落元素内部多出一个背景为黄色的区域，该区域就是使用 JavaScript 代码动态加入的<div>元素。

2 删除 HTML 元素

删除已存在的 HTML 元素也需要两步：首先使用 document 对象的 getElementById("id 名称")方法获取该元素，然后使用 removeChild()方法将其从父元素中删除。

其父元素如果有明确的 id 名称，同样可以使用 getElementById()方法获取。例如，在知道父元素 id 名称的情况下删除其中 id="p01"的子元素。

```
var test=document.getElementById("test");    //获取父元素
var p=document.getElementById("p01");        //获取子元素
test.removeChild(p);                         //删除子元素
```

若父元素无对应的 id 名称获取，可以使用子元素的 parentNode 属性获取其父元素对象，效果相同。例如，在不知道父元素 id 名称的情况下删除其中 id="p01"的子元素。

```
var p=document.getElementById("p01");        //获取子元素
var test=p.parentNode;                       //获取父元素
test.removeChild(p);                         //删除子元素
```

【例 5-8】 JavaScript DOM 删除 HTML 元素。

在 JavaScript 中使用 removeChild()方法动态删除指定元素的子元素。

扫一扫

视频讲解

```
1.  <!DOCTYPE html>
2.  <html>
3.      <head>
4.          <meta charset="utf-8">
5.          <title>JavaScript DOM 删除 HTML 元素</title>
6.          <style>
7.          div{
8.              width:100px;
9.              height:100px;
10.             border:1px solid;
11.             padding:10px;
12.             margin:10px;
13.             float:left;
14.         }
15.         p{
16.             background-color:pink;
17.             width:100px;
18.         }
19.         </style>
20.     </head>
21.     <body>
22.         <h3>JavaScript DOM 删除 HTML 元素</h3>
23.         <hr/>
24.         <div>
25.             未删除子元素的参照 div。
26.             <p>这是未被删除的段落元素</p>
27.         </div>
28.         <div id="container">
29.             删除子元素的 div。
```

```
30.        <p id="box">这是将被删除的段落元素</p>
31.      </div>
32.    <script>
33.    //获取 id="container"的 div 元素对象
34.    var container=document.getElementById("container");
35.    //获取 id="box"的段落元素对象
36.    var box=document.getElementById("box");
37.    //删除子元素
38.    container.removeChild(box);
39.    </script>
40.   </body>
41.</html>
```

运行效果如图 5-8 所示。

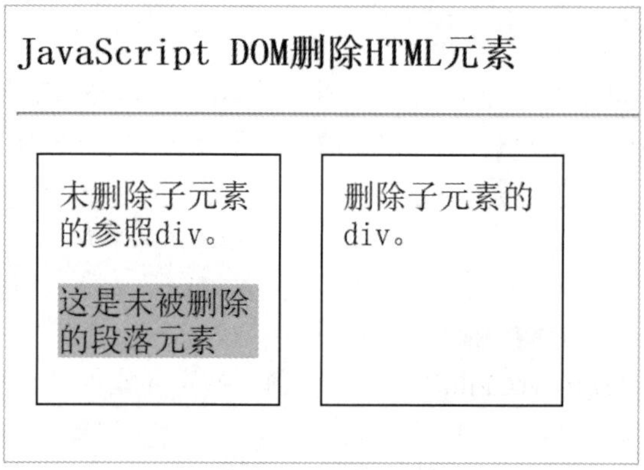

图 5-8　JavaScript DOM 删除 HTML 元素的效果

【代码说明】

本例包含了两个区域元素<div>，并在 CSS 内部样式表中为其设置统一样式：宽和高均为 100 像素，带有 1 像素宽的实线边框，各边的内、外边距均为 10 像素，向左浮动。其中，第一个<div>元素将保持原状，作为参照样例；第二个<div>元素添加自定义 id 名称 container，以便在 JavaScript 中获取该对象。

为了测试动态删除功能，事先在这两个<div>元素内部分别加入一个段落元素<p>，并在 CSS 内部样式表中统一设置<p>元素的样式为宽 100 像素、背景颜色为粉色。由图 5-8 可见，右边的段落元素内部已被清空，该区域使用 JavaScript 代码动态删除了段落元素。

5.2　浏览器对象模型

浏览器对象模型（Browser Object Model，BOM）使 JavaScript 可以与浏览器进行交互。BOM 中的常用对象如下。

- Window：浏览器窗口对象，其成员包括所有的全局变量、函数和对象。
- Screen：屏幕对象，通常用于获取用户可用屏幕的宽和高。
- Location：位置对象，用于获取当前页面的 URL 地址，还可以把浏览器重定向到新的指定页面。
- History：历史记录对象，其中包含了浏览器的浏览历史记录。
- Navigator：浏览器对象，通常用于获取用户浏览器的相关信息。

5.2.1　Window 对象

在 JavaScript 中，Window 对象表示浏览器窗口，目前所有浏览器都支持该对象。JavaScript 中的一切全局变量、函数和对象都自动成为 Window 对象的内容。

例如，用于判断变量是否为数字的全局方法 isNaN() 就是 Window 对象的方法，完整写法为 window.isNaN()。在通常情况下，Window 前缀可以省略。

扫一扫

视频讲解

【例 5-9】　JavaScript BOM Window 对象的应用。

在 JavaScript 中，使用 Window 对象的 innerWidth 和 innerHeight 属性分别获取浏览器窗口的内部宽度和高度。

```
1. <!DOCTYPE html>
2. <html>
3.     <head>
4.         <meta charset="utf-8">
5.         <title>JavaScript BOM Window 对象的应用</title>
6.     </head>
7.     <body>
8.         <h3>JavaScript BOM Window 对象的应用</h3>
9.         <hr/>
10.        <script>
11.        //获取浏览器内部的可用宽度
12.        var width=window.innerWidth;
13.        //获取浏览器内部的可用高度
14.        var height=window.innerHeight;
15.        //将结果输出到页面上
16.        document.write("浏览器当前可用宽度为： "+width+"<br>浏览器当前可用高度
           为： "+height);
17.        </script>
18.    </body>
19.</html>
```

运行效果如图 5-9 所示。

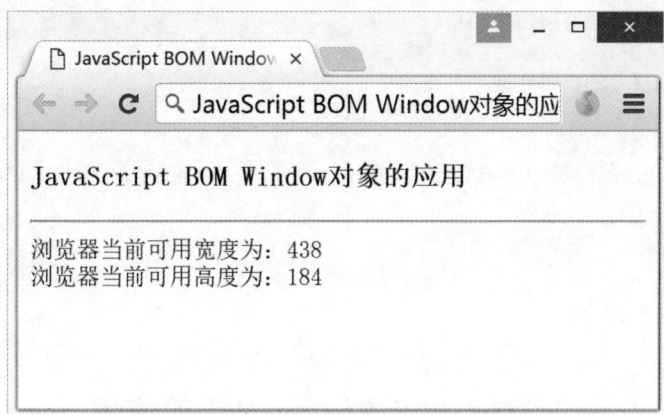

图 5-9　JavaScript BOM Window 对象的应用效果

【代码说明】

在本例中，innerWidth 和 innerHeight 属性值显示的是页面初始加载完毕时的尺寸，如果手动更改了当前浏览器窗口的大小并刷新页面，这两个属性值会动态变化。

除此以外，Window 对象还包含以下关于浏览器窗口的常用方法。

101

- window.open(URL)：打开新窗口，例如"window.open("https://www.baidu.com");"表示打开百度首页。
- window.close()：关闭当前窗口。
- window.moveTo(x,y)：移动当前窗口使其左上角位于坐标点(x,y)上，例如 window.moveTo(0,0)表示把窗口左上角移动到坐标点(0,0)上。
- window.print()：打印当前窗口的内容。
- window.resizeTo(width,height)：调整当前窗口的尺寸，例如"window.resizeTo(800, 600);"表示把窗口调整为宽 800 像素、高 600 像素的尺寸。

5.2.2　Screen 对象

在 JavaScript 中，window.screen 对象用于获取屏幕的可用宽度和可用高度。该对象在使用时通常省略 window 前缀，简写为 screen。Screen 对象的常用属性如下。

- availWidth：表示屏幕的可用宽度，默认单位为像素（px）。
- availHeight：表示屏幕的可用高度，默认单位为像素（px）。

其中，avail 前缀来源于英文单词 available（可用的）。可用宽度或可用高度指的是去除界面上自带内容（例如任务栏）后的实际可使用的宽、高。

扫一扫

视频讲解

【例 5-10】　JavaScript BOM Screen 对象的应用。

在 JavaScript 中使用 Screen 对象获取屏幕的可用宽度和可用高度。

```
1.  <!DOCTYPE html>
2.  <html>
3.     <head>
4.         <meta charset="utf-8">
5.         <title>JavaScript BOM Screen 对象的应用</title>
6.     </head>
7.     <body>
8.         <h3>JavaScript BOM Screen 对象的应用</h3>
9.         <hr/>
10.        <script>
11.        //获取屏幕的可用宽度
12.        var width=screen.availWidth;
13.        //获取屏幕的可用高度
14.        var height=screen.availHeight;
15.        //将结果输出到页面上
16.        document.write("屏幕的可用宽度为："+width+"<br>屏幕的可用高度为："+height);
17.        </script>
18.    </body>
19.</html>
```

运行效果如图 5-10 所示。

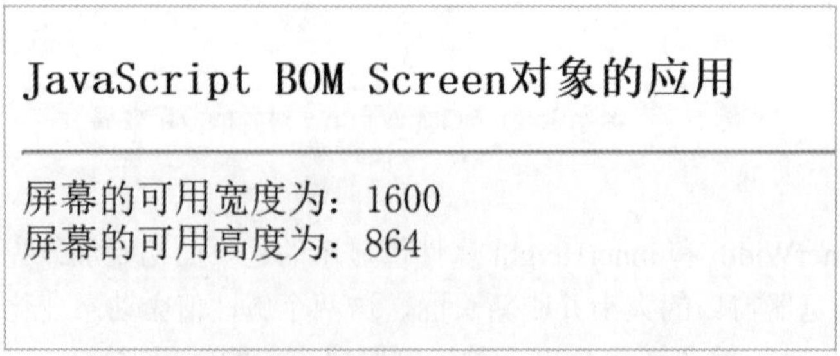

JavaScript BOM Screen对象的应用

屏幕的可用宽度为：1600
屏幕的可用高度为：864

图 5-10　JavaScript BOM Screen 对象的应用效果

5.2.3　Location 对象

在 JavaScript 中，window.location 对象用于获取当前页面的 URL 或者将浏览器重定向到新的页面。该对象在使用时通常省略 window 前缀，简写为 location。

Location 对象的 href 属性用于将页面重定向到其他 URL 地址。例如：

```
location.href("a.html");
```

上述代码将会使页面重定向到同一个目录下的 a.html 页面。这里所填写的参数可以是本地 URL 地址，也可以是网络 URL 地址。

扫一扫

【例 5-11】　JavaScript BOM Location 对象的应用。

在 JavaScript 中使用 Location 对象将页面重定向到其他 URL 地址。

```
1. <!DOCTYPE html>
2. <html>
3.    <head>
4.        <meta charset="utf-8">
5.        <title>JavaScript BOM Location 对象的应用</title>
6.    </head>
7.    <body>
8.        <h3>JavaScript BOM Location 对象的应用</h3>
9.        <hr/>
10.       <script>
11.       //跳转到其他 URL 地址
12.       location.href="http://www.baidu.com";
13.       </script>
14.   </body>
15.</html>
```

视频讲解

运行效果如图 5-11 所示。

图 5-11　JavaScript BOM Location 对象的应用效果

5.2.4　History 对象

在 JavaScript 中，window.history 对象包含了用户通过浏览器窗口访问过的 URL 历史记录。该对象在使用时通常省略 window 前缀,简写为 history。通常使用 History 对象实现与浏览器上"后退"和"前进"按钮相同的功能,相关方法解释如下。

- back():返回上一个页面,相当于单击了浏览器上的"后退"按钮。
- forward():前进到下一个页面,相当于单击了浏览器上的"前进"按钮。

【例 5-12】 **JavaScript BOM History** 对象的应用。

在 JavaScript 中使用 History 对象模拟浏览器上的"前进"和"后退"按钮。

```
1. <!DOCTYPE html>
2. <html>
3.    <head>
4.        <meta charset="utf-8">
5.        <title>JavaScript BOM History对象的应用</title>
6.    </head>
7.    <body>
8.        <h3>JavaScript BOM History对象的应用</h3>
9.        <hr/>
10.        <button onclick="history.back()">后退</button>
11.        <button onclick="history.forward()">前进</button>
12.    </body>
13.</html>
```

运行效果如图 5-12 所示。

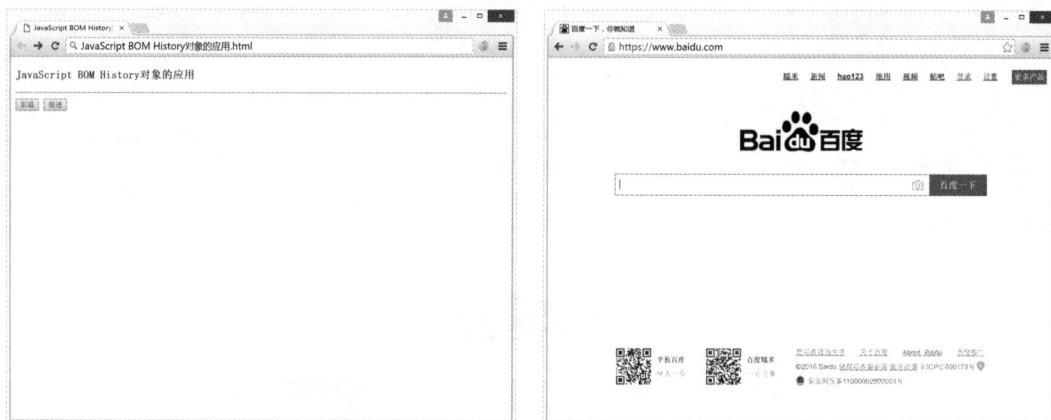

(a)本例页面效果　　　　　　　　(b)"前进"或"后退"按钮触发的效果

图 5-12　JavaScript BOM History 对象的应用效果

【代码说明】

本例如需测试"后退"按钮的效果,在使用时需要首先打开一个其他网页,然后在同一个浏览器窗口中重新打开本例页面;同样,如需测试"前进"按钮的效果,需要在本例页面之后打开过其他页面再退回才有浏览器历史记录。

5.2.5　Navigator 对象

在 JavaScript 中,window.navigator 对象可用于获取用户浏览器的一系列信息,例如浏览器的名称、版本号等。该对象在使用时通常省略 window 前缀,简写为 navigator。Navigator 对象的常用属性如表 5-2 所示。

表 5-2　JavaScript Navigator 对象的常用属性

属 性 名 称	解　　　释
appCodeName	浏览器代码名，通常会显示为 Mozilla
appName	浏览器名称，通常显示为 Netscape
appVersion	浏览器版本
cookieEnabled	浏览器是否允许使用 cookies。如果允许使用 cookies，返回 true，否则返回 false
javaEnabled	当前浏览器中是否启用了 Java
language	浏览器使用的首选语言
mimeTypes	在浏览器中注册的 mime 类型，返回值为数组
onLine	浏览器是否处于联网状态。如果处于联网状态，返回 true，否则返回 false
plugins	浏览器中所安装插件的信息，返回值为数组
platform	浏览器所在的操作系统
product	产品名称，通常显示为 Gecko
userAgent	用户代理信息
vendor	浏览器的品牌供应商

注：由于数据有可能被浏览器的使用者更改，所以来自 Navigator 的信息仅作为参考，不能作为权威的依据，而且不同浏览器中 Navigator 对象包含的属性稍有差异。

【例 5-13】　JavaScript BOM Navigator 对象的应用。

在 JavaScript 中使用 Navigator 对象获取用户浏览器的相关信息。

扫一扫

视频讲解

```
1.  <!DOCTYPE html>
2.  <html>
3.      <head>
4.          <meta charset="utf-8">
5.          <title>JavaScript BOM Navigator 对象的应用</title>
6.      </head>
7.      <body>
8.          <h3>JavaScript BOM Navigator 对象的应用</h3>
9.          <hr/>
10.         <script>
11.         var msg="浏览器代码名: "+navigator.appCodeName;
12.         msg+="<br><br>浏览器名称: "+navigator.appName;
13.         msg+="<br><br>浏览器版本: "+navigator.appVersion;
14.         msg+="<br><br>浏览器是否允许使用 cookies: "+navigator.cookieEnabled;
15.         msg+="<br><br>浏览器所在操作系统: "+navigator.platform;
16.         msg+="<br><br>用户代理: "+navigator.userAgent;
17.         msg+="<br><br>浏览器语言: "+navigator.language;
18.         msg+="<br><br>浏览器品牌: "+navigator.vendor;
19.         //将结果输出到页面上
20.         document.write(msg);
21.         </script>
22.     </body>
23.</html>
```

在 Chrome 浏览器中的运行效果如图 5-13 所示。

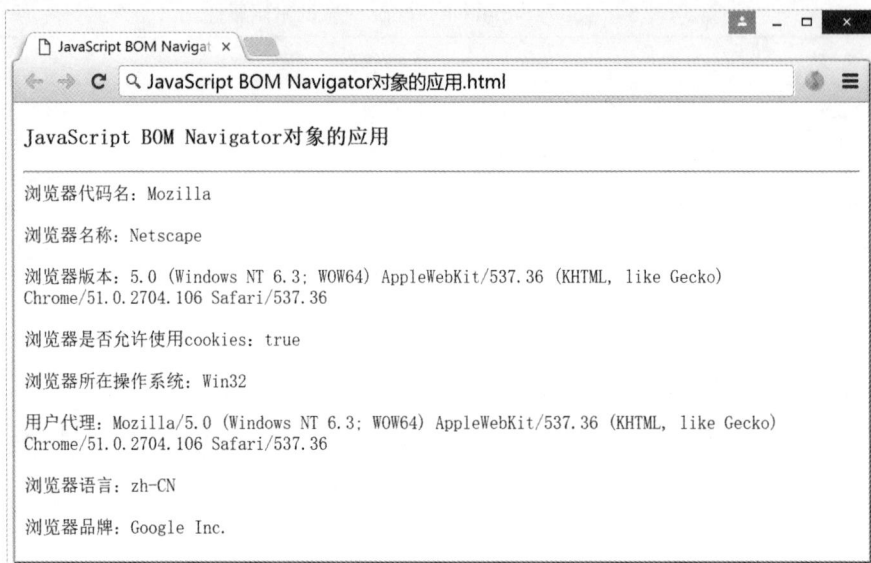

图 5-13　JavaScript BOM Navigator 对象的应用效果

5.3　阶段案例：Nim 博弈小游戏

5.3.1　案例需求

　　制作一款 Nim 博弈小游戏，由真人玩家和计算机 AI 双人对战。一共有 25 个石子，玩家和 AI 轮流拿取，每次最少拿 1 个，最多拿 3 个，谁拿到最后一个谁输。

5.3.2　案例分析

1 生成随机数

　　这里可以直接使用第 4 章阶段案例中的方法生成一个 a～b 的随机整数（包含 a 和 b 本身），参考 JS 代码如下：

```
//随机生成a～b的数字，包含a和b本身
function getRandomNum(a, b){
    return Math.floor(Math.random()*(b-a+1))+a;
}
```

　　本案例需要随机产生 1～3 的整数，因此使用 getRandomNum(1, 3)即可。

　　但是还需要考虑一种特殊情况，有可能剩余石子数不足 3 个，那么这时就不能直接随机生成 1～3 的整数了，而是应该随机生成 1 至剩余石子总数的整数，参考 JS 代码如下：

```
var maxNum = 3;      //最大数值
var minNum = 1;      //最小数值
var stoneNum = 2;    //当前石子总数

//AI 随机产生一个要拿走的石子数
var botNum = getRandomNum(minNum, maxNum>stoneNum?stoneNum:maxNum);
```

　　上述代码中的三目运算 maxNum>stoneNum?stoneNum:maxNum 表示先判断最大数值 maxNum 和石子总数 stoneNum 的大小，谁小就用谁作为随机数的上限。实际最后随机拿走

的石子数是 getRandomNum(minNum, maxNum)还是 getRandomNum(minNum, stoneNum)，根据判断大小的结果确定。

2 判断数字的有效性

可直接参考第 4 章阶段案例"猜数字小游戏"中的"案例分析-2 判断数字的有效性"，判断是否为数字、整数以及是否在有效范围内，这里不再赘述。

3 用循环实现游戏回合

这里不妨尝试使用 while(true)制作一个永久循环，直到判断出胜负再使用 break 强制停止循环，参考 JS 代码如下：

```
1. var myTurn = true;                    //标记当前是否轮到真人玩家
2. while(true){
3.         //真人玩家的回合
4.         if(myTurn){…}                  //玩家游戏过程待补充
5.         //AI 的回合
6.         else{…}                        //AI 游戏过程待补充
7.
8.         //判断游戏是否结束（如果剩余石子数为 0，则游戏结束）
9.         if(stoneNum==0){
10.             //判断谁赢了（判断过程待补充）
11.             break;                     //停止循环
12.         }
13.         else{
14.             myTurn = !myTurn;          //切换当前玩家
15.         }
16.     }
```

5.3.3 案例制作

创建一个 HTML 文件，文件名可自定义，例如 NimGame.html。

相关代码如下：

```
1. <!DOCTYPE html>
2. <html>
3. <head>
4. <meta charset="utf-8">
5. <title>Nim 博弈小游戏</title>
6. </head>
7. <body>
8. <!--标题-->
9. <h3>Nim 博弈小游戏（人机对战）</h3>
10.<!--水平线-->
11.<hr>
12.<p> 游戏规则：<br>
13.    1.玩家和 AI 轮流拿石子，每次最少拿 1 个，最多拿 3 个。<br>
14.    2.玩家先手拿，谁拿到最后一个就是谁输了（末者败）。 </p>
15.<button onclick="startGame()">开始游戏</button>
16.<script>
17.//随机生成 a～b 的数字，包含 a 和 b 本身
18.function getRandomNum(a, b){
19.    return Math.floor(Math.random()*(b-a+1))+a;
20.}
21.
22.//开始游戏
23.function startGame(){
24.    //============================
25.    //游戏的初始化
```

扫一扫

视频讲解

```
26.     //==============================
27.     var myTurn = true;          //标记当前是否轮到真人玩家
28.     var maxNum = 3;             //最大数值
29.     var minNum = 1;             //最小数值
30.     var stoneNum = 25;          //当前石子总数
31.
32.     //==============================
33.     //游戏开始
34.     //==============================
35.     while(true){
36.         //真人玩家的回合
37.         if(myTurn){
38.         //获取输入的玩家要拿走的石子数
39.             var myNum = prompt("当前剩余石子总数为"+stoneNum+"，请输入您要拿
                走的石子数（1~3）","");
40.             //有效性判断
41.             if(isNaN(myNum)){
42.                 alert("您输入的不是数字，请重新输入！");
43.                 continue;
44.             }
45.             else if(myNum%1!==0){
46.                 alert("您输入的不是整数，请重新输入！");
47.                 continue;
48.             }
49.             else if(myNum<minNum||myNum>maxNum||myNum>stoneNum){
50.                 alert("您输入的数字不在有效范围内，请重新输入！");
51.                 continue;
52.             }
53.             else{
54.                 //更新剩余石子总数
55.                 stoneNum = stoneNum - myNum;
56.                 alert("玩家拿走了"+myNum+"个，当前剩余石子总数为"+stoneNum);
57.             }
58.         }
59.         //AI 的回合
60.         else{
61.         //AI 随机产生一个要拿走的石子数
62.             var botNum = getRandomNum(minNum, maxNum>stoneNum? stoneNum :
                maxNum);
63.             //更新剩余石子总数
64.             stoneNum = stoneNum - botNum;
65.             alert("AI 拿走了"+botNum+"个，当前剩余石子总数为"+stoneNum);
66.         }
67.
68.         //判断游戏是否结束（如果剩余石子数为 0，则游戏结束）
69.         if(stoneNum==0){
70.             //判断谁赢了
71.             var winner = myTurn?"AI":"玩家";
72.             alert("游戏结束！"+winner+"胜利。");
73.             break;                      //停止循环
74.         }
75.         else{
76.             myTurn = !myTurn;           //切换当前玩家
77.         }
78.     }
79.}
80.</script>
81.</body>
82.</html>
```

运行效果如图 5-14 所示。

（a）游戏初始画面

（b）提示玩家输入石子数

（c）AI 自动拿取石子

（d）游戏结束，玩家胜利

图 5-14　第 5 章阶段案例最终效果图

5.3.4　案例思考

【拓展练习】　可否改成 AI 先手？修改石子总数、可以拿走的石子数的最大值等增加游戏的可玩性。

【进阶改造】　当玩家先手时，可否把 AI 改成必胜模式？即有策略地生成每次应该拿走的石子数让玩家失败。

本章小结

本章介绍了 JavaScript 文档对象模型（DOM）和浏览器对象模型（BOM）的使用方法，其中，DOM 部分主要介绍了如何查找、添加、删除 HTML 元素，修改元素的内容/属性，改变元素的 CSS 样式，以及元素事件处理；BOM 部分主要介绍了 Window、Screen、Location、History 和 Navigator 对象的用法。本章阶段案例介绍了 Nim 博弈小游戏，讨论了真人玩家或计算机 AI 先后手的必胜策略和玩法。

习题 5

扫一扫

习题

扫一扫

自测题

第三部分　jQuery 技术篇

第**6**章

Chapter 6

jQuery 入门

本章主要介绍 jQuery 基础知识入门，包括 jQuery 的下载和使用、jQuery 的基础语法格式、jQuery 文档就绪函数以及 jQuery 名称冲突的解决方案。

本章学习目标

- 了解 jQuery 的下载与使用；
- 掌握 jQuery 的基础语法格式；
- 掌握 jQuery 文档就绪函数的用法；
- 掌握 jQuery 名称冲突的解决方案。

6.1 jQuery 的下载和使用

6.1.1 jQuery 的下载

jQuery 是一种开源函数库，读者可以直接访问其官网页面（http://jquery.com/download/）进行下载。目前常用的 jQuery 版本是 1.x、2.x 和 3.x，本书选择官方推荐的 1.12.x 系列版本，因为该版本的浏览器兼容性相对较好。

图 6-1 所示为 jQuery 的官方下载页面。这里以 1.12.3 版本为例，下载完整版单击 Download the uncompressed development jQuery 1.12.3，下载压缩版单击 Download the compressed production jQuery 1.12.3。完整版的文件扩展名为.js，常用于开发和调试；压缩版的文件扩展名为.min.js，里面保留了所有 jQuery 函数并提升了产品性能，适用于正式发布。

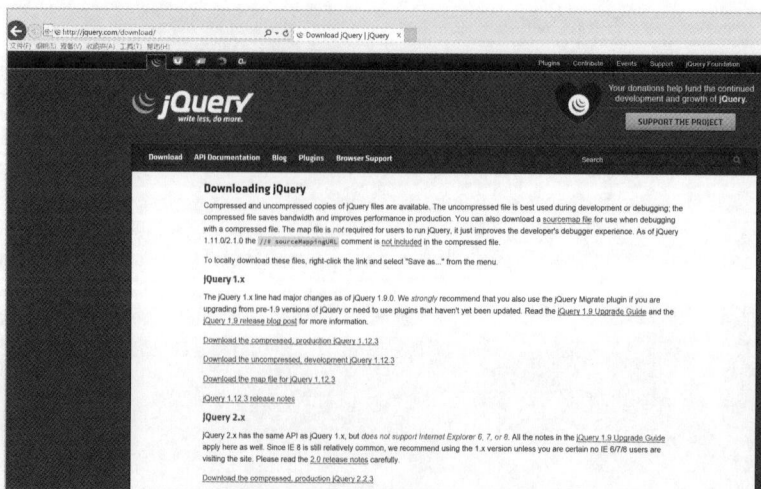

图 6-1 jQuery 官方下载页面

注意：由于官方不定期会更新可供下载的页面 jQuery 版本，可能实际访问的时候已经无法在官网的下载页面下载 1.x 版的 jQuery 文件了，虽然官方也另外提供了一个历年 jQuery 版本下载地址 https://github.com/DanielRuf/snyk-js-jquery-565129，但是由于服务器在海外，有时打开非常慢。读者可以直接使用本书配套提供的源代码包，从第 6 章开始后续每章节例题源代码包中的 js 目录下均包含了 jquery-1.12.3.js（未压缩包，可查看源代码，适合开发学习过程）和 jquery-1.12.3.min.js（混淆压缩包，更加精简、加载效率高，适合正式环境）供读者使用。

6.1.2　jQuery 的使用

和其他 JavaScript 文件的使用一样，用户可以通过<script>标签在 HTML 文档的首部标签<head>和</head>中添加 jQuery 的引用声明，语法格式如下。

```
<script src="jQuery 文件 URL"></script>
```

上述代码中的 "jQuery 文件 URL" 需要替换为实际的 jQuery 文件引用地址。

需要注意的是，HTML 4.01 版中的<script>元素首标签需要写成<script type="text/javascript" src="jQuery 文件 URL">，而在 HTML5 中可以省略 type="text/javascript"，直接写成<script src="jQuery 文件 URL">。

这里以 jQuery 1.12.3.js 为例，将该文件放置在网页的同一个文件夹下，使用声明如下。

```
<script src="jquery1.12.3.js"></script>
```

上述声明完成后就可以在页面上添加 jQuery 相关语句了。

注意：引用的 jQuery 文件名是可以下载后由开发者重新自定义的，例如上述代码中的文件名如果改成了 jquery.js，那么引用时也需要同步更新为<script src="**jquery.js**"></script>。

⚙ 6.2　jQuery 的语法　◂◂◂

jQuery 的语法是专门为 HTML 元素的选取编制的，可以对元素执行操作。

6.2.1　基础语法格式

jQuery 的基础语法格式如下。

```
$(selector).action()
```

其中，美元符号$表示 jQuery 语句，选择符 selector 用于查询 HTML 元素，action()需要替换为对元素的某种具体操作的方法名。例如：

```
$("p").hide();
```

在 HTML 中，<p>表示段落标签，hide()为 jQuery 中的新方法，用于隐藏元素，因此上述代码表示隐藏所有段落。

6.2.2　文档就绪函数

为了避免文档在加载前就运行了 jQuery 代码导致潜在的错误，所有的 jQuery 函数都需要写在一个文档就绪（document ready）函数中。例如，当前 HTML 页面还没有加载完，因此某 HTML 元素标签可能还无法查询获取。

文档就绪函数的写法如下。

```
$(document).ready(function(){
  jQuery 函数内容
});
```

【例 6-1】 jQuery 文档就绪函数的应用。

使用文档就绪函数启动警告对话框。

```
1. <!DOCTYPE html>
2. <html>
3.    <head>
4.       <meta charset="utf-8">
5.       <title>jQuery 文档准备就绪</title>
6.       <script src="js/jquery-1.12.3.min.js"></script>
7.    </head>
8.    <body>
9.       <h3>jQuery 文档就绪函数的应用</h3>
10.      <hr>
11.      <script>
12.         $(document).ready(function(){
13.            alert("jQuery 文档准备就绪! ");
14.         });
15.      </script>
16.   </body>
17.</html>
```

运行效果如图 6-2 所示。

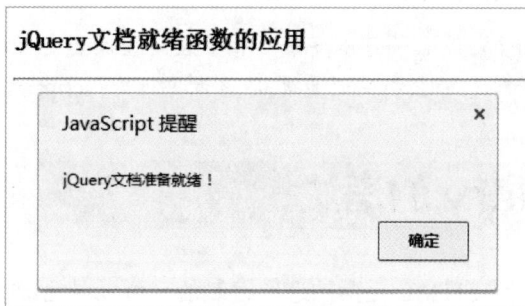

图 6-2 jQuery 文档就绪函数的应用效果

6.2.3　jQuery 名称冲突

jQuery 通常使用美元符号$作为简写方式，但在同时使用了多个 JavaScript 函数库的 HTML 文档中，jQuery 有可能与其他同样使用$符号的函数（例如 Prototype）冲突，因此 jQuery 使用 noConflict()方法自定义其他名称来替换可能产生冲突的$符号表达方式。

【例 6-2】 jQuery 自定义名称代替$符号。

使用 noConflict()方法创建自定义名称 jq 代替$符号。

```
1. <!DOCTYPE html>
2. <html>
3.    <head>
4.       <meta charset="utf-8">
5.       <title>jQuery 自定义名称代替$符号</title>
6.       <script src="js/jquery-1.12.3.min.js"></script>
7.    </head>
8.    <body>
9.       <h3>jQuery 自定义名称代替$符号</h3>
```

```
10.        <hr>
11.        <button>
12.            测试 jQuery 别名
13.        </button>
14.        <script>
15.            var jq=jQuery.noConflict();
16.            jq(document).ready(function(){
17.                jq("button").click(function(){
18.                    alert("jQuery 的别名生效了！");
19.                });
20.            });
21.        </script>
22.    </body>
23.</html>
```

运行效果如图 6-3 所示。

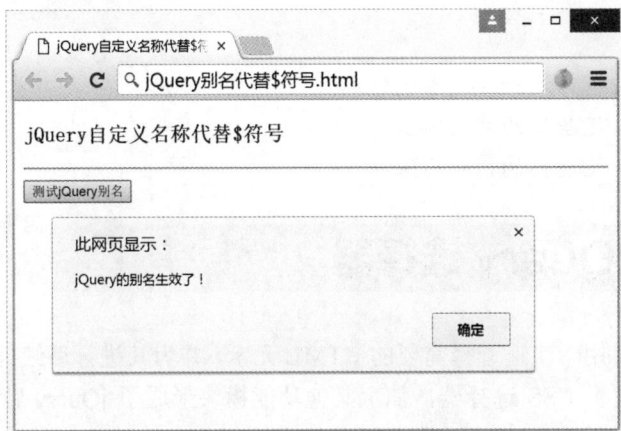

图 6-3　jQuery 自定义名称代替$符号的效果

【代码说明】

本例使用自定义名称 jq 代替$符号，并在文档就绪函数中为 button 按钮绑定了一个 click 单击事件。如果单击按钮后 alert 方法仍然能被执行，说明 jQuery 的自定义名称有效。由图 6-3 可见，当前 jQuery 的自定义名称可以正常使用。

注意：关于 button 按钮的 click 单击事件的更多说明可参见 8.2.3 节相关内容。

本章小结

本章主要介绍 jQuery 的基础知识入门，首先介绍了 jQuery 文件如何下载和使用，然后介绍了 jQuery 的常用语法，包括基础语法格式、文档就绪函数以及 jQuery 自定义名称的使用。

习题 6

扫一扫　　扫一扫

习题　　自测题

jQuery 选择器与过滤器

本章主要介绍 jQuery 选择器与 jQuery 过滤器的相关知识，jQuery 选择器包括基础选择器、属性选择器、表单选择器、层次选择器以及 CSS 选择器；jQuery 过滤器包括基础过滤器、子元素过滤器、内容过滤器和可见性过滤器。

本章学习目标

- 理解 jQuery 选择器和过滤器的作用；
- 掌握 jQuery 选择器的常见用法；
- 掌握 jQuery 过滤器的常见用法。

7.1 jQuery 选择器

jQuery 选择器可用于快速选择需要的 HTML 元素，并为其进行后续处理。jQuery 选择器的部分语法规则来自于 CSS 选择器，加上其他功能模块形成了 jQuery 特有的选择匹配元素工具，简化了用户使用 JavaScript 选择和操作元素的复杂度。

7.1.1 基础选择器

jQuery 基础选择器（Basic Selector）的语法规则基本上和 CSS 选择器相同，可以通过指定 HTML 元素的标签名称、类名称或 ID 名称对元素进行筛选定位。

jQuery 基础选择器的常见用法如表 7-1 所示。

表 7-1 jQuery 基础选择器的常见用法

选 择 器	描 述	用 法 示 例	示 例 描 述
*	用于选择所有元素	$("*")	选择文档中的所有元素
element	元素选择器，用于选择指定标签名称的元素	$("p")	选择文档中所有的段落元素\<p>
#id	ID 选择器，用于选择指定 id 的元素	$("#test")	选择文档中 id="test"的元素
.class	类选择器，用于选择所有具有同一个指定 class 的元素	$(".style01")	选择文档中所有 class="style01"的元素
selector1, selector2, ... selectorN	多重选择器，用于选择符合条件的所有结果	$("p, h1, div")	选择文档中的所有段落元素\<p>、标题元素\<h1>和块元素\<div>

1 全局选择器

全局选择器用于选择文档中的所有元素，其语法格式如下。

```
$("*")
```

全局选择器会遍历文档中所有的元素标签，甚至包括首部标签<head>及其内部的
<meta>、<script>等，运行速度较慢。

【例 7-1】　**jQuery** 全局选择器的使用。

```
1.  <!DOCTYPE html>
2.  <html>
3.      <head>
4.          <meta charset="utf-8">
5.          <title>jQuery 全局选择器示例</title>
6.          <script src="js/jquery-1.12.3.min.js"></script>
7.          <style>
8.              h3{
9.                  margin:0;
10.             }
11.             div, p{
12.                 width:100px;
13.                 height:100px;
14.                 float:left;
15.                 padding:10px;
16.                 margin:10px;
17.                 border:1px solid gray;
18.             }
19.         </style>
20.     </head>
21.     <body>
22.         <h3>jQuery 全局选择器示例</h3>
23.         <hr>
24.         <div>我是 DIV 元素</div>
25.         <p>我是 P 元素</p>
26.         <script>
27.             $(document).ready(function(){
28.                 $("*").css("border", "5px solid red");
29.             });
30.         </script>
31.     </body>
32.</html>
```

运行效果如图 7-1 所示。

【代码说明】

本例使用了 **jQuery** 全局选择器将所有的 HTML 元素都设置为带有 5 像素宽的红色实
线边框样式。由图 7-1 可见，页面中的所有内容都显示了红色边框。由于全局选择器也包括

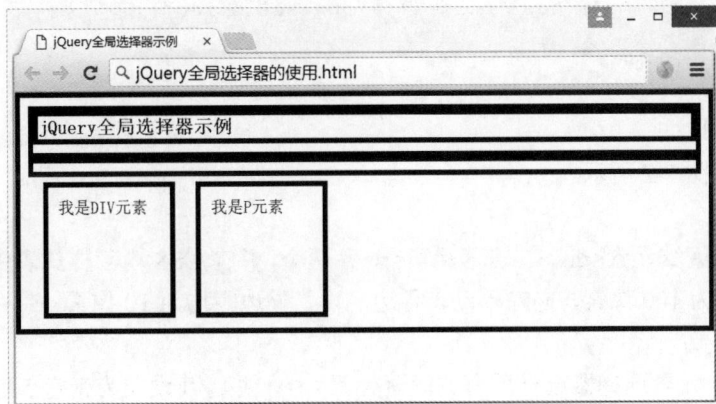

图 7-1　jQuery 全局选择器的使用效果

<body>、<head>等通常不在页面中具体显示的元素，所以页面中的红色边框个数大于可见元素个数。

2　元素选择器

元素选择器用于选择所有指定标签名称的元素，其语法格式如下。

```
$("element")
```

这里的 element 在使用时需要换成真正的元素标签名称。例如，$("h1")表示选中所有<h1>标题元素。在使用元素选择器时，jQuery 会调用 JavaScript 中的原生方法 getElementsByTagName()获取指定的元素，该方法简化了原先 JavaScript 的代码量。

【例 7-2】　jQuery 元素选择器的使用。

```
1.  <!DOCTYPE html>
2.  <html>
3.      <head>
4.          <meta charset="utf-8">
5.          <title>jQuery 元素选择器示例</title>
6.           <script src="js/jquery-1.12.3.min.js"></script>
7.          <style>
8.              h3{
9.                  margin: 0;
10.             }
11.             div, p{
12.                 width:100px;
13.                 height:100px;
14.                 float:left;
15.                 padding:10px;
16.                 margin:10px;
17.                 border:1px solid gray;
18.             }
19.         </style>
20.     </head>
21.     <body>
22.         <h3>jQuery 元素选择器示例</h3>
23.         <hr>
24.         <div>我是 DIV 元素</div>
25.         <p>我是 P 元素</p>
26.         <div>我是 DIV 元素</div>
27.         <p>我是 P 元素</p>
28.          <script>
29.             $(document).ready(function(){
30.                 $("p").css("border", "5px solid red");
31.             });
32.         </script>
33.     </body>
34.     </html>
```

运行效果如图 7-2 所示。

【代码说明】

本例包含了区域元素<div>与段落元素<p>各两个，并在 CSS 内部样式表中为其设置统一样式：宽和高均为 100 像素，向左浮动，各边的内、外边距均为 10 像素，带有 1 像素宽的灰色实线边框。

使用 jQuery 元素选择器选择所有的段落元素<p>，并将其设置为带有 5 像素宽的红色实线边框样式。由图 7-2 可见，只有<p>元素的样式被更改，<div>元素没有受到任何影响。

扫一扫

视频讲解

118

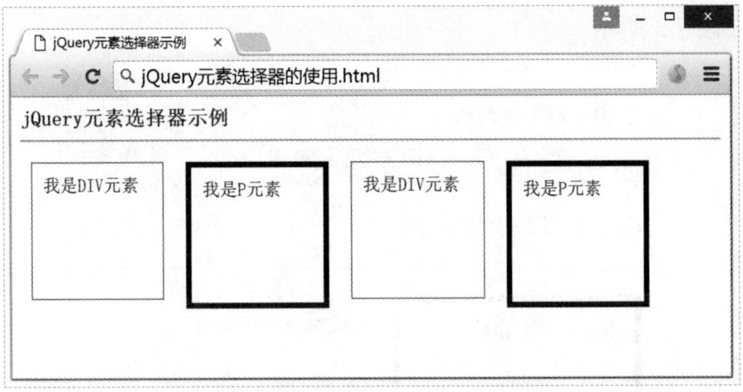

图 7-2　jQuery 元素选择器的使用效果

3 ID 选择器

ID 选择器用于选择指定 ID 名称的单个元素，其语法格式如下。

```
$("#ID")
```

这里的 ID 在使用时需要换成元素真正的 ID 名称。例如，$("#test")表示选中 id="test"的元素。在使用 ID 选择器时，jQuery 会调用 JavaScript 中的原生方法 getElementById()获取指定 ID 名称的元素。

ID 选择器也可以和元素选择器配合使用，例如：

```
$("p#test01")
```

其表示选择 id="test01"的段落元素<p>。

【例 7-3】　jQuery ID 选择器的使用。

```
1. <!DOCTYPE html>
2. <html>
3.    <head>
4.        <meta charset="utf-8">
5.        <title>jQuery ID 选择器示例</title>
6.        <script src="js/jquery-1.12.3.min.js"></script>
7.        <style>
8.            div{
9.                width:150px;
10.               height:100px;
11.               float:left;
12.               padding:10px;
13.               margin:10px;
14.               border:1px solid gray;
15.            }
16.       </style>
17.   </head>
18.   <body>
19.       <h3>jQuery ID 选择器示例</h3>
20.       <hr>
21.       <div id="test01">我的 id="test01"</div>
22.       <div id="test02">我的 id="test02"</div>
23.       <script>
24.           $(document).ready(function(){
25.               $("#test01").css("border", "5px solid red");
26.           });
27.       </script>
28.   </body>
29.</html>
```

运行效果如图 7-3 所示。

图 7-3 jQuery ID 选择器的使用效果

【代码说明】

本例主要包含两个<div>元素用于对比效果，并在 CSS 内部样式表中为它们设置相同的样式：宽 150 像素、高 100 像素，向左浮动，内、外边距均为 10 像素，具有 1 像素宽的灰色实线边框。为了便于区分，这两个<div>元素的 id 值分别被设置为 test01 和 test02。

在 jQuery 代码部分，使用 ID 选择器$("#test01")表示选择了 id 为 test01 的元素，并且将其样式更新为 5 像素宽的红色实线边框。由图 7-3 可见，只有 id 为 test01 的元素受到影响，边框样式发生了改变。因此得出结论：ID 选择器生效。

4 类选择器

类选择器用于筛选出具有同一个 class 属性值的所有元素，其语法格式如下。

```
$(".class")
```

这里的 class 在使用时需要换成真正的类名称。例如，$(".box")表示选择所有 class="box"的元素。如果一个元素包含了多个类，只要其中的任何一个类符合条件即可被选中。在使用类选择器时，jQuery 会调用 JavaScript 中的原生方法 getElementsByClassName() 获取指定的元素。

类选择器也可以和元素选择器配合使用，例如：

```
$("p.style01")
```

其表示选择所有 class="style01"的段落元素<p>。

【例 7-4】 **jQuery 类选择器的使用。**

```
1.  <!DOCTYPE html>
2.  <html>
3.     <head>
4.        <meta charset="utf-8">
5.        <title>jQuery 类选择器示例</title>
6.        <script src="js/jquery-1.12.3.min.js"></script>
7.        <style>
8.           div, p{
9.              width:180px;
10.             height:100px;
11.             float:left;
12.             padding:10px;
13.             margin:10px;
```

扫一扫

视频讲解

```
14.              border:1px solid gray;
15.          }
16.      </style>
17.  </head>
18.  <body>
19.      <h3>jQuery 类选择器示例</h3>
20.      <hr>
21.      <div class="style01">
22.          div class="style01"
23.      </div>
24.      <div class="style02">
25.          div class="style02"
26.      </div>
27.      <p class="style01">
28.          p class="style01"
29.      </p>
30.      <script>
31.          $(document).ready(function(){
32.              $(".style01").css("border", "5px solid red");
33.          });
34.      </script>
35.  </body>
36.</html>
```

运行效果如图 7-4 所示。

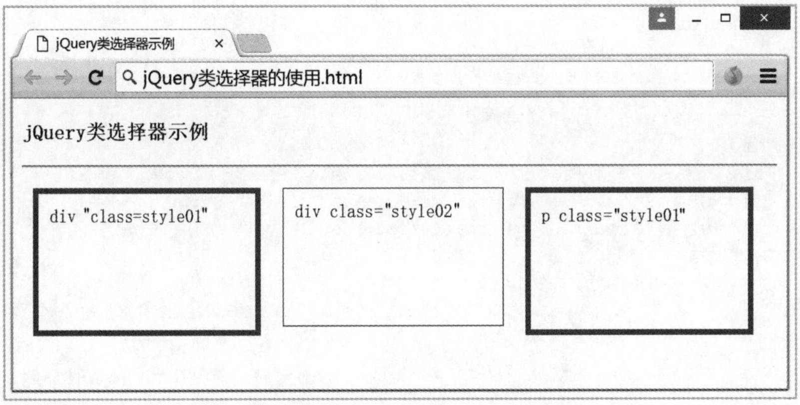

图 7-4　jQuery 类选择器的使用效果

【代码说明】

本例包含了两个区域元素<div>和一个段落元素<p>，为了测试类选择器的效果，对其中一个<div>和<p>元素设置了同样的 class 属性，即 class="style01"，将另一个<div>元素设置为 class="style02"作为参照对比。在 CSS 内部样式表中为所有<div>和<p>元素设置统一样式：宽 180 像素、高 100 像素，向左浮动，各边的内、外边距均为 10 像素，带有 1 像素宽的灰色实线边框。

使用 jQuery 类选择器选择 class="style01"的所有元素，并将其边框样式修改为 5 像素宽的红色实线。由图 7-4 可见，类选择器已经生效。如果将本例中的类选择器修改为 $("p.style01")，只会修改段落元素<p>的边框样式。

⑤ 多重选择器

多重选择器适用于需要批量处理的多种元素，可以将不同的筛选条件用逗号隔开写入同一个选择器中，其语法格式如下。

```
$("selector1 [, selector2] … [, selectorN]")
```

其中，selector1~selectorN 需要全部换成具体的 jQuery 选择器，数量可以自定义。这里的选择器可以是元素选择器、ID 选择器或者类选择器中的任何一种或组合使用，只要满足其中任何一个条件的元素即可被选中。例如：

```
$("p, div.style01, #news")
```

上述代码表示选中所有的段落元素<p>、class="style01"的<div>元素以及 id="news"的元素。

扫一扫

视频讲解

【例 7-5】 jQuery 多重选择器的使用。

```
1.  <!DOCTYPE html>
2.  <html>
3.      <head>
4.          <meta charset="utf-8">
5.          <title>jQuery 多重选择器示例</title>
6.          <script src="js/jquery-1.12.3.min.js"></script>
7.          <style>
8.              div, p{
9.                  width:180px;
10.                 height:100px;
11.                 float:left;
12.                 padding:10px;
13.                 margin:10px;
14.                 border:1px solid gray;
15.              }
16.          </style>
17.      </head>
18.      <body>
19.          <h3>jQuery 多重选择器示例</h3>
20.          <hr>
21.          <div class="style01">div class="style01"</div>
22.          <div class="style02">div class="style02"</div>
23.          <p class="style02">p class="style02"</p>
24.          <script>
25.              $(document).ready(function(){
26.                  $("h3, p, div.style01").css("border", "5px solid red");
27.              });
28.          </script>
29.      </body>
30.</html>
```

运行效果如图 7-5 所示。

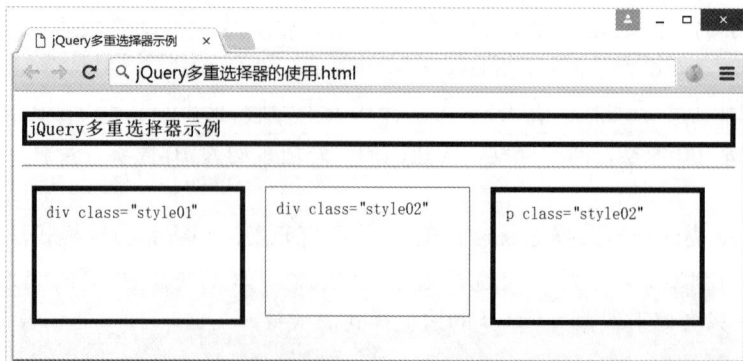

图 7-5 **jQuery** 多重选择器的使用效果

【代码说明】

本例中的多重选择器$("h3, p, div.style01")表示选择所有的<h3>标签、<p>标签以及

class="style01"的<div>标签。由图 7-5 可见，页面中的标题<h3>、段落元素<p>以及
class="style01"的<div>元素被修改了边框样式，证明多重选择器已生效。

7.1.2　属性选择器

属性选择器（Attribute Selector）用于选择具有指定属性要求的元素。jQuery 使用路径表
达式（XPath）在 HTML 文档中进行导航，从而选择指定属性的元素。jQuery 属性选择器的
常见用法如表 7-2 所示。

表 7-2　jQuery 属性选择器的常见用法

选 择 器	描 述	用 法 示 例	示 例 描 述
[attribute]	带有指定属性的元素	$("[alt]")	所有带 alt 属性的元素
[attribute=value]	属性等于指定值的元素	$("[href='#']")	所有 href 属性值等于"#"的元素
[attribute!=value]	属性不等于指定值的元素	$("[href!= '#']")	所有 href 属性值不等于"#"的元素
[attribute$=value]	属性以指定值结尾的元素	$("[src$='.png']")	所有 src 属性值以.png 结尾的元素

属性选择器也可以和其他选择器配合使用，能缩小匹配范围。例如：

```
$("img[src$='.png']")
```

上述代码表示找出页面中所有 src 属性值以.png 结尾的图像元素<img>。

【例 7-6】　jQuery 属性选择器的使用。

```
1.  <!DOCTYPE html>
2.  <html>
3.      <head>
4.          <meta charset="utf-8">
5.          <title>jQuery 属性选择器示例</title>
6.          <script src="js/jquery-1.12.3.min.js"></script>
7.          <style>
8.              a{
9.                  margin:10px;
10.             }
11.         </style>
12.     </head>
13.     <body>
14.         <h3>jQuery 属性选择器示例</h3>
15.         <hr>
16.         <a href="http://www.sina.com.cn">新浪</a>
17.         <a href="http://www.163.com">网易</a>
18.         <a href="http://www.sohu.com">搜狐</a>
19.         <script>
20.             $(document).ready(function(){
21.                 //筛选 href 属性值以.cn 结尾的元素
22.                 $("[href$='.cn']").css("border", "5px solid red");
23.             });
24.         </script>
25.     </body>
26.</html>
```

运行效果如图 7-6 所示。

【代码说明】

本例主要包含 3 个超链接元素<a>，其 href 属性分别指向新浪、网易和搜狐的主页地址。
其中，新浪的 URL 地址以.cn 结尾，网易和搜狐的 URL 地址均以.com 结尾。

扫一扫

视频讲解

图 7-6　jQuery 属性选择器的使用效果

在 jQuery 代码部分，使用属性选择器$("[href$='.cn']")表示选择了 href 属性值以.cn 结尾的元素，并且将其样式更新为 5 像素宽的红色实线边框。由图 7-6 可见，只有新浪对应的超链接元素受到影响，边框样式发生了改变。因此得出结论：属性选择器生效。

7.1.3　表单选择器

jQuery 表单选择器（Form Selector）用于选择指定类型或处于指定状态的表单元素，常见用法如表 7-3 所示。

表 7-3　jQuery 表单选择器的常见用法

指定类型的表单元素		
选　择　器	描　述	用 法 示 例
:input	所有的\<input\>元素	$(":input")
:text	选择 type="text"的\<input\>元素	$(":text")
:password	选择 type="password"的\<input\>元素	$(":password")
:radio	选择 type="radio"的\<input\>元素	$(":radio")
:checkbox	选择 type="checkbox"的\<input\>元素	$(":checkbox")
:submit	选择 type="submit"的\<input\>和\<button\>元素	$("input:submit")
:reset	选择 type="reset"的\<input\>和\<button\>元素	$(":reset")
:button	选择 type="button"的\<input\>和\<button\>元素	$(":button")
:image	选择 type="image"的\<input\>元素	$(":image")
:file	选择 type="file"的\<input\>元素	$(":file")
指定状态的表单元素		
选　择　器	描　述	用 法 示 例
:enabled	所有启用的\<input\>和\<button\>元素	$(":enabled")
:disabled	所有被禁用的\<input\>和\<button\>元素	$(":disabled")
:selected	下拉列表中处于选中状态的\<option\>元素	$(":selected")
:checked	所有被选中的单选按钮或者复选框	$(":checked")

扫一扫

视频讲解

【例 7-7】　jQuery 表单选择器的使用。

```
1.  <!DOCTYPE html>
2.  <html>
3.      <head>
4.          <meta charset="utf-8">
5.          <title>jQuery 表单选择器示例</title>
6.          <script src="js/jquery-1.12.3.min.js"></script>
7.          <style>
8.              form{
9.                  width:500px;
10.                 text-align:center;
```

```
11.             }
12.         </style>
13.     </head>
14.     <body>
15.         <h3>jQuery 表单选择器示例</h3>
16.         <hr>
17.         <!--表单-->
18.         <form method="post" action="URL">
19.             <label>用户名：
20.                 <input type="text" name="username" required/>
21.             </label>
22.             <br/>
23.             <label>密　码：
24.                 <input type="password" name="pwd" required/>
25.             </label>
26.             <br/>
27.             <label>确　认：
28.                 <input type="password" name="pwd" required/>
29.             </label>
30.             <br/>
31.             <label>姓　名：
32.                 <input type="text" name="name" required/>
33.             </label>
34.             <br/>
35.             <label>邮　箱：
36.                 <input type="email" name="email" required/>
37.             </label>
38.             <br/>
39.             <button type="submit">提交注册</button>
40.         </form>
41.         <script>
42.             $(document).ready(function(){
43.                 $(":password").css("border", "1px solid red");
44.             });
45.         </script>
46.     </body>
47.</html>
```

运行效果如图 7-7 所示。

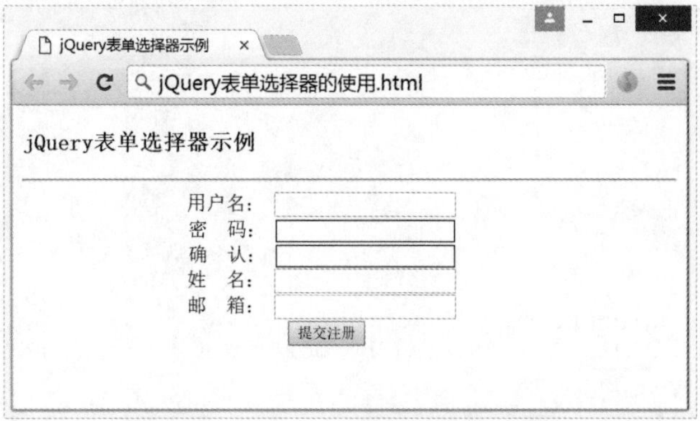

图 7-7　jQuery 表单选择器的使用效果

【代码说明】

本例主要包含一个表单元素<form>，并在其中添加了 5 个<input>元素，分别用于表示用户名、密码、密码确认、姓名和邮箱的输入框。其中，用户名和姓名的 type 属性值为 text；密码和密码确认的 type 属性值为 password；邮箱的 type 属性值为 email。

在 jQuery 代码部分,使用表单选择器$(":password")表示选择了 type="password"的<input>元素,并且将其样式更新为 1 像素宽的红色实线边框。由图 7-7 可见,只有密码和密码确认区域输入框的边框样式发生了改变。因此得出结论:表单选择器生效。

7.1.4　层次选择器

1　子元素选择器

子元素选择器(Child Selector)只能选择指定元素的第一层子元素,其语法格式如下。

```
$("parent>child")
```

其中,参数 parent 可以是任何一个有效的 jQuery 选择器,参数 child 填入的选择器筛选的必须是 parent 的第一层子元素。例如:

```
<p>
    这是一个<span><strong>测试</strong>段落</span>,用于测试子元素的层次。
</p>
```

在上述代码中,段落元素<p>的第一层子元素为<span>,而<strong>是<span>的第一层子元素,只能算是<p>元素的后代,因此使用子元素选择器只能是$("p>span")或者$("span>strong")的形式,不可以写成$("p>strong")的形式。

【例 7-8】 jQuery 子元素选择器的使用。

```
1.  <!DOCTYPE html>
2.  <html>
3.      <head>
4.          <meta charset="utf-8">
5.          <title>jQuery 子元素选择器示例</title>
6.          <script src="js/jquery-1.12.3.min.js"></script>
7.          <style>
8.              ul{
9.                  width:100px;
10.             }
11.         </style>
12.     </head>
13.     <body>
14.         <h3>jQuery 子元素选择器示例</h3>
15.         <hr>
16.         <ul class="all">
17.             <li>第一章</li>
18.             <li>第二章</li>
19.             <ul>
20.                 <li>2.1</li>
21.                 <li>2.2</li>
22.             </ul>
23.             <li>第三章</li>
24.         </ul>
25.         <script>
26.             $(document).ready(function(){
27.                 $("ul.all>li").css("border", "1px solid red");
28.             });
29.         </script>
30.     </body>
31. </html>
```

运行效果如图 7-8 所示。

【代码说明】

本例使用无序标签<ul>制作了一个简易的章节目录,其中包含了 3 个列表选项元素<li>,分别表示第一、二、三章,在第二章和第三章之间包含了另一个无序标签<ul>,并在其中包含

扫一扫

视频讲解

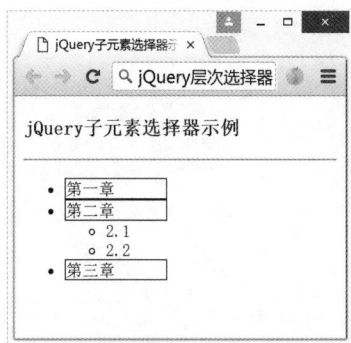

图 7-8　jQuery 子元素选择器的使用效果

了两个列表选项元素<li>，分别表示 2.1 和 2.2 节的目录。

在 jQuery 中使用了子元素选择器$("ul.all>li")，表示从 class="all"的<ul>元素中选出所有的第一层<li>元素，并将其边框样式设置为 1 像素宽的红色实线。由图 7-8 可见，用于表示第一、二、三章的 3 个列表选项元素<li>的边框样式被重置，但是用于表示 2.1 和 2.2 节的<li>元素不受影响。这是由于表示 2.1 和 2.2 节的<li>元素包含在内部的<ul>元素中，是第二层后代元素，不符合子元素选择器的筛选规则。

2 后代选择器

后代选择器（Descendant Selector）用于选择指定元素内包含的所有后代元素，比子元素选择器的涵盖范围更加广泛，其语法格式如下。

```
$("ancestor descendant")
```

其中，参数 ancestor 可以是任何一个有效的 jQuery 选择器，参数 descendant 填入的选择器筛选的必须是 ancestor 的后代元素，该后代元素可以是 ancestor 元素的第一层子元素，也可以是其中子元素的后代。例如：

```
<p>
    这是一个<span><strong>测试</strong>段落</span>，用于测试子元素的层次。
</p>
```

在上述代码中，段落元素<p>的第一层子元素为<span>，而<strong>是<span>的第一层子元素，属于<p>元素的后代，因此使用后代选择器选择其中的<strong>标签可以是$("p strong")或者$("span strong")的形式。

扫一扫

【例 7-9】　**jQuery 后代选择器的使用。**

视频讲解

```
1.  <!DOCTYPE html>
2.  <html>
3.      <head>
4.          <meta charset="utf-8">
5.          <title>jQuery 后代选择器示例</title>
6.          <script src="js/jquery-1.12.3.min.js"></script>
7.          <style>
8.              div{
9.                  width:100px;
10.                 border:1px solid;
11.                 margin:10px;
12.             }
13.         </style>
14.     </head>
15.     <body>
16.         <h3>jQuery 后代选择器示例</h3>
17.         <hr>
```

```
18.        <div class="style01">
19.            <h3>第一个标题</h3>
20.            <p>这是一段<span>测试文字</span>，用于测试后代选择器的效果。</p>
21.        </div>
22.        <div class="style02">
23.            <h3>第二个标题</h3>
24.            <p>这是一段<span>测试文字</span>，用于测试后代选择器的效果。</p>
25.        </div>
26.        <script>
27.            $(document).ready(function(){
28.                $("div.style01 span").css("border", "2px solid red");
29.            });
30.        </script>
31.    </body>
32.</html>
```

运行效果如图 7-9 所示。

图 7-9　jQuery 后代选择器的使用效果

【代码说明】

本例包含了两个区域元素<div>，分别定义其 class 名称为 style01 和 style02 以示区别。在 CSS 内部样式表中为<div>元素设置统一样式：宽 100 像素，各边的外边距为 10 像素，带有 1 像素宽的黑色实线边框。在这两个<div>元素中放置相同的子元素——标题元素<h3>和段落元素<p>，并在段落元素<p>的内部将局部文字使用<span>标签包围。因此，<span>元素是<p>元素的子元素，也是<div>元素的后代。

在 jQuery 中使用了后代选择器$("div.style01 span")，表示从 class="style01"的<div>元素中选出其内部包含的所有<span>元素，并将其边框样式设置为 2 像素宽的红色实线。由图 7-9 可见，第一个<div>元素中的<span>标签被标记了出来，而第二个<div>元素中的<span>标签完全没有受到影响。

3 后相邻选择器

后相邻选择器（Next Adjacent Selector）可用于选择与指定元素相邻的后一个元素，其语法格式如下。

```
$("prev+next")
```

其中，参数 prev 可以是任何一个有效的 jQuery 选择器，参数 next 填入的选择器筛选的必须是与 prev 相邻的后一个元素。

当需要选择的元素没有 id 名称或 class 属性值能选择时，可以考虑使用该方法先获取其相邻的前一个元素，然后定位到需要的元素。例如：

```
<p class="test">这是第一个段落元素。</p>
<p>这是第二个段落元素。</p>
```

上述代码包含了两个段落元素<p>，其中，第一个元素可以使用类选择器$("p.test")获取，第二个元素没有 id 名称和 class 属性值，因此可以考虑使用相邻选择器$("p.test+p")获取。

【例 7-10】 jQuery 后相邻选择器的使用。

扫一扫

视频讲解

```
1.  <!DOCTYPE html>
2.  <html>
3.      <head>
4.          <meta charset="utf-8">
5.          <title>jQuery 后相邻选择器示例</title>
6.          <script src="js/jquery-1.12.3.min.js"></script>
7.          <style>
8.              div{
9.                  width:100px;
10.                 height:50px;
11.                 border:1px solid;
12.                 margin:10px;
13.                 float:left;
14.             }
15.         </style>
16.     </head>
17.     <body>
18.         <h3>jQuery 后相邻选择器示例</h3>
19.         <hr>
20.         <div id="test01">div id="test01"</div>
21.         <div>普通 div 元素，无 id 名称</div>
22.         <script>
23.             $(document).ready(function(){
24.                 $("div#test01+div").css("border", "2px solid red");
25.             });
26.         </script>
27.     </body>
28.</html>
```

运行效果如图 7-10 所示。

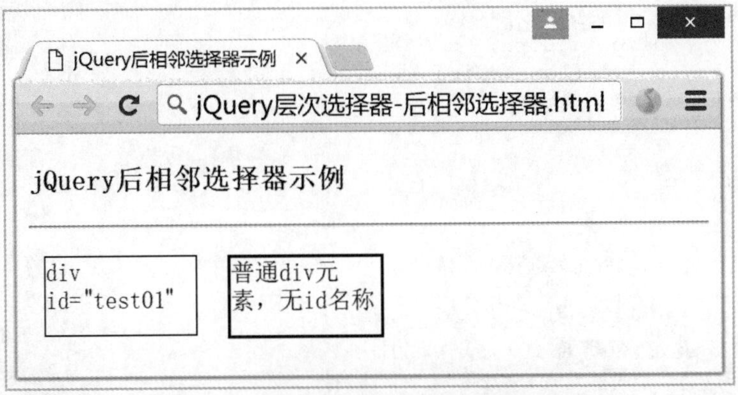

图 7-10 jQuery 后相邻选择器的使用效果

【代码说明】

本例包含了两个区域元素<div>，在 CSS 内部样式表中为<div>元素设置统一样式：宽 100像素、高 50 像素，带有 1 像素宽的黑色实线边框，各边的外边距为 10 像素，并且向左浮动。

其中，第一个<div>元素具有 id="test01"的属性值，而第二个<div>元素没有任何特征。

在 jQuery 中使用了后相邻选择器$("div#test01+div")，表示先找到 id="test01"的<div>元素，然后定位与其相邻的下一个<div>元素，并将其边框样式设置为 2 像素宽的红色实线。这时，第二个<div>元素的边框已经更新为红色样式，说明后相邻选择器生效。

4 后兄弟选择器

后兄弟选择器（Next Siblings Selector）可用于选择指定元素后面跟随的所有符合条件的兄弟元素，其语法格式如下。

```
$("prev~siblings")
```

其中，参数 prev 可以是任何一个有效的 jQuery 选择器，参数 siblings 填入的选择器筛选的必须是位置在 prev 元素后面的兄弟元素。

该选择器与前面介绍的$("prev+next")的不同之处在于：$("prev+next")只能筛选紧跟在指定元素后面的下一个相邻元素，而$("prev~siblings")可以筛选指定元素后面所有符合条件的兄弟元素，可以是多个元素。

当在同一个父元素中有多个元素需要选择时，可以考虑使用该选择器先找到它们的前一个兄弟元素，然后批量选中这些元素。例如：

```
<p class="test">这是第一个段落元素。</p>
<p>这是第二个段落元素。</p>
<p>这是第三个段落元素。</p>
```

上述代码包含了 3 个段落元素<p>，其中第一个段落元素可以使用类选择器$("p.test")获取，后两个段落元素无 id 名称和 class 属性值，因此可以考虑使用后兄弟选择器$("p.test~p")获取。

【例 7-11】 jQuery 后兄弟选择器的使用。

```
1.  <!DOCTYPE html>
2.  <html>
3.      <head>
4.          <meta charset="utf-8">
5.          <title>jQuery 后兄弟选择器示例</title>
6.          <script src="js/jquery-1.12.3.min.js"></script>
7.          <style>
8.              div,p{
9.                  width:100px;
10.                 height:100px;
11.                 border:1px solid;
12.                 margin:10px;
13.                 float:left;
14.             }
15.         </style>
16.     </head>
17.     <body>
18.         <h3>jQuery 后兄弟选择器示例</h3>
19.         <hr>
20.         <div id="test">div id="test"</div>
21.         <div>这是一个普通 div 元素。</div>
22.         <p>这是一个段落元素。</p>
23.         <div>这是一个普通 div 元素。</div>
24.         <script>
25.             $(document).ready(function(){
26.                 $("div#test~div").css("border", "2px solid red");
27.             });
28.         </script>
```

```
29.    </body>
30.</html>
```

运行效果如图 7-11 所示。

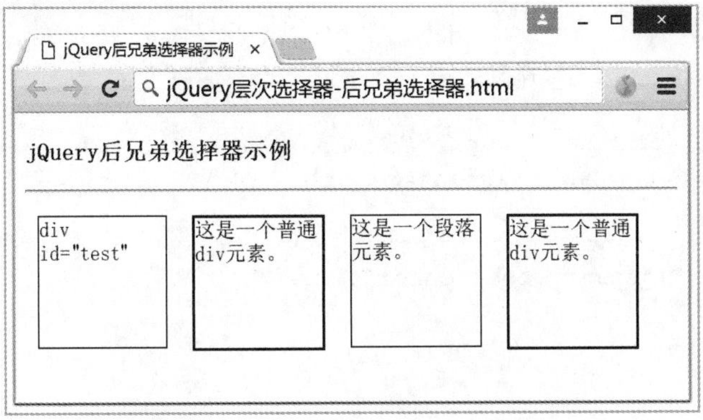

图 7-11 jQuery 后兄弟选择器的使用效果

【代码说明】

本例包含了 3 个区域元素<div>和一个段落元素<p>，在 CSS 内部样式表中为<div>和<p>元素设置统一样式：宽 100 像素、高 100 像素，带有 1 像素宽的黑色实线边框，各边的外边距为 10 像素，并且向左浮动。其中，第一个<div>元素具有 id="test"的属性值，用于作为参照元素，紧跟其后的其他兄弟元素均没有任何特征。

在 jQuery 中使用了后兄弟选择器$("div#test~div")，表示先找到 id="test"的<div>元素，然后查找该元素后面的所有兄弟元素，如果有<div>元素就将其边框样式设置为 2 像素宽的红色实线。这时，第 2、4 个方块的边框已经更新为红色样式，说明后兄弟选择器生效。其中，第 3 个方块是<p>元素用于作为对比，它不符合选择器条件，因此未被更改边框样式。

7.1.5 jQuery CSS 选择器

jQuery CSS 选择器用于改变指定 HTML 元素的 CSS 属性，其语法格式如下。

```
$(selector).css(propertyName, value);
```

其中，selector 参数位置可以是任意有效的选择器，propertyName 参数位置为 CSS 属性名称，value 参数位置为需要设置的 CSS 属性值。

例如将所有 h1 标签的背景颜色改为灰色，写法如下。

```
$("h1").css("background-color","gray");
```

【例 7-12】 jQuery CSS 选择器的使用。

使用 jQuery CSS 选择器将页面上所有的<span>元素标记为红色字体。

扫一扫

视频讲解

```
1. <!DOCTYPE html>
2. <html>
3.    <head>
4.        <meta charset="utf-8">
5.        <title>jQuery CSS 选择器示例</title>
6.        <script src="js/jquery-1.12.3.min.js"></script>
7.        <style>
8.            p{
9.                width:100px;
10.               height:50px;
11.               border:1px solid;
```

```
12.              margin:10px;
13.              float:left;
14.          }
15.      </style>
16.  </head>
17.  <body>
18.      <h3>jQuery CSS 选择器示例</h3>
19.      <hr>
20.      <p>这是<span>第一个</span>段落元素。</p>
21.      <p>这是<span>第二个</span>段落元素。</p>
22.      <script>
23.          $(document).ready(function(){
24.              $("span").css("color", "red");
25.          });
26.      </script>
27.  </body>
28.</html>
```

运行效果如图 7-12 所示。

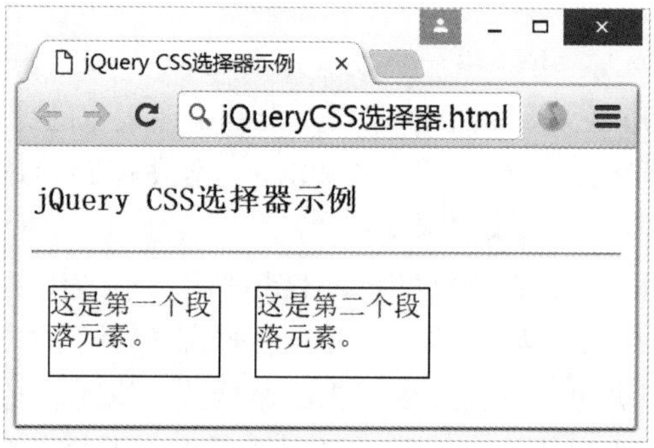

图 7-12　jQuery CSS 选择器的使用效果

【代码说明】

本例包含了两个段落元素<p>，并在 CSS 内部样式表中为其设置统一样式：宽 100 像素、高 50 像素，带有 1 像素宽的实线边框，各边的外边距为 10 像素，向左浮动。在这两个段落元素<p>中各包含了一个<span>元素，用于测试 CSS 选择器的效果。

在 jQuery 中使用了 CSS 选择器$("span").css("color", "red")，表示先找到所有的<span>元素，然后将其中的字体颜色更新为红色。这时，两个段落中被<span>标签包含的文字已变为红色，说明 CSS 选择器生效。

jQuery CSS 选择器中的 css()方法还可以用于批量设置元素的样式属性。关于 css()方法的更多用法，请读者参考 10.1.5 节中的 jQuery css()部分。

7.2　jQuery 过滤器

jQuery 过滤器可以单独使用，也可以与其他选择器配合使用。根据筛选条件，jQuery 过滤器可分为基础过滤器、子元素过滤器、内容过滤器和可见性过滤器。

7.2.1　基础过滤器

jQuery 基础过滤器（Basic Filter）包含一些常用的过滤功能，常见用法如表 7-4 所示。

表 7-4　jQuery 基础过滤器的常见用法

过　滤　器	描　　　述
:first	用于选择第一个符合条件的元素
:last	用于选择最后一个符合条件的元素
:even	用于选择偶数项元素（元素从 0 开始计数）
:odd	用于选择奇数项元素（元素从 0 开始计数）
:eq()	用于选择指定序号的元素（元素从 0 开始计数）
:gt()	用于选择大于指定序号的元素（元素从 0 开始计数）
:lt()	用于选择小于指定序号的元素（元素从 0 开始计数）
:not()	用于选择所有不符合指定要求的元素
:header	用于选择所有的标题元素，即<h1>～<h6>

1 :first 和:last

:first 过滤器用于筛选第一个符合条件的元素，其语法格式如下。

```
$(":first")
```

:first 过滤器只能选择符合条件的第一个元素。例如：

```
$("div:first")
```

上述代码表示选择页面上的第一个<div>元素。

:last 过滤器用于筛选最后一个符合条件的元素，其语法格式如下。

```
$(":last")
```

:last 过滤器可以单独使用，也可以与其他选择器配合使用。

【例 7-13】　**jQuery 基础过滤器:first 和:last 的使用。**

```
1.  <!DOCTYPE html>
2.  <html>
3.    <head>
4.      <meta charset="utf-8">
5.      <title>jQuery 基础过滤器:first 和:last 示例</title>
6.      <script src="js/jquery-1.12.3.min.js"></script>
7.      <style>
8.        p{
9.          width:100px;
10.         height:50px;
11.         border:1px solid;
12.         margin:10px;
13.          float:left;
14.        }
15.      </style>
16.   </head>
17.   <body>
18.     <h3>jQuery 基础过滤器:first 和:last 示例</h3>
19.     <hr>
20.     <p>这是第一个段落元素。</p>
21.     <p>这是第二个段落元素。</p>
22.     <p>这是第三个段落元素。</p>
23.     <script>
24.       $(document).ready(function(){
25.         $("p:first").css("border", "1px solid red");
26.         $("p:last").css("border", "1px dashed blue");
27.       });
28.     </script>
29.   </body>
30.</html>
```

扫一扫

视频讲解

运行效果如图 7-13 所示。

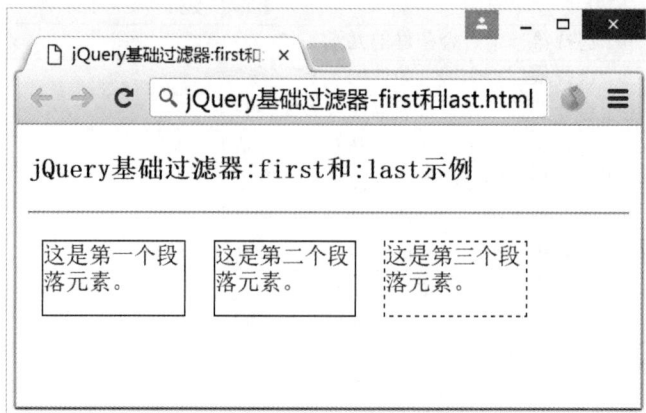

图 7-13　jQuery 基础过滤器:first 和:last 的使用效果

【代码说明】

本例包含了 3 个段落元素<p>，并在 CSS 内部样式表中为其设置统一样式：宽 100 像素、高 50 像素，带有 1 像素宽的实线边框，各边的外边距为 10 像素，向左浮动。

在 jQuery 中分别使用了基础过滤器 :first 和 :last 选择元素。其中，$("p:first")表示找到网页中的第一个<p>元素，css("border", "1px solid red")表示将其边框样式更新为 1 像素宽的红色实线边框；而$("p:last")表示找到网页中的最后一个<p>元素，css("border", "1px dashed blue")表示将其边框样式更新为 1 像素宽的蓝色虚线边框。由图 7-13 可见，两个指定段落的边框样式均已发生变化，说明基础过滤器 :first 和 :last 生效。

2 :even 和:odd

:even 过滤器用于筛选符合条件的偶数项元素，序号从 0 开始计数，其语法格式如下。

```
$(":even")
```

例如，筛选表格中的偶数行的写法如下。

```
$("tr:even")
```

由于:even 过滤器是基于 JavaScript 数组的原理，同样继承了从 0 开始计数的规则，因此上述代码表示筛选表格的第 1、3、5 以及更多行。

:odd 过滤器用于筛选符合条件的奇数项元素，序号从 0 开始计数，其语法格式如下。

```
$(":odd")
```

例如，筛选表格中的奇数行的写法如下。

```
$("tr:odd")
```

需要注意的是，:odd 过滤器同样继承了从 0 开始计数的规则，因此上述代码表示筛选表格的第 2、4、6 以及更多行。

【例 7-14】　jQuery 基础过滤器:even 和:odd 的使用。

扫一扫

视频讲解

```
1.  <!DOCTYPE html>
2.  <html>
3.      <head>
4.          <meta charset="utf-8">
5.          <title>jQuery 基础过滤器:even 和:odd 示例</title>
6.          <script src="js/jquery-1.12.3.min.js"></script>
7.      </head>
```

```
8.     <body>
9.        <h3>jQuery 基础过滤器:even 和:odd 示例</h3>
10.       <hr>
11.       <table id="recruit" border="1">
12.          <caption>招聘信息表</caption>
13.          <tr><th>地点</th><th>招聘职位</th><th>公司</th></tr>
14.          <tr><td>全国</td><td>产品培训生</td><td>腾讯</td></tr>
15.          <tr><td>全国</td><td>前端开发工程师</td><td>阿里巴巴</td></tr>
16.          <tr><td>上海</td><td>交互设计师</td><td>网易游戏</td></tr>
17.          <tr><td>北京</td><td>视觉设计师</td><td>360</td></tr>
18.          <tr><td>深圳</td><td>数据分析师</td><td>IBM</td></tr>
19.          <tr><td>杭州</td><td>数据研发工程师</td><td>微软</td></tr>
20.       </table>
21.       <script>
22.          $(document).ready(function(){
23.             $("tr:even").css("background-color", "lightblue");
24.             $("tr:odd").css("background-color", "silver");
25.          });
26.       </script>
27.    </body>
28.</html>
```

运行效果如图 7-14 所示。

图 7-14   jQuery 基础过滤器:even 和:odd 的使用效果

【代码说明】

本例包含一个 7 行的表格元素<table>。在 jQuery 中分别使用了基础过滤器 :even 和 :odd 选择元素。其中，$("tr:even")表示找到表格中全部的偶数行，即第 2、4、6 行，css("background-color", "lightblue")表示将其背景颜色更新为浅蓝色；而$("tr:odd")表示找到表格中全部的奇数行，css("background-color", "silver")表示将其背景颜色更新为银色。由图 7-14 可见，表格中奇、偶行的背景颜色发生了变化，说明基础过滤器 :even 和 :odd 生效。需要注意的是，行号是从 0 开始计数的。

3 :eq()、:gt()和:lt()

:eq()过滤器用于选择指定序号为 n 的元素，序号从 0 开始计数。其中，eq 来源于英文单词 equal（等于）的前两个字母。其语法格式如下。

```
$(":eq(index)")
```

参数 index 可替换为指定的序号。在 jQuery 1.8 版以后，若 index 填入负数，则表示倒数第 n 个元素。其中，:eq(0)等同于:first 过滤器的效果。

:gt()过滤器用于选择所有大于序号为 n 的元素，序号从 0 开始计数。其中，gt 来源于英文单词 greater than（大于）的首字母。其语法格式如下。

```
$(":gt(index)")
```

参数 index 可替换为指定的序号。在 jQuery 1.8 版以后，若 index 填入负数，则表示序号大于倒数第 n 个元素。

:lt()过滤器用于选择所有小于序号为 n 的元素，序号从 0 开始计数。其中，lt 来源于英文单词 less than（小于）的首字母。其语法格式如下。

```
$(":lt(index)")
```

参数 index 可替换为指定的序号。在 jQuery 1.8 版以后，若 index 填入负数，则表示序号小于倒数第 n 个元素。其中，:lt(1)相当于:first 过滤器的效果。

扫一扫

视频讲解

【例 7-15】 **jQuery 基础过滤器:eq()、:gt()和:lt()的使用。**

```html
1. <!DOCTYPE html>
2. <html>
3.    <head>
4.        <meta charset="utf-8">
5.        <title>jQuery 基础过滤器:eq()、:gt()和:lt()示例</title>
6.        <script src="js/jquery-1.12.3.min.js"></script>
7.        <style>
8.            ul{
9.                width:100px;
10.            }
11.        </style>
12.    </head>
13.    <body>
14.        <h3>jQuery 基础过滤器:eq()、:gt()和:lt()示例</h3>
15.        <hr>
16.        <ul>
17.        <li>第一章</li>
18.        <li>第二章</li>
19.        <li>第三章</li>
20.        <li>第四章</li>
21.        <li>第五章</li>
22.        </ul>
23.        <script>
24.            $(document).ready(function(){
25.                $("li:eq(2)").css("border", "2px solid red");
26.                $("li:gt(2)").css("border", "2px solid blue");
27.                $("li:lt(2)").css("border", "2px solid yellow");
28.            });
29.        </script>
30.    </body>
31.</html>
```

运行效果如图 7-15 所示。

【代码说明】

本例包含了一个宽度为 100 像素的无序列表<ul>及其内部的 5 个列表选项元素<li>。在 jQuery 中使用了$("li:eq(2)")、$("li:gt(2)")和$("li:lt(2)")分别表示查找序号等于 2、大于 2 和小于 2 的<li>元素，并将其边框样式分别设置为 2 像素宽的红色、蓝色和黄色实线。

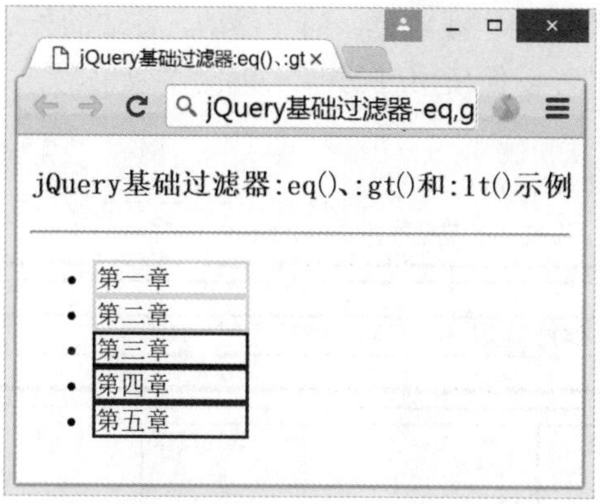

图 7-15　jQuery 基础过滤器:eq()、:gt()和:lt()的使用效果

由图 7-15 可见，$("li:eq(2)")影响的是第 3 行的列表选项元素<li>；$("li:gt(2)")影响的是第 3 行之后的所有列表选项；$("li:lt(2)")影响的是第 3 行之前的所有列表选项。

4 :not()

:not()过滤器用于筛选所有不符合条件的元素，其语法格式如下：

```
$(":not(selector)")
```

所有的选择器都可以与:not()配合使用筛选相反的条件。

【例 7-16】 jQuery 基础过滤器:not()的使用。

```
1.  <!DOCTYPE html>
2.  <html>
3.      <head>
4.          <meta charset="utf-8">
5.          <title>jQuery 基础过滤器:not()示例</title>
6.          <script src="js/jquery-1.12.3.min.js"></script>
7.          <style>
8.              p{
9.                  width:100px;
10.                 height:100px;
11.                 border:1px solid;
12.                 float:left;
13.                 margin:10px;
14.             }
15.         </style>
16.     </head>
17.     <body>
18.         <h3>jQuery 基础过滤器:not()示例</h3>
19.         <hr>
20.         <p>这是普通段落元素。</p>
21.         <p id="test">id="test"的段落元素。</p>
22.         <p>这是普通段落元素。</p>
23.         <script>
24.             $(document).ready(function(){
25.                 $(":not(p#test)").css("border", "2px solid red");
26.             });
27.         </script>
28.     </body>
29. </html>
```

运行效果如图 7-16 所示。

【代码说明】

本例包含了 3 个段落元素<p>，并在 CSS 内部样式表中为其设置了统一的样式：宽、高

扫一扫

视频讲解

137

均为 100 像素，带有 1 像素宽的实线边框，向左浮动，各边的外边距为 10 像素。其中，第 2 个段落元素设置了 id="test"，以便使用过滤器:not()测试效果。

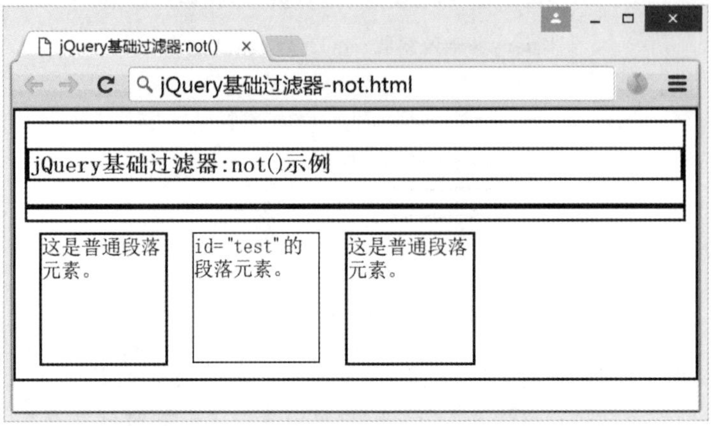

图 7-16　jQuery 基础过滤器:not()的使用效果

在 jQuery 中使用了选择器$(":not(p#test)")表示筛选除 id="test"的段落元素之外的所有 HTML 元素，并为它们添加 1 像素宽的红色实线边框。由图 7-16 可见，中间的段落元素被排除在选择范围外，因此 :not()过滤器的效果实现。

5　:header

:header 过滤器用于筛选所有的标题元素，从<h1>到<h6>均在此选择范围内，其语法格式如下。

```
$(":header")
```

【例 7-17】　jQuery 基础过滤器:header 的使用。

```
1. <!DOCTYPE html>
2. <html>
3.    <head>
4.        <meta charset="utf-8">
5.        <title>jQuery 基础过滤器:header 示例</title>
6.        <script src="js/jquery-1.12.3.min.js"></script>
7.    </head>
8.    <body>
9.        <h3>jQuery 基础过滤器:header 示例</h3>
10.       <hr>
11.       <h4>标题 4</h4>
12.       <p>正文内容</p>
13.       <h4>标题 4</h4>
14.       <p>正文内容</p>
15.       <script>
16.           $(document).ready(function(){
17.               $(":header").css({fontWeight:"bold",color:"red"});
18.           });
19.       </script>
20.    </body>
21.</html>
```

运行效果如图 7-17 所示。

【代码说明】

本例包含两个标题元素<h4>和两个段落元素<p>。在 jQuery 中使用了基础过滤器 :header 选择元素。其中，$(":header")表示找到全部的标题元素，css({fontWeight: "bold",color:"red"})

扫一扫

视频讲解

表示将字体加粗并且将字体颜色变为红色。由图 7-17 可见，只有两个标题元素<h4>发生了样式变化，说明基础过滤器:header 生效。

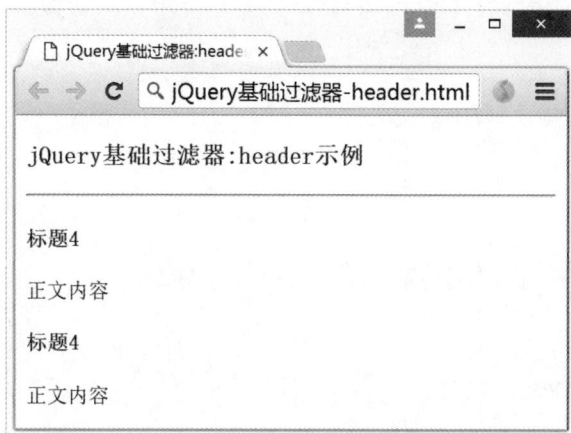

图 7-17　jQuery 基础过滤器:header 的使用效果

7.2.2　子元素过滤器

jQuery 子元素过滤器（Child Filter）可筛选指定元素的子元素，常见用法如表 7-5 所示。

表 7-5　jQuery 子元素过滤器的常见用法

过　滤　器	描　　述
:first-child	用于选择所有父元素中的第一个子元素
:last-child	用于选择所有父元素中的最后一个子元素
:nth-child()	用于选择所有父元素中的第 n 个子元素
:nth-last-child()	用于选择所有父元素中的倒数第 n 个子元素
:only-child	用于选择所有父元素中唯一的子元素

1 :first-child

:first-child 过滤器用于筛选页面上每个父元素中的第一个子元素，其语法格式如下。

```
$(":first-child")
```

和只能选择唯一元素的 :first 过滤器不同，只要是页面上的父元素，可以使用 :first-child 过滤器同时从中选出其第一个子元素，因此选择结果可能不止一个元素。

:first-child 过滤器可以单独使用，也可以与其他选择器配合使用。例如：

```
$("p:first-child")
```

上述代码表示从页面上所有包含段落元素<p>的父元素中筛选出每个父元素内部的第一个段落子元素<p>。需要注意的是，这里筛选出来的段落子元素<p>有可能并不是其父元素的第一个子元素，例如以下情况。

```
<div>
    <span>我是第一个子元素。</span>
    <p>我是第二个子元素，但也是第一个段落元素。我将被$("p:first-child")筛选出来。</p>
    <p>我是第三个子元素。</p>
</div>
```

【例 7-18】　jQuery 子元素过滤器:first-child 的使用。

```
1. <!DOCTYPE html>
```

扫一扫

视频讲解

```
2. <html>
3.    <head>
4.        <meta charset="utf-8">
5.        <title>jQuery 子元素过滤器:first-child 示例</title>
6.        <script src="js/jquery-1.12.3.min.js"></script>
7.        <style>
8.        ul{
9.                width:100px;
10.               border:1px solid;
11.       }
12.       </style>
13.    </head>
14.    <body>
15.        <h3>jQuery 子元素过滤器:first-child 示例</h3>
16.        <hr>
17.        <ul>
18.            <li>Apple</li>
19.            <li>Pear</li>
20.            <li>Grape</li>
21.        </ul>
22.        <ul>
23.            <li>Milk</li>
24.            <li>Bread</li>
25.            <li>Coffee</li>
26.        </ul>
27.        <script>
28.            $(document).ready(function(){
29.                $("li:first-child").css({fontWeight:"bold",color:"red"});
30.            });
31.        </script>
32.    </body>
33.</html>
```

运行效果如图 7-18 所示。

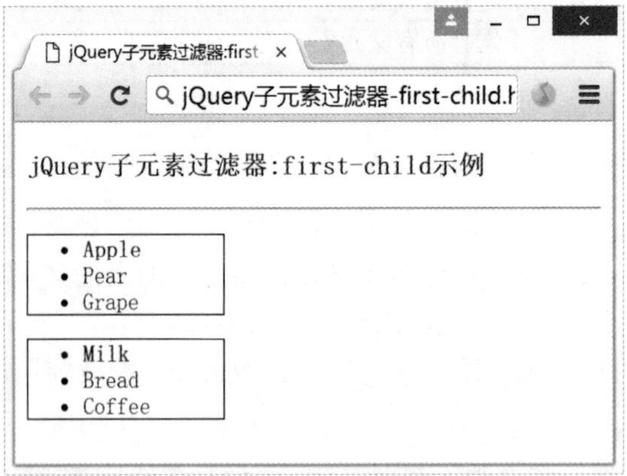

图 7-18   jQuery 子元素过滤器:first-child 的使用效果

【代码说明】

本例包含两组列表，每组都是由一个无序列表<ul>配合 3 个<li>子元素形成的。

在 jQuery 中使用了子元素过滤器:first-child 选择元素。其中，$("li:first-child")表示首先要找到页面上所有包含了<li>的父元素（这里是两个<ul>元素），再选中其中的第一个子元素<li>，然后使用 css({fontWeight:"bold",color:"red"})表示将字体加粗并且将字体颜色变为红色。由图 7-18 可见，每个<ul>元素内部的第一个子元素<li>的样式均发生了变化，说明子元素过滤器:first-child 生效。

2 :last-child

:last-child 过滤器用于筛选页面上每个父元素中的最后一个子元素,其语法格式如下。

```
$(":last-child")
```

与:first-child 过滤器类似,其选择结果可能不止一个元素。

:last-child 过滤器可以单独使用,也可以与其他选择器配合使用。例如:

```
$("p:last-child")
```

上述代码表示从页面上所有包含段落元素<p>的父元素中筛选出每个父元素内部的最后一个段落子元素<p>。需要注意的是,这里筛选出来的段落子元素<p>有可能并不是其父元素的最后一个子元素,例如以下情况。

```
<div>
  <p>我是第一个子元素。</p>
  <p>我是第二个子元素,但也是最后一个段落元素。我将被$("p:last-child")筛选出来。</p>
  <span>我是最后一个子元素。</span>
</div>
```

【例 7-19】 jQuery 子元素过滤器:last-child 的使用。

```
1.  <!DOCTYPE html>
2.  <html>
3.      <head>
4.          <meta charset="utf-8">
5.          <title>jQuery 子元素过滤器:last-child 示例</title>
6.          <script src="js/jquery-1.12.3.min.js"></script>
7.          <style>
8.          ul{
9.                  width:100px;
10.                 border:1px solid;
11.         }
12.         </style>
13.     </head>
14.     <body>
15.         <h3>jQuery 子元素过滤器:last-child 示例</h3>
16.         <hr>
17.         <ul>
18.             <li>Apple</li>
19.             <li>Pear</li>
20.             <li>Grape</li>
21.         </ul>
22.         <ul>
23.             <li>Milk</li>
24.             <li>Bread</li>
25.             <li>Coffee</li>
26.         </ul>
27.         <script>
28.             $(document).ready(function(){
29.                 $("li:last-child").css({fontWeight:"bold",color:"red"});
30.             });
31.         </script>
32.     </body>
33.</html>
```

运行效果如图 7-19 所示。

【代码说明】

本例包含两组列表,每组都是由一个无序列表<ul>配合 3 个<li>子元素形成的。在 jQuery 中使用了子元素过滤器:last-child 选择元素。其中,$("li:last-child")表示首先要找到页面上所

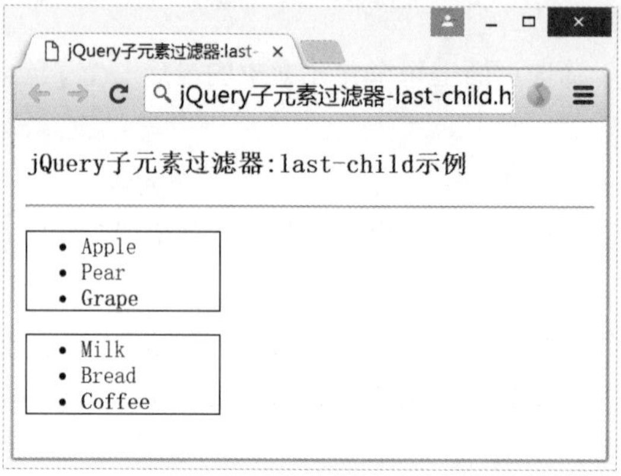

图 7-19　jQuery 子元素过滤器:last-child()的使用效果

有包含了<li>的父元素（这里是两个<ul>元素），再选中其中的最后一个子元素<li>，然后使用 css({fontWeight:"bold",color:"red"})表示将字体加粗并且将字体颜色变为红色。由图 7-19 可见，每个<ul>元素内部的最后一个子元素<li>的样式均发生了变化，说明子元素过滤器:last-child 生效。

3　:nth-child()

:nth-child()过滤器用于筛选页面上每个父元素中的第 n 个子元素，序号从 1 开始计数，其语法格式如下。

```
$(":nth-child(index)")
```

其中，index 参数可以填入具体的数值，例如：

```
$(":nth-child(2)")
```

上述代码表示筛选父元素中的第 2 个子元素。

用户也可以在:nth-child()过滤器的 index 参数位置填入 even 或 odd 字样，分别表示偶数个或奇数个元素。例如：

```
$(":nth-child(odd)")
```

上述代码表示筛选父元素中的第 1、3、5、7、…个子元素。

用户还可以在:nth-child()过滤器的 index 参数位置填入数字与字母 n 的算术组合，n 的取值从 0 开始，每次自增 1 直到筛选完全部符合条件的子元素为止。例如：

```
$(":nth-child(3n+1)")
```

上述代码表示筛选父元素中的第 3n+1 个元素，即第 1、4、7、10、…个子元素。

:nth-child()过滤器可以单独使用，也可以与其他选择器配合使用。:nth-child(1)表示筛选第一个子元素，等同于:first-child。

【例 7-20】 jQuery 子元素过滤器:nth-child()的使用。

```
1.  <!DOCTYPE html>
2.  <html>
3.      <head>
4.          <meta charset="utf-8">
5.          <title>jQuery 子元素过滤器:nth-child()示例</title>
6.          <script src="js/jquery-1.12.3.min.js"></script>
7.          <style>
8.          ul{
9.              width:150px;
10.             border:1px solid;
11.             float:left;
```

扫一扫

视频讲解

```
12.              margin:10px;
13.          }
14.       </style>
15.    </head>
16.    <body>
17.       <h3>jQuery 子元素过滤器:nth-child()示例</h3>
18.       <hr>
19.       <ul id="item01">
20.       li:nth-child(odd)
21.       筛选奇数项
22.           <li>Apple</li>
23.           <li>Pear</li>
24.           <li>Grape</li>
25.           <li>Pineapple</li>
26.        </ul>
27.        <ul id="item02">
28.        li:nth-child(2)
29.        筛选第 2 个元素
30.           <li>Milk</li>
31.           <li>Bread</li>
32.           <li>Coffee</li>
33.        </ul>
34.        <ul id="item03">
35.        li:nth-child(3n+2)
36.        筛选第 3n+2 个元素
37.           <li>Red</li>
38.           <li>Blue</li>
39.           <li>Green</li>
40.           <li>Yellow</li>
41.           <li>Orange</li>
42.           <li>Purple</li>
43.       </ul>
44.       <script>
45.          $(document).ready(function(){
46.              //选择奇数项子元素
47.              $("ul#item01 li:nth-child(odd)").css("color","red");
48.              //选择第 2 个子元素
49.              $("ul#item02 li:nth-child(2)").css("color","red");
50.              //选择第 3n+2 个子元素
51.              $("ul#item03 li:nth-child(3n+2)").css("color","red");
52.          });
53.       </script>
54.    </body>
55.</html>
```

运行效果如图 7-20 所示。

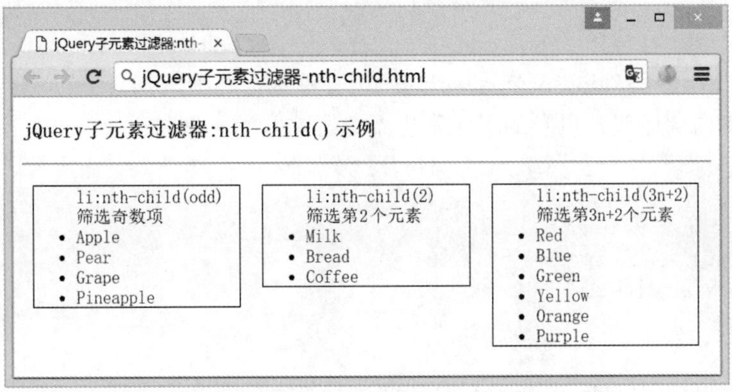

图 7-20　jQuery 子元素过滤器:nth-child()的使用效果

143

【代码说明】

本例包含 3 组列表，每组都是由一个无序列表\<ul>配合若干\<li>子元素形成的，这 3 个\<ul>元素的 id 值分别定义为 item01、item02 和 item03。在 jQuery 中分别对这 3 个\<ul>元素使用了子元素过滤器:nth-child()选择元素。其中，$("ul#item01 li:nth-child(odd)")表示在 id 值为 item01 的列表中筛选所有奇数项\<li>元素；$("ul#item02 li:nth-child(2)")表示在 id 值为 item02 的列表中筛选第 2 项\<li>元素；$("ul#item03 li:nth-child(3n+2)")表示在 id 值为 item03 的列表中筛选第 3n+2 项\<li>元素（其中 n=0，1，2，3，…）。然后使用 css("color","red")表示将字体颜色变为红色。由图 7-20 可见，每个\<ul>元素内部对应的子元素\<li>的样式均发生了变化，说明子元素过滤器:nth-child()生效。

4 :only-child

:only-child 过滤器用于筛选所有在父元素中有且仅有一个的子元素，其语法格式如下。

```
$(":only-child")
```

:only-child 过滤器可以单独使用，也可以与其他选择器配合使用。例如：

```
$("div span:only-child")
```

上述代码表示在所有只包含一个子元素的\<div>父元素中查找\<span>类型的子元素。

如果父元素中包含了其他子元素，则不匹配，例如以下情况。

```
<div>
    <span>这是 span 元素</span>
    <button>这是 button 元素</button>
</div>
```

上述代码如果使用$("div span:only-child")进行筛选，则匹配失败，因为父元素\<div>中还包含了其他子元素\<button>。

需要注意的是，即使其他子元素是\
或\<hr>等内容也会匹配失败。例如：

```
<div>
    <span>这是 span 元素</span>
    <hr>
</div>
```

上述代码如果使用$("div span:only-child")进行筛选也会匹配失败，因为\<hr>会被认为是父元素\<div>的第二个子元素。

如果父元素中只包含其他文本内容，则不影响:only-child 过滤器的判断。例如：

```
<div>
    <span>这是 span 元素</span>
    这段文字不会影响 span 作为 div 的唯一子元素。
</div>
```

上述代码如果使用$("div span:only-child")进行筛选会匹配成功。

如果子元素内部还包含自身的子元素也不会影响匹配。例如：

```
<div>
    <span>
        这是 span 元素<br>
        这里的 br 元素是 span 的子元素<br>
        不影响 span 作为 div 的唯一子元素。
    </span>
</div>
```

上述代码如果使用$("div span:only-child")进行筛选也会匹配成功。

【例 7-21】　**jQuery 子元素过滤器:only-child 的使用。**

```
1.  <!DOCTYPE html>
2.  <html>
3.      <head>
4.          <meta charset="utf-8">
5.          <title>jQuery 子元素过滤器:only-child 示例</title>
6.          <script src="js/jquery-1.12.3.min.js"></script>
7.          <style>
8.          ul{
9.                  width:150px;
10.                 border:1px solid;
11.                 float:left;
12.                 margin:10px;
13.         }
14.         </style>
15.     </head>
16.     <body>
17.         <h3>jQuery 子元素过滤器:only-child 示例</h3>
18.         <hr>
19.         <ul>
20.             <li>Apple</li>
21.             <li>Pear</li>
22.             <li>Strawberry</li>
23.         </ul>
24.         <ul>
25.             <li>Bread</li>
26.         </ul>
27.         <ul>
28.             该 ul 元素内部无子元素。
29.         </ul>
30.         <script>
31.            $(document).ready(function(){
32.                //选择唯一的子元素 li
33.                $("ul li:only-child").css("color","red");
34.            });
35.         </script>
36.     </body>
37. </html>
```

运行效果如图 7-21 所示。

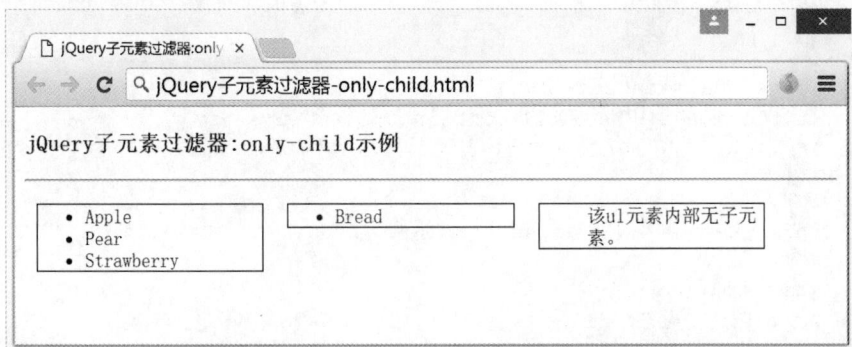

图 7-21　jQuery 子元素过滤器:only-child 的使用效果

【代码说明】

本例包含 3 组列表，每组列表都是由一个<ul>元素包含零个或若干子元素<li>形成的。其中，第 1 个<ul>元素包含 3 个子元素<li>；第 2 个<ul>元素包含一个子元素<li>；第 3 个<ul>元素没有包含任何子元素。

在 jQuery 中同时对所有<ul>元素使用子元素过滤器:only-child 选择具有唯一子元素的
<ul>，并使用 css("color","red")将指定元素的字体颜色变为红色。由图 7-21 可见，只有第 2
个<ul>元素样式发生了变化，而正是该元素内部只包含了一个子元素<li>，说明子元素过滤
器:only-child 生效。

7.2.3　内容过滤器

jQuery 内容过滤器（Content Filter）可以根据元素所包含的子元素或文本内容进行过滤
筛选，其常见用法如表 7-6 所示。

表 7-6　jQuery 内容过滤器的常见用法

过　滤　器	描　　　述
:contains()	用于选择所有处于隐藏状态的元素
:empty	用于选择未包含子节点（子元素和文本）的元素
:parent	用于选择拥有子节点（子元素和文本）的元素
:has()	用于选择包含指定选择器的元素

1 :contains()

:contains()过滤器用于筛选出所有包含指定文本内容的元素，其语法格式如下。

```
$(":contains(text)")
```

其中，text 替换成指定的字符串文本，由于过滤器外面已经存在一对双引号，所以该文本可
以放入单引号内。例如：

```
$("p:contains('hi')")
```

上述代码表示选择所有文本内容包含 "hi" 字样的段落元素<p>。

:contains()过滤器的筛选文本是大小写敏感型，例如：

```
$("p:contains('hello')")
$("p:contains('HELLO')")
```

上述两个选择器表示完全不同的筛选结果。

【例 7-22】 jQuery 内容过滤器:contains()的使用。

```
1.  <!DOCTYPE html>
2.  <html>
3.      <head>
4.          <meta charset="utf-8">
5.          <title>jQuery 内容过滤器:contains 示例</title>
6.          <script src="js/jquery-1.12.3.min.js"></script>
7.      </head>
8.      <body>
9.          <h3>jQuery 内容过滤器:contains 示例</h3>
10.         <hr>
11.         <div>北京故宫</div>
12.         <div>四川九寨沟</div>
13.         <div>安徽黄山</div>
14.         <div>山东泰山</div>
15.         <div>安徽九华山</div>
16.         <script>
17.             $(document).ready(function(){
18.                 $("div:contains('安徽')").css("color","red");
19.             });
20.         </script>
```

扫一扫

视频讲解

```
21.    </body>
22.</html>
```

运行效果如图 7-22 所示。

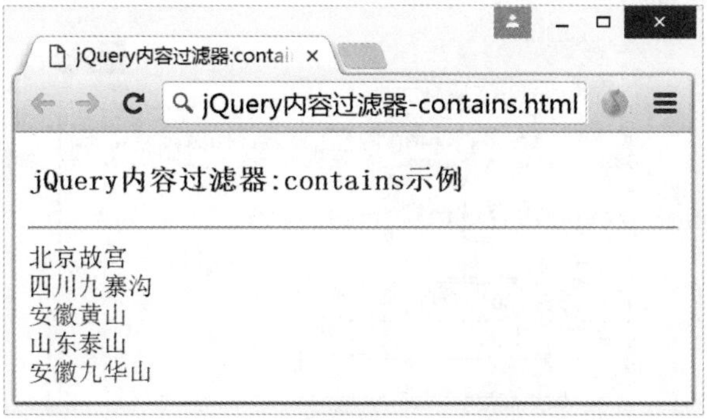

图 7-22　jQuery 内容过滤器:contains()的使用效果

【代码说明】

本例包含 5 个<div>元素，每个<div>元素均包含一个纯文本的旅游景点名称用于测试。在 jQuery 中对<div>元素使用内容过滤器:contains()筛选文本内容。其中，$("div:contains('安徽')")表示筛选文本中包含"安徽"字样的<div>元素，并使用 css("color","red")将指定元素的字体颜色变为红色。由图 7-22 可见，第 3 个与第 5 个<div>元素的样式发生了变化，而正是这两个元素内部的文本内容为安徽地段的旅游景点，说明内容过滤器:contains()生效。

2 :empty

:empty 过滤器用于选择未包含子节点（子元素和文本）的元素，其语法格式如下。

```
$(":empty")
```

:empty 过滤器可以和其他有效选择器配合使用，例如：

```
$("td:empty")
```

上述代码表示选择所有无内容的表格单元格元素<td>。部分元素标签直接默认不包含任何子节点，例如水平线标签<hr>、换行标签
、图像标签<img>、表单标签<input>等。

【例 7-23】 **jQuery** 内容过滤器:**empty** 的使用。

```
1.  <!DOCTYPE html>
2.  <html>
3.    <head>
4.      <meta charset="utf-8">
5.      <title>jQuery 内容过滤器:empty 示例</title>
6.      <script src="js/jquery-1.12.3.min.js"></script>
7.    </head>
8.    <body>
9.      <h3>jQuery 内容过滤器:empty 示例</h3>
10.     <hr>
11.     <table border="1">
12.       <tr><th>第一季度</th><th>第二季度</th><th>第三季度</th></tr>
13.       <tr><td>100</td><td>120</td><td>140</td></tr>
14.       <tr><td>200</td><td>220</td><td>240</td></tr>
15.       <tr><td>300</td><td>320</td><td></td></tr>
16.     </table>
17.     <script>
18.       $(document).ready(function(){
19.         $("td:empty").css("background","lightblue");
20.       });
```

扫一扫

视频讲解

147

```
21.        </script>
22.     </body>
23. </html>
```

运行效果如图 7-23 所示。

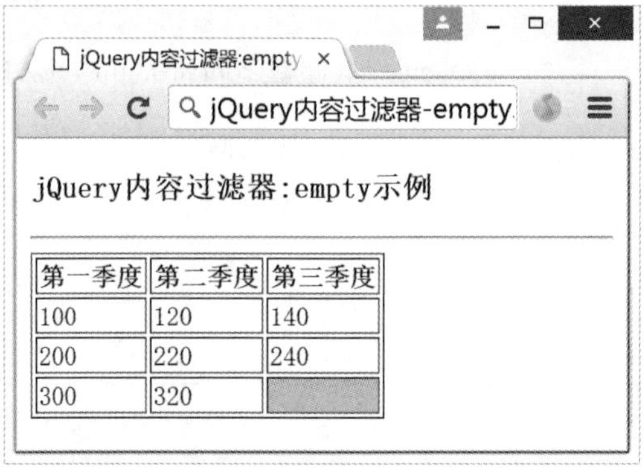

图 7-23　jQuery 内容过滤器:empty 的使用效果

【代码说明】

本例包含一个 4 行 3 列的<table>元素，其中，最后一行的第 3 个单元格<td>与</td>之间无内容，其他单元格中都填充了一些测试文字。

在 jQuery 中对<td>元素使用内容过滤器:empty 筛选文本内容。其中，$("td:empty")表示筛选空白内容的<td>元素，并使用 css("background","lightblue")将指定元素的背景颜色变为浅蓝色。由图 7-23 可见，最后一行第 3 个单元格的背景颜色发生改变，说明内容过滤器:empty 生效。

3　:parent

:parent 过滤器用于选择包含子节点（子元素和文本）的元素，其语法格式如下。

```
$(":parent")
```

:parent 过滤器可以和其他有效选择器配合使用，例如：

```
$("td:parent")
```

上述代码表示选择所有包含内容的表格单元格元素<td>。需要注意的是，W3C 规定了段落元素<p>至少包含一个子节点，即使该元素中没有任何文本内容。

【例 7-24】　jQuery 内容过滤器:parent 的使用。

```
1.  <!DOCTYPE html>
2.  <html>
3.     <head>
4.        <meta charset="utf-8">
5.        <title>jQuery 内容过滤器:parent 示例</title>
6.        <script src="js/jquery-1.12.3.min.js"></script>
7.     </head>
8.     <body>
9.        <h3>jQuery 内容过滤器:parent 示例</h3>
10.       <hr>
11.       <table border="1">
12.          <tr><th>第一季度</th><th>第二季度</th><th>第三季度</th></tr>
13.          <tr><td>100</td><td>120</td><td>140</td></tr>
14.          <tr><td>200</td><td>220</td><td>240</td></tr>
15.          <tr><td>300</td><td>320</td><td></td></tr>
16.       </table>
17.       <script>
18.          $(document).ready(function(){
```

扫一扫

视频讲解

```
19.              $("td:parent").css("background","lightblue");
20.           });
21.       </script>
22.    </body>
23. </html>
```

运行效果如图 7-24 所示。

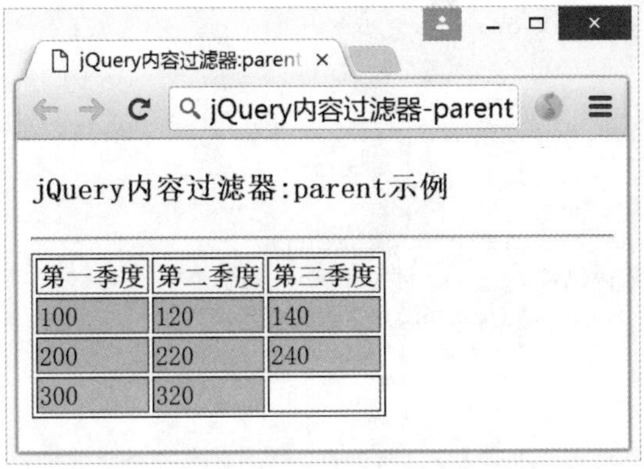

图 7-24　jQuery 内容过滤器:parent 的使用效果

【代码说明】

本例包含一个 4 行 3 列的<table>元素，其中，最后一行的第 3 个单元格<td>与</td>之间无内容，其他单元格中都填充了一些测试文字。

在 jQuery 中对<td>元素使用内容过滤器 :parent 筛选文本内容。其中，$("td:parent")表示筛选包含了子节点（文本或子元素）内容的<td>元素，并使用 css("background", "lightblue")将指定元素的背景颜色变为浅蓝色。由图 7-24 可见，除最后一行的第 3 个单元格外，其他单元格的背景颜色均发生改变，说明内容过滤器 :parent 生效。

4 :has()

:has()过滤器用于选择包含指定选择器的元素，其语法格式如下。

```
$(":has(selector)")
```

所有的选择器都可以和:has()配合使用作为包含的条件。例如：

```
$("div:has(table)")
```

上述代码表示选择所有包含表格的块元素<div>。

【例 7-25】　**jQuery** 内容过滤器:has()的使用。

```
1.  <!DOCTYPE html>
2.  <html>
3.    <head>
4.      <meta charset="utf-8">
5.      <title>jQuery 内容过滤器:has 示例</title>
6.      <script src="js/jquery-1.12.3.min.js"></script>
7.      <style>
8.      div{
9.          width:100px;
10.         border:1px solid;
11.         float:left;
12.         margin:10px;
13.      }
14.      </style>
15.    </head>
```

扫一扫

视频讲解

```
16.    <body>
17.       <h3>jQuery 内容过滤器:has 示例</h3>
18.       <hr>
19.       <div>
20.            这是段落元素。
21.       </div>
22.       <div>
23.            这是<span>段落</span>元素。
24.       </div>
25.       <div>
26.            这是<strong>段落</strong>元素。
27.       </div>
28.       <script>
29.          $(document).ready(function(){
30.             //选择包含 strong 标签的 div 元素
31.             $("div:has(strong)").css("border","1px solid red");
32.          });
33.       </script>
34.    </body>
35.</html>
```

运行效果如图 7-25 所示。

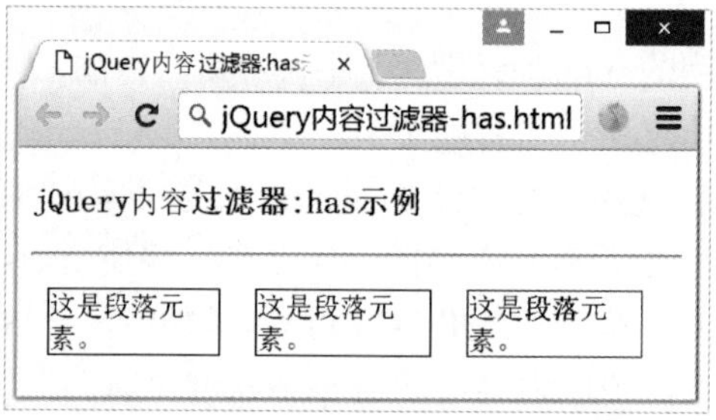

图 7-25　jQuery 内容过滤器:has()的使用效果

【代码说明】

本例包含 3 个<div>元素用于对比测试，并在这 3 个元素内部均填充了文本内容。其中，第 1 个<div>元素中只有纯文本内容，没有包含任何其他元素；第 2 个<div>元素中包含<span>标签；第 3 个元素中包含<strong>标签。

在 jQuery 中对<div>元素使用内容过滤器:has()筛选文本内容。其中，$("div:has(strong)")表示筛选包含了<strong>标签的<div>元素，并使用 css("border","1px solid red")为指定元素添加 1 像素宽的红色实线边框。由图 7-25 可见，只有第 3 个<div>元素的边框发生改变，说明内容过滤器:has()生效。

7.2.4　可见性过滤器

jQuery 可见性过滤器（Visibility Filter）根据元素的当前状态是否可见进行过滤筛选，常见用法如表 7-7 所示。

表 7-7　jQuery 可见性过滤器的常见用法

过　滤　器	描　　　述
:hidden	用于选择所有处于隐藏状态的元素
:visible	用于选择所有处于可见状态的元素

1 :hidden

:hidden 过滤器用于筛选出所有处于隐藏状态的元素，其语法格式如下。

```
$(":hidden")
```

:hidden 过滤器可以单独使用，也可以与其他选择器配合使用对元素做进一步过滤筛选。

例如：

```
$("p:hidden")
```

上述代码表示查找所有隐藏的段落元素<p>。

如果元素在网页中不占用任何位置空间，则被认为是隐藏的，具体有以下几种情况。

- 元素的宽度和高度明确设置为 0；
- 在元素的 CSS 属性中 display 的值为 none；
- 表单元素的 type 属性设置为 hidden；
- 元素的父元素处于隐藏状态，因此元素也一并无法显示出来；
- 下拉列表中的所有选项元素<option>也被认为是隐藏的，无论其是否为 selected 状态。

【例 7-26】 **jQuery 可见性过滤器:hidden 的使用。**

使用可见性过滤器:hidden 查找处于隐藏状态的<div>元素与<input>元素。

```
1.  <!DOCTYPE html>
2.  <html>
3.      <head>
4.          <meta charset="utf-8">
5.          <title>jQuery 可见性过滤器:hidden 示例</title>
6.          <script src="js/jquery-1.12.3.min.js"></script>
7.          <style>
8.          div{
9.                  width:100px;
10.                 border:1px solid;
11.                 float:left;
12.                 margin:10px;
13.             }
14.         </style>
15.     </head>
16.     <body>
17.         <h3>jQuery 可见性过滤器:hidden 示例</h3>
18.         <hr>
19.         <form>
20.             <!--处于显示状态的 input 元素-->
21.             <input type="text" value="这是可显示的 input 文本框"/>
22.             <!--处于隐藏状态的 input 元素-->
23.             <input type="hidden"/>
24.         </form>
25.         <br>
26.         <!--处于显示状态的 div 元素-->
27.         <div>这是可显示的 div 元素。</div>
28.         <!--处于隐藏状态的 div 元素-->
29.         <div style="display:none">hi</div>
30.         <script>
31.             $(document).ready(function(){
32.                 //选择处于隐藏状态的 div 元素
33.                 var hideDiv = $("body").find("div:hidden");
34.                 //选择处于隐藏状态的 input 元素
35.                 var hideInput = $("body").find("input:hidden");
36.                 alert("处于隐藏状态的 div 元素有: "+hideDiv.length+"个。\n 处
```

```
           于隐藏状态的 input 元素有: "+hideInput.length+"个。");
37.          });
38.      </script>
39.   </body>
40.</html>
```

运行效果如图 7-26 所示。

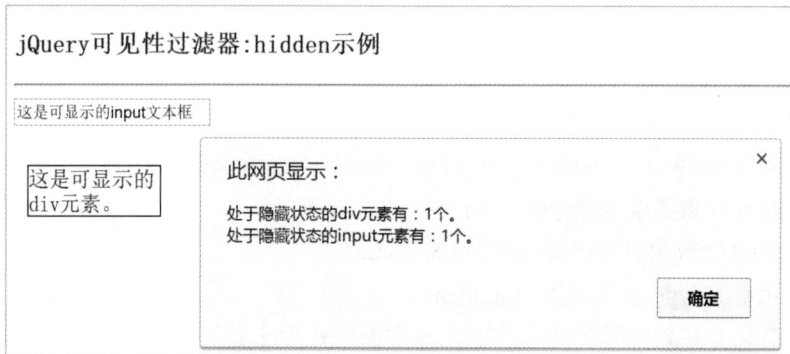

图 7-26　jQuery 可见性过滤器:hidden 的使用效果

【代码说明】

本例包含了两组测试元素：一对表单<input>元素，其 type 值分别为 text 和 hidden；一对<div>元素，其中一个设置为 display:none 状态。页面首次加载后两组元素都只能显示其中非隐藏状态的一个元素。

在 jQuery 中使用了 find(selector)方法查找隐藏的元素，该方法可以返回符合条件的元素对象数组。其中，$("body")表示在<body>元素中查找，find("div:hidden")和 find("input:hidden")分别表示查找所有处于隐藏状态的<div>元素和<input>元素。这里仅为 find()方法的简单使用，关于 find()方法的更多介绍可以查阅本书第 11 章的相关内容。

2 :visible

:visible 过滤器用于筛选出所有处于可见状态的元素，其语法格式如下。

```
$(":visible")
```

:visible 过滤器可以单独使用，也可以与其他选择器配合使用对元素做进一步过滤筛选。:visible 过滤器与:hidden 过滤器的筛选条件完全相反，因此无法同时使用。

需要注意的是，元素处于以下几种特殊情况时也被认为是可见状态。

- 元素的透明度属性 opacity 为 0，此时元素仍然占据原来的位置；
- 元素的可见属性 visibility 的值为 hidden，此时元素仍然占据原来的位置；
- 当元素处于逐渐被隐藏的动画效果中时，到动画结束之前都被认为仍然是可见的；
- 当元素处于逐渐被显现的动画效果中时，从动画一开始启动就被认为是可见的。

【例 7-27】　jQuery 可见性过滤器**:visible** 的使用。

使用可见性过滤器:visible 查找处于显示状态的元素。

```
1. <!DOCTYPE html>
2. <html>
3.    <head>
4.       <meta charset="utf-8">
5.       <title>jQuery 可见性过滤器:visible 示例</title>
6.       <script src="js/jquery-1.12.3.min.js"></script>
7.        <style>
```

```
8.        p{
9.            width:100px;
10.           border:1px solid;
11.           float:left;
12.           margin:10px;
13.        }
14.      </style>
15.   </head>
16.   <body>
17.      <h3>jQuery 可见性过滤器:visible 示例</h3>
18.      <hr>
19.      <div id="box">
20.          <!--处于显示状态的元素-->
21.          <p>这是可显示的段落元素。</p>
22.          <p>这是可显示的段落元素。</p>
23.          <!--处于隐藏状态的元素-->
24.          <p style="display:none">这是处于隐藏状态的段落元素。</p>
25.      </div>
26.      <script>
27.          $(document).ready(function(){
28.              //选择处于可见状态的段落元素 p
29.              var visibleP = $("div#box").find("p:visible");
30.              alert("处于显示状态的 p 元素有："+visibleP.length+"个。");
31.          });
32.      </script>
33.   </body>
34.</html>
```

运行效果如图 7-27 所示。

【代码说明】

本例包含了 3 个段落元素<p>：前两个为默认可见状态，第 3 个设置为 display:none 状态。页面首次加载后只能显示前两个处于可见状态的段落元素<p>。

在 jQuery 中使用了 find(selector)方法查找处于可见状态的元素，该方法可以返回符合条件的元素对象数组。其中，$("div#box")表示在 id="box"的<div>元素中查找，find("p:visible")表示查找所有处于可见状态的<p>元素。由图 7-27 可见，处于显示状态的<p>元素的统计结果为两个。

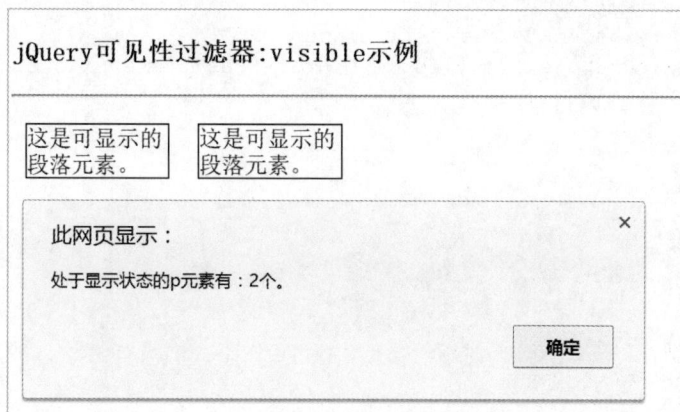

图 7-27　jQuery 可见性过滤器:visible 的使用效果

7.3 阶段案例：网页一键换肤

7.3.1 案例需求

制作一款可以一键切换网页主题颜色的应用，单击工具箱中的按钮即可实现一键换肤功能。

7.3.2 案例分析

网页的主题颜色主要是靠 CSS 样式代码实现的，如果事先制作好多个主题颜色的 CSS 样式文件，那么 HTML 页面引用了其中哪个主题颜色的样式文件就会显示对应的皮肤效果。

可以考虑给 HTML 页面<head>中关于外部样式表引用的<link>标签加上 id 属性，这样 jQuery 选择器就可以准确地定位和修改引用的文件地址。

例如，在 HTML 文件中有：

```
<link id="skinCSS" rel="stylesheet" href="css/theme/a.css">

<script>
//更新对应的 CSS 样式文件
$("#skinCSS").attr("href", "css/theme/b.css")
</script>
```

上述代码表示原先引用的外部样式文件是 a.css，然后 jQuery 使用 ID 选择器找到了 id="skinCSS"的<link>标签，并且把引用的 href 地址变更成了 b.css。

7.3.3 案例制作

创建一个 HTML 文件，文件名可自定义，例如 ThemeSwitch.html。
相关代码如下：

```
1. <!doctype html>
2. <html>
3. <head>
4. <meta charset="utf-8">
5. <title>网页一键换肤</title>
6. <link rel="stylesheet" href="css/common.css">
7. <link id="skinCSS" rel="stylesheet" href="css/theme/skin_blue.css">
8. <script src="js/jquery-1.12.3.min.js"></script>
9. </head>
10.
11.<body>
12.<!--一、页眉-->
13.<header>
14.    <h1>网页一键换肤</h1>
15.</header>
16.<!--二、主体部分-->
17.<div id="container">
18.    <!--工具箱整体区域-->
19.    <div id="toolbox">
```

```
20.              <!--（1）工具箱区域页眉-->
21.          <header>
22.              <h2>主题切换工具箱</h2>
23.          </header>
24.          <!--（2）按钮区域-->
25.          <div id="btnBox">
26.              <button>蓝色主题</button>
27.              <button>红色主题</button>
28.              <button>紫色主题</button>
29.          </div>
30.          <!--（3）工具箱区域页脚-->
31.          <footer></footer>
32.      </div>
33.</div>
34.<!--三、页脚-->
35.<footer>
36.      Copyright&copy; ZWJ 2023-2033 All Rights Reserved.
37.</footer>
38.
39.<script>
40.      //记录主题皮肤 CSS 文件名称的数组
41.      var skinArr = ["skin_blue","skin_red","skin_purple"];
42.
43.      //监听按钮单击事件
44.      $("#btnBox button").click(function(){
45.          //获取当前鼠标单击的按钮的索引值（从 0 开始计数）
46.          var i = $("#btnBox button").index(this);
47.          //更新对应的 CSS 样式文件
48.          $("#skinCSS").attr("href", "css/theme/"+skinArr[i]+".css")
49.      });
50.</script>
51.</body>
52.</html>
```

其中，公共样式代码存放在外部样式表 common.css 中，代码如下：

```
1. /*公共样式*/
2. body {
3.      text-align: center;          /*文本居中*/
4.      background-color: #ccc;      /*网页的背景颜色为灰色*/
5. }
6. *{
7.      margin: 0;                   /*清除外边距*/
8.      padding: 0;                  /*清除内边距*/
9.      box-sizing: border-box;      /*页眉、页脚*/
10.}
11./*页眉、页脚*/
12.header, footer {
13.      color: #ffffff;             /*文字颜色为白色*/
14.      padding: 20px;              /*内边距为 20 像素*/
15.}
16./*主体部分*/
17.#container {
18.      min-height: 620px;          /*最小高度*/
19.      padding: 30px;              /*内边距为 30 像素*/
```

```
20.}
21./*颜色切换工具箱*/
22.#toolbox{
23.    width: 600px;              /*宽度为 600 像素*/
24.    height: auto;             /*高度随着内容填充自动变化*/
25.    padding: 15px;            /*内边距为 15 像素*/
26.    margin: 0 auto;           /*外边距上下为 0，左右自动居中*/
27.    background-color: white;  /*背景颜色为白色*/
28.}
29./*按钮区域*/
30.#btnBox{
31.    width: 100%;              /*宽度 100%适应父容器*/
32.    height: 300px;            /*高度为 300 像素*/
33.}
34./*按钮*/
35.button{
36.    outline: none;            /*清除轮廓*/
37.    width: 100px;             /*宽度为 100 像素*/
38.    height: 100px;            /*高度为 600 像素*/
39.    font-size: 16px;          /*字体大小为 16 像素*/
40.    margin: 50px 10px;        /*外边距上下为 50 像素，左右为 10 像素*/
41.}
```

用于切换变色的样式文件做了 3 款，分别是 skin_red.css、skin_blue.css 和 skin_purple.css。
skin_red.css 的相关代码如下：

```
1. /*红色主题皮肤*/
2. header, footer {
3.    background-color: #870002;     /*设置背景为红色*/
4. }
5. #container {
6.    background-color: #ffc8c8;     /*设置背景为浅红色*/
7. }
```

skin_blue.css 的相关代码如下：

```
1. /*蓝色主题皮肤*/
2. header, footer {
3.    background-color: #1b478e;     /*设置背景为蓝色*/
4. }
5. #container {
6.    background-color: #cae6ff;     /*设置背景为浅蓝色*/
7. }
```

skin_purple.css 的相关代码如下：

```
1. /*紫色主题皮肤*/
2. header, footer {
3.    background-color: #4b0c77;     /*设置背景为紫色*/
4. }
5. #container {
6.    background-color: #b0a4e1;     /*设置背景为浅紫色*/
7. }
```

运行效果如图 7-28 所示。

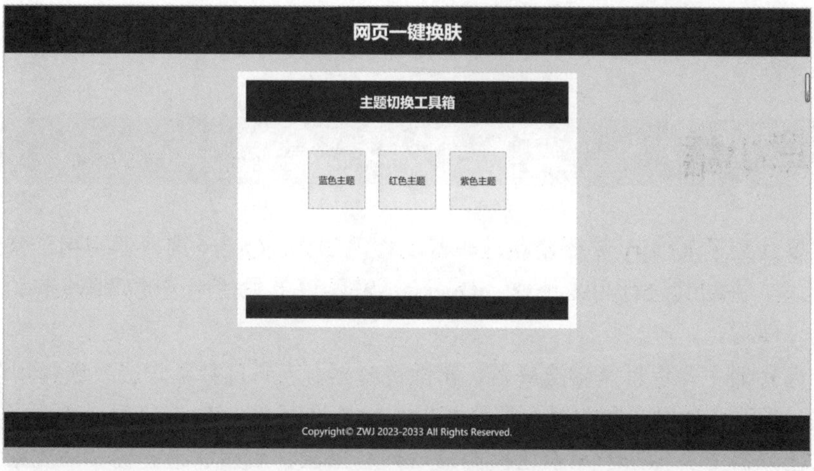

（a）默认蓝色主题效果

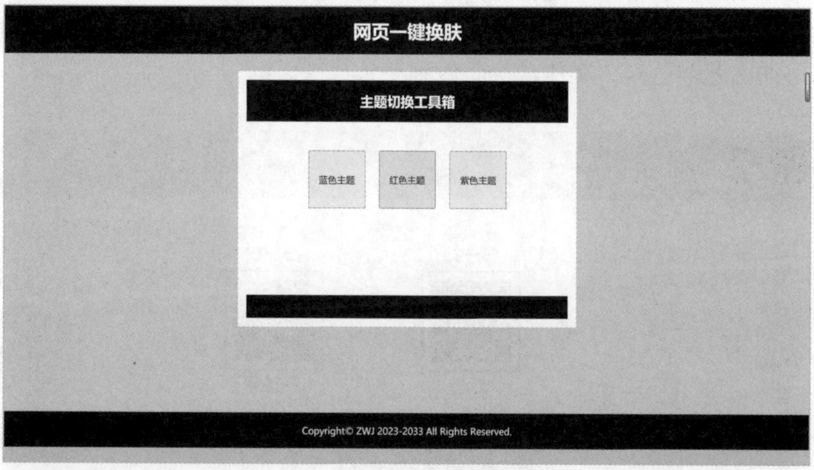

（b）红色主题效果

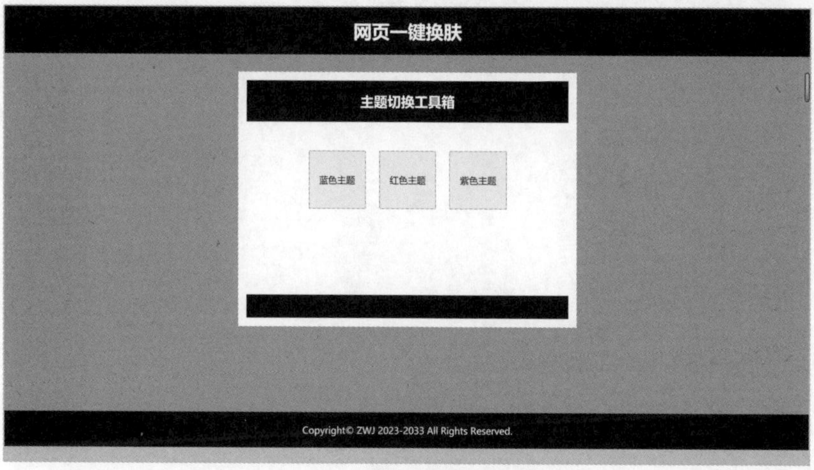

（c）紫色主题效果

图 7-28 第 7 章阶段案例最终效果图

7.3.4 案例思考

【拓展练习】 如何追加更多的颜色主题进行一键换肤？

157

【进阶改造】 当前主要是纯色彩的变化,后续还可以为不同的主题加上图片装饰,这样换肤效果更加美观。

本章小结

本章主要介绍了 jQuery 选择器和过滤器的相关知识。jQuery 选择器可用于快速选定需要的 HTML 元素,并对其进行后续处理;jQuery 过滤器可单独使用过滤筛选条件,也可以与其他选择器配合使用。

jQuery 选择器主要包括基础选择器、属性选择器、表单选择器、层次选择器以及 CSS 选择器。其中,基础选择器主要包括全局选择器、元素选择器、ID 选择器、类选择器和多重选择器;层次选择器主要包括子元素选择器、后代选择器、后相邻选择器和后兄弟选择器。

jQuery 过滤器主要包括基础过滤器、子元素过滤器、内容过滤器和可见性过滤器。

本章阶段案例介绍了网页一键换肤,通过单击按钮让 jQuery 选择器找到<link>标签,并更新网页引用的主题颜色样式文件,从而做到整体换肤。

习题 7

扫一扫　　　　扫一扫

习题　　　　自测题

jQuery 事件

本章主要介绍 jQuery 事件的相关知识，包括 jQuery 事件的含义及语法格式、常用的 jQuery 事件以及 jQuery 事件的绑定与解除。

本章学习目标

- 了解 jQuery 事件的基础语法格式；
- 掌握常见 jQuery 文档/窗口事件的用法；
- 掌握常见 jQuery 键盘事件的用法；
- 掌握常见 jQuery 鼠标事件的用法；
- 掌握常见 jQuery 表单事件的用法；
- 掌握 jQuery 事件绑定与解除的用法；
- 掌握 jQuery 临时事件的用法。

8.1 jQuery 事件概述

8.1.1 事件的含义

事件是指 HTML 页面对不同用户操作动作的响应。当用户做某个特定操作时将触发页面对应的事件，例如单击按钮、移动鼠标、提交表单等。用户可以事先为指定的事件自定义需要运行的脚本程序，事件被触发时将自动执行这段代码。

8.1.2 jQuery 事件的语法格式

在 jQuery 中事件的语法格式如下。

```
$(selector).action(function(){
    //事件触发后需要执行的自定义脚本代码
});
```

其中，$(selector)可以是事件允许的 jQuery 选择器，action 需要替换为被监听的事件名称。

例如，为段落元素<p>添加鼠标单击事件 click，其 jQuery 代码如下。

```
$("p").click(function(){
    alert("段落元素被鼠标单击了！");
});
```

上述代码中的关键字 click 表示鼠标单击事件，当用户使用鼠标单击了段落元素时将执行其中的 alert()语句。

jQuery 支持 HTML DOM 中的绝大部分事件，8.2 节将介绍常用的 4 类 jQuery 事件。

8.2 常用的 jQuery 事件

常用的 jQuery 事件根据性质可以归纳为以下 4 类。

- 文档/窗口事件：页面文档或浏览器窗口发生变化时所触发的事件；
- 键盘事件：用户操作键盘所触发的事件；
- 鼠标事件：用户操作鼠标所触发的事件；
- 表单事件：用户操作表单所触发的事件。

8.2.1 文档/窗口事件

jQuery 常见文档/窗口事件如表 8-1 所示。

表 8-1 jQuery 常见文档/窗口事件

事 件 名 称	解 释	语 法 格 式
ready()	当文档准备就绪时触发事件	$(document).ready(function)
load()	当指定元素加载时触发事件	$(selector).load(function)
unload()	当用户的浏览器窗口从当前页面跳转到其他页面时触发此事件	$(window).unload(function)

1 ready()事件

ready()事件又称为准备就绪事件，该事件只在文档准备就绪时触发，因此其选择器只能是$(document)。一般来说，为了避免文档在准备就绪前就执行了其他 jQuery 代码而导致错误，所有的 jQuery 函数都需要写在文档准备就绪（document ready）函数中。

其语法格式如下。

```
$(document).ready(function)
```

其中，function 为必填参数，表示文档加载完毕后需要运行的函数。

例如：

```
$(document).ready(function(){
    alert("页面已经准备就绪！");
});
```

上述代码表示在页面加载完毕时执行 alert()语句弹出提示框。在实际使用时，文档准备就绪函数 function 的内部代码可以更加丰富，例如可以是多个独立的 jQuery 语句或者 jQuery 函数的调用组合而成，浏览器会按照先后顺序执行其内部的全部代码。

由于 ready()事件只用于当前文档，所以也可以省略选择器将其简化为以下两种格式。

```
$().ready(function)
```

或

```
$(function)
```

需要注意的是，ready()事件不要和<body>元素的 onload 属性一起使用，以免产生冲突。

【例 8-1】 **jQuery ready()事件的简单应用。**

测试 ready()事件被触发的效果。

```
1. <!DOCTYPE html>
2. <html>
3.     <head>
```

扫一扫

视频讲解

```
4.        <meta charset="utf-8">
5.        <title>jQuery ready()事件示例</title>
6.        <script src="js/jquery-1.12.3.min.js"></script>
7.        <script>
8.          $(document).ready(function(){
9.              alert("页面已经准备就绪！");
10.          });
11.        </script>
12.    </head>
13.    <body>
14.        <h3>jQuery ready()事件示例</h3>
15.        <hr>
16.        <p>在你看到这段话之前应该已经看到了页面准备就绪的提示框。</p>
17.    </body>
18.</html>
```

运行效果如图 8-1 所示。

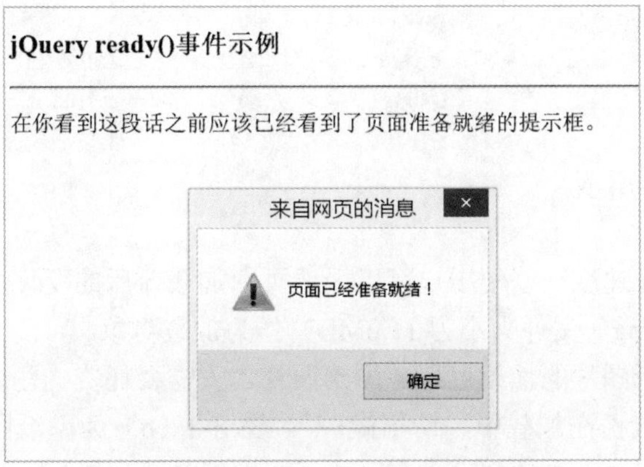

图 8-1 jQuery ready()事件的简单应用效果

【代码说明】

由于 ready()事件在页面准备就绪时就会被触发，而且当前示例页面中的内容很少，几乎可以瞬间加载完毕，所以会首先看到弹出的提示框。

如果当前示例的页面内容很多，需要耗费一定的时间加载，那么用户会先看到正在逐步加载并显示出来的页面内容，等待元素全部加载完毕才会看到弹出的提示框。

2 load()事件

当页面中指定的元素被加载完毕时会触发 load()事件，该事件通常用于监听具有可加载内容的元素，例如图像元素<img>、内联框架<iframe>等。

其语法格式如下。

```
$(selector).load(function)
```

其中，参数 function 为必填内容，表示元素加载完毕时需要执行的函数。

例如：

```
$("img").load(function(){
    alert("图像已经加载完毕！");
});
```

上述代码表示当图像元素<img>中的图片资源加载完毕时弹出提示框。

【例 8-2】 **jQuery load()事件的简单应用。**

测试图像元素<img>的 load()事件触发效果。

扫一扫

视频讲解

161

```
1. <!DOCTYPE html>
2. <html>
3.    <head>
4.        <meta charset="utf-8">
5.        <title>jQuery load()事件示例</title>
6.        <script src="js/jquery-1.12.3.min.js"></script>
7.        <script>
8.        $(document).ready(function(){
9.            $("img").load(function(){
10.               $("p").text("壁纸加载完毕！");
11.           });
12.       });
13.       </script>
14.    </head>
15.    <body>
16.        <h3>jQuery load()事件示例</h3>
17.        <hr>
18.        <p>壁纸正在加载中，请稍候…</p>
19.        <img src="image/wallpaper.jpg" width="1200" height="600"/>
20.    </body>
21.</html>
```

运行效果如图 8-2 所示。

【代码说明】

为延缓元素的加载速度，以便用户可以看清页面加载前后的变化，本例选择了一幅较大的壁纸图片 wallpaper.jpg（文件大小为 11.0MB）作为加载对象。

图 8-2（a）为壁纸图片的加载过程，由于图片较大需要耗费一些时间等待，此时图片上方的文字内容为"壁纸正在加载中，请稍候…"。图 8-2（b）为壁纸图片加载完毕后的页面效果，此时可以看到图片上方的文字内容变成了"壁纸加载完毕！"，这是由于图片加载完毕时触发了 load()事件，从而运行了其中重置段落文本内容的脚本代码。

需要注意的是，load()事件是否会被触发也取决于运行的浏览器。例如在 Firefox 浏览器中，如果元素已经被缓存，则不会触发 load()事件。为了避免这一情况，本例使用的是 Chrome 浏览器。

3　unload()事件

当用户离开当前页面时会触发 unload()事件，该事件只适用于 Window 对象。可能导致触发 unload()事件的行为如下。

- 关闭整个浏览器或当前页面；
- 在当前页面的浏览器地址栏中输入新的 URL 地址并进行访问；
- 使用浏览器上的"前进"或"后退"按钮；
- 单击浏览器上的"刷新"按钮或以当前浏览器支持的快捷方式刷新页面；
- 单击当前页面中的某个超链接导致跳转新页面。

其语法格式如下。

```
$(window).unload(function)
```

其中，参数 function 为必填内容，表示离开页面时需要执行的函数。

例如：

```
$(window).unload(function(){
    alert("您已经离开当前页面，再见！");
});
```

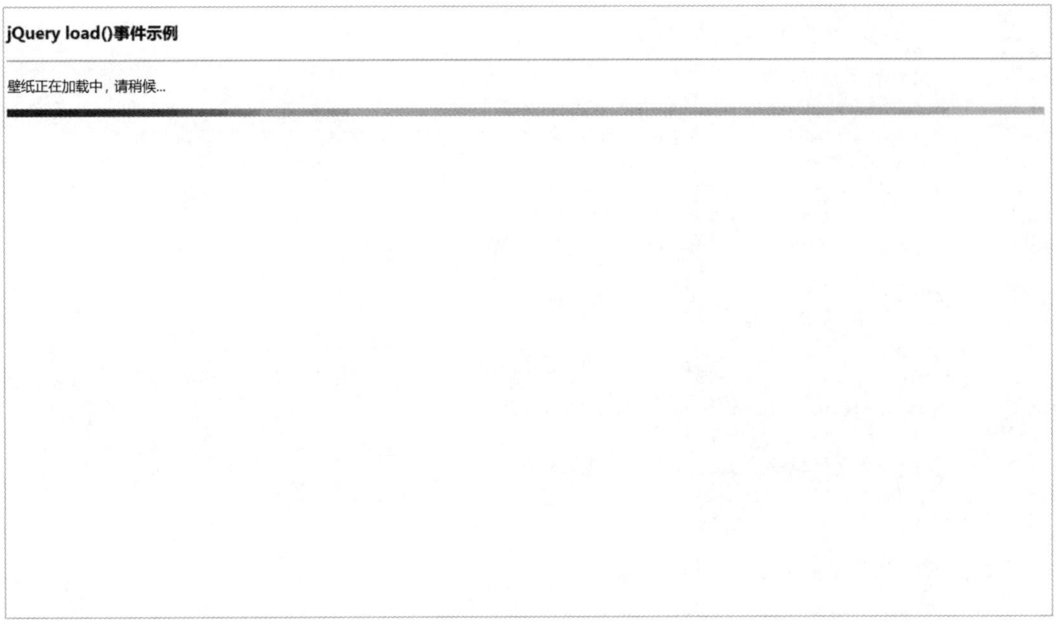

（a）图像加载中的页面效果

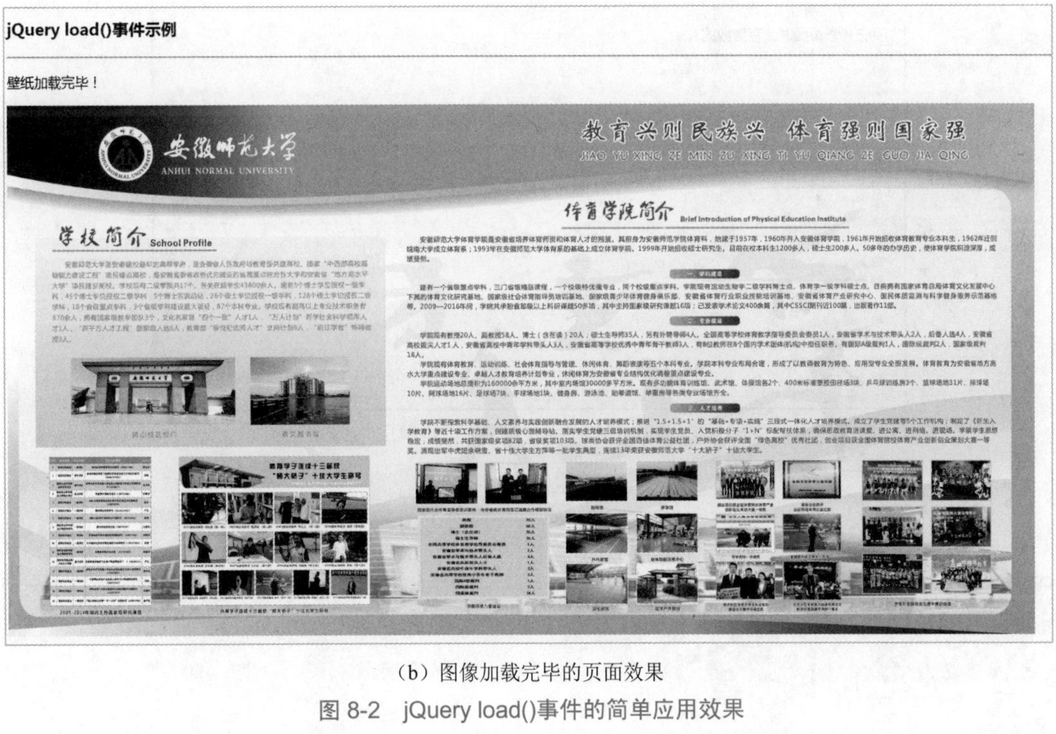

（b）图像加载完毕的页面效果

图 8-2　jQuery load()事件的简单应用效果

　　需要注意的是，在实践中发现在不同的浏览器中 unload()事件的兼容情况不是很理想，例如在 Chrome 浏览器中仅有刷新操作会触发该事件，关闭浏览器无任何响应。

　　与此同时，jQuery 官方也宣布 jQuery 3.0 之后的版本将彻底取消对 unload()事件的支持，因此不建议将该事件运用于未来的实践开发中。

　　【例 8-3】　jQuery unload()事件的简单应用。

　　测试 unload()事件被触发的效果。

```
1. <!DOCTYPE html>
```

```
2. <html>
3.    <head>
4.       <meta charset="utf-8">
5.       <title>jQuery unload()事件示例</title>
6.       <script src="js/jquery-1.12.3.min.js"></script>
7.       <script>
8.       $(document).ready(function(){
9.          $(window).unload(function(){
10.             sessionStorage.setItem("close",true);
11.          });
12.       });
13.       </script>
14.    </head>
15.    <body>
16.       <h3>jQuery unload()事件示例</h3>
17.       <hr>
18.       <p>当用户刷新页面时会存储数据。</p>
19.    </body>
20.</html>
```

运行效果如图 8-3 所示。

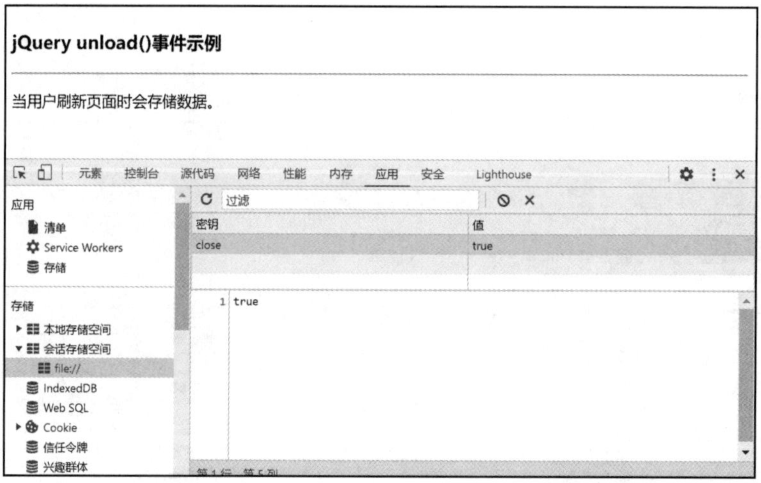

图 8-3　jQuery unload()事件的简单应用效果

【代码说明】

由于目前主流浏览器的较新版本触发 unload()事件后的弹窗会被拦截，所以本例使用 sessionStorage 对象把数据临时存储到 session 会话缓存中来测试 unload()事件的触发效果。如图 8-3 所示，当用户刷新页面时可以看到数据被成功存储，证明 unload()事件已被触发。

8.2.2　键盘事件

键盘按键的敲击可以分解为两个过程，一个是按键被按下去；另一个是按键被松开。jQuery 常见键盘事件如表 8-2 所示。

表 8-2　jQuery 常见键盘事件

事 件 名 称	解　　　释	语 法 格 式
keydown()	键盘上的按键被按下时触发此事件	$(selector).keydown(function)
keypress()	键盘上的按键被按下并快速释放时触发此事件	$(selector).keypress(function)
keyup()	键盘上的按键被释放时触发此事件	$(selector).keyup(function)

以上 3 种键盘事件的选择器均可以是$(document)或者文档中的 HTML 元素。如果直接在文档上设置，则无论元素是否获取了焦点都会触发该事件；如果是指定了选择器，则必须在该选择器指定的元素获得焦点的状态下触发该事件。

1 keydown()事件

当键盘上的按键处于按下状态时将触发 keydown()事件，其语法格式如下。

```
$(selector).keydown(function)
```

例如：

```
$("input:text").keydown(function(){
    alert("按键被按下！");
});
```

上述代码表示当用户在表单的文本框元素<input>中输入内容时触发 keydown()事件。

2 keyup()事件

当键盘上已经被按下去的按键处于被释放状态时将触发 keyup()事件，其语法格式如下。

```
$(selector).keyup(function)
```

例如：

```
$("input:text").keyup(function(){
    alert("按键被释放！");
});
```

上述代码表示当用户在表单的文本框元素<input>中输入内容并松开按键时触发 keyup()事件。

3 keypress()事件

当键盘上的按键处于按下状态并快速释放时将触发 keypress()事件，其语法格式如下。

```
$(selector).keypress(function)
```

简而言之，keypress()事件可以看作快速实现 keydown()和 keyup()事件的一个组合，表示键盘被敲击。

例如：

```
$("input:text").keypress(function){
    alert("按键被敲击！");
}
```

上述代码表示当用户在表单的文本框元素<input>中输入内容时触发 keypress()事件。

【例 8-4】 **jQuery 键盘事件的简单应用。**

分别测试 keydown()、keyup()和 keypress()事件被触发的效果。

```
1.  <!DOCTYPE html>
2.  <html>
3.      <head>
4.          <meta charset="utf-8">
5.          <title>jQuery 键盘事件示例</title>
6.          <script src="js/jquery-1.12.3.min.js"></script>
7.          <script>
8.          $(document).ready(function(){
9.              //触发 keydown()事件
10.             $("input:text").keydown(function(){
11.                 $("span#tip").text("键盘被按下");
12.             });
13.
14.             //触发 keyup()事件
```

扫一扫

视频讲解

```
15.                    $("input:text").keyup(function(){
16.                        $("span#tip").text("键盘被释放");
17.                    });
18.
19.                    //触发 keypress()事件
20.                    var count=0;
21.                    $("input:text").keypress(function(){
22.                        //计数器自增 1
23.                        count++;
24.                        //更新按键次数
25.                        $("span#total").text(count);
26.                    });
27.                });
28.            </script>
29.        </head>
30.        <body>
31.            <h3>jQuery 键盘事件示例</h3>
32.            <hr>
33.            <p>这是测试文本框: <input type="text" name="demo"/></p>
34.            <p>按键状态:<span id="tip">没有按键</span></p>
35.            <p>按键次数:<span id="total">0</span>次</p>
36.        </body>
37.</html>
```

运行效果如图 8-4 所示。

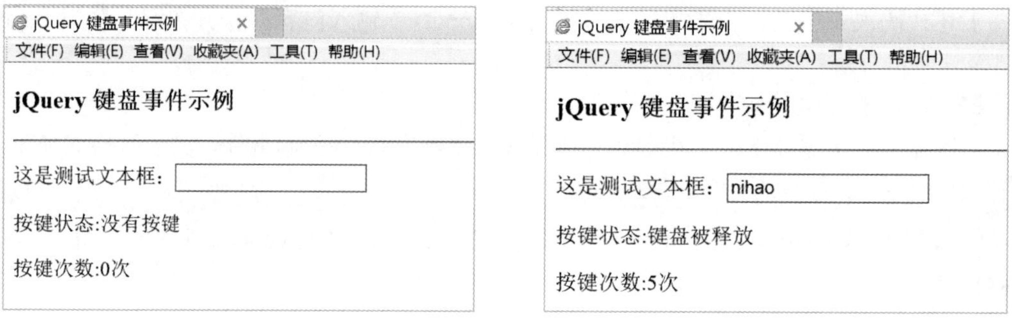

| （a）页面初始状态 | （b）多次输入后按键再次被释放时的页面状态 |

图 8-4　jQuery 键盘事件的简单应用效果

【代码说明】

本例主要包含了 3 个段落元素<p>，分别用于放置文本输入框和两条提示信息（按键状态和次数）。用户在文本框中执行输入动作时将触发不同的键盘事件，从而使得提示信息的文字内容发生变化并且按键次数得到更新。

图 8-4（a）是页面初始状态，由图可见此时没有触发键盘事件，并且按键次数为 0。图 8-4（b）为多次输入后再次释放按键时的状态，由图可见，此时提示信息已被更新为"按键被释放"，并且按键次数为 5。

事实上，在每个字母输入的过程中提示信息均发生两次变化：当用户按键输入时提示信息会变为"按键被按下"，而输入完毕释放键盘时提示信息会变成"按键被释放"，由于这个过程较难截图，读者可以自行测试体会。

8.2.3　鼠标事件

jQuery 常见鼠标事件如表 8-3 所示。

表 8-3 jQuery 常见鼠标事件

事 件 名 称	解　　释	语 法 格 式
click()	触发被选中元素的单击事件	$(selector).click(function)
dblclick()	触发被选中元素的双击事件	$(selector).dblclick(function)
hover()	触发鼠标悬浮在被选中元素上的事件	$(selector).hover(function)
mousedown()	触发鼠标按键按下事件	$(selector).mousedown(function)
mouseenter()	触发鼠标刚进入被选中元素事件	$(selector).mouseenter(function)
mouseleave()	触发鼠标刚离开被选中元素事件	$(selector).mouseleave(function)
mousemove()	触发鼠标移动事件	$(selector).mousemove(function)
mouseout()	鼠标离开被选中元素或其子元素时触发	$(selector).mouseout(function)
mouseover()	鼠标穿过被选中元素或其子元素时触发	$(selector).mouseover(function)
mouseup()	触发鼠标按键被释放事件	$(selector).mouseup(function)
toggle()	一次绑定两个或两个以上函数，当指定元素被单击时依次执行其中一个函数	$(selector).toggle(function)

注意：鼠标事件的选择器可以是文档中的任意 HTML 元素。

1 click()事件

当用户使用鼠标单击网页文档中的任意 HTML 元素时均可以触发 click()事件，其语法格式如下。

```
$(selector).click(function)
```

以按钮元素<button>为例，被鼠标单击后弹出警告框的代码如下。

```
$("button").click(function(){
    alert("click 事件被触发！");
});
```

当 click()事件被触发时会执行其中的 alert()方法，该方法也可以替换成其他代码块。

2 dblclick()事件

当用户使用鼠标双击网页文档中的任意 HTML 元素时均可以触发 dblclick()事件，其语法格式如下：

```
$(selector).dblclick(function)
```

以按钮元素<button>为例，被鼠标双击后弹出警告框的代码如下：

```
$("button").dblclick(function(){
    alert("dblclick 事件被触发！");
});
```

当 dblclick()事件被触发时会执行其中的 alert()方法，该方法也可以替换成其他代码块。

3 hover()事件

当用户将鼠标悬停在网页文档中的任意 HTML 元素上时将触发 hover()事件，其语法格式如下。

```
$(selector).hover(function)
```

以段落元素<p>为例，当鼠标悬停在该元素上时弹出警告框的代码如下。

```
$("p").hover(function(){
    alert("hover 事件被触发！");
});
```

当 hover()事件被触发时会执行其中的 alert()方法，该方法也可以替换成其他代码块。

扫一扫

视频讲解

【例 8-5】 jQuery 鼠标事件 click()、dblclick()和 hover()的简单应用。

本例选用了两张灯泡图片素材（一明一暗）分别测试 click()、dblclick()和 hover()事件被触发的效果。在初始状态下，灯泡为黑暗效果；当测试事件被触发时，对应的灯泡将被点亮。

```html
1.  <!DOCTYPE html>
2.  <html>
3.      <head>
4.          <meta charset="utf-8">
5.          <title>jQuery 鼠标事件示例 1</title>
6.          <style>
7.              div{
8.                  width:300px;
9.                  height:400px;
10.                 text-align:center;
11.                 float:left;
12.                 margin:20px;
13.                 border:1px solid;
14.             }
15.             img{
16.                 width:200px;
17.                 height:auto;
18.             }
19.         </style>
20.         <script src="js/jquery-1.12.3.min.js"></script>
21.         <script>
22.             $(document).ready(function(){
23.                 //触发按钮 1 的鼠标单击事件
24.                 $("#btn01").click(function(){
25.                     $("#img01").attr("src","image/bulb_light.jpg");
26.                 });
27.
28.                 //触发按钮 2 的鼠标双击事件
29.                 $("#btn02").dblclick(function(){
30.                     $("#img02").attr("src","image/bulb_light.jpg");
31.                 });
32.
33.                 //触发灯泡 3 的鼠标悬浮事件
34.                 $("#img03").hover(function(){
35.                     $("#img03").attr("src","image/bulb_light.jpg");
36.                 });
37.             });
38.         </script>
39.     </head>
40.     <body>
41.         <h3>jQuery 鼠标事件 click()、dblclick()和 hover()示例</h3>
42.         <hr>
43.         <div>
44.             <h4>灯泡 1:click()事件测试</h4>
45.             <img id="img01" src="image/bulb_dark.jpg"/>
46.             <br/>
47.             <p><button id="btn01">单击此处开灯</button></p>
48.         </div>
49.
50.         <div>
51.             <h4>灯泡 2:dblclick()事件测试</h4>
52.             <img id="img02" src="image/bulb_dark.jpg"/>
53.             <br/>
54.             <p><button id="btn02">双击此处开灯</button></p>
55.         </div>
56.
57.         <div>
```

```
58.            <h4>灯泡3:hover()事件测试</h4>
59.            <img id="img03" src="image/bulb_dark.jpg"/>
60.            <br/>
61.            <p>鼠标悬浮在灯泡上开灯</p>
62.        </div>
63.    </body>
64.</html>
```

运行效果如图 8-5 所示。

（a）页面初始状态

（b）根据提示进行开灯效果

图 8-5　jQuery 鼠标事件 click()、dblclick()和 hover()的简单应用效果

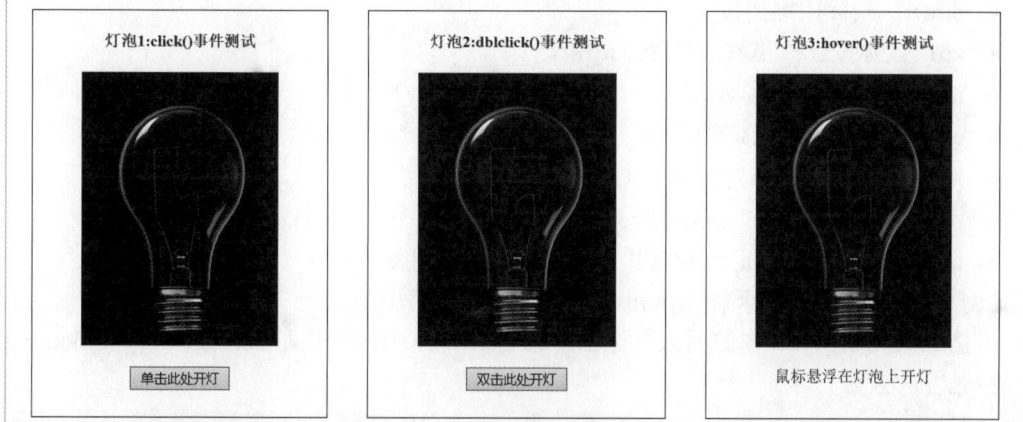

【代码说明】

本例主要包含了 3 个<div>元素，分别用于放置 3 张完全相同的灯泡图片，并命名为灯泡1、灯泡2、灯泡3。每个灯泡的开灯方式分别对应一种鼠标事件，即 click()、dblclick()和 hover()。其中，click()和 dblclick()事件是由单击按钮元素<button>实现的，hover()事件是由鼠标悬浮在灯泡图片上实现的。

由图 8-5（a）可见，初始状态下灯泡均为关闭（不发光）效果。当用户进行了正确的鼠

标操作时对应的灯泡将被点亮,如图 8-5(b)所示。灯泡被点亮的原理是使用 jQuery 代码动态更新图片元素<img>的 src 属性值。当指定的事件发生时,将 src 属性值更新为明亮效果的灯泡图片的 URL 地址即可。

4 mousexxx()系列事件

以关键字 mouse 开头的一系列鼠标事件是根据鼠标移动方向或效果来区分的,其语法格式如下。

```
$(selector).mousexxx(function)
```

其中,将 xxx 替换成具体的动作效果,可替换的关键字如下。

- down:鼠标按键被按下。
- up:鼠标按键被释放,与 down 相反。
- move:鼠标处于移动状态。
- enter:鼠标进入指定元素。
- leave:鼠标离开指定元素,与 enter 相反。
- out:鼠标离开指定元素或其子元素。
- over:鼠标穿过指定元素或其子元素,与 out 相反。

【例 8-6】 **jQuery 鼠标事件 mouse 系列的简单应用 1。**

本例继续使用例 8-5 中的两张灯泡图片素材(一明一暗)测试 mousedown()和 mouseup()事件被触发的效果。

```
1.  <!DOCTYPE html>
2.  <html>
3.      <head>
4.          <meta charset="utf-8">
5.          <title>jQuery 鼠标事件示例 2-1</title>
6.          <style>
7.              div{
8.                  width:400px;
9.                  height:450px;
10.                 text-align:center;
11.                 float:left;
12.                 margin:20px;
13.                 border:1px solid;
14.             }
15.             img{
16.                 width:200px;
17.                 height:auto;
18.             }
19.         </style>
20.         <script src="js/jquery-1.12.3.min.js"></script>
21.         <script>
22.             $(document).ready(function(){
23.                 //触发灯泡的 mousedown()事件
24.                 $("#img01").mousedown(function(){
25.                     $("#img01").attr("src","image/bulb_light.jpg");
26.                 });
27.
28.                 //触发灯泡的 mouseup()事件
29.                 $("#img01").mouseup(function(){
30.                     $("#img01").attr("src","image/bulb_dark.jpg");
31.                 });
32.             });
33.         </script>
34.     </head>
```

```
35.    <body>
36.      <h3>jQuery 鼠标事件 mousedown() 和 mouseup() 示例</h3>
37.      <hr>
38.      <div>
39.          <h4>灯泡:mousedown() 和 mouseup() 事件测试</h4>
40.          <img id="img01" src="image/bulb_dark.jpg"/>
41.          <br/>
42.          <p>开灯方法：在灯泡上按下鼠标左键</p>
43.          <p>关灯方法：在灯泡上松开鼠标左键</p>
44.      </div>
45.    </body>
46.</html>
```

运行效果如图 8-6 所示。

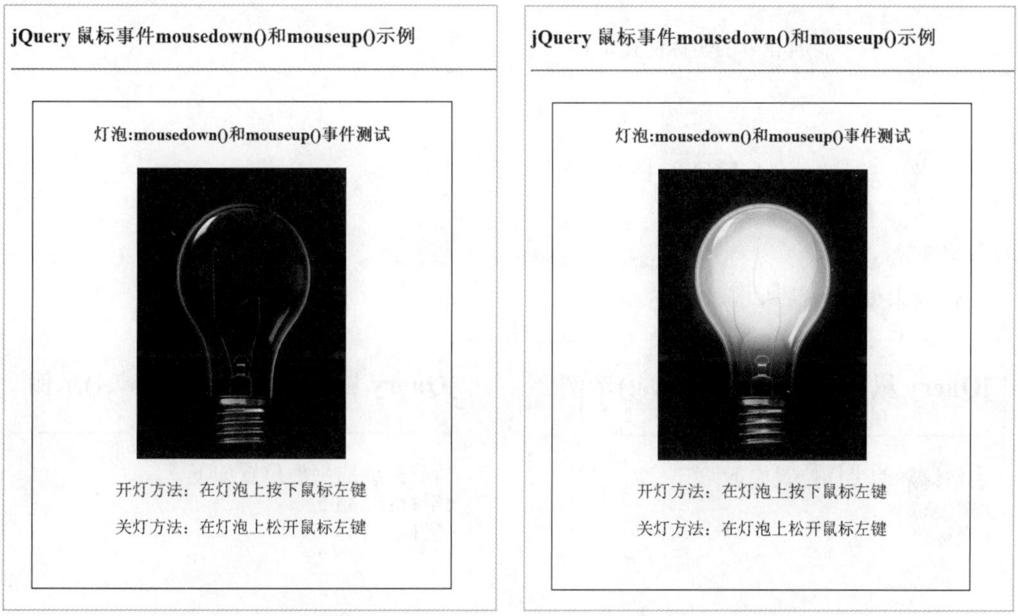

（a）页面初始状态　　　　　　　　（b）灯泡点亮效果

图 8-6　jQuery 鼠标事件 mousedown() 和 mouseup() 的简单应用效果

【代码说明】

本例主要包含了一个宽 400 像素、高 450 像素的<div>元素，用于放置灯泡图片和文字提示内容。灯泡的开/关灯方式分别对应鼠标事件 mousedown() 和 mouseup()。当用户在灯泡图片上按下鼠标左键时会触发 mousedown() 事件，此时灯泡变亮；当用户松开鼠标左键时会触发 mouseup() 事件，此时灯泡变暗还原为初始状态。

由图 8-6（a）可见，初始状态下灯泡为关闭（不发光）效果。当用户进行了正确的鼠标操作时，对应的灯泡将被点亮，如图 8-6（b）所示。与例 8-5 不同的是，前者只能一次开灯无法关闭，而本例可以根据鼠标按键的按下/松开状态切换灯泡的明暗。如果用户不松开鼠标左键，则灯泡会持续保持开灯状态，直到用户松开鼠标左键时灯泡才会恢复关闭状态。

【例 8-7】　**jQuery 鼠标事件 mouse 系列的简单应用 2。**

测试 mousemove() 事件被触发的效果。

```
1. <!DOCTYPE html>
2. <html>
3.    <head>
4.        <meta charset="utf-8">
```

扫一扫

视频讲解

```
5.          <title>jQuery 鼠标事件示例 2-2</title>
6.          <script src="js/jquery-1.12.3.min.js"></script>
7.          <script>
8.              $(document).ready(function(){
9.                  //触发页面的 mousemove()事件
10.                     $(document).mousemove(function(event){
11.                         $("#x").text(event.pageX);
12.                         $("#y").text(event.pageY);
13.                     });
14.              });
15.         </script>
16.     </head>
17.     <body>
18.         <h3>jQuery 鼠标事件 mousemove()示例</h3>
19.         <hr>
20.         <p>
21.             当前鼠标的坐标位置如下
22.             <br/>
23.             x 坐标: <span id="x"></span>
24.             <br/>
25.             y 坐标: <span id="y"></span>
26.         </p>
27.     </body>
28.</html>
```

运行效果如图 8-7 所示。

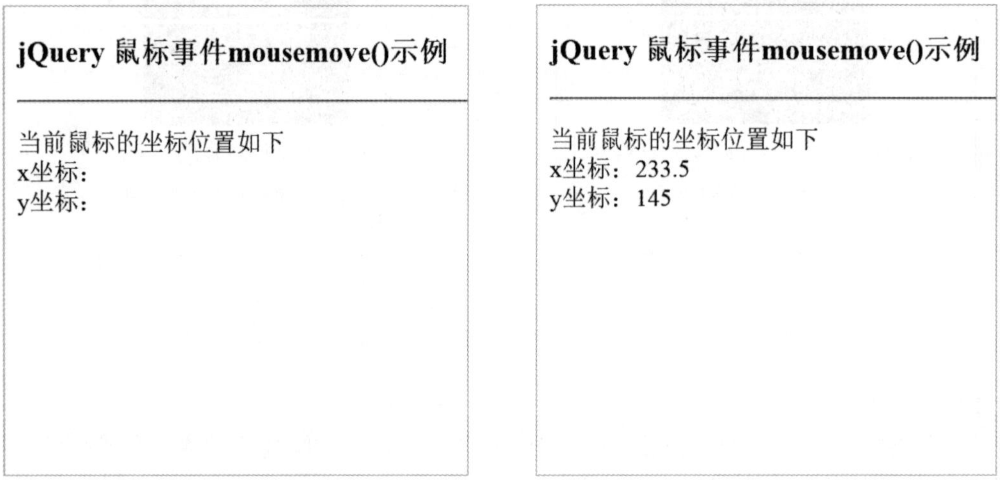

| (a) 页面初始状态 | (b) 鼠标移动时获取当前坐标 |

图 8-7 jQuery 鼠标事件 mousemove()的简单应用效果

【代码说明】

本例主要用于测试鼠标在移动过程中是否可以获取当前的页面坐标。由图 8-7（a）可见，初始状态下由于鼠标尚未移动，所以没有获取坐标数据。当用户开始在页面上移动鼠标时将实时获取鼠标当前所在位置的 x 和 y 坐标，如图 8-7（b）所示。

在 jQuery 代码中使用了选择器$(document)表示当前页面，参数 event 的属性 pageX 和 pageY 分别用于记录鼠标的当前坐标。只要鼠标处于移动状态均会不断触发 mousemove()事件，因此 x 和 y 坐标的数据将实时发生变化。

【例 8-8】 jQuery 鼠标事件 mouse 系列的简单应用 3。

测试 mouseenter()和 mouseleave()事件被触发的效果。

```
1.  <!DOCTYPE html>
2.  <html>
3.      <head>
4.          <meta charset="utf-8">
5.          <title>jQuery 鼠标事件示例 2-3</title>
6.          <style>
7.                  p{
8.                      width:200px;
9.                      height:200px;
10.                     border:1px solid;
11.                     text-align:center;
12.                 }
13.         </style>
14.         <script src="js/jquery-1.12.3.min.js"></script>
15.         <script>
16.                 $(document).ready(function(){
17.                     //触发段落元素<p>的 mouseenter()事件
18.                     $("p").mouseenter(function(){
19.                         //更新提示语句
20.                         $("#tip").text("鼠标已进入");
21.                         //将段落元素的背景色更新为红色
22.                         $("p").css("backgroundColor","red");
23.                     });
24.
25.                     //触发段落元素<p>的 mouseleave()事件
26.                     $("p").mouseleave(function(){
27.                         //更新提示语句
28.                         $("#tip").text("鼠标已离开");
29.                         //将段落元素的背景色更新为浅蓝色
30.                         $("p").css("backgroundColor","lightblue");
31.                     });
32.                 });
33.         </script>
34.     </head>
35.     <body>
36.         <h3>jQuery 鼠标事件 mouseenter()与 mouseleave()示例</h3>
37.         <hr>
38.         <p>
39.                 当前状态：<span id="tip">尚未开始</span>
40.         </p>
41.     </body>
42. </html>
```

运行效果如图 8-8 所示。

【代码说明】

本例主要包含了一个用于测试鼠标进入/离开效果的段落元素<p>，使用 CSS 内部样式表定义其宽、高均为 200 像素，并包含了 1 像素宽的黑色实线边框。

图 8-8（a）为页面初始状态，此时鼠标尚未移动，段落元素的背景颜色和文字提示内容均为初始效果；图 8-8（b）为鼠标进入段落元素的效果，此时 mouseenter()事件被触发，由图可见当前段落元素的文字提示内容为"鼠标已进入"，并且背景颜色更新为红色；图 8-8（c）为鼠标离开段落元素的效果，此时 mouseleave()事件被触发，由图可见当前段落元素的文字提示内容为"鼠标已离开"，并且背景颜色更新为浅蓝色。

【例 8-9】 **jQuery 鼠标事件 mouse 系列的简单应用 4。**

测试 mouseover()和 mouseout()事件被触发的效果。

扫一扫

视频讲解

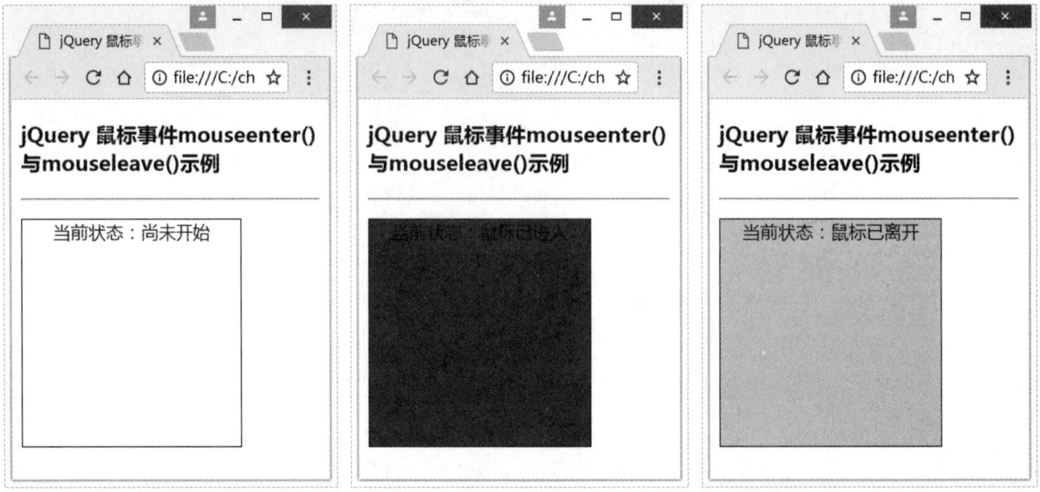

| （a）页面初始状态 | （b）鼠标进入段落元素 | （c）鼠标离开段落元素 |

图 8-8　jQuery 鼠标事件 mouseenter()和 mouseleave()的简单应用效果

```
1.  <!DOCTYPE html>
2.  <html>
3.     <head>
4.        <meta charset="utf-8">
5.        <title>jQuery 鼠标事件示例 2-4</title>
6.        <style>
7.           div{
8.              border:1px solid;
9.              text-align:center;
10.          }
11.          #box01{
12.             width:500px;
13.             height:200px;
14.             margin:20px;
15.          }
16.          #box02{
17.             width:400px;
18.             height:100px;
19.             margin:50px;
20.          }
21.       </style>
22.       <script src="js/jquery-1.12.3.min.js"></script>
23.       <script>
24.          $(document).ready(function(){
25.             var xOver=xOut=0;          //统计鼠标进入或离开的次数
26.             //父元素<div id="box01">
27.             $("#box01").mouseover(function(){
28.                //鼠标进入次数自增1
29.                xOver++;
30.                //更新提示语句
31.                $("#tip01").text(xOver);
32.             });
33.
34.             //父元素<div id="box01">
35.             $("#box01").mouseout(function(){
36.                //鼠标离开次数自增1
37.                xOut++;
38.                //更新提示语句
```

```
39.                    $("#tip02").text(xOut);
40.                });
41.            });
42.        </script>
43.    </head>
44.    <body>
45.        <h3>jQuery 鼠标事件 mouseover()与 mouseout()示例</h3>
46.        <hr>
47.        <div id="box01">
48.            父元素
49.            <div id="box02">
50.                子元素<br/><br/>
51.                发生 mouseover()事件的次数: <span id="tip01">0</span>
52.                <br/>
53.                发生 mouseout()事件的次数: <span id="tip02">0</span>
54.            </div>
55.        </div>
56.    </body>
57.</html>
```

运行效果如图 8-9 所示。

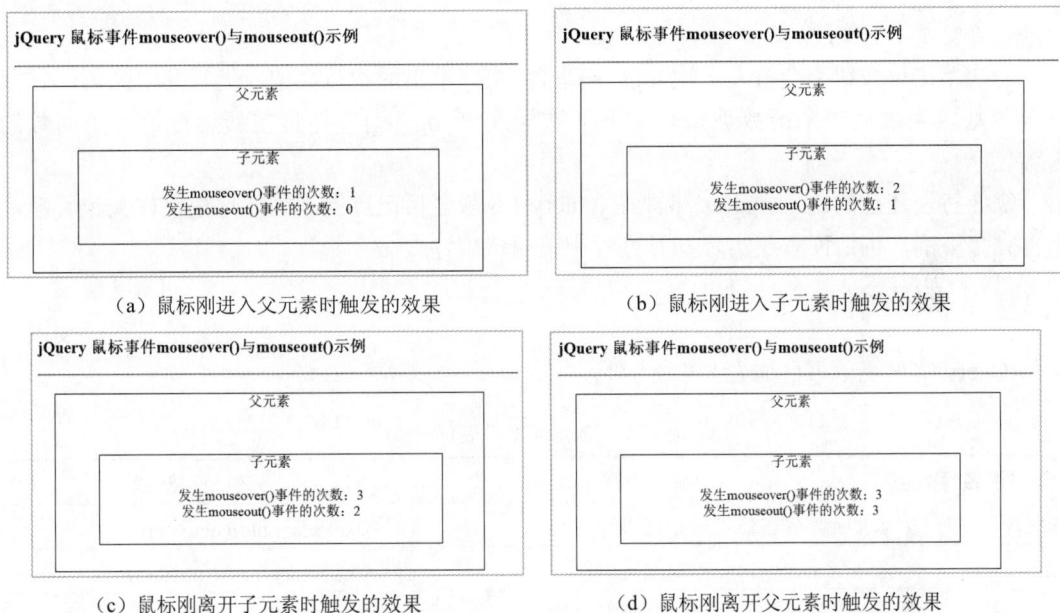

（a）鼠标刚进入父元素时触发的效果   （b）鼠标刚进入子元素时触发的效果

（c）鼠标刚离开子元素时触发的效果   （d）鼠标刚离开父元素时触发的效果

图 8-9　jQuery 鼠标事件 mouseover()和 mouseout()的简单应用效果

【代码说明】

本例使用两个<div>元素嵌套形成了父元素和子元素的布局方式，其中父、子元素的 id 属性值分别为"box01"和"box02"。

图 8-9（a）为鼠标第一次移动后的效果，当前鼠标刚从父元素外部移动进入了父元素内部，尚未进入子元素中，由图可见父元素的 mouseover()事件被触发；图 8-9（b）为鼠标继续进入子元素中的效果，由图可见父元素的 mouseover()与 mouseout()事件均被触发；图 8-9（c）为鼠标刚离开子元素时的效果，此时鼠标尚在父元素内部，由图可见父元素的 mouseover()与 mouseout()事件也是均被触发；图 8-9（d）为鼠标离开父元素时的效果，由图可见只有父元素的 mouseout()事件被触发。

5 toggle()事件

toggle()事件可以看作一种特殊的鼠标单击事件，可以一次绑定两个或两个以上函数。当元素被鼠标单击时，会按照先后顺序每次只触发其中一个函数。

其语法格式如下。

```
$(selector).toggle(
    function1, function2,…, functionN
)
```

其中，function1～functionN 可以替换成需要触发的若干个函数，函数之间用逗号隔开即可。

以按钮<button>的 toggle()事件为例，绑定 3 个自定义函数的语法格式如下。

```
$("button").toggle(
    function(){
        alert("toggle 事件首次被触发，运行该函数。");
    },
    function(){
        alert("toggle 事件第二次被触发，运行该函数。");
    },
    function(){
        alert("toggle 事件第三次被触发，运行该函数。");
    }
);
```

每次单击该按钮都会触发一次 toggle()事件，按照单击的次数会依次运行其中的第一、二、三个函数，当最后一个函数被执行时下一次触发该 toggle()事件将重新运行第一个函数的内容。

需要特别注意的是，toggle()事件在 jQuery 1.8 版之后已过期。因此这里仅作大致了解，不再完整举例，也请读者在实际开发过程中慎用该事件。

8.2.4 表单事件

jQuery 常见表单事件如表 8-4 所示。

表 8-4　jQuery 常见表单事件

事 件 名 称	解　　释	语 法 格 式
blur()	表单元素失去焦点时触发事件	$(selector).blur(function)
focus()	表单元素已获得焦点时触发事件	$(selector).focus(function)
change()	表单元素内容发生变化时触发事件	$(selector).change(function)
select()	textarea 或文本类型的 input 元素中的文本内容被选中时触发事件	$(selector).select(function)
submit()	提交表单时触发事件	$(selector).submit(function)

注：表单事件的选择器大多数情况下均为文档中的表单元素。

1 blur()事件

当某个处于选中状态的元素失去焦点时将触发 blur()事件，其语法格式如下。

```
$(selector).blur(function)
```

该事件的选择器初期只能是表单元素，目前已经适用于任意 HTML 元素。通过用鼠标单击元素以外的位置、按键盘上的 Tab 键等方式均可以令元素失去焦点。

以表单中的<input>元素为例，在失去焦点时弹出警告框的代码如下。

```
$("input").blur(function(){
    alert("blur 事件被触发！");
});
```

当 blur()事件被触发时会执行其中的 alert()方法，该方法也可以替换成其他代码块。

　2　focus()事件

当某个处于未选中状态的元素获得焦点时将触发 focus()事件，其语法格式如下。

```
$(selector).focus(function)
```

该事件的选择器初期只能是表单元素或超链接元素，目前已经适用于任意 HTML 元素。通过用鼠标单击元素、按键盘上的 Tab 键等方式均可以令元素获得焦点。

同样以表单中的<input>元素为例，获得焦点时弹出警告框的代码如下。

```
$("input").focus(function(){
    alert("focus 事件被触发！");
});
```

当 focus()事件被触发时会执行其中的 alert()方法，该方法也可以替换成其他代码块。

【例 8-10】　jQuery 表单事件 blur()和 focus()的简单应用。

测试 blur()和 focus()事件被触发的效果。

扫一扫

视频讲解

```
1.  <!DOCTYPE html>
2.  <html>
3.      <head>
4.          <meta charset="utf-8">
5.          <title>jQuery 表单事件示例 1</title>
6.          <script src="js/jquery-1.12.3.min.js"></script>
7.          <script>
8.              $(document).ready(function(){
9.                  //触发<input>元素的 blur()事件
10.                 $("input").blur(function(){
11.                     $(this).next("span").text("失去焦点！");
12.                 });
13.
14.                 //触发<input>元素的 focus()事件
15.                 $("input").focus(function(){
16.                     $(this).next("span").text("获得焦点！");
17.                 });
18.             });
19.         </script>
20.     </head>
21.     <body>
22.         <h3>jQuery 表单事件 blur()和 focus()示例</h3>
23.         <hr>
24.         <form>
25.             用户名: <input type="text"/><span></span>
26.             <br/>
27.             密　码: <input type="password"/><span></span>
28.         </form>
29.     </body>
30. </html>
```

运行效果如图 8-10 所示。

【代码说明】

本例使用了一个简易表单元素<form>，在该表单中主要包含了用户名和密码输入框以测试 blur()和 focus()事件的效果。在这两个输入框的右侧均追加了一个初始状态下无任何内容的<span>元素作为焦点获得/失去时的提示语句。当对应的事件被触发时，将使用 jQuery 代

177

（a）页面初始状态　　　　　　　　　　　　　（b）用户名输入框获得焦点

（c）密码输入框获得焦点　　　　　　　　　　（d）用户名和密码输入框均失去焦点

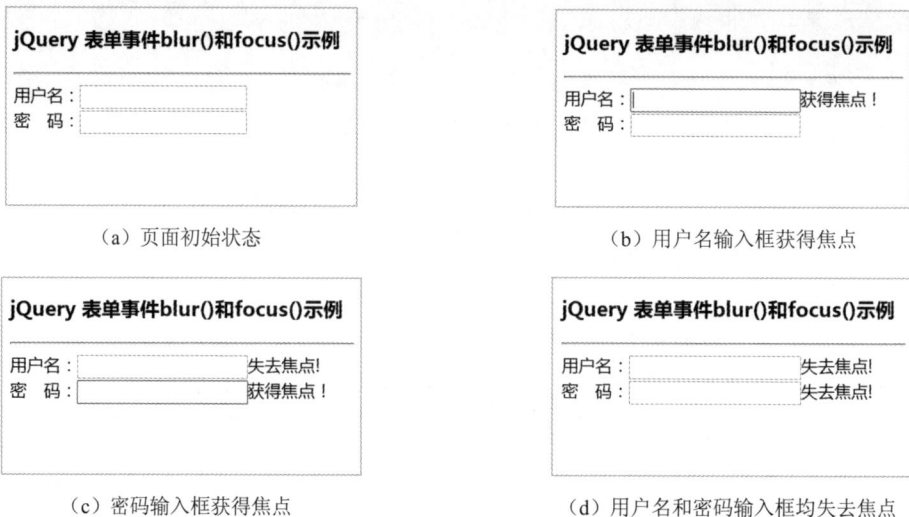

图 8-10　jQuery 表单事件 blur() 和 focus() 的简单应用效果

码更新 <span> 元素中的文本内容。

图 8-10（a）为页面初始状态，由图可见此时两个输入框均未获得焦点；图 8-10（b）为鼠标选中用户名输入框时的效果，此时用户名输入框的 focus() 事件被触发；图 8-10（c）为鼠标选中密码输入框时的效果，此时用户名输入框的 blur() 事件与密码输入框的 focus() 事件同时被触发；图 8-10（d）为鼠标单击页面上两个输入框以外的位置使其均失去焦点的效果，此时先前被选中的密码输入框的 blur() 事件被触发。

3 change() 事件

当输入框或下拉菜单中的内容发生变化时将触发 change() 事件，其语法格式如下。

```
$(selector).change(function)
```

其选择器可以是表单中的输入框 <input>、多行文本框 <textarea> 或者下拉菜单 <select>。其触发效果的不同之处如下。

- 选择器为 <input> 或 <textarea>：用户更改输入框中的内容，然后让该输入框失去焦点才触发 change() 事件。
- 选择器为 <select>：用户选择不同的选项时触发 change() 事件。

以下拉菜单 <select> 元素为例，选项被切换后弹出警告框的代码如下。

```
$("select").change(function(){
    alert("change 事件被触发！");
});
```

当 change 事件被触发时会执行其中的 alert() 方法。该方法也可以替换成其他代码块。

4 select() 事件

当文本输入框中有文字内容被选中时将触发该元素的 select() 事件，其语法格式如下。

```
$(selector).select(function)
```

其选择器只能是单行文本框 <input type="text"> 或多行文本框 <textarea>。

以表单中的 <input> 元素为例，被鼠标选中文本内容后弹出警告框的代码如下。

```
$("input").select(function(){
    alert("select 事件被触发！");
});
```

扫一扫

视频讲解

当 select 事件被触发时会执行其中的 alert()方法。该方法也可以替换成其他代码块。

【例 8-11】 jQuery 表单事件 change()和 select()的简单应用。

测试 change()和 select()事件被触发的效果。

```
1.  <!DOCTYPE html>
2.  <html>
3.      <head>
4.          <meta charset="utf-8">
5.          <title>jQuery 表单事件示例 2</title>
6.          <script src="js/jquery-1.12.3.min.js"></script>
7.          <script>
8.              $(document).ready(function(){
9.                  //触发<input>元素的 change()事件
10.                 $("input").change(function(){
11.                     $(this).next("span").text("内容发生改变!");
12.                 });
13.
14.                 //触发<input>元素的 select()事件
15.                 $("input").select(function(){
16.                     $(this).next("span").text("文字被选中!");
17.                 });
18.             });
19.         </script>
20.     </head>
21.     <body>
22.         <h3>jQuery 表单事件 change()和 select()示例</h3>
23.         <hr>
24.         <form>
25.             测试框: <input type="text"/><span></span>
26.         </form>
27.     </body>
28. </html>
```

运行效果如图 8-11 所示。

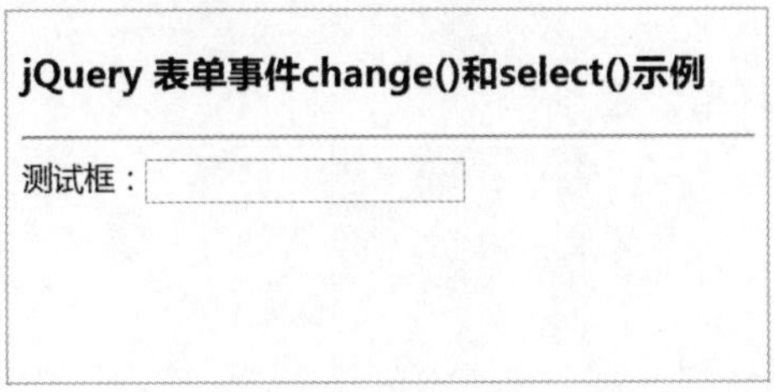

（a）页面初始状态 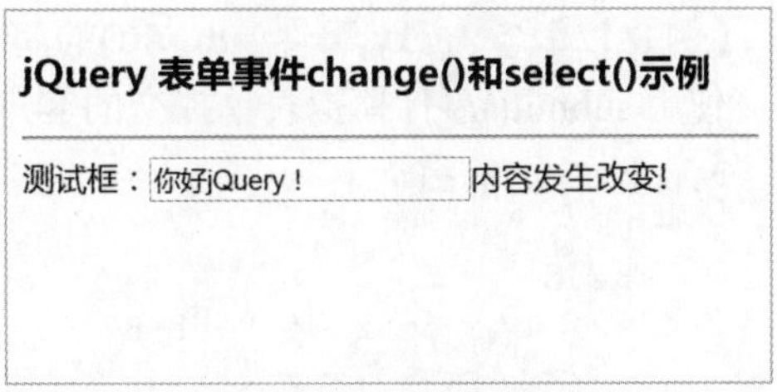 　　　　　　　　　　（b）改变输入框中的内容

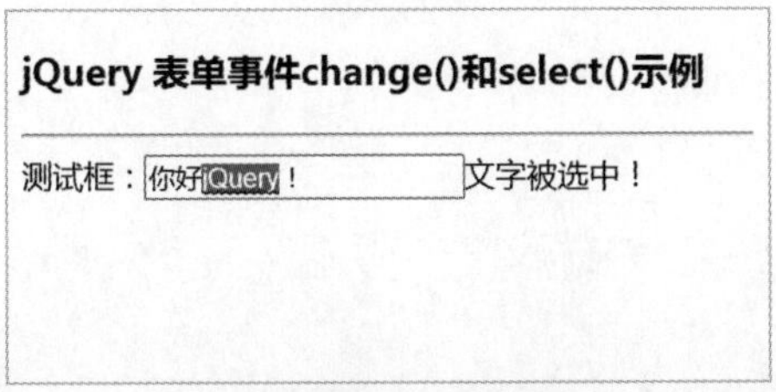

（c）输入框中有文字被选中 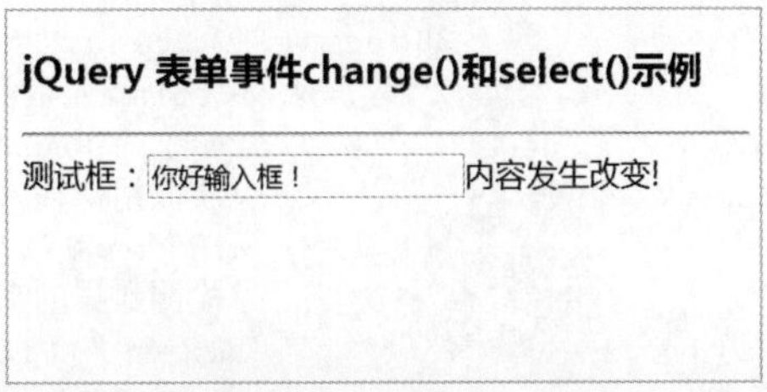 　　　　　　　（d）再次改变输入框中的部分内容

图 8-11　jQuery 表单事件 change()和 select()的简单应用效果

【代码说明】

本例使用了一个简易表单元素<form>，在该表单中主要包含了一个文本输入框以测试

change()和 select()事件的效果。在这个输入框的右侧追加了一个初始状态下无任何内容的 <span>元素作为测试时的提示语句。当对应的事件被触发时，将使用 jQuery 代码更新<span>元素中的文本内容。

图 8-11（a）为页面初始状态，由图可见此时输入框中无任何内容；图 8-11（b）为改变输入框中的文字内容然后让输入框失去焦点的状态，此时输入框的 change()事件被触发；图 8-11（c）为鼠标选中输入框中部分文字内容的效果，此时输入框的 select()事件被触发；图 8-11（d）为再次修改输入框中的部分文字内容并在完成后使输入框失去焦点的效果，此时输入框的 change()事件再次被触发。

5 submit()事件

当用户尝试提交表单时将触发表单元素<form>的 submit()事件，其语法格式如下。

```
$(selector).submit(function)
```

显然，该事件的选择器只能是表单元素<form>。

用户有两种提交表单的方式：单击特定的"提交"按钮或者使用键盘上的 Enter 键。特定的"提交"按钮包括<input type="submit">、<input type="image">以及<button type="submit">；使用 Enter 键的前提是表单中只有一个文本域，或者表单中包含了"提交"按钮。

以 id="form01"的<form>元素为例，用户提交表单时弹出警告框的代码如下。

```
$("#form01").submit(function(e){
    alert("click 事件被触发！");
});
```

与其他表单事件的不同之处在于，function(e)中的参数 e 为必填内容，也可以用其他自定义变量名称代替，例如 event 较为常见。

由于 submit()事件会在表单正式提交给服务器之前触发，所以常用其进行有效性检测：当表单中填写的内容验证不通过时显示提示语句，并停止表单提交的动作；当表单中填写的内容验证通过时继续完成表单提交的动作。

【例 8-12】 jQuery 事件 submit()的简单应用。

使用 submit()事件模拟表单提交的客户端验证环节。

```
1.  <!DOCTYPE html>
2.  <html>
3.    <head>
4.        <meta charset="utf-8">
5.        <title>jQuery 表单事件示例 3</title>
6.        <script src="js/jquery-1.12.3.min.js"></script>
7.        <script>
8.            $(document).ready(function(){
9.                //触发<form>元素的 submit()事件
10.               $("form").submit(function(){
11.                   //获取用户输入的内容
12.                   var x = $("input[type='text']").val();
13.                   //检测数据的有效性
14.                   if(x==""||isNaN(x)){
15.                       $("#tip").text("您输入的不是数字，请重新输入！");
16.                       return false;           //停止提交
17.                   }
18.                   else
19.                       $("#tip").text("内容正确，正在提交。");
20.               });
21.           });
```

```
22.              </script>
23.      </head>
24.      <body>
25.          <h3>jQuery 表单事件 submit()示例</h3>
26.          <hr>
27.          <form action="javascript:alert('提交成功！');">
28.              请输入数字: <input type="text"/> <input type="submit" value="
                 提交"/>
29.              <br/>
30.              <span id="tip"></span>
31.          </form>
32.      </body>
33.</html>
```

运行效果如图 8-12 所示。

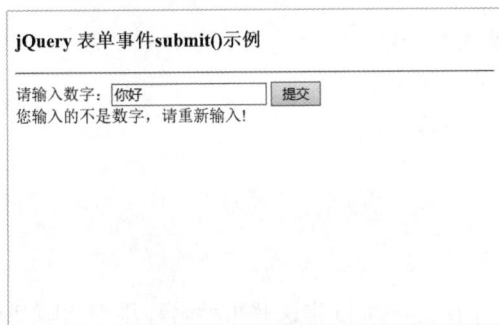

（a）输入错误内容触发 submit()事件   （b）输入正确内容触发 submit()事件

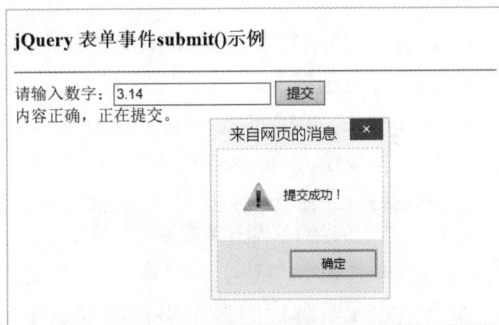

图 8-12　jQuery 事件 submit()的简单应用效果

【代码说明】

本例使用了一个简易表单元素<form>，在该表单中主要包含了单个文本输入框和"提交"按钮以测试 submit()事件的效果。当用户单击"提交"按钮时将触发 submit()事件，进行输入内容的有效性验证：如果用户输入的不是数字将停止表单提交动作，并给出建议重新输入的提示语句；如果用户输入的是数字，将继续提交表单。

图 8-12（a）为输入错误内容并单击"提交"按钮后的效果，由图可见此时将无法继续提交表单；图 8-12（b）为输入正确内容并单击"提交"按钮后的效果，此时提示语句发生变化，并且可以看到出现了表单提交成功后的警告框。

由于当前只是模拟表单提交的效果，并没有真正的后端服务器，所以<form>元素的 action属性值填写了一个简易的脚本语句用于显示警告框。开发者在实际运用中将<form>元素的action 属性值更改为正确的服务器 URL 地址即可正常使用。

8.3　jQuery 事件的绑定与解除

在 jQuery 中 HTML 元素的事件监听是可以通过特定的方法来绑定或者解除的，本节将介绍如何为指定的 HTML 元素绑定事件、解除事件以及追加临时事件。

8.3.1　jQuery 事件的绑定

目前，jQuery 常用的事件绑定方法如表 8-5 所示。

表 8-5　jQuery 常用的事件绑定方法

事件绑定方法	解　释
bind()	用于给指定的元素绑定一个或多个事件
delegate()	用于给指定元素的子元素绑定一个或多个事件
on()	用于给指定元素或其子元素绑定一个或多个事件

需要注意的是，jQuery 3.0 之后的版本将彻底取消对 bind() 和 delegate() 方法的支持，因此建议在未来的实践开发中使用 on() 替换前两种方法。

1 bind() 方法

bind() 方法用于给指定的元素绑定一个或多个事件，其语法格式如下。

```
$(selector).bind(event, [data,] function)
```

参数解释如下。

- event：必填参数，用于指定事件名称，例如"click"。
- data：可选参数，用于规定需要传递给函数的额外数据。
- function：必填参数，用于规定事件触发时的执行函数。

例如，为按钮元素<button>绑定单击事件，代码如下。

```
$("button").bind("click", function(){
    alert("按钮的单击事件被触发！");
})
```

如果指定元素绑定的多个事件需要调用同一个函数，可以将这些事件名称用空格隔开后并列添加在参数 event 中，例如：

```
$("button").bind("click dblclick mouseenter", function(){
    alert("按钮的单击/双击/鼠标进入事件被触发！");
})
```

如果需要为指定元素同时绑定多个事件并触发不同的函数，其语法格式如下。

```
$(selector).bind({event1:function1, event2:function2, …, eventN:functionN})
```

该方法可以为每个事件单独绑定函数，使用起来更加灵活。

例如，为按钮元素<button>同时绑定单击、双击和鼠标悬停事件，并实现不同的触发效果，其代码如下。

```
$("button").bind({
    "click":function(){$("body").css("background-color","red");},
    "dblclick":function(){$("body").css("background-color ","yellow");},
    "mouseover":function(){$("body").css("background-color ","blue");}
});
```

上述代码表示单击、双击或鼠标悬停于按钮时网页的背景色分别更换为红色、黄色和蓝色。

2 delegate() 方法

delegate() 方法用于给指定元素的子元素绑定一个或多个事件，其语法格式如下。

```
$(selector).delegate(childSelector, event, [data,] function)
```

参数解释如下。

- childSelector：必填参数，用于规定需要绑定事件的一个或多个子元素。
- event：必填参数，用于指定需要绑定给子元素的一个或多个事件名称，例如"click"。如果有多个事件同时绑定需要用空格隔开，例如"click dblclick mouseover"。
- data：可选参数，用于规定需要传递给函数的额外数据。
- function：可选参数，用于规定需要绑定的事件触发时的执行函数。

例如，在 id="test"的<div>元素中包含一个子元素<button>，其 HTML 页面代码如下。

```
<div id="test">
    <button>我是按钮子元素</button>
</div>
```

此时可以使用 delegate()方法指定<div>元素，然后为其中的子元素<button>绑定事件。以鼠标单击事件为例，jQuery 代码如下。

```
$("#test").delegate("button","click",function(){
    alert("按钮被单击！");
});
```

上述代码通过 id="test"的<div>元素来准确定位其中的子元素，此时绑定事件不会影响到该<div>元素以外的其他任何<button>元素。

delegate()方法的优势在于还可以为指定元素的未来子元素（解释：即当前尚未创建，后续通过代码动态添加的子元素）绑定事件。

3 on()方法

on()方法是 jQuery 1.7 版之后新增的内容，用于给指定元素的子元素绑定一个或多个事件，包含了 bind()和 delegate()方法的全部功能。

其语法格式如下。

```
$(selector).on(event, [childSelector,] [data,] function)
```

参数解释如下。

- event：必填参数，用于指定需要绑定给指定元素的一个或多个事件名称，例如"click"。如果有多个事件同时绑定需要用空格隔开，例如"click dblclick mouseover"。
- childSelector：可选参数，用于规定需要绑定事件的子元素，如果没有可以不填。
- data：可选参数，用于规定需要传递给函数的额外数据。
- function：可选参数，用于规定需要绑定的事件触发时的执行函数。

将 bind()方法改写为 on()方法只需要修改方法名称，其他参数无须变化。

例如，改用 on()方法为按钮元素<button>绑定单击事件，代码如下。

```
$("button").on("click", function(){
    alert("按钮的单击事件被触发！");
})
```

在将 delegate()方法改写为 on()方法时需要注意子元素参数的位置：delegate()方法中的子元素参数在事件名称参数之前，而 on()方法正好相反。

例如，改用 on()方法指定 id="test"的<div>元素，然后为其中的子元素<button>绑定事件。以鼠标单击事件为例，jQuery 代码如下。

```
$("#test").on("click", "button", function(){
    alert("按钮被单击！");
});
```

【例 8-13】 **jQuery 事件绑定 on()方法的简单应用。**

使用 on()方法进行按钮元素的事件绑定。

```
1.  <!DOCTYPE html>
2.  <html>
3.      <head>
4.          <meta charset="utf-8">
5.          <title>jQuery 事件绑定方法示例</title>
6.          <script src="js/jquery-1.12.3.min.js"></script>
```

扫一扫

视频讲解

```
7.          <script>
8.              $(document).ready(function(){
9.                  //id="test"的段落元素的 click()事件被触发
10.                 $("#test").click(function(){
11.                     //使用 on()方法为<button>按钮绑定单击事件
12.                     $("button").on("click",function(){
13.                         alert("测试按钮已激活！");
14.                     });
15.                     //更新状态描述
16.                     $("span").text("已绑定 click()事件");
17.                 });
18.             });
19.         </script>
20.     </head>
21.     <body>
22.         <h3>jQuery 事件绑定 on()方法的简单应用</h3>
23.         <hr>
24.         <p>按钮状态：<span>未绑定 click()事件</span></p>
25.         <button>测试按钮</button>
26.         <p id="test">请单击此处为测试按钮追加单击事件。</p>
27.     </body>
28.</html>
```

运行效果如图 8-13 所示。

【代码说明】

本例包含了一个按钮元素<button>和两个段落元素<p>，用于测试使用 on()方法动态追加<button>元素的 click()事件的效果。其中，第 1 个<p>元素仅用于生成关于按钮当前状态的提示，以告知用户目前按钮是否已绑定事件；第 2 个<p>元素为可单击区域，当用户单击该元素时将使用 on()方法为按钮绑定事件。

图 8-13（a）为页面初始效果，此时单击"测试按钮"无效；图 8-13（b）为单击按钮下方段落文字后的效果，此时动态地为"测试按钮"绑定了 click()事件，并且由图可见按钮上方的提示语句发生了变化；图 8-13（c）是再次单击"测试按钮"后的效果，由图可见本次单击后弹出了警告消息框，这正是使用 on()方法为按钮绑定事件中要求执行的代码内容。

8.3.2　jQuery 事件的解除

目前 jQuery 常用的事件解除方法如表 8-6 所示。

表 8-6　jQuery 常用的事件解除方法

事件解除方法	解　　释
unbind()	用于给指定的元素解除一个或多个事件
undelegate()	用于给指定元素的子元素解除一个或多个事件
off()	用于给指定元素或其子元素解除一个或多个事件

需要注意的是，jQuery 3.0 之后的版本将彻底取消对 unbind()和 undelegate()方法的支持，因此建议在未来的实践开发中使用 off()替换前两种方法。

1 unbind()方法

unbind()方法用于给指定的元素解除事件触发效果，其语法格式如下。

```
$(selector).unbind([event] [, function])
```

jQuery事件绑定on()方法的简单应用

按钮状态：未绑定click()事件

测试按钮

请单击此处为测试按钮追加单击事件。

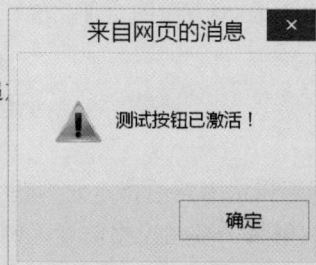

（a）页面初始状态

jQuery事件绑定on()方法的简单应用

按钮状态：已绑定click()事件

测试按钮

请单击此处为测试按钮追加单击事件。

（b）按钮已绑定 click()事件

jQuery事件绑定on()方法的简单应用

按钮状态：已绑定click()事件

测试按钮

请单击此处为测试按钮追

来自网页的消息　　　×

⚠　测试按钮已激活！

确定

（c）按钮的 click()事件被触发

图 8-13　jQuery 事件绑定 on()方法的简单应用效果

参数解释如下。

- event：可选参数，用于指定需要解除的一个或多个事件名称，例如"click"或"click dblclick mouseover"。如果不填写该参数，则表示解除指定元素的全部事件。
- function：可选参数，用于规定需要解除的事件触发时的执行函数。

例如，为按钮元素<button>解除单击事件，代码如下。

```
$("button").unbind("click", function(){
    alert("按钮的单击事件被解除！");
});
```

2 undelegate()方法

undelegate()方法可以用于给指定元素的子元素解除一个或多个事件，其语法格式如下。

```
$(selector).undelegate([childSelector,] [event,] [function])
```

参数解释如下。

- childSelector：可选参数，用于规定需要解除事件的一个或多个子元素。
- event：可选参数，用于指定需要解除的一个或多个事件名称，例如"click"或"click dblclick mouseover"。
- function：可选参数，用于规定需要解除的事件触发时的执行函数。

注意：如果不填写任何参数，则表示解除之前使用 delegate()方法绑定的全部事件。

例如，在 id="test"的<div>元素中包含一个子元素<button>，其 HTML 页面代码如下。

```
<div id="test">
    <button>我是按钮子元素</button>
</div>
```

使用 undelegate()方法为其中的子元素<button>解除全部事件，代码如下。

```
$("#test").undelegate("button");
```

如果只希望解除子元素<button>的 click()事件，那么修改代码如下。

```
$("#test").undelegate("button", "click");
```

需要注意的是，undelegate()方法主要用于解除之前使用 delegate()方法绑定的事件，不能用于解除使用其他方法（例如 bind()方法）绑定的事件。

3 off()方法

off()方法是 jQuery 1.7 版之后新增的内容，可以用于给指定元素的子元素解除一个或多个事件，包含了 unbind()和 undelegate()方法的全部功能。

其语法格式如下。

```
$(selector).off(event, [childSelector,] [data,] function)
```

参数解释如下。

- event：必填参数，用于指定需要给指定元素解绑的一个或多个事件名称，例如"click"。如果有多个事件同时解绑需要用空格隔开，例如"click dblclick mouseover"。
- childSelector：可选参数，用于规定需要解绑事件的子元素，如果没有可以不填。
- data：可选参数，用于规定需要传递给函数的额外数据。
- function：可选参数，用于规定需要解绑的事件触发时的执行函数。

将 unbind()方法改写为 off()方法只需要修改方法名称，其他参数无须变化。

例如，改用 off()方法为按钮元素<button>解绑单击事件，代码如下。

```
$("button").off("click", function(){
    alert("按钮的单击事件被解除！");
})
```

在将 undelegate()方法改写为 off()方法时需要注意子元素参数的位置：undelegate()方法中的子元素参数在事件名称参数之前，而 off()方法正好相反。

例如，改用 off()方法指定 id="test"的<div>元素，然后为其中的子元素<button>解除事件。以鼠标单击事件为例，jQuery 代码如下。

```
$("#test").off("click", "button", function(){
    alert("按钮的单击事件被解除！");
});
```

扫一扫

视频讲解

【例 8-14】　**jQuery 事件解除 off()方法的简单应用。**

使用 off()方法进行按钮元素的事件的解除。

```
1.  <!DOCTYPE html>
2.  <html>
3.    <head>
4.        <meta charset="utf-8">
5.        <title>jQuery 事件解除方法示例</title>
6.        <script src="js/jquery-1.12.3.min.js"></script>
7.        <script>
8.            $(document).ready(function(){
9.                //触发按钮的 click()事件
10.               $("button").on("click",function(){
11.                   alert("测试按钮已激活！");
12.               });
13.
14.               //id="test"的段落元素的 click()事件被触发
15.               $("#test").click(function(){
16.                   //使用 off()方法为<button>按钮解除单击事件
17.                   $("button").off("click");
18.                   //更新状态描述
19.                   $("span").text("已解除 click()事件");
20.               });
21.           });
22.       </script>
23.    </head>
24.    <body>
25.        <h3>jQuery 事件解除 off()方法的简单应用</h3>
26.        <hr>
27.         <p>按钮状态：<span>已绑定 click()事件</span></p>
28.         <button>测试按钮</button>
29.         <p id="test">请单击此处为测试按钮解除单击事件。</p>
30.    </body>
31.</html>
```

运行效果如图 8-14 所示。

【代码说明】

本例包含了一个按钮元素<button>和两个段落元素<p>，用于测试使用 off()方法动态解除<button>元素的 click()事件的效果。其中，第 1 个<p>元素仅用于生成关于按钮当前状态的提示，以告知用户目前按钮是否已绑定事件；第 2 个<p>元素为可单击区域，当用户单击该元素时将使用 off()方法为按钮解除事件。

（a）页面初始状态

（b）按钮已解除 click()事件

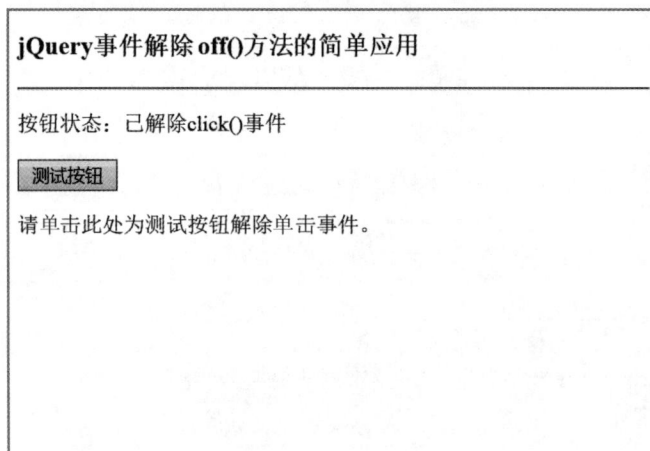

（c）按钮的 click()事件无效

图 8-14　jQuery 事件解除 off()方法的简单应用效果

　　图 8-14（a）为页面初始效果，此时"测试按钮"已绑定了 click()事件；图 8-14（b）是单击按钮后的效果，由图可见本次单击后弹出了警告消息框；图 8-14（c）是单击按钮下方的段落文字后的效果，此时按钮元素的 click()事件已被 off()方法解除，由图可见本次单击后不再弹出警告消息框。

8.3.3 jQuery 临时事件

在某些特殊情况下，为元素绑定的事件仅需要执行一次就必须解除绑定，此类情况称为元素的临时事件。

例如，为按钮元素<button>绑定临时的单击事件，代码如下。

```
$("button").on("click", function(){
    alert("按钮的单击事件被触发! ");
    $(this).off("click");
})
```

上述代码使用 on()方法为按钮进行了 click()事件的绑定，当 click()事件首次被触发时立刻调用 off()方法解绑事件。

事实上，在 jQuery 中已经提供了专门的 one()方法代替 on()和 off()方法处理此类问题。one()方法绑定的事件在触发一次之后将自动解除，其语法格式如下。

```
$(selector).one(event, [childSelector,] [data,] function)
```

参数解释如下。

- event：必填参数，用于指定需要绑定给指定元素的一个或多个事件名称，例如"click"。如果有多个事件同时绑定，需要用空格隔开，例如"click dblclick mouseover"。
- childSelector：可选参数，用于规定需要绑定事件的子元素，如果没有可以不填。
- data：可选参数，用于规定需要传递给函数的额外数据。
- function：可选参数，用于规定需要绑定的事件触发时需要执行的函数。

例如，使用 one()方法修改上述代码，修改后的代码如下。

```
$("button").one("click", function(){
    alert("按钮的单击事件被触发! ");
})
```

上述代码只能被执行一次，然后就会自行解除 click()事件的绑定。注意，使用这种方式只需要定义绑定的事件即可，无须特意在处理之后追加事件解绑的脚本代码。

【例 8-15】 jQuery 临时事件 one()方法的简单应用。

使用 one()方法进行按钮元素的临时事件的绑定。

```
1. <!DOCTYPE html>
2. <html>
3.     <head>
4.         <meta charset="utf-8">
5.         <title>jQuery 临时事件方法示例</title>
6.         <script src="js/jquery-1.12.3.min.js"></script>
7.         <script>
8.             $(document).ready(function(){
9.                 //临时触发按钮的 click()事件
10.                 $("button").one("click",function(){
11.                     alert("测试按钮已激活! ");
12.                 });
13.             });
14.         </script>
15.     </head>
16.     <body>
17.         <h3>jQuery 临时事件 one()方法的简单应用</h3>
18.         <hr>
19.         <button>测试按钮</button>
20.     </body>
21.</html>
```

扫一扫

视频讲解

运行效果如图 8-15 所示。

（a）首次单击按钮 click()事件生效　　　　（b）再次单击按钮 click()事件无效

图 8-15　jQuery 临时事件 one()方法的简单应用效果

【代码说明】

本例包含了一个按钮元素<button>用于测试使用 one()方法临时绑定一次 click()事件的效果。图 8-15（a）为首次单击按钮的效果，由图可见本次单击触发了 click()事件并弹出警告消息框；图 8-15（b）为再次单击按钮后的效果，由图可见本次单击后没有弹出警告消息框，这是由于 one()方法在执行过一次之后会主动为元素解除事件绑定效果。

扫一扫

视频讲解

8.4　阶段案例：鼠标悬停切换图片

8.4.1　案例需求

背景介绍：鼠标悬停切换图片特效是通过用户鼠标的选择显示指定图片内容，该特效常用于网站首页，例如商品展示、旅游景点介绍等。

功能要求：使用 jQuery 实现鼠标悬停手动切换展示图片特效，如图 8-16 所示。当用户将鼠标悬浮于左侧的文字上时文字变成红色，并且右侧图片自动切换到对应的画面。

（a）切换第一张图片　　　　　　（b）切换第三张图片

图 8-16　第 8 章阶段案例效果图

8.4.2　界面设计

本项目的主要内容分为两个版块：左侧的列表标签<ul>用于显示文字标题；右侧的<img>

标签用于显示图片。整体样式结构如图 8-17 所示。

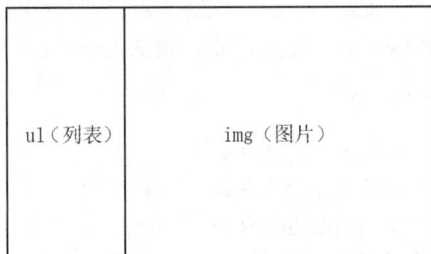

图 8-17　整体样式结构设计图

创建一个 HTML 文件，文件名可自定义，例如 SliderDemo.html。

在 HTML5 中使用<div class="sliderWrap">元素将这两个版块嵌套在内部，相关代码如下：

```
1. <body>
2. <!--标题-->
3. <h3>jQuery 鼠标悬停切换图片</h3>
4. <!--水平线-->
5. <hr>
6. <!--图片轮播区域-->
7. <div class="sliderWrap">
8.     <ul id="slider">
9.         <li>意大利威尼斯</li>
10.        <hr>
11.        <li>希腊爱琴海</li>
12.        <hr>
13.        <li>巴黎卢浮宫</li>
14.        <hr>
15.        <li>印度泰姬陵</li>
16.        <hr>
17.        <li>英国巨石阵</li>
18.        <hr>
19.    </ul>
20.    <img id="pptImage" src="image/2.jpg"/>
21.</div>
```

在<ul>标签内部将列表选项标签<li>与水平线标签<hr>交替使用，形成带有水平线修饰效果的文字标题。在<img>标签上设置初始显示的图片来源为本地 image 目录下的 2.jpg。

本案例使用 CSS 外部样式表规定页面样式。在本地 css 文件夹中创建 slider.css 文件，并在<head>首尾标签中声明对 CSS 文件的引用。相关 HTML5 代码片段如下：

```
1. <head>
2. <meta charset="utf-8">
3. <title>jQuery 鼠标悬停切换图片</title>
4. <link rel="stylesheet" href="css/slider.css">
5. </head>
```

在 CSS 外部样式表中为<body>标签设置整体样式，相关 CSS 代码如下：

```
1. /*整体背景样式*/
2. body{
3.     background-color:silver;      /*背景颜色为银色*/
```

```
4.      text-align:center;                /*文本居中*/
5. }
```

为 class="sliderWrap"的<div>标签设置样式，相关 CSS 代码如下：

```
1. /*图片轮播区域的样式设置*/
2. .sliderWrap{
3.    width: 800px;        /*宽度为 800 像素*/
4.    height: 400px;       /*高度为 400 像素*/
5.    padding: 0px;        /*各边的内边距为 0*/
6.    margin: auto;        /*各边的外边距为 auto*/
7. }
```

接下来设置页面上展示的图片样式，相关 CSS 代码如下：

```
1. /*图片的样式设置*/
2. .sliderWrap img{
3.    float:left;          /*左浮动*/
4.    height:100%;         /*高度为 100%*/
5.    width:80%;           /*宽度为 80%*/
6. }
```

在 CSS 外部样式表中为列表元素<ul>设置样式效果，相关 CSS 代码如下：

```
1. /*列表元素的样式设置*/
2. ul#slider{
3.    list-style: none;                /*去掉装饰点*/
4.    float:left;                      /*左浮动*/
5.    height:100%;                     /*高度为 100%*/
6.    width:20%;                       /*宽度为 20%*/
7.    background-color: #f2f2f2;       /*背景颜色为灰色*/
8.    margin:0;                        /*清除外边距*/
9.    padding:0;                       /*清除内边距*/
10.}
```

在 CSS 外部样式表中为列表选项元素<li>设置样式效果，相关 CSS 代码如下：

```
1. /*列表选项元素的样式设置*/
2. ul#slider li{
3.    margin-top:25%;          /*外边距顶部 25%*/
4.    margin-left:10px;        /*外边距左侧 10 像素*/
5.    padding-left:10px;       /*内边距左侧 10 像素*/
6.    text-align:left;         /*文本左对齐*/
7. }
8. ul#slider li:hover{
9.    color:red;               /*鼠标悬浮时文本变成红色*/
10.}
```

为了使标题之间的水平线不顶格显示，在 CSS 外部样式表中设置其宽度为 80%，相关 CSS 代码如下：

```
1. /*水平线的样式设置*/
2. hr{
3.    width:80%;    /*宽度为 80%*/
4. }
```

此时 CSS 样式设置就全部完成了，运行效果如图 8-18 所示。

图 8-18　整体样式设计图

8.4.3　逻辑实现

图片切换效果需要使用 jQuery 的相关功能，因此首先在<head>标签中添加对 jQuery 的调用。相关 HTML5 代码修改后如下：

```
1. <head>
2. <meta charset="utf-8">
3. <title>jQuery 鼠标悬停切换图片</title>
4. <link rel="stylesheet" href="css/slider.css">
5. <script src="js/jquery-1.12.3.min.js"></script>
6. </head>
```

在<script>中使用$("#slider li").hover()监听<li>元素的鼠标悬浮事件，相关代码如下：

```
1. <script>
2. $("#slider li").hover(function(){
3.     //获取当前鼠标悬浮的列表项的索引值（从 0 开始计数）
4.     var i = $("#slider li").index(this);
5.     //更新页面上的图片
6.     $("#pptImage").attr("src","image/"+i+".jpg");
7. });
8. </script>
```

上述代码表示当鼠标悬浮在某一个<li>元素上时，更换 id="pptImage"的<img>元素的图片来源。其中，图片文件位于本地 image 目录中，文件名称由索引值 i 传递。因为索引值是从 0 开始计数的，所以后台存放的图片文件名按照顺序改为 0.jpg～4.jpg。

此时本项目就已经全部完成了，运行效果如图 8-19 所示。由于第三张图片为默认初始显示效果，这里不再重复展示。

（a）手动切换第一张图片

（b）手动切换第二张图片

（c）手动切换第四张图片

（d）手动切换第五张图片

图 8-19　第 8 章阶段案例最终效果图

8.4.4　案例思考

【拓展练习】　如果图片名称没有按照数组下标的规律命名，应该如何显示？

【进阶改造】　将风景图片换成新闻图片，改造成新闻轮播组件。

本章小结

本章主要介绍了 jQuery 事件的概念与常见用法。常用的 jQuery 事件根据类型可分为文档/窗口事件、键盘事件、鼠标事件和表单事件。HTML 元素的事件监听也可以通过特定的方法绑定或者解绑，在 jQuery 1.7 之后的版本中推荐使用 on()和 off()方法代替之前所有的事件绑定和解绑方法。本章阶段案例介绍了鼠标悬停切换图片的动态效果，使用 jQuery 事件绑定技术为列表项绑定了 hover 事件监听和图片来源的切换。

习题 8

扫一扫　　　　　扫一扫

习题　　　　　　自测题

jQuery 特效

本章主要介绍 jQuery 常用特效，包括 jQuery 隐藏和显示、淡入和淡出、滑动、动画、方法链接以及停止动画效果。

本章学习目标

- 掌握 jQuery 隐藏/显示相关函数 hide()、show()和 toggle()的用法；
- 掌握 jQuery 淡入/淡出相关函数 fadeIn()、fadeOut()、fadeToggle()和 fadeTo()的用法；
- 掌握 jQuery 滑动相关函数 slideDown()、slideUp()和 slideToggle()的用法；
- 掌握 jQuery 动画（Animation）的用法；
- 掌握 jQuery 方法链接（Chaining）的用法；
- 掌握 jQuery 停止动画相关函数 stop()的用法。

9.1 jQuery 隐藏和显示

jQuery 可以控制元素的隐藏和显示，包括自定义变化效果的持续时间。其中，hide()方法用于隐藏指定的元素；show()方法用于显示指定的元素。

9.1.1 jQuery hide()

jQuery hide()方法用于隐藏指定的 HTML 元素，其语法格式如下。

```
$(selector).hide([duration] [, callback]);
```

该方法中的 selector 参数位置可以是任意有效的选择器；hide()方法中的两个参数均为可选。其中，duration 参数用于设置隐藏动作的持续时间，可以填入 slow、fast 或者具体的时间长度（单位默认为毫秒）；callback 参数为隐藏动作执行完成后下一步需要执行的函数的名称，若无后续函数可省略不填。

使用不带任何参数的 hide()方法可实现无动画效果的隐藏动作。该方法能立刻隐藏处于显示状态的元素，相当于将指定元素的 CSS 属性设置为"display: none"。例如：

```
$("p").hide();
```

该代码表示立刻隐藏文档中所有的段落元素<p>及其内部所有内容。

带有 duration 参数值的 jQuery hide()方法拥有动画效果。该参数默认单位为毫秒，数值越大代表持续时间越长，动画效果越慢。其中，fast 默认持续时间是 200 毫秒，而 slow 默认持续时间是 600 毫秒。

9.1.2　jQuery show()

jQuery show()方法用于显示指定元素，其语法格式如下。

```
$(selector).show([duration] [, callback]);
```

和 jQuery hide()方法类似，该方法中的 selector 参数位置可以是任意有效的选择器；show()方法中的两个参数均为可选。其中，duration 参数用于设置显示的持续时间，可填入 slow、fast 或者具体的时间长度（单位默认为毫秒）；callback 参数为显示动作执行完成后下一步需要执行的函数的名称，若无后续函数可省略不填。

使用不带任何参数的 show()方法可实现无动画效果的显示动作，该方法能立刻显示处于隐藏状态的元素。例如：

```
$("p").show();
```

该代码表示立刻显示文档中所有的段落元素<p>及其内部所有内容。

带有 duration 参数值的 jQuery show()方法拥有动画效果。该参数默认单位为毫秒，数值越大代表持续时间越长，动画效果越慢。其中，fast 默认持续时间是 200 毫秒，而 slow 默认持续时间是 600 毫秒。

扫一扫

视频讲解

【例 9-1】　jQuery 隐藏和显示的应用。

分别使用无参数以及带有 duration 参数值的 hide()和 show()方法测试元素的隐藏和显示效果。

```
1.  <!DOCTYPE html>
2.  <html>
3.    <head>
4.      <meta charset="utf-8">
5.      <title>jQuery 隐藏和显示的应用</title>
6.      <script src="js/jquery-1.12.3.min.js"></script>
7.    </head>
8.    <body>
9.      <h3>jQuery 隐藏和显示的应用 (默认效果)</h3>
10.     <button id="hide01" type="button">隐藏</button>
11.     <button id="show01" type="button">显示</button>
12.     <p id="test01">测试段落 01</p>
13.     <hr>
14.     <h3>jQuery 隐藏和显示的应用 (规定时长)</h3>
15.     <button id="hide02" type="button">隐藏</button>
16.     <button id="show02" type="button">显示</button>
17.     <p id="test02">测试段落 02</p>
18.     <script>
19.       $(document).ready(function(){
20.         $("#hide01").click(function(){
21.           $("p#test01").hide();
22.         });
23.
24.         $("#show01").click(function(){
25.           $("p#test01").show();
26.         });
27.
28.         $("#hide02").click(function(){
29.           $("p#test02").hide(3000);
30.         });
31.
32.         $("#show02").click(function(){
33.           $("p#test02").show(3000);
```

```
34.                      });
35.                   });
36.            </script>
37.      </body>
38.</html>
```

运行效果如图 9-1 所示。

（a）隐藏段落 01 的默认效果　　　　　　　　（b）显示段落 01 的默认效果

（c）隐藏段落 02 的动画过程　　　　　　　　（d）显示段落 02 的动画过程

图 9-1　jQuery 隐藏和显示的应用效果

【代码说明】

本例包含两个段落元素<p>，并分别将其 id 值定义为 test01 和 test02 以示区别。分别在这两个<p>元素的上方配两个按钮元素<button>，共计 4 个按钮。其中，对应 id="test01"的段落元素的两个按钮的 id 值为 hide01 和 show01；对应 id="test02"的段落元素的两个按钮的 id 值为 hide02 和 show02。

在 jQuery 中分别为这 4 个按钮添加 click 单击事件。其中，hide01 和 show01 按钮用于快速隐藏和显示段落元素 test01；hide02 和 show02 按钮用于持续 3 秒效果隐藏和显示段落元素 test02。

图 9-1（a）和（b）是段落元素 test01 的默认隐藏和显示效果，速度较快；图 9-1（c）和（d）是段落元素 test02 的缓慢隐藏和显示效果。由于效果图无法显示单击过程的动画效果，请读者运行本书配套代码体验该示例效果。

9.1.3　jQuery toggle()

jQuery toggle()方法用于切换元素的隐藏和显示。该方法可以代替 hide()和 show()方法单独使用，用于显示已隐藏的元素，或隐藏正在显示的元素。

【例 9-2】 **jQuery** 隐藏/显示切换的应用。

使用 toggle()方法切换元素的隐藏/显示效果。

```
1.  <!DOCTYPE html>
2.  <html>
3.      <head>
4.          <title>jQuery 隐藏/显示切换的应用</title>
5.          <meta charset="utf-8">
6.          <style>
7.              p{
8.                  width:100px;
9.                  height:100px;
10.                 background-color:orange;
11.             }
12.         </style>
13.         <script src="js/jquery-1.12.3.min.js"></script>
14.         <script>
15.             $(document).ready(function(){
16.                 $("#toggle").click(function(){
17.                     $("p").toggle();
18.                 });
19.             });
20.         </script>
21.     </head>
22.     <body>
23.         <h3>jQuery 隐藏/显示切换的应用</h3>
24.         <hr>
25.         <button id="toggle" type="button">隐藏/显示切换</button>
26.         <p>测试段落</p>
27.     </body>
28.</html>
```

运行效果如图 9-2 所示。

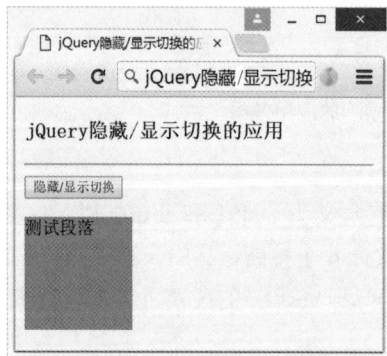

（a）段落元素切换为显示状态　　　　　　（b）段落元素切换为隐藏状态

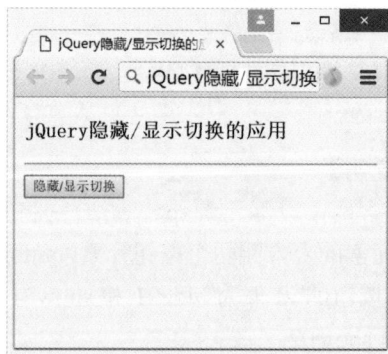

图 9-2　jQuery 隐藏/显示切换的应用效果

【代码说明】

本例包含一个段落元素<p>，并在其上方配一个按钮元素<button>。该按钮元素的 id 值为 toggle，用于切换段落元素的隐藏/显示效果。在 jQuery 中为按钮添加 click 单击事件，要求事件触发时使用 toggle()方法切换段落元素的当前状态。

图 9-2（a）是段落元素的显示效果；图 9-2（b）是段落元素的隐藏效果。由于效果图无法显示单击过程的动画效果，请读者运行本书配套代码体验该示例效果。

9.2　jQuery 淡入和淡出

jQuery 可以控制元素的透明度，使元素的颜色加深或者淡化，相关方法有以下 4 种。

- fadeIn()：通过更改元素的透明度逐渐加深元素的颜色，直到元素完全显现，又称为淡入。
- fadeOut()：通过更改元素的透明度逐渐淡化元素的颜色，直到元素完全隐藏，又称为淡出。
- fadeToggle()：元素淡出和淡入效果的切换，可用于淡入隐藏的元素，也可用于淡出可见的元素。
- fadeTo()：用于将元素变为指定的透明度（数值为 0～1）。

9.2.1　jQuery fadeIn()

jQuery fadeIn()方法用于实现元素的淡入效果，即将原先隐藏的元素逐渐显示出来，其语法格式如下。

```
$(selector).fadeIn([duration] [, callback])
```

该方法中的 selector 参数位置可以是任意有效的选择器；fadeIn()方法中的两个参数均为可选参数。其中，参数 duration 用于规定淡入效果的时长，可填入 fast、slow 或具体时长数值（单位为毫秒）；参数 callback 指的是 fadeIn()方法完成时需要执行的下一个函数的名称，若无后续函数可省略不填。

9.2.2　jQuery fadeOut()

jQuery fadeOut()用于实现元素的淡出效果，即将原先存在的元素逐渐隐藏起来，其语法格式如下。

```
$(selector).fadeOut([duration] [, callback])
```

与 fadeIn()方法类似，该方法中的 selector 参数位置可以是任意有效的选择器；fadeOut()方法中的两个参数也均为可选参数。其中，参数 duration 用于规定淡出效果的时长，可填入 fast、slow 或具体时长数值（单位为毫秒）；参数 callback 指的是 fadeOut()方法完成时需要执行的下一个函数的名称，若无后续函数可省略不填。

【例 9-3】　jQuery 淡入和淡出的应用。

分别使用无参数以及带有 duration 参数值的 fadeIn()和 fadeOut()方法测试元素的淡入和淡出效果。

扫一扫

视频讲解

```
1.  <!DOCTYPE html>
2.  <html>
3.    <head>
4.        <meta charset="utf-8">
5.        <title>jQuery 淡入和淡出的应用</title>
6.        <script src="js/jquery-1.12.3.min.js"></script>
7.        <style>
8.            p{
9.                width:100px;
10.               height:100px;
```

```
11.            background-color:orange;
12.          }
13.      </style>
14.  </head>
15.  <body>
16.      <h3>jQuery 淡入和淡出的应用 (默认效果)</h3>
17.      <button id="btn1-1" type="button">
18.          淡入
19.      </button>
20.      <button id="btn1-2" type="button">
21.          淡出
22.      </button>
23.      <p id="test01">
24.          测试段落 01
25.      </p>
26.      <hr>
27.      <h3>jQuery 淡入和淡出的应用 (规定时长)</h3>
28.      <button id="btn2-1" type="button">
29.          淡入
30.      </button>
31.      <button id="btn2-2" type="button">
32.          淡出
33.      </button>
34.      <p id="test02">
35.          测试段落 02
36.      </p>
37.      <script>
38.          $(document).ready(function(){
39.              $("#btn1-1").click(function(){
40.                  $("p#test01").fadeIn();
41.              });
42.
43.              $("#btn1-2").click(function(){
44.                  $("p#test01").fadeOut();
45.              });
46.
47.              $("#btn2-1").click(function(){
48.                  $("p#test02").fadeIn(3000);
49.              });
50.
51.              $("#btn2-2").click(function(){
52.                  $("p#test02").fadeOut(3000);
53.              });
54.          });
55.      </script>
56.  </body>
57.</html>
```

运行效果如图 9-3 所示。

【代码说明】

本例包含两个段落元素<p>，并分别将其 id 值定义为 test01 和 test02 以示区别。分别在这两个<p>元素的上方配两个按钮元素<button>，共计 4 个按钮。其中，对应 id="test01"的段落元素的两个按钮的 id 值为 btn1-1 和 btn1-2；对应 id="test02"的段落元素的两个按钮的 id 值为 btn2-1 和 btn2-2。

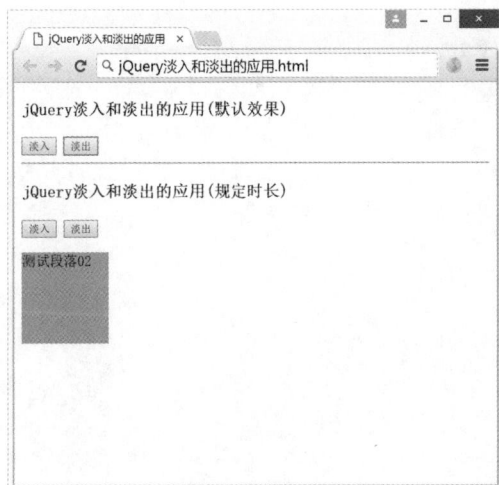

（a）淡出段落 01 的默认效果　　　　　　　　　（b）淡入段落 01 的默认效果

（c）淡出段落 02 的动画过程　　　　　　　　　（d）淡入段落 02 的动画过程

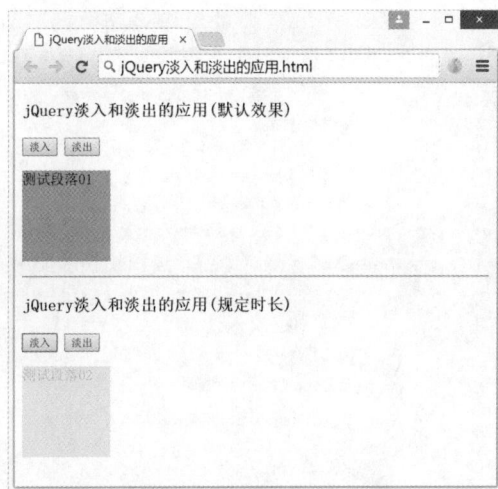

图 9-3　jQuery 淡入和淡出的应用效果

在 jQuery 中分别为这 4 个按钮添加 click 单击事件。其中，btn1-1 和 btn1-2 按钮用于快速淡入和淡出段落元素 test01；btn2-1 和 btn2-2 按钮用于持续 3 秒效果淡入和淡出段落元素 test02。

图 9-3（a）和（b）是段落元素 test01 的默认淡入和淡出效果，速度较快；图 9-3（c）和（d）是段落元素 test02 的缓慢淡入和淡出效果。由于效果图无法显示单击过程的动画效果，请读者运行本书配套代码体验该示例效果。

9.2.3　jQuery fadeToggle()

jQuery fadeToggle()方法用于切换元素的淡出和淡入效果，其语法格式如下。

```
$(selector).fadeToggle([duration] [, callback])
```

该方法中的 selector 参数位置可以是任意有效的选择器。其中，可选参数 duration 用于规定切换淡入/淡出效果的时长，可填入 fast、slow 或具体时长数值（单位为毫秒）；可选参数 callback 指的是 fadeToggle()方法完成时需要执行的下一个函数的名称。

【例 9-4】 **jQuery** 淡入/淡出切换的应用。

使用 fadeToggle()方法切换元素的淡入/淡出效果。

```
1.  <!DOCTYPE html>
2.  <html>
3.     <head>
4.         <meta charset="utf-8">
5.         <title>jQuery 淡入/淡出切换的应用</title>
6.         <script src="js/jquery-1.12.3.min.js"></script>
7.         <style>
8.             p{
9.                 width:100px;
10.                height:100px;
11.                background-color:green;
12.                color:white;
13.             }
14.        </style>
15.    </head>
16.    <body>
17.        <h3>jQuery 淡入/淡出切换的应用 (默认效果)</h3>
18.        <button id="btn01" type="button">
19.            淡出/淡入切换
20.        </button>
21.        <p id="test01">
22.            测试段落 01
23.        </p>
24.        <hr>
25.        <h3>jQuery 淡入/淡出切换的应用 (规定时长)</h3>
26.        <button id="btn02" type="button">
27.            淡出/淡入切换
28.        </button>
29.        <p id="test02">
30.            测试段落 02
31.        </p>
32.        <script>
33.            $(document).ready(function(){
34.                $("#btn01").click(function(){
35.                    $("p#test01").fadeToggle();
36.                });
37.
38.                $("#btn02").click(function(){
39.                    $("p#test02").fadeToggle(3000);
40.                });
41.            });
42.        </script>
43.    </body>
44.</html>
```

运行效果如图 9-4 所示。

【代码说明】

本例包含两个段落元素<p>，并分别将其 id 值定义为 test01 和 test02 以示区别。分别在这两个<p>元素的上方配一个按钮元素<button>，共计两个按钮。其中，对应 id="test01"的段落元素的按钮的 id 值为 btn01；对应 id="test02"的段落元素的按钮的 id 值为 btn02。

在 jQuery 中分别为这两个按钮添加 click 单击事件。其中，btn01 按钮用于切换快速淡入/淡出段落元素 test01；btn02 按钮用于持续 3 秒效果切换淡入/淡出段落元素 test02。

（a）淡出段落 01 的默认效果　　　　　　　（b）淡入段落 01 的默认效果

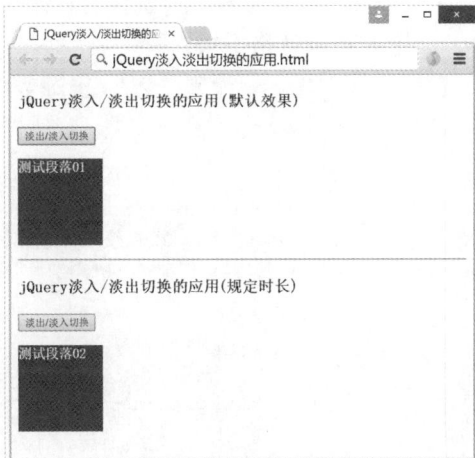

（c）淡出段落 02 的动画过程　　　　　　　（d）淡入段落 02 的动画过程

图 9-4　jQuery 淡入/淡出切换的应用效果

图 9-4（a）和（b）是段落元素 test01 的默认淡入和淡出效果，速度较快；图 9-4（c）和（d）是段落元素 test02 的缓慢淡入和淡出效果。由于效果图无法显示单击过程的动画效果，请读者运行本书配套代码体验该示例效果。

9.2.4　jQuery fadeTo()

jQuery fadeTo()方法用于指定渐变效果的透明度，透明度数值的取值范围为 0～1，其语法格式如下。

```
$(selector).fadeTo(duration, opacity [, callback])
```

该方法中的 selector 参数位置可以是任意有效的选择器。对 fadeTo()方法中的参数解释如下。

- duration：该参数为必填内容，表示透明度渐变的持续时间，其默认单位为毫秒，可填入 fast 或 slow 分别代表 200 毫秒和 600 毫秒的持续时间，也可填入自定义的数值，填入的数值越大代表持续时间越长，因此动画效果越缓慢。
- opacity：该参数为必填内容，用于设置元素的透明度。透明度数值的取值范围为 0～1，数值越小透明度越高，0 为完全透明，1 为非透明。

203

- **callback**：该参数为可选内容，用于指定当前效果结束后的下一个函数的名称，如果没有可以省略不填。

【例 9-5】 **jQuery** 设置淡入/淡出渐变值。

```html
1. <!DOCTYPE html>
2. <html>
3.    <head>
4.        <meta charset="utf-8">
5.        <title>jQuery 设置淡入/淡出渐变值</title>
6.        <script src="js/jquery-1.12.3.min.js"></script>
7.        <style>
8.            p{
9.                width:100px;
10.               height:100px;
11.               background-color:coral;
12.           }
13.       </style>
14.   </head>
15.   <body>
16.       <h3>jQuery 设置淡入/淡出渐变值(完全透明效果)</h3>
17.       <button id="btn01" type="button">
18.           隐藏/显示切换
19.       </button>
20.       <p id="test01">
21.           测试段落 01
22.       </p>
23.       <hr>
24.       <h3>jQuery 设置淡入/淡出渐变值(半透明效果)</h3>
25.       <button id="btn02" type="button">
26.           隐藏/显示切换
27.       </button>
28.       <p id="test02">
29.           测试段落 02
30.       </p>
31.       <hr>
32.       <h3>jQuery 设置淡入/淡出渐变值(完全不透明效果)</h3>
33.       <button id="btn03" type="button">
34.           隐藏/显示切换
35.       </button>
36.       <p id="test03">
37.           测试段落 03
38.       </p>
39.       <script>
40.           $(document).ready(function(){
41.               //完全透明效果
42.               $("#btn01").click(function(){
43.                   $("p#test01").fadeTo("slow", 0);
44.               });
45.               //半透明效果
46.               $("#btn02").click(function(){
47.                   $("p#test02").fadeTo("slow", 0.5);
48.               });
49.               //完全不透明效果
50.               $("#btn03").click(function(){
51.                   $("p#test03").fadeTo("slow", 1);
52.               });
53.           });
54.       </script>
55.   </body>
56.</html>
```

运行效果如图 9-5 所示。

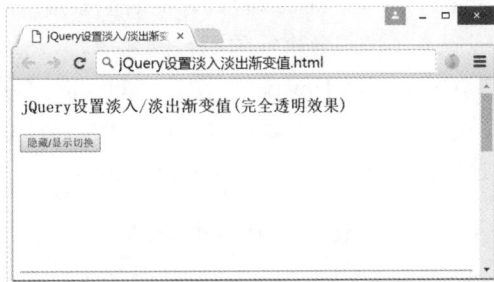

（a）页面初始加载效果　　　　　　　　　　（b）完全透明的淡入/淡出效果

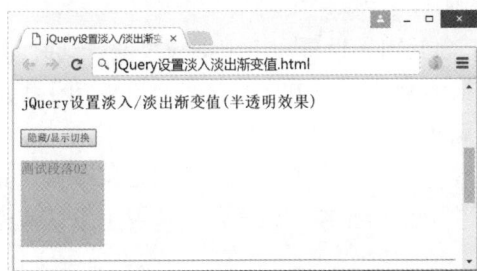

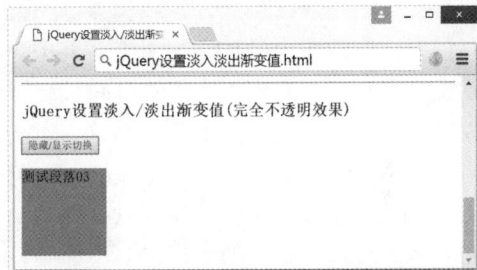

（c）半透明的淡入/淡出效果　　　　　　　　（d）完全不透明的淡入/淡出效果

图 9-5　jQuery 设置淡入/淡出渐变值效果

【代码说明】

本例包含 3 个段落元素<p>，并分别将其 id 值定义为 test01、test02 和 test03 以示区别。分别在这 3 个<p>元素的上方配按钮元素<button>，共计 3 个按钮。按钮元素的 id 值分别为 btn01、btn02 和 btn03，数字序号与段落元素的 id 值一一对应。

在 jQuery 中分别为这 3 个按钮添加 click 单击事件。其中，btn01 按钮用于缓慢地将段落元素 test01 变为完全透明效果；btn02 按钮用于缓慢地将段落元素 test02 变为半透明效果；btn03 按钮用于缓慢地将段落元素 test03 变为完全不透明效果。

图 9-5（a）为页面初始效果；图 9-5（b）～（d）分别为按钮 btn01、btn02 和 btn03 的单击效果。由于效果图无法显示单击过程的动画效果，请读者运行本书配套代码体验该示例效果。

9.3　jQuery 滑动

jQuery 的滑动共有以下 3 种方法。

- slideDown()：向下滑动元素。
- slideUp()：向上滑动元素。
- slideToggle()：切换向上和向下滑动元素。

9.3.1　jQuery slideDown()

jQuery slideDown()方法用于向下滑动元素，其语法格式如下。

```
$(selector).slideDown([duration] [, callback])
```

该方法中的两个参数均为可选。其中，duration 参数用于设置向下滑动效果的持续时间，可以填入 slow、fast 或者具体的时间长度（单位默认为毫秒）；callback 参数为滑动动作执行完成后下一步需要执行的函数的名称，若无后续函数可省略不填。

jQuery slideDown()方法中的 duration 参数默认单位为毫秒，数值越大则动画效果越慢，其中，fast 默认为 200 毫秒、slow 默认为 600 毫秒，在 duration 参数值省略的情况下默认持续时间为 400 毫秒。

9.3.2　jQuery slideUp()

jQuery slideUp()方法用于向上滑动元素，其语法格式如下。

```
$(selector).slideUp([duration] [, callback])
```

该方法中的两个参数均为可选。其中，duration 参数用于设置向上滑动效果的持续时间，可以填入 slow、fast 或者具体的时间长度（单位默认为毫秒）；callback 参数为滑动动作执行完成后下一步需要执行的函数的名称，若无后续函数可省略不填。

jQuery slideUp()方法中的 duration 参数默认单位为毫秒，数值越大则动画效果越慢，其中，fast 默认为 200 毫秒、slow 默认为 600 毫秒，在 duration 参数值省略的情况下默认持续时间为 400 毫秒。

扫一扫

视频讲解

【例 9-6】　jQuery 滑动的应用。

使用带有 duration 参数值的 slideUp()和 slideDown()方法分别展示投影幕上升和下降的滑动效果。

```
1.  <!DOCTYPE html>
2.  <html>
3.      <head>
4.          <meta charset="utf-8">
5.          <title>jQuery 滑动的应用</title>
6.          <script src="js/jquery-1.12.3.min.js"></script>
7.          <style>
8.              div{
9.                  border:1px solid;
10.                 padding:20px 50px;
11.                 display:none;
12.                 width:300px;
13.             }
14.         </style>
15.     </head>
16.     <body>
17.         <h3>jQuery 滑动的应用</h3>
18.         <hr>
19.         <div>
20.             <h3>第 12 章 jQuery 技术</h3>
21.             <ul>
22.                 <li>12.1 jQuery 基础
23.                 <li>12.2 jQuery 选择器
24.                 <li>12.3 jQuery 过滤器
25.                 <li>12.4 jQuery 事件
26.                 <li>12.5 jQuery 效果
27.             </ul>
28.         </div>
29.         <br>
30.         <button id="btn01" type="button">
31.             投影幕下降
32.         </button>
```

```
33.        <button id="btn02" type="button">
34.            投影幕上升
35.        </button>
36.        <script>
37.            $(document).ready(function(){
38.                //投影幕下降
39.                $("#btn01").click(function(){
40.                    $("div").slideDown(5000);
41.                });
42.                //投影幕上升
43.                $("#btn02").click(function(){
44.                    $("div").slideUp(5000);
45.                });
46.            });
47.        </script>
48.    </body>
49.</html>
```

运行效果如图 9-6 所示。

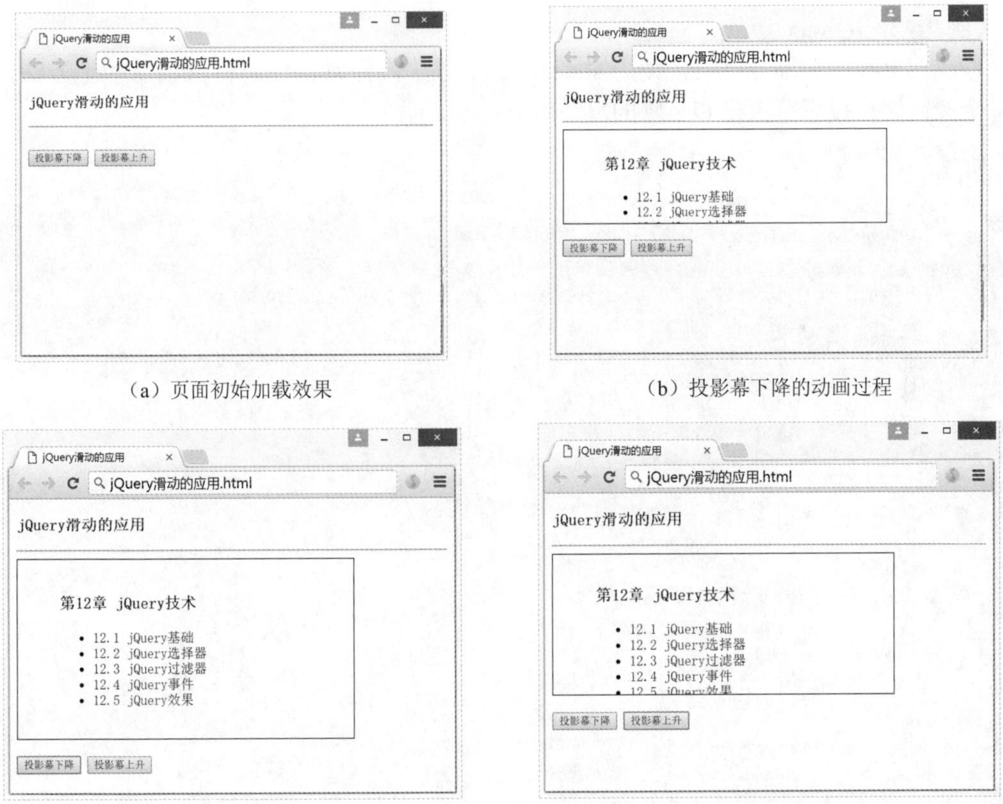

（a）页面初始加载效果

（b）投影幕下降的动画过程

（c）投影幕完全展开的效果

（d）投影幕上升的动画过程

图 9-6　jQuery 滑动的应用效果

【代码说明】

本例包含一个<div>元素用于测试上下滑动效果，并在 CSS 内部样式表中设置其初始状态为不可见状态（display:none）。为了模拟效果，在<div>元素中放置了标题元素<h3>、无序列表元素<ul>以及 5 个列表元素<li>。在<div>元素的下方配两个按钮元素<button>，其 id 值分别为 btn01 和 btn02，分别用于控制<div>元素内容向上和向下滑动效果，用来模拟投影幕的动画过程。

在 jQuery 中分别为这两个按钮添加 click 单击事件。其中，btn01 按钮用于花 5 秒时间将 <div>元素下降直至全部显现；btn02 按钮用于花 5 秒时间将<div>元素向上收起直至完全看不见。

图 9-6（a）为页面初始效果；图 9-6（b）为投影幕下降的过程；图 9-6（c）为投影幕完全展开的效果；图 9-6（d）为投影幕上升的过程。由于效果图无法显示单击过程的动画效果，请读者运行本书配套代码体验该示例效果。

9.3.3　jQuery slideToggle()

jQuery slideToggle()方法用于切换滑动方向，其语法格式如下。

```
$(selector).slideToggle([duration] [, callback])
```

该方法中的 selector 参数位置可以是任意有效的选择器。其中，可选参数 duration 用于规定切换滑动的时长，可填入 fast、slow 或具体时长数值（单位为毫秒）；可选参数 callback 指的是 slideToggle()方法完成时需要执行的下一个函数的名称。

扫一扫

视频讲解

【例 9-7】　**jQuery** 滑动方向切换的应用。

修改例 9-6 中的部分代码，使用 slideToggle()方法代替 slideUp()和 slideDown()方法，用同一个按钮切换投影幕上升和下降的滑动效果。

```
1.  <!DOCTYPE html>
2.  <html>
3.     <head>
4.         <meta charset="utf-8">
5.         <title>jQuery 滑动方向切换的应用</title>
6.         <script src="js/jquery-1.12.3.min.js"></script>
7.         <style>
8.             div{
9.                 border:1px solid;
10.                padding:20px 50px;
11.                display:none;
12.                width:300px;
13.            }
14.         </style>
15.     </head>
16.     <body>
17.         <h3>jQuery 滑动的应用</h3>
18.         <hr>
19.         <div>
20.             <h3>第 12 章 jQuery 技术</h3>
21.             <ul>
22.                 <li>12.1 jQuery 基础
23.                 <li>12.2 jQuery 选择器
24.                 <li>12.3 jQuery 过滤器
25.                 <li>12.4 jQuery 事件
26.                 <li>12.5 jQuery 效果
27.             </ul>
28.         </div>
29.         <br>
30.         <button type="button">
31.             投影幕上升/下降
32.         </button>
33.         <script>
34.             $(document).ready(function(){
35.                 $("button").click(function(){
36.                     $("div").slideToggle(5000);
```

```
37.                });
38.            });
39.        </script>
40.    </body>
41.</html>
```

运行效果如图 9-7 所示。

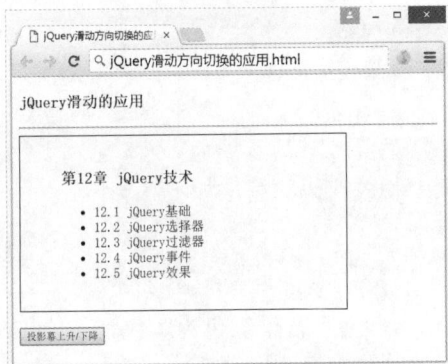

（a）页面初始加载效果　　　　　　　　　（b）投影幕下降的动画过程

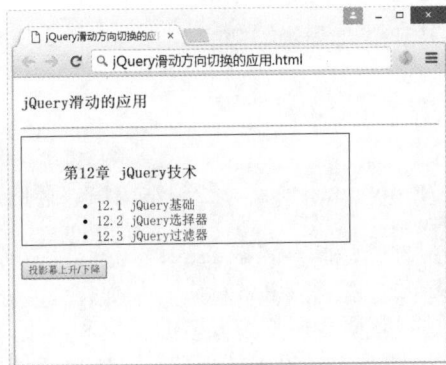

（c）投影幕完全展开的效果　　　　　　　（d）投影幕上升的动画过程

图 9-7　jQuery 滑动方向切换的应用效果

【代码说明】

本例在例 9-6 的基础上去掉了一个按钮元素<button>，只保留一个按钮元素用于切换投影幕上升/下降的效果。在 jQuery 中为这个按钮添加 click 单击事件，事件触发时会执行 slideToggle(5000)方法切换上升/下降的动画效果，参数 5000 表示动画将在 5 秒内完成。

图 9-7（a）为页面初始效果；图 9-7（b）为投影幕下降的过程；图 9-7（c）为投影幕完全展开的效果；图 9-7（d）为投影幕上升的过程。由于效果图无法显示单击过程的动画效果，请读者运行本书配套代码体验该示例效果。

9.4　jQuery 动画

jQuery animate()方法通过更改元素的 CSS 属性值实现动画效果，其语法格式如下。

```
$(selector).animate({params} [, duration] [, callback])
```

该方法中的 params 参数为必填项，duration 和 callback 参数为可选项。对各参数的具体解释如下。

- params：表示形成动画的 CSS 属性，允许同时实现多个属性的改变。

- duration：表示规定的效果时长，默认单位为毫秒，可以填入 slow、fast 或具体数值，其中，fast 表示持续时间为 200 毫秒，slow 表示持续时间为 600 毫秒。若填入具体数值，则数值越大动画效果越缓慢。
- callback：表示动画完成后需要执行的函数的名称，若无下一步需要执行的函数可省略不填。

9.4.1 改变元素的基本属性

jQuery animate()方法可以用于实现绝大部分 CSS 属性的变化，例如元素的宽度、高度、透明度等的变化。但是在 jQuery 核心库中并没有包含色彩变化效果，因此如果要实现颜色动画，需要在 jQuery 的官方网站下载色彩动画的相关插件。

当 CSS 属性名称中包含连字符 "-" 时，需要使用 Camel 标记法（又称为驼峰标记法，其特点是首个单词小写，接下来的单词都是首字母大写）进行重新改写。例如，字体大小在 CSS 属性中写为 font-size，如果需要在 jQuery animate()中使用，则必须改写为 fontSize。

jQuery animate()方法可作用于各种 HTML 元素，例如段落元素<p>、标题元素<h1>、块元素<div>等。

这里以一个简单的<div>元素为例，并为其配置测试按钮，代码如下。

```
<button id="btn" type="button">开始动画效果</button>
<br>
<div>
你好，jQuery 动画！
</div>
```

为<div>元素设置一些初始属性，在内部样式表中相关代码的写法如下。

```
<style>
div{width:200px; height:200px; background-color:yellow}
</style>
```

这段代码表示规定元素的宽度和高度均为 200 像素，并且背景颜色为黄色。

为<div>元素设置动画效果，当单击按钮时执行该动画内容。

```
$("#btn").click(function(){
$("div").animate({
    width:"400px",
    fontSize:"30px",
    opacity:0.25
    }, 2000);
});
```

此段代码表示，当单击 id 为 btn 的按钮时激发<div>元素的动画效果，在 2 秒的持续时间内<div>元素的宽度从 200 像素变为 400 像素，字体大小从默认值变为 30 像素，透明度从默认值 1 变为 0.25。

其完整代码见例 9-8。

【例 9-8】 jQuery 简单动画效果。

```
1.  <!DOCTYPE html>
2.  <html>
3.    <head>
4.      <meta charset="utf-8">
5.      <title>jQuery 简单动画效果</title>
6.      <script src="js/jquery-1.12.3.min.js"></script>
7.      <style>
8.        div{
9.            width:200px;
10.           height:200px;
11.           background-color:yellow;
```

```
12.                }
13.            </style>
14.        </head>
15.        <body>
16.            <h3>jQuery 简单动画效果</h3>
17.            <hr>
18.            <button id="btn" type="button">
19.                开始动画效果
20.            </button>
21.            <br>
22.            <div>
23.                你好，jQuery 动画！
24.            </div>
25.            <script>
26.                $(document).ready(function(){
27.                    $("#btn").click(function(){
28.                        $("div").animate({
29.                            width:"400",
30.                            fontSize:"30",
31.                            opacity:0.25
32.                        }, 2000);
33.                    });
34.                });
35.            </script>
36.        </body>
37.</html>
```

运行效果如图 9-8 所示。

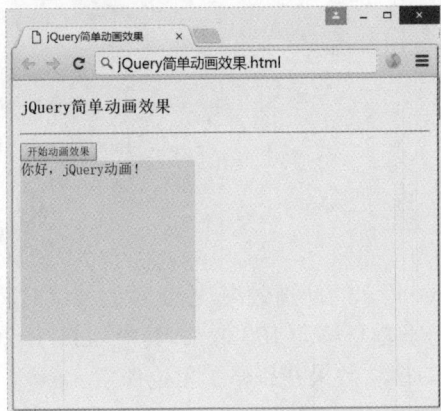
（a）页面初始加载效果

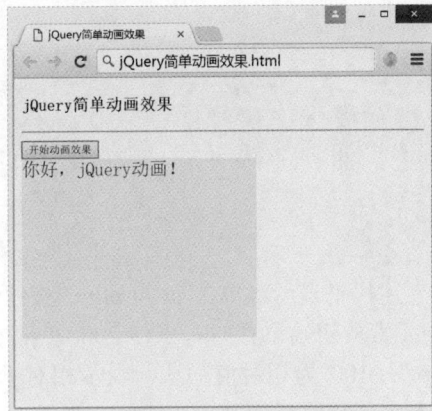
（b）动画过程的页面效果

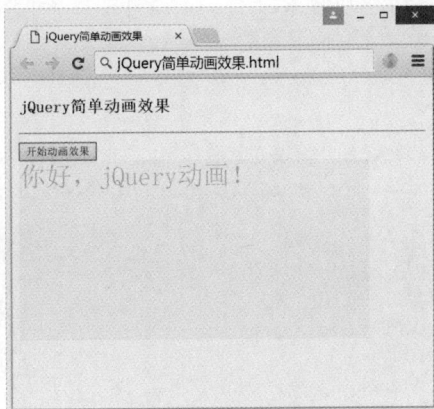
（c）动画完毕的页面效果

图 9-8　jQuery 简单动画效果

【代码说明】

jQuery animate() 方法中长度的单位默认为像素 (px)，因此本例中的宽度和字体大小直接写数值并省略默认单位，效果完全一样。

9.4.2　改变元素的位置

jQuery animate() 方法也可以通过使用 CSS 属性中的方位值 left、right、top 和 bottom 改变元素位置实现移动效果。由于这些属性值均为相对值，而在 HTML 中所有元素的 position 属性值均默认为静态 (static)，无法移动的，所以需要事先设置指定元素的 position 为 relative、absolute 或者 fixed 才能生效。

这里以一个简单的 <div> 元素为例，并为其配置测试按钮，代码如下。

```
<button id="btn" type="button">开始移动</button>
<br>
<div>
你好，jQuery 动画！
</div>
```

为 <div> 元素设置一些初始属性，在内部样式表中相关代码的写法如下。

```
<style>
div{width:100px; height:100px; background-color:green; color:white; position:
relative}
</style>
```

这段代码表示规定元素的宽度和高度均为 100 像素，并且背景颜色为绿色，元素的初始位置为相对位置。

为 <div> 元素设置动画效果，当单击按钮时执行该动画内容。

```
$("#btn").click(function(){
    $("div").animate({
        left:"+=200",
        top:"+=100"
        }, 2000);
    });
});
```

上述代码表示当单击 id 为 btn 的按钮时激发 <div> 元素的动画效果。在 2 秒的持续时间内 <div> 元素从初始位置向右平移 200 像素，并且同时向下垂直移动 100 像素。其中，left:"+=200" 和 top:"+=100" 为相对值写法，表示相对于初始位置的移动效果并省略了单位像素 (px)。

其完整代码见例 9-9。

【例 9-9】　**jQuery 位置移动动画效果。**

```
1.  <!DOCTYPE html>
2.  <html>
3.     <head>
4.         <meta charset="utf-8">
5.         <title>jQuery 位置移动动画效果</title>
6.         <script src="js/jquery-1.12.3.min.js"></script>
7.         <style>
8.             div{
9.                 width:100px;
10.                height:100px;
11.                background-color:green;
12.                color:white;
13.                position:relative;
14.             }
15.         </style>
16.     </head>
```

扫一扫

视频讲解

```
17.    <body>
18.        <h3>jQuery 位置移动动画效果</h3>
19.        <hr>
20.        <button id="btn" type="button">
21.            开始移动
22.        </button>
23.        <br>
24.        <div>
25.            你好，jQuery 动画！
26.        </div>
27.        <script>
28.            $(document).ready(function(){
29.                $("#btn").click(function(){
30.                    $("div").animate({
31.                        left:"+=200px",
32.                        top:"+=100px"
33.                    }, 2000);
34.                });
35.            });
36.        </script>
37.    </body>
38.</html>
```

运行效果如图 9-9 所示。

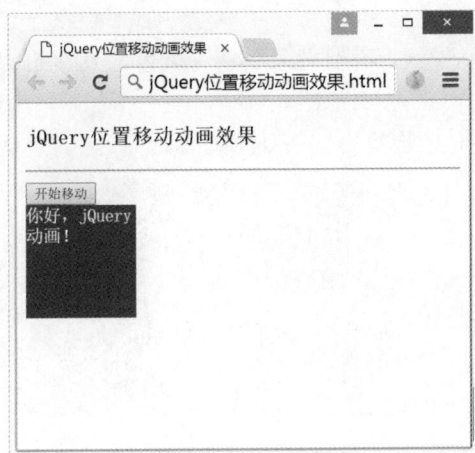

（a）页面初始加载效果

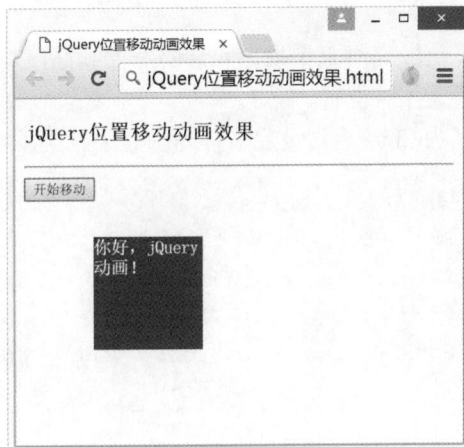

（b）动画过程的页面效果

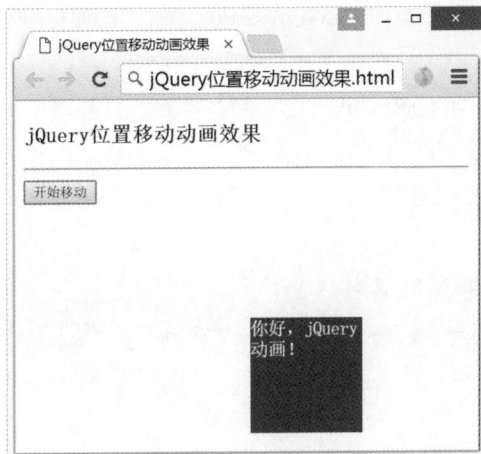

（c）动画完毕的页面效果

图 9-9　jQuery 位置移动动画效果

9.4.3 动画队列

jQuery 可以为多个连续的 animate() 方法创建动画队列，然后依次执行队列中的每一项动画，从而实现更加复杂的动画效果。在同一个 animate() 方法中描述的多个动画效果会同时发生，但在不同的 animate() 方法中描述的动画效果会按照动画队列中的先后次序发生。

这里以一个简单的 `<div>` 元素为例，并为其配置测试按钮，代码如下。

```
<button id="btn" type="button">开始移动</button>
<br>
<div>
你好，jQuery 动画！
</div>
```

为 `<div>` 元素设置一些初始属性，在内部样式表中相关代码的写法如下。

```
<style>
div{width:100px; height:100px; color:white; background-color:purple; position:
relative}
</style>
```

这段代码表示规定元素的宽度和高度均为 100 像素，并且背景颜色为紫色，元素的初始位置为相对位置。

为 `<div>` 元素设置多种动画效果，当单击按钮时依次执行这些动画内容。

```
$("#btn").click(function(){
  $("div").animate({left:"+=200", opacity:0.25}, 2000);
  $("div").animate({top:"+=100", opacity:0.5}, 2000);
  $("div").animate({left:"-=200", opacity: 0.75}, 2000);
  $("div").animate({top:"-=100", opacity:1}, 2000);
});
```

上述代码表示，当单击 id 为 btn 的按钮时激发 `<div>` 元素的动画效果，具体效果如下。

- 在第 1、2 秒的持续时间内 `<div>` 元素从初始位置向右平移 200 像素，透明度变为 0.25。
- 在第 3、4 秒的持续时间内 `<div>` 元素继续向下垂直移动 100 像素，透明度变为 0.5。
- 在第 5、6 秒的持续时间内 `<div>` 元素继续向左平移 200 像素，透明度变为 0.75。
- 在第 7、8 秒的持续时间内 `<div>` 元素继续向上垂直移动 100 像素，透明度变为 1。

其完整代码见例 9-10。

扫一扫

视频讲解

【例 9-10】 jQuery 动画队列效果。

```
1. <!DOCTYPE html>
2. <html>
3.    <head>
4.       <meta charset="utf-8">
5.       <title>jQuery 动画队列效果</title>
```

```
6.        <script src="js/jquery-1.12.3.min.js"></script>
7.        <style>
8.          div{
9.              width:100px;
10.             height:100px;
11.             color:white;
12.             background-color:purple;
13.             position:relative;
14.          }
15.       </style>
16.    </head>
17.    <body>
18.       <h3>jQuery 动画队列效果</h3>
19.       <hr>
20.       <button id="btn" type="button">
21.          开始系列动画
22.       </button>
23.       <br>
24.       <div>你好，jQuery 动画！</div>
25.       <script>
26.          $(document).ready(function(){
27.             $("#btn").click(function(){
28.                $("div").animate({
29.                   left:"+=200px",
30.                   opacity:0.25
31.                }, 2000);
32.                $("div").animate({
33.                   top:"+=100px",
34.                   opacity:0.5
35.                }, 2000);
36.                $("div").animate({
37.                   left:"-=200px",
38.                   opacity:0.75
39.                }, 2000);
40.                $("div").animate({
41.                   top:"-=100px",
42.                   opacity:1
43.                }, 2000);
44.             });
45.          });
46.       </script>
47.    </body>
48.</html>
```

运行效果如图 9-10 所示。

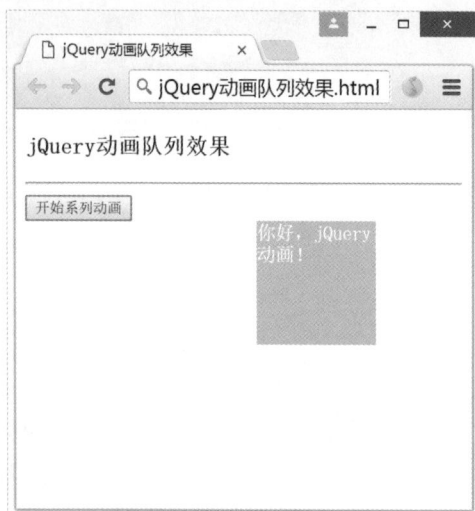

（a）第 0～2 秒的动画过程

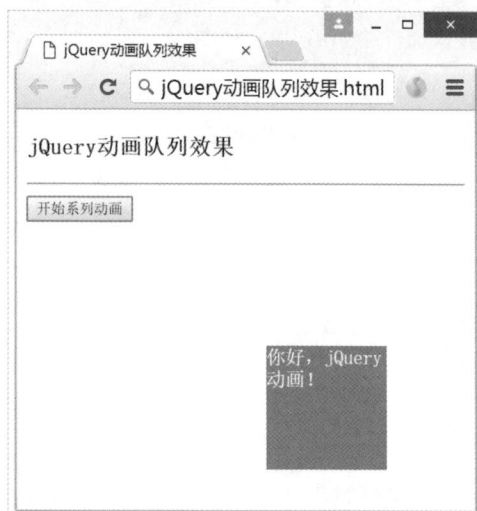

（b）第 2～4 秒的动画过程

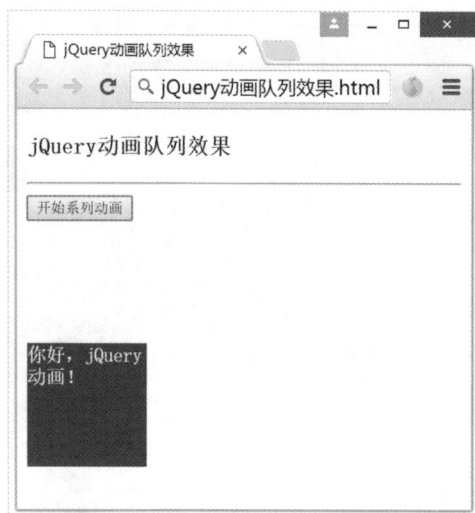

（c）第 4～6 秒的动画过程

（d）第 6～10 秒的动画过程

图 9-10　jQuery 动画队列效果

9.5　jQuery 方法链接

　　jQuery 允许在同一个元素上连续运行多条 jQuery 命令，这种技术称为 jQuery 方法链接（Chaining）。对于同一个元素，如果有多个动作需要依次执行，只需要将新的动作追加到上一个动作的后面，形成一个方法链，无须每次重复查找选择相同的元素。

　　其基本语法格式如下。

```
$(selector).action1().action2().action3()….actionN();
```

　　每个动作也可以另起一行，写法如下。

```
$(selector).action1()
.action2()
.action3()
```

```
...
.actionN();
```

前面的 action 动作可以任意换行，只要最后一个动作加上分号表示完成即可。jQuery 会
自动过滤多余的空格和折行，并按照单行方法链接进行执行。

【例 9-11】　**jQuery 方法链接的应用。**

```
1. <!DOCTYPE html>
2. <html>
3.    <head>
4.        <meta charset="utf-8">
5.        <title>jQuery 方法链接的应用</title>
6.        <script src="js/jquery-1.12.3.min.js"></script>
7.        <style>
8.            p{
9.                width:100px;
10.               height:100px;
11.               background-color:red;
12.           }
13.       </style>
14.   </head>
15.   <body>
16.       <h3>jQuery 方法链接的应用</h3>
17.       <hr>
18.       <button id="btn" type="button">
19.           开始
20.       </button>
21.       <p>测试段落</p>
22.       <script>
23.           $(document).ready(function(){
24.               $("#btn").click(function(){
25.                   $("p").slideUp("slow")
26.                       .slideDown("fast")
27.                       .css("background-color", "orange")
28.                       .fadeTo("slow", 0)
29.                       .fadeTo("slow", 1);
30.               });
31.           });
32.       </script>
33.   </body>
34.</html>
```

运行效果如图 9-11 所示。

【代码说明】

本例包含一个测试段落元素<p>，在 CSS 内部样式表中为其设置初始样式：宽和高均为
100 像素，背景颜色为红色；为其自定义了 5 组动画连续播放，分别是缓慢上升、快速下降、
背景颜色更换为橙色、缓慢淡出直至消失、缓慢淡入直至全部显现；并设置了"开始"按钮
用于启动动画，当单击该按钮时，则开始依次播放这 5 组动画效果。

图 9-11（a）为页面初始加载效果；图 9-11（b）为段落元素<p>上下滑动的动画过程；
图 9-11（c）为段落元素<p>的透明度变化的动画过程；图 9-11（d）为动画结束后的页面效果。

（a）页面初始加载效果

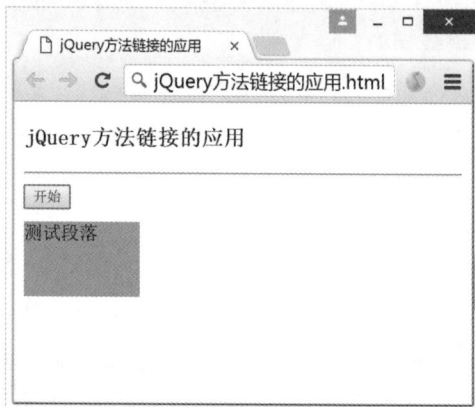

（b）上下滑动的动画过程

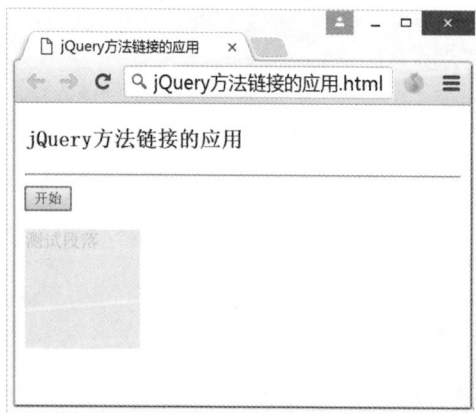

（c）透明度变化的动画过程

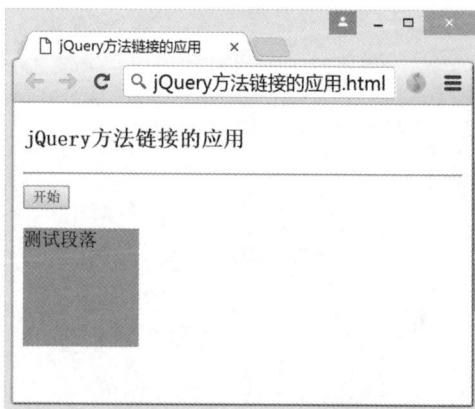

（d）动画结束后的页面效果

图 9-11　jQuery 方法链接的应用效果

9.6　jQuery 停止动画

在 jQuery 中 stop()方法可用于停止动画或效果，其语法格式如下。

```
$(selector).stop([stopAll] [, goToEnd]);
```

该方法中的 selector 参数位置可以是任意有效的选择器。stop()方法中的两个参数均为可选参数，具体解释如下。

- stopAll：用于规定是否清除后续的所有动画内容，可填入布尔值。其默认值为 false，表示仅停止当前动画，允许动画队列中的后续动画继续执行。
- goToEnd：用于规定是否立即完成当前的动画内容，可填入布尔值。其默认值为 false，表示直接终止当前的动画效果。

扫一扫

视频讲解

【例 9-12】　**jQuery stop()方法的应用。**

自定义一段动画效果，并使用带有不同参数内容的 stop()方法对比停止效果的不同。

```
1.  <!DOCTYPE html>
2.  <html>
3.    <head>
4.      <meta charset="utf-8">
5.      <title>jQuery stop()不同参数对比效果</title>
```

```
6.          <script src="js/jquery-1.12.3.min.js"></script>
7.          <style>
8.              p{
9.                  width:200px;
10.                 height:200px;
11.                 background-color:orange;
12.                 font-size:18px;
13.             }
14.         </style>
15.     </head>
16.     <body>
17.         <h3>jQuery stop()不同参数对比效果</h3>
18.         <hr>
19.         <button id="btnStart" type="button">
20.             开始
21.         </button>
22.         <button id="btnStop01" type="button">
23.             停止当前动画
24.         </button>
25.         <button id="btnStop02" type="button">
26.             停止所有动画
27.         </button>
28.         <button id="btnStop03" type="button">
29.             停止并直接完成当前动画
30.         </button>
31.         <p>
32.             你好，jQuery 动画！
33.         </p>
34.         <script>
35.             $(document).ready(function(){
36.                 //开始动画
37.                 $("#btnStart").click(function(){
38.                     $("p").animate({width:"100"}, 2000)
39.                     .animate({height:"100"}, 2000)
40.                     .animate({fontSize:"30"}, 2000);
41.                 });
42.                 //停止当前动画
43.                 $("#btnStop01").click(function(){
44.                     $("p").stop();
45.                 });
46.                 //停止所有动画
47.                 $("#btnStop02").click(function(){
48.                     $("p").stop(true, false);
49.                 });
50.                 //停止并直接完成当前动画
51.                 $("#btnStop03").click(function(){
52.                     $("p").stop(true, true);
53.                 });
54.             });
55.         </script>
56.     </body>
57.</html>
```

运行效果如图 9-12 所示。

【代码说明】

本例包含了一个测试段落元素<p>，在 CSS 内部样式表中为其设置初始样式：宽和高均为 200 像素，背景颜色为橙色，字体大小为 18 像素；为其自定义了 3 组动画连续播放，分别是宽度减少至 100 像素、高度减少至 100 像素、字号放大至 30 像素；设置了"开始"按钮用于启动动画，当单击该按钮时开始依次播放这 3 组动画；并设置了 3 个停止按钮，分别是 stop()

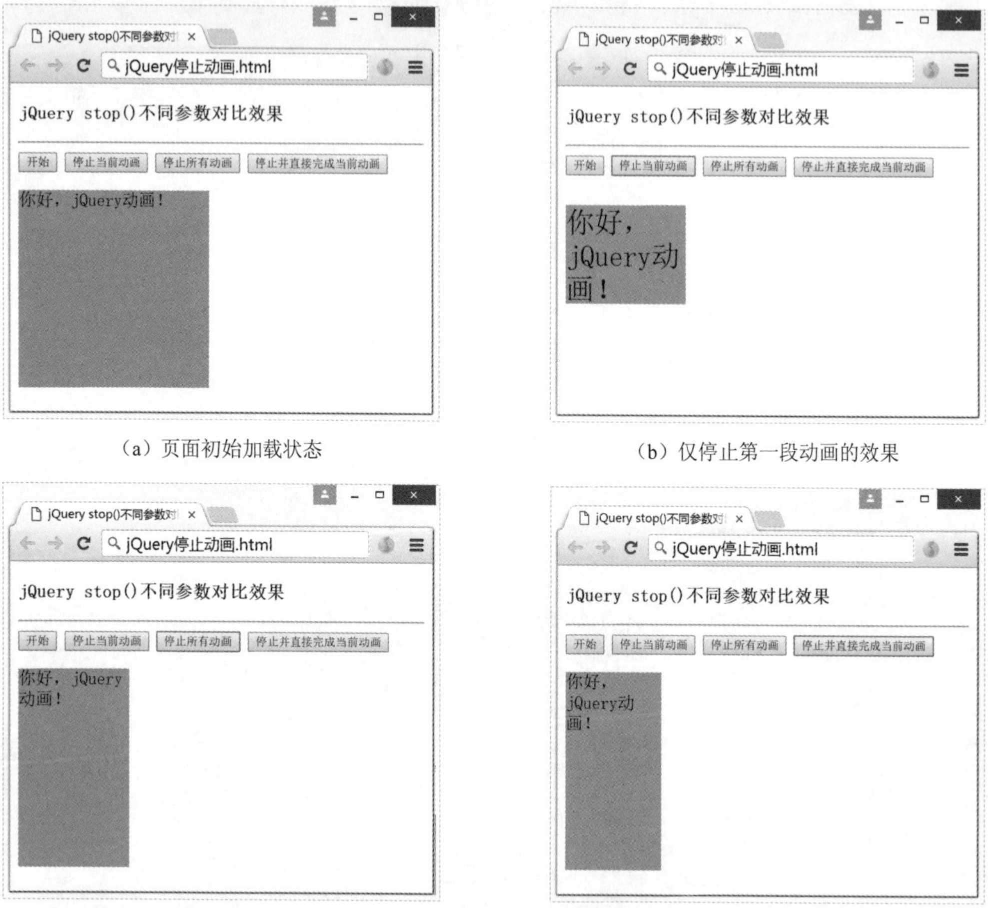

（a）页面初始加载状态　　　　　　　　　　　　　（b）仅停止第一段动画的效果

（c）停止后续所有动画的效果　　　　　　　　　　（d）停止并直接完成当前动画的效果

图 9-12　jQuery stop()方法的应用效果

方法无参数形式、stop(true, false)以及 stop(true, true)的参数形式。

图 9-12（a）为页面初始加载效果，后面 3 幅图均为开始播放第一段动画（宽度减少）时使用 stop()方法的停止效果，不同之处在于 stop()的参数形式。图 9-12（b）为使用 stop()方法的停止效果，由图可见无参数的 stop()方法仅停止了宽度减少这一个动画内容，后续减少高度与放大字体的动画均正常执行。图 9-12（c）为使用 stop(true, false)方法的停止效果，由图可见该方法立即停止了后续的所有动画，画面定格在宽度减少的过程中。图 9-12（d）为使用 stop(true, true)方法的停止效果，由图可见该方法立即停止并完成了当前第一段动画，即将宽度减少至 100 像素，然后停止了后续的所有动画内容。

9.7　阶段案例：动态下拉菜单特效

9.7.1　案例需求

背景介绍：动态下拉菜单特效在很多高校、企业等单位的门户网站上很受欢迎，当用户浏览网页时将鼠标停放在菜单导航横栏的一级栏目上，就会有各类动画特效显示出下方的二级菜单栏目列表。

功能要求：使用 jQuery 制作一款动态下拉菜单特效。

9.7.2　界面设计

本案例使用无序列表<ul>和列表项<li>制作一级菜单，并为其中部分列表项制作二级菜单列表。结构如图 9-13 所示。

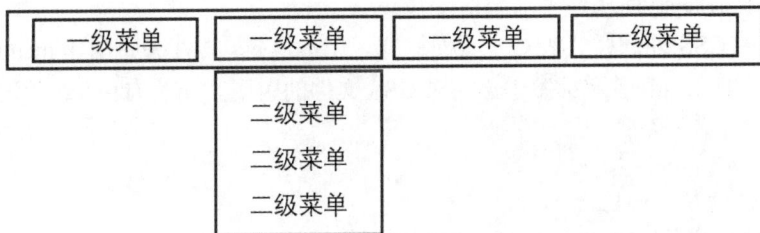

图 9-13　整体样式结构图

创建一个 HTML 文件，文件名可自定义，例如 DynamicMenu.html。

在 HTML5 中使用<nav>元素声明菜单区域，在其中嵌套<div id="navWrap">容器实现主要内容居中并限制宽度，其内部使用<ul>和<li>元素制作一级菜单，相关代码如下：

```
1. <body>
2. <!--菜单区域-->
3. <nav>
4.     <!--内部区域-->
5.     <div id="navWrap">
6.         <!--菜单列表-->
7.         <ul>
8.             <li class="mainmenu"><a href="#">网站首页</a></li>
9.             <li class="mainmenu"><a href="#">菜单选项</a></li>
10.            <li class="mainmenu"><a href="#">菜单选项</a></li>
11.            <li class="mainmenu"><a href="#">菜单选项</a></li>
12.            <li class="mainmenu"><a href="#">菜单选项</a></li>
13.            <li class="mainmenu"><a href="#">菜单选项</a></li>
14.            <li class="mainmenu"><a href="#">菜单选项</a></li>
15.        </ul>
16.    </div>
17.</nav>
18.</body>
```

使用<dl>和<dd>制作二级菜单列表项，开发者可以自行把它加到一个或多个一级菜单的<li>元素的内部，这里节选加到第 2 个<li>元素中查看效果，代码片段如下：

```
1.         <!--菜单列表-->
2.         <ul>
3.             <li class="mainmenu"><a href="#">网站首页</a></li>
4.             <li class="mainmenu"><a href="#">菜单选项</a>
5.                 <!--二级菜单-->
6.                 <dl style="display: none;">
7.                     <dd><a href="#">选项一</a></dd>
8.                     <dd><a href="#">选项二</a></dd>
9.                     <dd><a href="#">选项三</a></dd>
10.                </dl>
11.         </li>
```

```
12.          <li class="mainmenu"><a href="#">菜单选项</a></li>
13.          <li class="mainmenu"><a href="#">菜单选项</a></li>
14.          <li class="mainmenu"><a href="#">菜单选项</a></li>
15.          <li class="mainmenu"><a href="#">菜单选项</a></li>
16.          <li class="mainmenu"><a href="#">菜单选项</a></li>
17.      </ul>
```

为<dl>元素添加 style 属性使其暂时隐藏。

本案例使用 CSS 外部样式表规定页面样式。在本地 css 文件夹中创建 menu.css 文件，并在 HTML5 文件的<head>首尾标签中声明对 CSS 文件的引用。相关 HTML5 代码片段如下：

```
1. <head>
2. <meta charset="utf-8">
3. <title>我的菜单</title>
4. <link rel="stylesheet" href="css/menu.css">
5. </head>
```

在 CSS 外部样式表中为所有元素清除内、外边距，相关 CSS 代码如下：

```
1. /*公共样式*/
2. *{
3.     margin: 0;   /*清除外边距*/
4.     padding: 0;  /*清除内边距*/
5. }
```

为<nav>和内部容器设置样式，相关 CSS 代码如下：

```
1. /*菜单区域*/
2. nav{
3.     width: 100%;               /*宽度 100%自适应浏览器宽度*/
4.     height: 56px;              /*高度为 56 像素*/
5.     text-align: center;        /*文本居中对齐*/
6.     background-color: #0b6cb8; /*背景颜色为蓝色*/
7. }
8. /*菜单内部容器*/
9. #navWrap{
10.    width: 1200px;             /*宽度为 1200 像素*/
11.    margin: 0 auto;            /*外边距上下为 0、左右为 auto*/
12.}
```

为菜单中的列表容器<ul>和一级菜单列表项<li>元素设置样式，相关 CSS 代码如下：

```
1. /*菜单列表样式*/
2. nav ul{
3.     list-style: none;          /*清除装饰点*/
4. }
5. /*一级菜单样式*/
6. nav ul li{
7.     float: left;               /*左浮动*/
8. }
```

最后为菜单中的超链接<a>设置样式，相关 CSS 代码如下：

```
1. /*超链接样式*/
2. nav a{
3.     display: block;            /*块级元素*/
```

```
4.        width: 160px;                    /*宽度为 160 像素*/
5.        color: white;                    /*文本颜色为白色*/
6.        background-color: #0b6cb8;       /*背景颜色为蓝色*/
7.        text-align: center;              /*文本居中对齐*/
8.        text-decoration: none;           /*清除下画线效果*/
9.        padding: 15px 0;                 /*内边距上下为 15 像素、左右为 0*/
10.       font-size: 20px;                 /*字体大小为 20 像素*/
11.}
12./*超链接样式-鼠标悬浮时*/
13.nav a:hover{
14.       background-color: #0a5894;       /*背景颜色为深蓝色*/
15.}
```

此时 CSS 样式设置就全部完成了，运行效果如图 9-14 所示。

| 网站首页 | 菜单选项 | 菜单选项 | 菜单选项 | 菜单选项 | 菜单选项 | 菜单选项 |

图 9-14　整体样式效果图

9.7.3　逻辑实现

下拉菜单效果需要使用 jQuery 的相关功能，因此首先在<head>标签中添加对于 jQuery 的调用。相关 HTML5 代码修改后如下：

```
1. <head>
2. <meta charset="utf-8">
3. <title>我的菜单</title>
4. <link rel="stylesheet" href="css/menu.css">
5. <script src="js/jquery-1.12.3.min.js"></script>
6. </head>
```

在<script>的文档准备就绪函数中监听鼠标进入和离开一级菜单区域，相关代码如下：

```
1. <script>
2. //文档准备就绪
3. $(document).ready(function(){
4.      //鼠标进入一级菜单区域
5.      $('.mainmenu').mouseover(function(){
6.          $(this).find("dl").slideDown(1000);      //下滑特效
7.      });
8.
9.      //鼠标离开一级菜单区域
10.     $('.mainmenu').mouseleave(function(){
11.         $(this).find("dl").slideUp(1000);        //上升特效
12.     });
13.})
14.</script>
```

上述代码表示，当鼠标进入一级菜单时，如果该菜单包含了二级菜单<dl>元素，则使用下滑特效在 1 秒内下拉出现二级菜单列表；当鼠标离开一级菜单时使用上升特效在 1 秒内将二级菜单列表收起隐藏。

此时本项目就全部完成了，运行效果如图 9-15 所示。

| 网站首页 | 菜单选项 | 菜单选项 | 菜单选项 | 菜单选项 | 菜单选项 | 菜单选项 |

（a）菜单初始状态

网站首页	菜单选项	菜单选项	菜单选项	菜单选项	菜单选项	菜单选项
	选项一					
	选项二					

（b）菜单下拉过程

网站首页	菜单选项	菜单选项	菜单选项	菜单选项	菜单选项	菜单选项
	选项一					
	选项二					
	选项三					

（c）菜单下拉完毕

图 9-15　第 9 章阶段案例最终效果图

9.7.4　案例思考

【拓展练习】　请借鉴真实高校主页菜单风格为菜单选项填上合适的文字，使其更加真实。

【进阶改造】　尝试使用 fadeIn() 和 fadeOut() 替换 slideDown() 和 slideUp()，制作菜单的淡入和淡出效果。

本章小结

本章首先介绍了 3 组 jQuery 常用特效，包括元素的隐藏和显示、淡入和淡出、上下滑动和切换；然后介绍了 jQuery 动画效果，该效果是通过更改元素的 CSS 属性值来实现的；接下来介绍了 jQuery 方法链接技术，该技术允许在同一个元素上连续运行多条 jQuery 命令；最后介绍了 jQuery stop() 方法用于停止动画或常用特效，开发者可以根据自定义的参数值决定是仅停止当前动画还是停止后续所有队列中的动画效果。本章阶段案例介绍了动态下拉菜单特效，使用 jQuery 事件绑定技术为一级菜单绑定了 mouseover 和 mouseleave 的监听，使用 slideDown() 和 slideUp() 实现了二级菜单列表的滑动特效。

习题 9

扫一扫

扫一扫

习题

自测题

jQuery HTML DOM

DOM 指的是 Document Object Model（文档对象模型），jQuery 提供了一系列与 DOM 相关的方法，能让用户更方便地选择和操作 HTML 文档中的元素及其属性。本章的主要内容是 jQuery HTML DOM 技术的应用，包括 jQuery 获取和设置、添加、删除、类属性设置以及尺寸相关函数的使用。

本章学习目标

- 掌握 jQuery 获取和设置相关函数 text()、html()、val()、attr()、css()的使用；
- 掌握 jQuery 添加相关函数 append()、prepend()、after()和 before()的使用；
- 掌握 jQuery 删除相关函数 remove()、empty()和 removeAttr()的使用；
- 掌握 jQuery 类属性设置相关函数 addClass()、removeClass()和 toggleClass()的使用；
- 掌握 jQuery 尺寸相关 width()、height()系列函数的使用。

10.1 jQuery 获取和设置

jQuery 能获取或设置 5 种特定内容，具体如表 10-1 所示。

表 10-1　jQuery 获取或设置的常见方法

方 法 名 称	解　　释
text()	获取或设置选定元素标签之间的文本内容
html()	获取或设置选定元素标签的全部内容，包括 HTML 标记本身
val()	获取或设置选定表单元素的值
attr()	获取或设置选定元素的属性值
css()	获取或设置选定元素的 CSS 属性值

以上 5 种方法用于获取特定内容时括号中不填写任何内容，用于设置时括号中需要添加设置的新内容，并且放入引号内。

10.1.1　jQuery text()

jQuery text()可用于获取或设置选定元素标签之间的文本内容，不包含元素标签本身。

1 获取文本内容

使用不带任何参数的 text()方法可以获取选定元素标签之间的所有文本内容,其语法格式如下。

```
$(selector).text()
```

该方法的返回结果为字符串类型，包含了所有匹配元素内部的文本内容。

例如，id="test01"的段落元素<p>表示如下。

```
<p id="test01">hello</p>
```

使用$("p#test01").text()方法获取其中的文本内容，返回值如下。

```
hello
```

返回值只包含文本内容，不带前后的 HTML 标签。

如果是元素内部的后代元素中包含文本，则使用 text()也会获取其中的文本内容。例如以下情况：

```
<div id="container">
    <p>
        element<i>1</i>
    </p>
    <p>
        element<strong>2</strong>
    </p>
</div>
```

上述代码在 id="container"的<div>元素中包含了两个段落元素<p>，并且这两个段落元素内部的文本内容还分别包括了格式标签<i>和<strong>。此时使用$("div#container").text()方法获取该<div>元素的文本内容，返回值如下。

```
element1
element2
```

返回值只包含文本内容，其中的格式化标签<i>和<strong>均被忽略。

需要注意的是，text()方法不能用于处理表单元素的文本内容，如果需要获取或设置表单中<textarea>或<input>元素的文本值，则需要使用 val()方法。

2 设置文本内容

设置选定元素标签之间文本内容的方法如下。

扫一扫

```
$(selector).text("新文本内容")
```

【例 10-1】 jQuery text()方法获取和设置文本内容。

使用 text()方法获取和设置指定元素的文本内容。

视频讲解

```
1.  <!DOCTYPE html>
2.  <html>
3.      <head>
4.          <meta charset="utf-8">
5.          <title>jQuery HTML 之 text()</title>
6.          <script src="js/jquery-1.12.3.min.js"></script>
7.          <style>
8.              div{
9.                  width:180px;
10.                 height:50px;
11.                 border:1px solid;
12.             }
13.         </style>
14.     </head>
15.     <body>
16.         <h3>jQuery HTML 之 text()</h3>
17.         <hr>
18.         <div>Hello JavaScript</div>
19.         <button id="btn01">获取文本内容</button>
20.         <button id="btn02">重置文本内容</button>
21.         <script>
22.             $(document).ready(function(){
23.                 //按钮1的单击事件：获取文本内容
```

```
24.                    $("#btn01").click(function(){
25.                        var text=$("div").text();
26.                        alert("当前的文本内容为："+text);
27.                    });
28.                    //按钮2的单击事件：设置文本内容
29.                    $("#btn02").click(function(){
30.                        $("div").text("Hello jQuery");
31.                        alert("文本内容已重置。");
32.                    });
33.              });
34.         </script>
35.     </body>
36.</html>
```

运行效果如图 10-1 所示。

（a）获取当前文本内容　　　　　　　　　　　　（b）设置文本内容

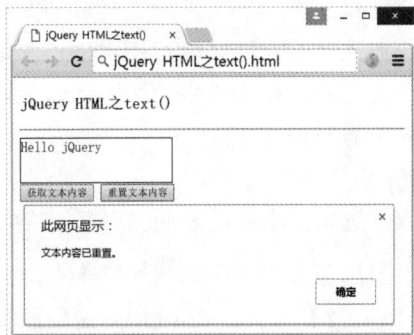

图 10-1　jQuery text()方法的使用效果

【代码说明】

本例包含一个\<div\>元素，其中包含的文本内容为"Hello JavaScript"。为\<div\>元素配两个按钮元素\<button\>，这两个按钮的 id 值分别为 btn01 和 btn02。在 jQuery 中分别为这两个按钮添加 click 单击事件，分别用于获取和重置\<div\>元素的文本内容。

图 10-1（a）是单击了 btn01 按钮的效果，由图可见会获取\<div\>元素内部的文本内容，并显示在对话框中；图 10-1（b）是单击了 btn02 按钮的效果，由图可见\<div\>元素内部的文本内容发生了变化。

10.1.2　jQuery html()

jQuery html()用于获取或设置选定元素标签的全部内容，包括内部的文本以及其他 HTML 标记。该方法调用的是 JavaScript 原生属性 innerHTML。

1 获取 HTML 内容

获取选定元素标签之间 HTML 代码内容的方法如下。

```
$(selector).html()
```

当用来获取元素的 HTML 内容时该方法无须带参数。

例如，某段 HTML 代码如下。

```
<div class="test">
    <div>这是一段内容。</div>
</div>
```

使用$("div.test").html()获取到的结果如下。

```
<div>这是一段内容。</div>
```

需要注意的是，如果符合要求的元素不止一个，该方法只获取第一个符合选择器要求的元素内部的 HTML 代码。例如：

```
<div class="test">
    <div class="style01">这是第一段内容。</div>
</div>
<div class="test">
    <div class="style02">这是第二段内容。</div>
</div>
```

在上述代码中有两个<div>均具有相同属性——class="test"，其内部 HTML 代码不同。使用$("div.test").html()方法获取的结果如下。

```
<div class="style01">这是第一段内容。</div>
```

该方法表示获取属性 class="test"的<div>标签内部的 HTML 代码。由于 class 属性可以分配给任意元素，所以如果有多个<div>元素符合 class="test"条件，也只获取第一个符合的元素标签内部的 HTML 代码。

2 设置 HTML 内容

设置选定元素标签之间 HTML 内容的方法如下。

```
$(selector).html("新 HTML 内容")
```

【例 10-2】 jQuery html()方法获取和设置 HTML 内容。

使用 html()方法获取和设置指定元素的 HTML 内容。

扫一扫

视频讲解

```
1.  <!DOCTYPE html>
2.  <html>
3.      <head>
4.          <meta charset="utf-8">
5.          <title>jQuery HTML 之 html()</title>
6.          <script src="js/jquery-1.12.3.min.js"></script>
7.          <style>
8.              div{
9.                  width:200px;
10.                 height:50px;
11.                 border:1px solid;
12.             }
13.         </style>
14.     </head>
15.     <body>
16.         <h3>jQuery HTML 之 html()</h3>
17.         <hr>
18.         <div>Hello <i>JavaScript</i></div>
19.         <button id="btn01">获取 HTML 内容</button>
20.         <button id="btn02">重置 HTML 内容</button>
21.         <script>
22.             $(document).ready(function(){
23.                 //按钮 1 的单击事件：获取 HTML 内容
24.                 $("#btn01").click(function(){
25.                     var html=$("div").html();
26.                     alert("当前的 HTML 内容为："+html);
27.                 });
28.                 //按钮 2 的单击事件：设置 HTML 内容
29.                 $("#btn02").click(function(){
30.                     $("div").html("Hello <strong>jQuery</strong>");
31.                     alert("HTML 内容已重置。");
```

```
32.                }};
33.            });
34.        </script>
35.    </body>
36.</html>
```

运行效果如图 10-2 所示。

（a）获取当前 HTML 内容　　　　　　　　（b）设置 HTML 内容

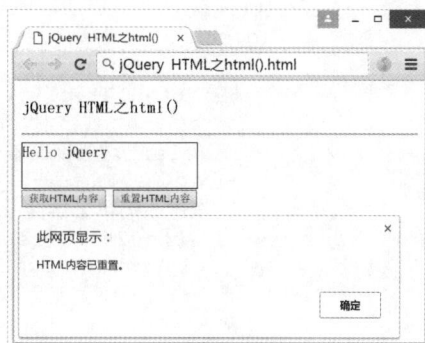

图 10-2　jQuery html()方法的使用效果

【代码说明】

本例包含一个<div>元素，其中包含的 HTML 内容为"Hello <i>JavaScript</i>"。为<div>元素配两个按钮元素<button>，这两个按钮的 id 值分别为 btn01 和 btn02。在 jQuery 中分别为这两个按钮添加 click 单击事件，分别用于获取和重置<div>元素的 HTML 代码内容。

图 10-2（a）是单击了 btn01 按钮的效果，由图可见会获取<div>元素内部的 HTML 代码内容，并显示在对话框中；图 10-2（b）是单击了 btn02 按钮的效果，由图可见<div>元素内部的 HTML 代码内容发生了变化。

10.1.3　jQuery val()

jQuery val()用于获取或设置选定表单元素的 value 属性值。

1 获取表单元素值

获取选定表单元素的值的方法如下。

```
$(selector).val()
```

2 设置表单元素值

设置选定表单元素的值的方法如下。

```
$(selector).val("新文本内容")
```

【例 10-3】　jQuery val()方法获取和设置表单元素的值。

使用 val()方法获取和设置表单元素的值。

```
1. <!DOCTYPE html>
2. <html>
3.    <head>
4.        <meta charset="utf-8">
5.        <title>jQuery HTML 之 val()</title>
6.        <script src="js/jquery-1.12.3.min.js"></script>
7.    </head>
8.    <body>
9.        <h3>jQuery HTML 之 val()</h3>
```

扫一扫

视频讲解

229

```
10.        <hr>
11.        <form>
12.            <input type="text" value="Hello JavaScript"/>
13.        </form>
14.        <button id="btn01">获取表单元素的值</button>
15.        <br>
16.        <button id="btn02">重置表单元素的值</button>
17.        <script>
18.            $(document).ready(function(){
19.                //按钮 1 的单击事件：获取当前文档输入框的值
20.                $("#btn01").click(function(){
21.                    var html=$("input").val();
22.                    alert("当前文本输入框内容为："+html);
23.                });
24.                //按钮 2 的单击事件：设置文本输入框的值
25.                $("#btn02").click(function(){
26.                    $("input").val("Hello jQuery");
27.                    alert("文本输入框内容已重置。");
28.                });
29.            });
30.        </script>
31.    </body>
32.</html>
```

运行效果如图 10-3 所示。

（a）获取当前文本输入框的值　　　　　　　　　　（b）设置文本输入框的值

图 10-3　jQuery val()方法的使用效果

【代码说明】

本例包含一个表单元素<form>，其中包含了一个单行文本输入框<input>，并默认输入框中显示"Hello JavaScript"字样。为<input>元素配两个按钮元素<button>，这两个按钮的 id 值分别为 btn01 和 btn02。在 jQuery 中分别为这两个按钮添加 click 单击事件，分别用于获取和重置<input>元素的 value 值。

图 10-3（a）是单击了 btn01 按钮的效果，由图可见会获取<input>元素的 value 值，并显示在对话框中；图 10-3（b）是单击了 btn02 按钮的效果，由图可见<input>元素中显示的文字内容发生了变化，即 value 值发生改变。

10.1.4　jQuery attr()

jQuery attr()用于获取或设置选定元素的属性值。

1 获取元素属性值

获取选定元素的属性值的方法如下。

```
$(selector).attr(attributeName)
```

该方法只能获取符合条件的第一个元素的值。例如以下情况：

```
<img src="image/flower.jpg"/>
<img src="image/balloon.jpg"/>
```

如果使用$("img").attr("src")，则只能获取第一个<img>元素的 src 属性值，即 image/flower.jpg。

2　设置元素属性值

设置选定元素的属性值的方法如下。

```
$(selector).attr(attributeName, value)
```

该方法可以将所有符合条件的元素属性值全部设置。

例如：

```
$("a").attr("href","http://www.test.com")
```

上述代码会将所有超链接元素<a>的 href 属性更改为 http://www.test.com。

【例 10-4】　jQuery attr()方法获取和设置元素属性值。

使用 attr()方法获取和设置图像元素<img>的 src 属性值。

```
1.  <!DOCTYPE html>
2.  <html>
3.      <head>
4.          <meta charset="utf-8">
5.          <title>jQuery HTML 之 attr()</title>
6.          <script src="js/jquery-1.12.3.min.js"></script>
7.      </head>
8.      <body>
9.          <h3>jQuery HTML 之 attr()</h3>
10.         <hr>
11.         <img src="image/rings.jpg" width="300" height="450">
12.         <br>
13.         <button id="btn01">单击此处获取海报图片 URL</button>
14.         <button id="btn02">单击此处切换海报图片 URL</button>
15.         <script>
16.             $(document).ready(function(){
17.                 //按钮 1 的单击事件：获取图像元素<img>的 src 属性值
18.                 $("#btn01").click(function(){
19.                     var src = $("img").attr("src");
20.                     alert("当前图片的 src 属性值为：" + src);
21.                 });
22.                 //按钮 2 的单击事件：设置图像元素<img>的 src 属性值
23.                 $("#btn02").click(function(){
24.                     $("img").attr("src","image/hobbiten.jpg");
25.                 });
26.             });
27.         </script>
28.     </body>
29. </html>
```

运行效果如图 10-4 所示。

【代码说明】

本例包含一个宽 300 像素、高 450 像素的图片元素<img>，其初始图片素材来源为"image/rings.jpg"。为<img>元素配两个按钮元素<button>，这两个按钮的 id 值分别为 btn01 和 btn02。在 jQuery 中分别为这两个按钮添加 click 单击事件，分别用于获取和重置<img>元素的 src 值。

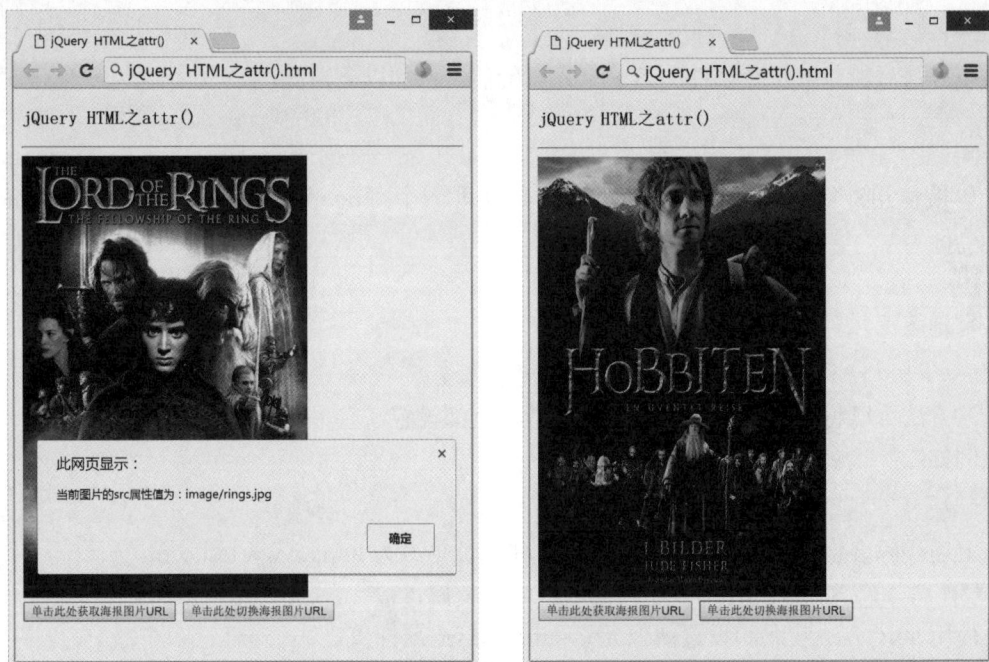

(a) 获取图像元素<img>的 src 属性值   (b) 设置图像元素<img>的 src 属性

图 10-4   jQuery attr()方法的使用效果

图 10-4 (a) 是单击了 btn01 按钮的效果, 由图可见会获取<img>元素的 src 值, 并显示在对话框中; 图 10-4 (b) 是单击了 btn02 按钮的效果, 由图可见<img>元素中显示的图片内容发生了变化, 即 src 值发生改变。

10.1.5   jQuery css()

jQuery css()用于获取或设置选定元素的 CSS 属性值。

1 获取 CSS 属性值

获取选定元素标签 CSS 属性的方法如下。

```
$(selector).css(propertyName)
```

其中, selector 可以是任意有效的 jQuery 选择器, propertyName 参数位置为 CSS 属性名称。该方法可以获得符合条件的第一个元素的指定 CSS 属性值。

例如:

```
var bgColor = $("p").css("background-color");
```

上述代码表示获取页面上第一个段落元素<p>的背景颜色。

在 jQuery 1.9 版本中新增了数组类型的 propertyNames 参数,用于批量获取元素的多个属性值,其语法格式如下。

```
$(selector).css(propertyNames)
```

其中, selector 参数位置可以是任意有效的选择器, propertyNames 参数位置为 CSS 属性名称的数组。该方法的返回值为数据形式,包含了符合条件的第一个元素的指定 CSS 属性值。

例如:

```
var props = $("p").css(["background-color","color","font-size"]);
```

上述代码的返回值包含了页面上第一个段落元素<p>的背景颜色、字体颜色与字体大小。

2 设置 CSS 属性值

设置选定元素标签 CSS 属性值的方法如下。

```
$(selector).css(propertyName, value)
```

其中，selector 参数位置可以是任意有效的选择器，propertyName 参数位置为 CSS 属性名称，value 参数位置为字符串或数值类型的 CSS 属性值。该方法可以批量设置所有符合条件的元素的指定 CSS 属性值。

例如，将页面上所有段落元素<p>的字体颜色更新为红色，写法如下。

```
$("p").css("color","red");
```

如果有多个 CSS 属性需要同时设置，语法格式如下。

```
$(selector).css({propertyName1:value1,propertyName2:value2…,
propertyNameN:valueN});
```

即在 css()方法中填入一个自定义对象，该对象中的成员名称为 CSS 属性名称，成员的值为对应的 CSS 属性值。此时属性名称不需要加引号，并且需要写成 Camel 标记法的形式（第一个单词小写，后面每个单词的首字母大写，例如 testDemo）。字体粗细 font-weight 在这里需要改写成 fontWeight。

例如，将所有的段落元素设置为字体加粗、背景颜色为浅蓝色，写法如下。

```
$("p").css({fontWeight:"bold", backgroundColor:"lightblue"});
```

扫一扫

【例 10-5】　jQuery css()方法获取和设置元素属性值。

使用 css()方法获取和设置段落元素<p>的 CSS 属性值。

视频讲解

```
1.  <!DOCTYPE html>
2.  <html>
3.     <head>
4.        <meta charset="utf-8">
5.        <title>jQuery HTML 之 css()</title>
6.        <script src="js/jquery-1.12.3.min.js"></script>
7.        <style>
8.           div{
9.              width:200px;
10.             height:50px;
11.             border:1px solid silver;
12.          }
13.       </style>
14.    </head>
15.    <body>
16.       <h3>jQuery HTML 之 css()</h3>
17.       <hr>
18.       <div>Hello jQuery</div>
19.       <button id="btn01">获取 CSS 样式</button>
20.       <button id="btn02">重置 CSS 样式</button>
21.       <script>
22.          $(document).ready(function(){
23.             //按钮 1 的单击事件：获取段落元素的 CSS 样式
24.             $("#btn01").click(function(){
25.                //批量获取多个 CSS 样式
26.                var css = $("div").css(["color","background-color",
                    "font-size"]);
27.                alert("当前的 CSS 样式为：\ncolor:"+css["color"]+
28.                   "\nbackground-color:"+css["background-color"]+
29.                      "\nfont-size:"+css["font-size"]);
30.             });
```

```
31.                    //按钮 2 的单击事件：设置段落元素的 CSS 样式
32.                    $("#btn02").click(function(){
33.                        //批量设置多个 CSS 样式
34.                        $("div").css({color:"white",backgroundColor:"lightcoral",
                            fontSize:30, fontWeight:"bold"});
35.                         alert("CSS 样式已重置。");
36.                    });
37.                });
38.          </script>
39.      </body>
40.</html>
```

运行效果如图 10-5 所示。

（a）获取段落元素<p>的 CSS 属性值　　　　　　（b）设置段落元素<p>的 CSS 属性

图 10-5　jQuery css()方法的使用效果

【代码说明】

本例包含一个<div>元素，其中包含的文本内容为"Hello jQuery"，无其他 CSS 样式设置。为<div>元素配两个按钮元素<button>，这两个按钮的 id 值分别为 btn01 和 btn02。在 jQuery 中分别为这两个按钮添加 click 单击事件，分别用于获取和重置<div>元素的 CSS 样式。

图 10-5（a）是单击了 btn01 按钮的效果，由图可见会获取<div>元素的 CSS 样式值，并显示在对话框中；图 10-5（b）是单击了 btn02 按钮的效果，由图可见<div>元素的 CSS 样式发生了变化。

10.2　jQuery 添加

jQuery 可以快速在页面上添加新元素或内容，有以下 4 种常见用法。

- append()：在指定元素内部的结尾插入内容。
- prepend()：在指定元素内部的开头插入内容。
- after()：在指定元素之后添加内容。
- before()：在指定元素之前添加内容。

10.2.1　jQuery append()和 prepend()

jQuery append()方法用于在所有符合条件的元素内部的结尾处追加内容。
append()方法的语法格式如下。

```
append(content [,content])
```

其中，content 参数的类型可以是文本、数组、HTML 代码或元素标签。

jQuery prepend()与 jQuery append()方法的参数完全相同，只不过追加位置从指定元素内部的结尾处变为开头处。prepend()方法的语法格式如下。

```
prepend(content [,content])
```

1 追加文本

使用 append()或 prepend()方法添加文本内容允许带有格式化标签。

例如，下面这段 HTML 代码：

```
<div id="test">
    <div>这是第一个子元素。</div>
    <div>这是第二个子元素。</div>
</div>
```

对其使用 jQuery append()方法选定 id="test"的<div>元素，并在其内部追加文本内容。

相关 jQuery 代码如下。

```
$("div#test").append("这段文本带有<i>格式化</i>标签。");
```

HTML 代码片段更新如下。

```
<div id="test">
    <div>这是第一个子元素。</div>
    <div>这是第二个子元素。</div>
    这段文本带有<i>格式化</i>标签。
</div>
```

上述 jQuery 代码相当于下面这段 JavaScript 代码。

```
//创建一个新的文本节点
var text=document.createTextNode("这段文本带有<i>格式化</i>标签。");
//获取 id="test"的<div>元素
var div=document.getElementById("test");
//将新建的文本内容添加到指定的 div 元素中
div.appendChild(text);
```

由此可见，jQuery 简化了 JavaScript 关于文本内容创建与添加的代码。

如果换成使用 prepend()方法追加文本内容，相关 jQuery 代码如下。

```
$("div#test").prepend("这段文本带有<i>格式化</i>标签。");
```

HTML 代码片段更新如下。

```
<div id="test">
    这段文本带有<i>格式化</i>标签。
    <div>这是第一个子元素。</div>
    <div>这是第二个子元素。</div>
</div>
```

2 追加元素

使用 append()或 prepend()方法添加新元素可以直接在参数位置填入相关 HTML 代码。

以 append()为例，添加一个新的标题元素<h1>的方法如下。

```
append("<h1>这是一个标题</h1>")
```

例如，使用 append()方法在指定元素的内容的结尾处添加段落元素<p>。

相关 HTML 代码片段如下。

```
<div id="test">
    <div>这是第一个子元素。</div>
    <div>这是第二个子元素。</div>
</div>
```

使用 jQuery append()方法选定 id="test"的<div>元素，并在其内部追加子元素。

相关 jQuery 代码如下。

```
$("div#test").append("<p>这是新的子元素。</p>");
```

HTML 代码片段更新如下。

```
<div id="test">
    <div>这是第一个子元素。</div>
    <div>这是第二个子元素。</div>
    <p>这是新的子元素。</p>
</div>
```

上述 jQuery 代码相当于下面这段 JavaScript 代码。

```
//创建一个新的段落元素<p>
var p=document.createElement("p");
//为该段落元素添加文本内容
p.innerHTML="这是新的子元素。";
//获取 id="test"的<div>元素
var div=document.getElementById("test");
//将新建的段落元素<p>添加到指定的 div 元素中
div.appendChild(p);
```

由此可见，jQuery 大幅度简化了 JavaScript 中关于元素创建与添加的代码。

如果换成使用 prepend()方法追加元素，相关 jQuery 代码如下。

```
$("div#test").prepend("<p>这是新的子元素。</p>");
```

HTML 代码片段更新如下。

```
<div id="test">
    <p>这是新的子元素。</p>
    <div>这是第一个子元素。</div>
    <div>这是第二个子元素。</div>
</div>
```

如果在 append()或 prepend()方法的参数位置使用选择器，可以将已存在的其他元素对象移动到指定元素中，例如以下情况：

```
<h3>这是一个标题</h3>
<div id="test">
    <p>这是一个段落</p>
</div>
```

对其使用$("div#test").append($("h3"))会将标题元素<h3>整个移动到<div>元素中,运行结果如下。

```
<div id="test">
    <h3>这是一个标题</h3>
    <p>这是一个段落</p>
</div>
```

3 追加混合内容

如果有不同类型的内容（例如文本和 HTML 元素）需要同时添加，可以在参数位置添加若干变量，之间用逗号隔开。例如：

```
//使用 HTML 代码创建段落元素
var p="<p>段落元素</p>";
//使用 JavaScript 代码创建标题元素
var h1=document.createElement("h1");
h1.innerHTML="标题元素";
//创建文本内容
var text="纯文本内容";
//依次追加到 id="test"的<div>元素中
$("div#test").append(p, [h1, text]);
```

上述代码将分别创建新的段落元素、标题元素和一段文本内容，并按照先后顺序添加到 id="test"的<div>元素内部的结尾处。

【例 10-6】　**jQuery append()和 prepend()方法追加内容。**

使用 append()和 prepend()方法为指定元素内部的开头和结尾处追加内容。

扫一扫

视频讲解

```
1.  <!DOCTYPE html>
2.  <html>
3.      <head>
4.          <meta charset="utf-8">
5.          <title>jQuery HTML 之 append()和 prepend()</title>
6.          <script src="js/jquery-1.12.3.min.js"></script>
7.          <style>
8.              div{
9.                  width:200px;
10.                 border:1px solid silver;
11.             }
12.         </style>
13.     </head>
14.     <body>
15.         <h3>jQuery HTML 之 append()和 prepend()</h3>
16.         <hr>
17.         <div>jQuery</div>
18.         <button id="btn01">append()</button>
19.         <button id="btn02">prepend()</button>
20.         <script>
21.             $(document).ready(function(){
22.                 //按钮 1 的单击事件：在<div>元素内部的结尾处追加内容
23.                 $("#btn01").click(function(){
24.                     $("div").append("<p>Bye!</p>");
25.                 });
26.                 //按钮 2 的单击事件：在<div>元素内部的开头处追加内容
27.                 $("#btn02").click(function(){
28.                     $("div").prepend("<p>Hello!</p>");
29.                 });
30.             });
31.         </script>
32.     </body>
33.</html>
```

运行效果如图 10-6 所示。

【代码说明】

本例包含一个<div>元素，其中包含的文本内容为“jQuery”。为<div>元素配两个按钮元素<button>，这两个按钮的 id 值分别为 btn01 和 btn02。在 jQuery 中分别为这两个按钮添加 click 单击事件，分别用于在<div>元素内部文本的结尾和开头处追加文本内容。

图 10-6（a）是单击了 btn01 按钮的效果，由图可见<div>元素中“jQuery”文本的下方多了一行“Bye!”；图 10-6（b）是单击了 btn02 按钮的效果，由图可见<div>元素中“jQuery”文本的上方多了一行“Hello!”。

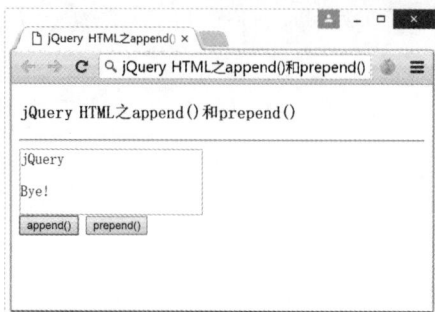

（a）使用 append()方法追加内容   （b）使用 prepend()方法追加内容

图 10-6　jQuery append()和 prepend()方法的使用效果

10.2.2　jQuery after()和 before()

jQuery after()方法用于在选定元素之后加入新的内容。

after()方法的语法格式如下。

```
after(content [,content])
```

其中，content 参数的类型可以是文本、数组、HTML 代码或元素标签。

jQuery before()与 jQuery after()方法的参数完全相同，只不过追加位置从指定元素之后变为元素之前。before()方法的语法格式如下。

```
before(content [,content])
```

1　追加文本

使用 after()或 before()方法添加文本内容允许带有格式化标签。

例如，下面这段 HTML 代码：

```
<p id="test">这是测试用的段落元素</p>
```

对其使用 jQuery after()方法在该元素的后面追加文本内容，相关 jQuery 代码如下。

```
$("p#test").after("这段文本带有<i>格式化</i>标签。");
```

HTML 代码片段更新如下。

```
<p id="test">这是测试用的段落元素</p>
这段文本带有<i>格式化</i>标签。
```

如果换成使用 before()方法追加文本内容，相关 jQuery 代码如下。

```
$("div#test").before("这段文本带有<i>格式化</i>标签。");
```

HTML 代码片段更新如下。

```
这段文本带有<i>格式化</i>标签。
<p id="test">这是测试用的段落元素</p>
```

2　追加元素

使用 after()或 before()方法添加新元素可以直接在参数位置填入相关 HTML 代码。

以 after()为例，添加一个新的段落元素<p>的方法如下。

```
after("<p>这是一个段落元素。</p>")
```

例如以下情况：

```
<div id="test">这是一个测试元素。</div>
```

使用 jQuery after()方法选定 id="test"的<div>元素，并在其后面追加段落元素。

相关 jQuery 代码如下。

```
$("div#test").after("<p>这是一个段落元素。</p>");
```

HTML 代码片段更新如下。

```
<div id="test">这是一个测试元素。</div>
<p>这是一个段落元素。</p>
```

如果换成使用 before()方法追加元素，相关 jQuery 代码如下。

```
$("div#test").before("<p>这是一个段落元素。</p>");
```

HTML 代码片段更新如下。

```
<p>这是一个段落元素。</p>
<div id="test">这是一个测试元素。</div>
```

如果在 after()或 before()方法的参数位置使用选择器，可以将已存在的其他元素对象移动到指定位置。例如以下情况：

```
<h3>这是一个标题</h3>
<div>
    <p id="test">这是一个段落</p>
</div>
```

对其使用$("p#test").after($("h3"))会将标题元素<h3>整个移动到<p>元素的后面，运行结果如下。

```
<div id="test">
    <p>这是一个段落</p>
    <h3>这是一个标题</h3>
</div>
```

3 追加混合内容

如果有不同类型的内容（例如文本和 HTML 元素）需要同时添加，可以在参数位置添加若干变量，之间用逗号隔开。例如：

```
//使用 HTML 代码创建段落元素
var p="<p>段落元素</p>";
//使用 JavaScript 代码创建标题元素
var h1=document.createElement("h1");
h1.innerHTML="标题元素";
//创建文本内容
var text="纯文本内容";
//依次追加到 id="test"的<div>元素中
$("div#test").after(p, [h1, text]);
```

上述代码将分别创建新的段落元素、标题元素和一段文本内容，并按照先后顺序添加到 id="test"的<div>元素内部的结尾处。

【例 10-7】　jQuery after()和 before()方法追加内容。

使用 after()和 before()方法为指定元素内部的开头和结尾处追加内容。

```
1.  <!DOCTYPE html>
2.  <html>
3.      <head>
4.          <meta charset="utf-8">
5.          <title>jQuery HTML 之 after()和 before()</title>
6.          <script src="js/jquery-1.12.3.min.js"></script>
```

扫一扫

视频讲解

239

```
7.      </head>
8.      <body>
9.          <h3>jQuery HTML 之 after()和 before()</h3>
10.         <hr>
11.         <img src="image/lotus.jpg"/>
12.         <br>
13.         <button id="btn01">after()</button>
14.         <button id="btn02">before()</button>
15.         <script>
16.             $(document).ready(function(){
17.                 //按钮 1 的单击事件: 在<img>元素之后追加内容
18.                 $("#btn01").click(function(){
19.                     $("img").after("<p>Bye!</p>");
20.                 });
21.                 //按钮 2 的单击事件: 在<img>元素之前追加内容
22.                 $("#btn02").click(function(){
23.                     $("img").before("<p>Hello!</p>");
24.                 });
25.             });
26.         </script>
27.     </body>
28.</html>
```

运行效果如图 10-7 所示。

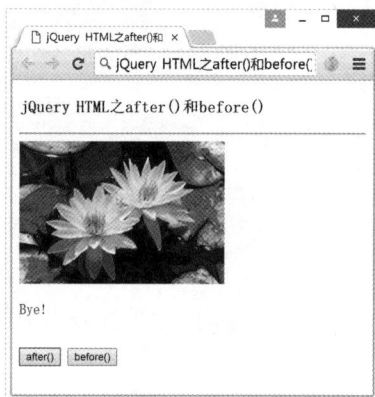

|（a）使用 after()方法追加内容|（b）使用 before()方法追加内容|

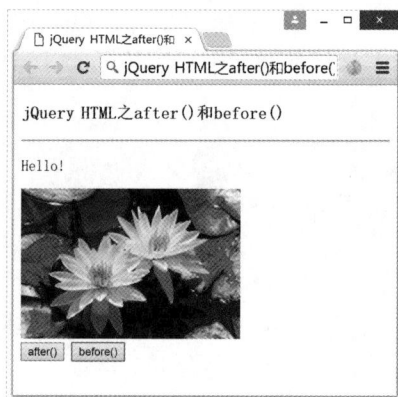

图 10-7　jQuery after()和 before()方法的使用效果

【代码说明】

本例包含一个<img>元素，其图片素材来源为"image/lotus.jpg"。为<img>元素配两个按钮元素<button>，这两个按钮的 id 值分别为 btn01 和 btn02。在 jQuery 中分别为这两个按钮添加 click 单击事件，分别用于在<img>元素之后或之前追加内容。

图 10-7（a）是单击了 btn01 按钮的效果，由图可见<img>元素的下方多了一行"Bye!"；图 10-7（b）是单击了 btn02 按钮的效果，由图可见<img>元素的上方多了一行"Hello!"。

10.3　jQuery 删除

10.3.1　jQuery remove()

jQuery remove()用于删除指定元素及其子元素，其语法格式如下。

```
$(selector).remove();
```

其中，selector 可以是任意有效的 jQuery 选择器。

例如，删除页面上所有段落元素<p>的写法如下。

```
$("p").remove();
```

jQuery remove()方法也可以在括号中填入一个参数，用于筛选出特定的元素进行删除。该参数可以是任何 jQuery 选择器的语法。

例如，删除所有 class="style01"的段落元素<p>的写法如下。

```
$("p").remove(".style01");
```

【例 10-8】　jQuery remove()方法的简单应用。

使用 remove()方法删除指定元素及其内部的所有子元素。

```
1.  <!DOCTYPE html>
2.  <html>
3.      <head>
4.          <meta charset="utf-8">
5.          <title>jQuery HTML 之 remove()</title>
6.          <script src="js/jquery-1.12.3.min.js"></script>
7.          <style>
8.          div{
9.                  width:200px;
10.                 height:150px;
11.                 border:1px solid silver;
12.                 background-color:lightblue;
13.                 margin-bottom:10px;
14.          }
15.         </style>
16.     </head>
17.     <body>
18.         <h3>jQuery HTML 之 remove()</h3>
19.         <hr>
20.         <div>
21.             <h4>这是标题</h4>
22.              <p>这是段落。</p>
23.         </div>
24.         <button>remove()</button>
25.         <script>
26.             $(document).ready(function(){
27.                 //按钮的单击事件：删除<div>元素
28.                 $("button").click(function(){
29.                     $("div").remove();
30.                 });
31.             });
32.         </script>
33.     </body>
34.</html>
```

运行效果如图 10-8 所示。

【代码说明】

本例包含一个<div>元素，其中包含两个子元素，分别是标题元素<h4>和段落元素<p>。为<div>元素配一个按钮元素<button>，并在 jQuery 中为该按钮添加 click 单击事件，用于删除<div>元素及其内部所有子元素。

图 10-8（a）是页面初始效果，此时<div>元素与其中的子元素尚在；图 10-8（b）是单击了按钮的效果，由图可见整个<div>元素消失，这表示<div>元素与其中的子元素均被删除。

扫一扫

视频讲解

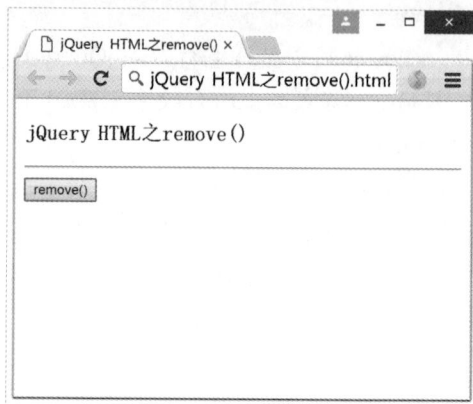

（a）页面初始加载后的效果 　　　　　　（b）使用 remove()方法删除元素后的效果

图 10-8　jQuery remove()方法的使用效果

10.3.2　jQuery empty()

jQuery empty()用于清空元素，即从指定元素中删除其子元素和文本内容，其语法格式如下。

```
$(selector).empty();
```

该方法仅用于清空元素内部的内容，但保留元素本身的结构。

例如，下面这种情况：

```
<h1>这是标题</h1>
<p>这是段落</p>
```

使用$("h1").empty()方法清空标题元素<h1>，运行结果如下。

```
<h1> </h1>
<p>这是段落</p>
```

由此可见，指定元素的首尾标签仍保留在页面结构中。

【例 10-9】　jQuery empty()方法的简单应用。

使用 empty()方法清空指定元素内部的所有子元素。

扫一扫

视频讲解

```
1.  <!DOCTYPE html>
2.  <html>
3.      <head>
4.          <meta charset="utf-8">
5.          <title>jQuery HTML 之 empty()</title>
6.          <script src="js/jquery-1.12.3.min.js"></script>
7.          <style>
8.          div{
9.              width:200px;
10.             height:150px;
11.             border:1px solid silver;
12.             background-color:lightblue;
13.             margin-bottom:10px;
14.         }
15.         </style>
16.     </head>
17.     <body>
18.         <h3>jQuery HTML 之 empty()</h3>
19.         <hr>
20.         <div>
```

```
21.              <h4>这是标题</h4>
22.              <p>这是段落。</p>
23.         </div>
24.         <button>empty()</button>
25.         <script>
26.            $(document).ready(function(){
27.                //按钮的单击事件：清空<div>元素
28.                $("button").click(function(){
29.                   $("div").empty();
30.                });
31.            });
32.         </script>
33.     </body>
34.</html>
```

运行效果如图 10-9 所示。

（a）页面初始加载后的效果　　　　　（b）使用 empty()方法删除元素后的效果

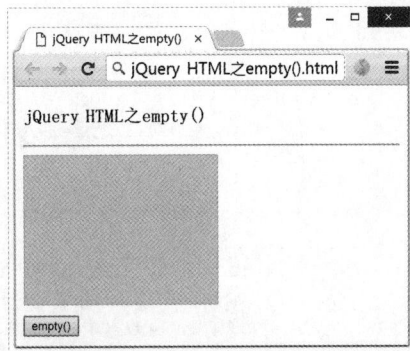

图 10-9　jQuery empty()方法的使用效果

【代码说明】

本例包含一个<div>元素，其中包含两个子元素，分别是标题元素<h4>和段落元素<p>。为<div>元素配一个按钮元素<button>，并在 jQuery 中为该按钮添加 click 单击事件，用于清空<div>元素内部的所有子元素，但是保留<div>元素本身。

图 10-9（a）是页面初始效果，此时<div>元素与其中的子元素尚在；图 10-9（b）是单击了按钮的效果，由图可见<div>元素仍存在但内容消失，这表示<div>元素中的子元素均被删除。

10.3.3　jQuery removeAttr()

jQuery removeAttr()用于删除元素的指定属性，其语法格式如下。

```
$(selector).removeAttr(propertyName);
```

例如，下面这种情况：

```
<p id="test">这是段落</p>
```

使用$("p").removeAttr("id")方法可以清除段落元素的 id 属性，运行结果如下。

```
<p>这是段落</p>
```

【例 10-10】　jQuery removeAttr()方法的简单应用。

使用 removeAttr()方法清除元素的指定属性。

```
1.  <!DOCTYPE html>
```

扫一扫

视频讲解

```
 2.  <html>
 3.      <head>
 4.          <meta charset="utf-8">
 5.          <title>jQuery HTML 之 removeAttr()</title>
 6.          <script src="js/jquery-1.12.3.min.js"></script>
 7.          <style>
 8.          #test{
 9.              font-style:italic;
10.              font-size:30px;
11.              font-weight:bold;
12.              background-color:lightblue;
13.          }
14.          div{
15.              width:200px;
16.              height:100px;
17.              border:1px solid gray;
18.              margin-bottom:10px;
19.          }
20.          </style>
21.      </head>
22.      <body>
23.          <h3>jQuery HTML 之 removeAttr()</h3>
24.          <hr>
25.          <div id="test">Hello jQuery</div>
26.          <button>清除元素的 id 属性</button>
27.          <script>
28.              $(document).ready(function(){
29.                  //按钮的单击事件：删除<div>元素的 id 属性
30.                  $("button").click(function(){
31.                      $("div").removeAttr("id");
32.                  });
33.              });
34.          </script>
35.      </body>
36.</html>
```

运行效果如图 10-10 所示。

（a）页面初始加载后的效果　　　　　（b）使用 removeAttr()方法删除元素的 id 属性

图 10-10　jQuery removeAttr()方法的使用效果

【代码说明】

本例包含一个 id 值为"test"的<div>元素，其中包含文本内容"Hello jQuery"。在 CSS
内部样式表中为#test 设置特有样式：斜体字、字体大小为 30 像素、加粗字体并且背景颜色为
浅蓝色；然后为<div>元素设置样式：宽为 200 像素、高为 100 像素，具有 1 像素宽的灰色实线
边框，底边外边距为 10 像素。

为<div>元素配一个按钮元素<button>，并在 jQuery 中为该按钮添加 click 单击事件，用于去掉<div>元素的 id 属性。

图 10-10（a）是页面初始效果，此时 CSS 内部样式表中#test 的样式要求尚在；图 10-10（b）是单击了按钮的效果，由图可见<div>元素仍存在但#test 中设定的样式消失，这表示<div>元素中的 id 属性被删除。

10.4　jQuery 类属性

在 jQuery 中还有一系列操作 CSS 类的方法，这里主要介绍 3 种。

- addClass()：为元素添加指定名称的 class 属性。
- removeClass()：为元素删除指定名称的 class 属性。
- toggleClass()：为元素添加/删除（切换）指定名称的 class 属性。

10.4.1　jQuery addClass()

当需要为元素设置多项 CSS 样式属性时，除了可以使用 css()方法逐行添加以外，还可以使用 addClass()方法直接为元素添加 CSS 样式表中的类名称。例如：

```
<style>
.style01{
    color:red;
    background-color:yellow;
    font-size:20px;
    margin:20px;
    padding:20px;
}
</style>
```

上述代码为 CSS 样式表内容，表示声明了一种类名称为 style01 的样式集合，即字体颜色为红色，背景颜色为黄色，字体大小为 20 像素，各边的内、外边距为 20 像素。

如果使用 css()方法为指定元素添加这些属性，需要写大量的代码，但使用 addClass()方法只需要写下面一行代码。

```
$("p").addClass("style01");
```

如果有多个 CSS 类需要同时添加，可以都写在 addClass()方法的参数位置，之间用空格隔开。例如：

```
$("p").addClass("style01 style02");
```

上述代码表示为段落元素添加 class="style01 style02"的属性。

10.4.2　jQuery removeClass()

如果需要为元素取消某个 CSS 样式的类名称，只要使用 removeClass()方法即可，其语法格式如下。

```
$(selector).removeClass(className)
```

其中，selector 为任意有效的 jQuery 选择器，className 参数位置需要填入 CSS 样式的类名称。例如：

```
$("p").removeClass("style01");
```

上述代码表示为段落元素<p>删除 class="style01"的属性。

【例 10-11】 **jQuery 添加和删除 CSS 类。**

使用 addClass()和 removeClass()方法为元素添加和删除指定名称的 CSS 类。

```
1.  <!DOCTYPE html>
2.  <html>
3.    <head>
4.      <meta charset="utf-8">
5.      <title>jQuery 添加和删除 CSS 类</title>
6.      <script src="js/jquery-1.12.3.min.js"></script>
7.      <style>
8.      div{
9.          width:200px;
10.         height:100px;
11.         margin:20px;
12.         padding:20px;
13.         border:1px solid gray;
14.         text-align:center;
15.      }
16.      .coral{
17.          background-color:coral;
18.      }
19.      .fontStyle{
20.         font-weight:bold;
21.         font-size:30px;
22.         font-style:italic;
23.         color:white;
24.      }
25.      button{
26.         margin-left:20px;
27.      }
28.      </style>
29.    </head>
30.    <body>
31.      <h3>jQuery 添加和删除 CSS 类</h3>
32.      <hr>
33.      <div>
34.          Hello jQuery
35.      </div>
36.      <button id="btn01">为元素 div 添加 CSS 样式</button>
37.      <button id="btn02">为元素 div 删除 CSS 样式</button>
38.      <script>
39.          $(document).ready(function(){
40.              //按钮 1 的单击事件：为<div>元素添加 CSS 类
41.              $("#btn01").click(function(){
42.                  $("div").addClass("coral fontStyle");
43.              });
44.              //按钮 2 的单击事件：为<div>元素删除 CSS 类
45.              $("#btn02").click(function(){
46.                  $("div").removeClass("coral fontStyle");
47.              });
48.          });
49.      </script>
50.    </body>
51.</html>
```

运行效果如图 10-11 所示。

【代码说明】

本例包含一个<div>元素，其中包含文本内容"Hello jQuery"。在 CSS 内部样式表中为<div>元素设置样式：宽为 200 像素、高为 100 像素，内、外边距均为 20 像素，具有 1 像素

（a）使用 addClass()方法添加 CSS 类　　　　（b）使用 removeClass()方法删除 CSS 类

图 10-11　jQuery 添加和删除 CSS 类

宽的灰色实线边框，文本居中显示。在 CSS 内部样式表中追加了两个自定义样式：.coral 和
.fontStyle。其中，.coral 用于设置背景颜色为珊瑚色；.fontStyle 用于设置字体大小为 30 像素
的加粗、斜体字，并且字体颜色为白色。

为<div>元素配两个按钮元素<button>，这两个按钮的 id 值分别为 btn01 和 btn02。在 jQuery
中分别为这两个按钮添加 click 单击事件，用于为<div>元素添加和删除指定的 CSS 样式。

图 10-11（a）是单击了 btn01 按钮的效果，使用了 addClass("coral fontStyle")语句为<div>
元素追加 class 值 coral 和 fontStyle；图 10-11（b）是单击了 btn02 按钮的效果，使用了
removeClass("coral fontStyle")语句为<div>元素删除 class 值 coral 和 fontStyle。由图可见之前
单击 btn01 按钮设定的样式消失，<div>元素恢复到页面初始状态。

10.4.3　jQuery toggleClass()

如果需要为元素切换（轮流删除/添加）某个 CSS 样式的类名称，只要使用 toggleClass()
方法即可，其语法格式如下。

```
$(selector).toggleClass(className)
```

其中，selector 为任意有效的 jQuery 选择器，className 参数位置需要填入 CSS 样式的类名称。
例如：

```
$("p").toggleClass("style01");
```

上述代码表示为段落元素<p>删除或添加 class="style01"的属性。

同样可以一次性添加或删除多个 class 属性。例如：

```
$("p").toggleClass("style01 style02");
```

上述代码表示为段落元素<p>删除或添加 class="style01 style02"的属性。这里的 CSS 类
名称可以填入任意数量。

【例 10-12】　jQuery 添加/删除 CSS 类的切换。

使用 toggleClass()方法为元素切换添加/删除指定名称的 CSS 类。

```
1.  <!DOCTYPE html>
2.  <html>
3.      <head>
4.          <meta charset="utf-8">
5.          <title>jQuery 添加/删除 CSS 类的切换</title>
6.          <script src="js/jquery-1.12.3.min.js"></script>
7.          <style>
```

扫一扫

视频讲解

```
8.          div{
9.              width:200px;
10.             height:100px;
11.             margin:20px;
12.             padding:20px;
13.             border:1px solid gray;
14.             text-align:center;
15.         }
16.         .fontStyle{
17.             font-weight:bold;
18.             font-size:30px;
19.             font-style:italic;
20.             color:red;
21.         }
22.         button{
23.             margin-left:20px;
24.         }
25.         </style>
26.     </head>
27.     <body>
28.         <h3>jQuery 添加/删除 CSS 类的切换</h3>
29.         <hr>
30.         <div>
31.             Hello jQuery
32.         </div>
33.         <button id="btn1">为元素 div 添加/删除 CSS 样式</button>
34.         <script>
35.             $(document).ready(function(){
36.                 //按钮的单击事件：为<div>元素添加/删除 CSS 类
37.                 $("button").click(function(){
38.                     $("div").toggleClass("fontStyle");
39.                 });
40.             });
41.         </script>
42.     </body>
43.</html>
```

运行效果如图 10-12 所示。

（a）为元素添加 CSS 类的效果   （b）为元素删除 CSS 类的效果

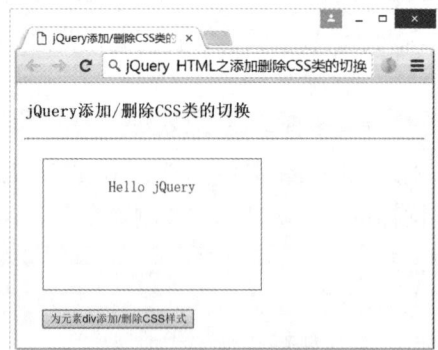

图 10-12　jQuery 添加/删除 CSS 类的切换

10.5　jQuery 尺寸

jQuery 还提供了一系列方法用于获取和设置元素或浏览器窗口的尺寸，如表 10-2 所示。

表 10-2　jQuery 尺寸的相关方法

方 法 名 称	解　　释
width()	获取或设置元素的宽度（不包括内、外边距和边框的宽度）
height()	获取或设置元素的高度（不包括内、外边距和边框的宽度）
innerWidth()	获取或设置元素的宽度（包括内边距）
innerHeight()	获取或设置元素的高度（包括内边距）
outerWidth()	获取或设置元素的宽度（包括内边距和边框的宽度）
outerHeight()	获取或设置元素的高度（包括内边距和边框的宽度）

当以上方法不带任何参数值时表示获取元素的尺寸。例如：

```
var width = $("div").width();
```

上述代码表示获取<div>元素的宽度（不包含内、外边距和边框的宽度）。

当 width()或 height()方法的参数值为数值时可以用于设置元素的尺寸。例如：

```
var width = $("div").width(300);
```

上述代码表示将<div>元素的宽度（不包含内、外边距和边框的宽度）设置为 300 像素。

如果需要获取带有外边距的尺寸，可以使用 outerWidth()或 outerHeight()方法加上参数值 true 来表示。例如：

```
var width = $("div").outerWidth(true);
```

上述代码表示获取<div>元素的宽度（包含内、外边距和边框的宽度）。

【例 10-13】　jQuery 获取元素尺寸。

使用 jQuery 的系列方法获取元素的尺寸。

扫一扫

视频讲解

```
1.  <!DOCTYPE html>
2.  <html>
3.    <head>
4.      <meta charset="utf-8">
5.      <title>jQuery 尺寸</title>
6.      <script src="js/jquery-1.12.3.min.js"></script>
7.      <style>
8.      div{
9.          width:200px;
10.         height:200px;
11.         border:7px solid silver;
12.         background-color:lightblue;
13.         margin:20px;
14.         padding:20px;
15.      }
16.      button{
17.          margin-left:20px;
18.      }
19.      </style>
20.   </head>
21.   <body>
22.      <h3>jQuery 尺寸</h3>
23.      <hr>
24.      <div>
25.          <h4>测试元素 div 的尺寸</h4>
26.          <p>测试前。</p>
27.      </div>
28.      <button>获取元素 div 的尺寸</button>
29.      <script>
```

```
30.          $(document).ready(function(){
31.              //按钮的单击事件: 获取<div>元素的尺寸
32.              $("button").click(function(){
33.                  var w=$("div").width();
34.                  var h=$("div").height();
35.                  var iw=$("div").innerWidth();
36.                  var ih=$("div").innerHeight();
37.                  var ow=$("div").outerWidth();
38.                  var oh=$("div").outerHeight();
39.                  $("p").html("width: "+w+"px<br>height: "+h
40.                  +"px<br>innerWidth: "+iw+"px<br>innerHeight: "+ih
41.                  +"px<br>outerWidth: "+ow+"px<br>outerHeight:
                    "+oh+"px");
42.              });
43.          });
44.      </script>
45.  </body>
46.</html>
```

运行效果如图 10-13 所示。

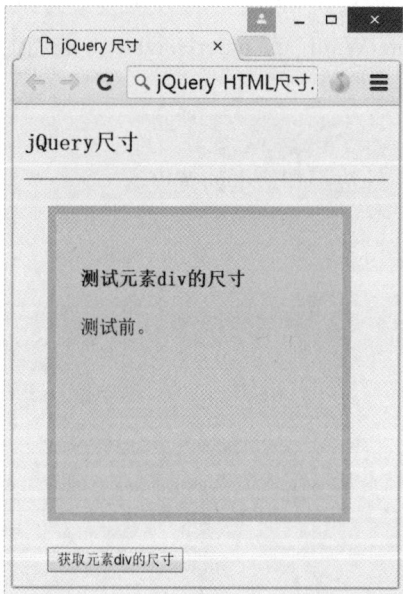

(a) 页面初始加载后的效果   (b) 获取<div>元素的尺寸

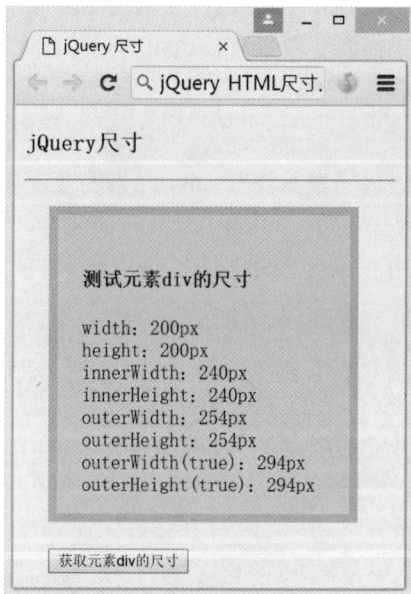

图 10-13   jQuery 获取元素尺寸的效果

【代码说明】

本例包含了一个<div>元素,测试获取其尺寸效果。在 CSS 内部样式表中为其设置样式:宽、高均为 200 像素,各边的内、外边距均为 20 像素,带有 7 像素宽的银色实线边距,背景颜色为浅蓝色。在<div>元素的下方添加一个<button>按钮,并在其 click 事件的回调函数中获取<div>元素的尺寸,然后将数据显示在<div>元素内部的段落中。

由图 10-13 可见,width 和 height 值就是 CSS 内部样式表中设置的元素的宽与高,不包含内、外边距和边框的宽度;innerWidth 与 innerHeight 值是包含了元素内边距后的数值,因此是 $200+20 \times 2=240px$;outerWidth 与 outerHeight 值是包含了元素内边距与边框宽度后的数值,因此是 $200+20 \times 2+7 \times 2=254px$;outerWidth(true)与 outerHeight(true)值是在之前的基础上包含了外边距的数值,因此是 $200+20 \times 2+7 \times 2+20 \times 2=294px$。

10.6　阶段案例：仿公众号留言板

10.6.1　案例需求

背景介绍：留言板又称为留言簿或留言本，它是目前互联网上使用最广泛的一种用户互相沟通交流的方式，例如日常的微博留言、微信公众号留言、微信朋友圈评论留言等。很多主流媒体、地方政府网站开设了留言或咨询版块倾听人民的心声、解决实际问题。例如，人民日报在其官网上开设了领导留言板，这是专门为中央部委和地方各级党委政府的主要负责人搭建的网上群众工作平台，以便走好网上群众路线,开展网上群众工作。

功能要求：使用 jQuery 制作一款仿公众号风格的简易留言板。

10.6.2　界面设计

1 整体布局

本案例主要分成写留言和精选留言两个区域，其中写留言区域内部包含标题、多行文本框和按钮，精选留言区域包含标题、若干留言列表，每个列表项里面均包含用户的头像图片、昵称和具体留言内容。整体样式结构如图 10-14 所示。

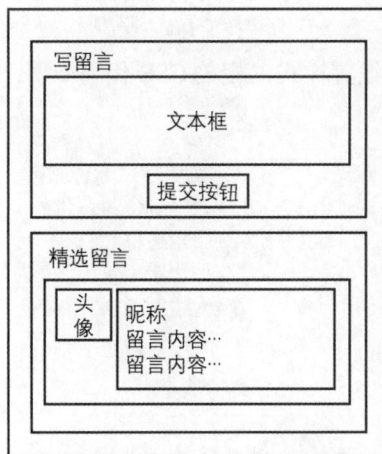

图 10-14　整体样式结构图

创建一个 HTML 文件，文件名可自定义，例如 MessageCenter.html。

在 HTML5 中使用 <div id="msgCenter"> 元素声明留言板区域，在其中嵌套<div id="msgLeave">和<div id="msgList">分别表示写留言区域和精选留言区域，相关代码如下：

```
1. <body>
2. <!--标题-->
3. <h3>简易留言板效果</h3>
4. <!--水平线-->
5. <hr/>
6. <!--留言板区域-->
7. <div id="msgCenter">
8.     <!--1 写留言区域-->
9.     <div id="msgLeave">
10.         <!--1-1 标题-->
```

```
11.          <h4>写留言</h4>
12.      </div>
13.      <!--2 精选留言区域-->
14.      <div id="msgList">
15.          <!--2-1 标题-->
16.          <h4>精选留言</h4>
17.      </div>
18.</div>
19.</body>
```

本案例使用 CSS 外部样式表规定页面样式。在本地 css 文件夹中创建 message.css 文件，并在 HTML5 文件的<head>首尾标签中声明对 CSS 文件的引用。相关 HTML5 代码片段如下：

```
1. <head>
2. <meta charset="utf-8">
3. <title>简易留言板效果</title>
4. <link rel="stylesheet" href="css/message.css">
5. </head>
```

在 CSS 外部样式表中设置公共样式，相关 CSS 代码如下：

```
1. /*公共样式*/
2. *{
3.      box-sizing: border-box;       /*盒子尺寸包含了边框和内边距*/
4. }
5. body{
6.      background-color: #f5f5f5;     /*背景颜色为灰白色*/
7.      text-align: center;           /*文本居中*/
8. }
```

为留言板区域和通用标题设置样式，相关 CSS 代码如下：

```
1. /*留言板区域*/
2. #msgCenter{
3.      width: 600px;                 /*宽度为 600 像素*/
4.      background-color: white;      /*背景颜色为白色*/
5.      border-radius: 20px;          /*圆角边框*/
6.      margin: 0 auto;               /*外边距上下为 0、左右为 auto*/
7.      padding: 20px;                /*内边距为 20 像素*/
8.
9. }
10./*留言板区域-h4 标题*/
11.#msgCenter h4{
12.     text-align: left;             /*文本左对齐*/
13.}
```

2 写留言区域

使用多行文本框<textarea>和按钮<button>完善写留言区域，代码片段如下：

```
1. <!--留言板区域-->
2. <div id="msgCenter">
3.      <!--1 写留言区域-->
4.      <div id="msgLeave">
5.          <!--1-1 标题-->
6.          <h4>写留言</h4>
7.          <!--1-2 多行文本框-->
8.          <textarea id="txtArea" rows="7"></textarea>
9.          <!--1-3 提交按钮-->
10.         <button id="submitBtn">提交</button>
11.     </div>
12.</div>
```

为多行文本框\<textarea\>和按钮\<button\>分别添加 id 属性以便后续定位，其中多行文本框使用 rows 属性表示默认至少显示 7 行。

在 CSS 外部样式表中为多行文本框设置样式，相关 CSS 代码如下：

```
1.  /*写留言区域-多行文本框*/
2.  #msgLeave #txtArea{
3.      width: 100%;          /*宽度为 100%*/
4.      font-size: 18px;      /*字体大小为 18 像素*/
5.      margin: 0 auto;       /*外边距上下为 0、左右为 auto*/
6.  }
```

3 精选留言区域

使用无序列表\<ul\>配合列表项\<li\>完善精选留言区域中的留言列表，代码片段如下：

```
1.  <!--留言板区域-->
2.  <div id="msgCenter">
3.      <!--1 写留言区域（代码略）-->
4.      <!--2 精选留言区域-->
5.      <div id="msgList">
6.          <!--2-1 标题-->
7.          <h4>精选留言</h4>
8.          <!--2-2 留言列表-->
9.          <ul>
10.             <!--2-2-1 单个列表项-->
11.             <li>
12.                 <!--2-2-1（1）头像-->
13.                 <img class="avatarImg" src="image/avatar/1.png" alt="">
14.                 <!--2-2-1（2）文字区域-->
15.                 <div class="infoBox"> </div>
16.             </li>
17.         </ul>
18.     </div>
19. </div>
```

这里可以先制作一个\<li\>元素查看效果，开发者后续可以自行追加多个列表留言。在\<li\>元素的内部使用了\<img class="avatarImg"和\<div class="infoBox"\>分别表示头像和留言信息区域，其中头像图片的来源为 image/avatar 目录下的 1.png（注意，因为列表元素随着留言的增加会有多个，所以这里不要用 id 属性来区分头像和留言信息区域）。

在 CSS 外部样式表中为列表以及内部元素设置样式，相关 CSS 代码如下：

```
1.  /*精选留言区域-列表*/
2.  #msgList ul{
3.      list-style: none;     /*清除列表装饰点*/
4.      width: 100%;          /*宽度为 100%*/
5.      height: auto;         /*高度根据内容自适应*/
6.      display: block;       /*块级元素*/
7.      margin: 0;            /*清除外边距*/
8.      padding: 0;           /*清除内边距*/
9.      text-align: left;     /*文本左对齐*/
10. }
11. /*精选留言区域-列表项*/
12. #msgList ul li{
13.     width: 100%;          /*宽度为 100%*/
14.     height: auto;         /*高度根据内容自适应*/
15.     margin: 30px 0;       /*外边距上下为 30 像素、左右为 0*/
16.     position: relative;   /*相对位置参照物*/
```

```
17.}
18./*精选留言区域-头像*/
19.#msgList .avatarImg{
20.    width: 60px;          /*宽度为 60 像素*/
21.    height: 60px;         /*高度为 60 像素*/
22.    position: absolute;   /*绝对定位*/
23.    top: 10px;            /*距离顶部 10 像素*/
24.    left: 0;              /*距离左边 0 像素*/
25.}
26./*精选留言区域-文字区域*/
27.#msgList .infoBox{
28.    margin-left: 80px;    /*外边距左侧 80 像素*/
29.}
```

细化一下留言文字区域的内部，分成用户昵称和留言内容，代码如下：

```
1. <!--2-2-1 单个列表项-->
2. <li>
3.        <!--2-2-1（1）头像（代码略）-->
4.        <!--2-2-1（2）文字区域-->
5.        <div class="infoBox">
6.            <!--2-2-1（2）文字区域-昵称-->
7.            <div class="nickName">萌小兔</div>
8.            <!--2-2-1（2）文字区域-留言内容-->
9.            <div class="msgBox">新年快乐，万事顺意！</div>
10.        </div>
11.</li>
```

这里的昵称和留言内容可以由开发者自定义。

为文字区域内部的昵称和留言内容设置样式，相关 CSS 代码如下：

```
1. /*精选留言区域-文字区域-昵称*/
2. #msgList .infoBox .nickName{
3.        width: 100%;         /*宽度为 100%*/
4.        height: 50px;        /*高度为 50 像素*/
5.        line-height: 50px;   /*行高为 60 像素*/
6. }
7. /*精选留言区域-文字区域-留言内容*/
8. #msgList .infoBox .msgBox{
9.        font-size: 20px;     /*字体大小为 20 像素*/
10.}
```

此时 CSS 样式设置就全部完成了，运行效果如图 10-15 所示。

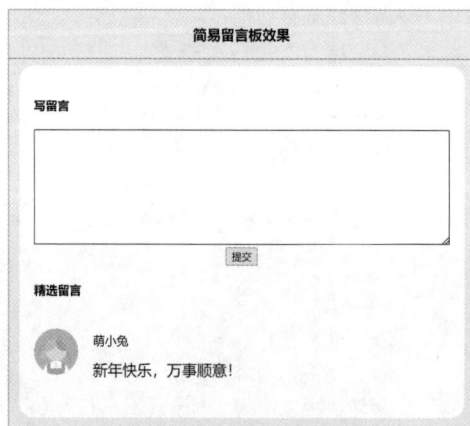

图 10-15　整体样式效果图

10.6.3　逻辑实现

留言提交动作需要使用 jQuery 的相关功能，因此首先在<head>标签中添加对于 jQuery 的调用。在 js 文件夹中创建 message.js 文件，并在 MessageCenter.html 文件的<head>首尾标签中声明对 JS 文件的引用。

相关 HTML5 代码修改后如下：

```
1. <head>
2. <meta charset="utf-8">
3. <title>简易留言板效果</title>
4. <link rel="stylesheet" href="css/message.css">
5. <script src="js/jquery-1.12.3.min.js"></script>
6. <script src="js/message.js"></script>
7. </head>
```

在 message.js 文件中先声明用户昵称和头像来源，相关代码如下：

```
1. //初始化参数
2. var nick_name = "用户001";                    //当前用户名称可更改
3. var avatar_url = "image/avatar/2.png";    //当前用户头像
```

在 message.js 文件中封装一个自定义函数 appendMsg(msg)，将留言内容以参数 msg 传递给函数使用，在精选留言区域的留言列表中新增列表项，相关代码如下：

```
1. //追加留言
2. function appendMsg(msg){
3.      //在留言列表的末尾追加列表项
4.      $("#msgList ul").append("<li></li>");
5.      //获取该列表项
6.      var li = $("#msgList ul>li:last-child");
7.
8.      //生成头像
9.      var avatarImg = '<img class="avatarImg" src="' + avatar_url + '" alt="">';
10.      //添加头像
11.      li.append(avatarImg);
12.
13.      //添加留言文字区域
14.      li.append('<div class="infoBox"></div>');
15.      //生成昵称
16.      var nickName = '<div class="nickName">' + nick_name + '</div>';
17.      //生成留言内容
18.      var msgBox = '<div class="msgBox">' + msg + '</div>';
19.      //在留言文字区域内依次添加昵称和留言内容
20.      $("#msgList ul>li:last-child .infoBox").append(nickName, msgBox);
21.}
```

在 message.js 的文档准备就绪函数中监听写留言区域按钮单击事件，相关代码如下：

```
1. //文档准备就绪
2. $(document).ready(function(){
3.      //提交按钮单击事件
4.      $("#submitBtn").click(function(){
5.          //获取留言内容
6.          var msg = $("#txtArea").val();
7.
8.          //检查是否有内容
9.          if (msg == "") {
10.              alert("尚未填写任何内容。");
11.          } else {
```

```
12.          //处理换行符号
13.          msg = msg.replace(/\n/g, "<br>");
14.          //追加留言
15.          appendMsg(msg);
16.          //清空留言内容
17.          $("#txtArea").val("");
18.      }
19.  });
20.});
```

由于多行文本框中获取到的留言内容是不带换行符号
的,所以使用 replace()方法把全文中的"\n"都替换为换行符号
,这样最后就可以实现换行的显示效果了。

此时本项目就全部完成了,运行效果如图 10-16 所示。

（a）初始状态

（b）写留言过程

（c）提交留言后（实现换行效果）

图 10-16　第 10 章阶段案例最终效果图

10.6.4　案例思考

【拓展练习】　是否可以在精选留言列表中为自己提交的留言显示"删除"按钮,并且在单击后能够删除此条留言数据?

【进阶改造】　是否可以在精选留言列表中为每条留言新增"回复"按钮,将同一条留言的回复以二级列表的形式展示出来?

本章小结

　　本章主要内容是 jQuery 对于文档对象模型（DOM）的使用方法。首先介绍了 jQuery 获取或重置元素的文本、HTML、表单值、元素属性值以及 CSS 属性值的方法；接下来介绍了 jQuery 快速在页面上添加新元素或内容的方法；然后介绍了 jQuery 删除元素、清空内容或元素属性的方法；之后讲解了如何为元素添加、删除或切换类属性；最后介绍了获取/设置元素或浏览器窗口尺寸的一系列函数。本章阶段案例介绍了仿公众号留言板，使用 jQuery DOM 获取表单元素的值以及对列表项元素进行动态添加，最终实现了留言提交和展示功能。

习题 10

扫一扫

扫一扫

习题

自测题

jQuery 遍历

jQuery 遍历指的是在 HTML 页面上沿着某个指定元素节点位置进行移动，直到查找到需要的 HTML 元素为止。本章主要内容是 jQuery 遍历技术的应用，包括 HTML 家族树概念的介绍，以及 jQuery 后代遍历、同胞遍历以及祖先遍历的相关函数的用法。

本章学习目标

- 了解什么是 HTML 家族树结构；
- 掌握 jQuery 后代遍历相关函数 children()、find()的使用；
- 掌握 jQuery 同胞遍历相关函数 siblings()、next()系列函数、prev()系列函数的使用；
- 掌握 jQuery 祖先遍历相关函数 parent()、parents()、parentsUntil()的使用。

11.1 HTML 家族树简介

同一个 HTML 页面上的所有元素按照层次关系可以形成树状结构，这种结构称为家族树（Family Tree）。最常见的遍历方式统称为树状遍历（Tree Traversal）。遍历根据移动的层次方向可以分为向下移动（后代遍历）、水平移动（同胞遍历）和向上移动（祖先遍历）。其中，后代遍历指的是元素的子、孙、曾孙元素等；同胞遍历指的是具有同一个父元素的其他元素；祖先遍历指的是元素的父、祖父、曾祖父元素等。

例如以下这段 HTML 代码：

```
<div>
    <ul>
        <li>item01</li>
        <li>item02</li>
    </ul>
    <p>
      这是一个<span>段落元素</span>
    </p>
</div>
```

将上述代码转换为家族树结构关系，如图 11-1 所示。

对元素关系的解释如下。

- <div>元素：无序列表元素<ul>和段落元素<p>的父元素，同时也是其他所有元素的祖先元素。
- <ul>元素：两个列表选项元素<li>的父元素，也是<div>的子元素。它与段落元素<p>互为同胞元素。
- <p>元素：<span>元素的父元素，也是<div>的子元素。它与无序列表元素<ul>互为同胞元素。

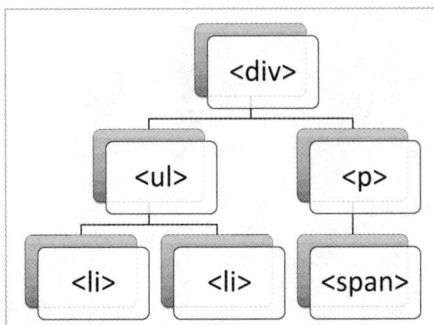

图 11-1　HTML 家族树结构图

- <li>元素：<ul>元素的子元素，同时也是<div>元素的后代。两个<li>元素互为同胞元素。
- <span>元素：<p>元素的子元素，同时也是<div>元素的后代。该元素没有同胞元素。

11.2　jQuery 后代遍历

jQuery 后代遍历指的是以指定元素为出发点，遍历该元素内部包含的子、孙、曾孙等后代元素，直到全部查找完毕。其常用的方法如下。

- children()：查找元素的直接子元素。
- find()：查找元素的全部后代，直到查找到最后一层元素。

11.2.1　jQuery children()

jQuery children()方法只能查找指定元素的第一层子元素，其语法格式如下。

```
.children([selector])
```

其中，selector 参数为可选内容，可以是任意 jQuery 选择器，用于进一步筛选需要匹配的子元素。如果不填写任何参数，则表示查找所有的子元素。例如：

```
$("p").children()
```

上述代码表示查找 HTML 页面上所有段落元素<p>的子元素。

如果加上参数，可以进一步匹配子元素。例如：

```
$("p").children(".style01")
```

上述代码表示在 HTML 页面上的所有段落元素<p>中查找 class="style01"的子元素。

【例 11-1】 **jQuery 后代遍历 children()方法的应用。**

以本章开始介绍的家族树结构图（如图 11-1 所示）为例，使用 jQuery children()方法查找<div>元素的所有子元素。

扫一扫

视频讲解

```
1.  <!DOCTYPE html>
2.  <html>
3.      <head>
4.          <meta charset="utf-8">
5.          <title>jQuery 后代遍历 children()的应用</title>
6.          <script src="js/jquery-1.12.3.min.js"></script>
7.          <style>
8.          div{
9.              width:300px;
10.         }
11.         span{
```

```
12.            display:block;
13.        }
14.        ul{
15.            list-style:none;
16.        }
17.        div,ul,p,li,span{
18.            border:1px solid gray;
19.            padding:10px;
20.            margin:10px;
21.            background-color:white;
22.        }
23.        </style>
24.    </head>
25.    <body>
26.        曾祖父 body
27.        <div>
28.            祖父元素 div
29.            <ul>
30.                父元素 ul
31.                <li>元素 li</li>
32.                <li>元素 li</li>
33.            </ul>
34.            <p>
35.                父元素 p
36.                <span>元素 span</span>
37.            </p>
38.        </div>
39.        <script>
40.            $(document).ready(function(){
41.                $("div").children().css({border:"1px solid red",
                   backgroundColor:"pink"});
42.            });
43.        </script>
44.    </body>
45.</html>
```

运行效果如图 11-2 所示。

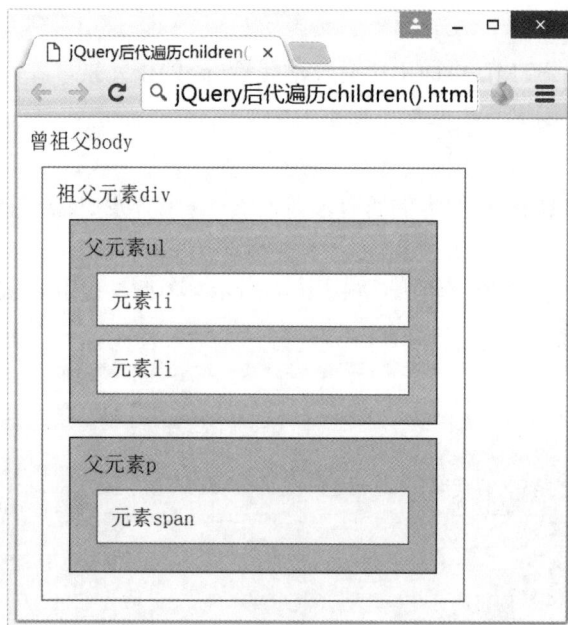

图 11-2　jQuery 后代遍历 children()方法的应用

【代码说明】

本例使用 jQuery children()方法查找的是<div>元素的所有子元素。由图 11-2 可见，查找结果是无序列表<ul>和段落元素<p>，并统一为这些子元素添加了粉色背景与 1 像素宽的红色实线边框样式。

值得注意的是，此时虽然<ul>和<p>内部也有其自己的子元素（例如<li>和<span>），但这些子元素不会被选中。因为它们对于<div>元素而言已经属于后代元素，并非第一层直接子元素。

11.2.2　jQuery find()

jQuery find()方法可用于查找指定元素的所有后代元素，其语法结构如下。

```
.find(selector)
```

其中，selector 参数可以是任意 jQuery 选择器，用于进一步筛选需要匹配的元素。例如：

```
$("p").find("span").css("border","1px solid red");
```

上述代码表示在段落元素<p>中找到所有的<span>元素，并为其设置 1 像素宽的红色实线边框。

在 selector 参数位置也可以填入元素对象，例如上述代码可以改写为如下。

```
var spans = $("span");
$("p").find(spans).css("border","1px solid red");
```

修改后的代码的运行效果与之前完全相同。

【例 11-2】 jQuery 后代遍历 find()方法的应用。

以本章开始介绍的家族树结构图（如图 11-1 所示）为例，使用 jQuery find()方法查找<div>元素的所有后代元素。

```
1.  <!DOCTYPE html>
2.  <html>
3.      <head>
4.          <meta charset="utf-8">
5.          <title>jQuery 后代遍历 find()的应用</title>
6.          <script src="js/jquery-1.12.3.min.js"></script>
7.          <style>
8.          div{
9.              width:300px;
10.         }
11.         span{
12.             display:block;
13.         }
14.         ul{
15.             list-style:none;
16.         }
17.         div,ul,p,li,span{
18.             border:1px solid gray;
19.             padding:10px;
20.             margin:10px;
21.             background-color:white;
22.         }
23.         </style>
24.     </head>
25.     <body>
26.         曾祖父 body
27.         <div>
```

```
28.          祖父元素 div
29.          <ul>
30.            父元素 ul
31.            <li>元素 li</li>
32.            <li>元素 li</li>
33.          </ul>
34.          <p>
35.            父元素 p
36.            <span>元素 span</span>
37.          </p>
38.        </div>
39.        <script>
40.          $(document).ready(function(){
41.              $("div").find("*").css({border:"1px solid red",
              backgroundColor:"pink"});
42.          });
43.        </script>
44.      </body>
45.</html>
```

运行效果如图 11-3 所示。

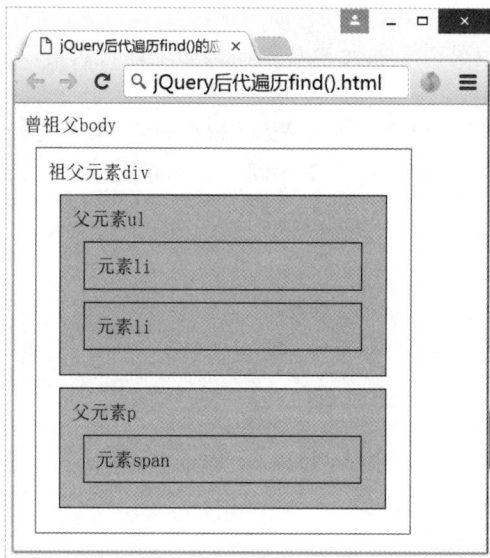

图 11-3 jQuery 后代遍历 find()方法的应用

【代码说明】

本例使用 jQuery find()方法查找的是<div>元素的所有后代元素。由图 11-3 可见，查找结果包括：① 无序列表<ul>和其子元素<li>；② 段落元素<p>及其子元素<span>，并统一为这些子元素添加了粉色背景与 1 像素宽的红色实线边框样式。

⚙ 11.3 jQuery 同胞遍历 ◄◄◄────

jQuery 同胞遍历指的是以指定元素为出发点,遍历与该元素具有相同父元素的同胞元素,直到全部查找完毕。其常用的方法如下。

- siblings()：查找指定元素的所有同胞元素。
- next()：查找指定元素的下一个同胞元素。

- nextAll()：查找指定元素后面的所有同胞元素。
- nextUntil()：查找指定元素后面指定范围内的所有同胞元素。
- prev()：查找指定元素的前一个同胞元素。
- prevAll()：查找指定元素前面的所有同胞元素。
- prevUntil()：查找指定元素前面指定范围内的所有同胞元素。

11.3.1　jQuery siblings()

jQuery siblings()方法可以查找指定元素的所有同胞元素，其语法格式如下。

```
.siblings([selector])
```

其中，selector 参数为可选内容，可以是任意 jQuery 选择器，用于进一步筛选需要匹配的同胞元素。如果不填写任何参数，则表示查找所有的同胞元素。例如：

```
$("p").siblings()
```

上述代码表示查找段落元素\<p>的所有同胞元素。

如果加上参数，可以进一步匹配同胞元素。例如：

```
$("p").siblings(".style01")
```

上述代码表示查找所有与段落元素\<p>具有相同的父元素并且 class="style01"的元素。

【例 11-3】　**jQuery 同胞遍历 siblings()方法的应用。**

以本章开始介绍的家族树结构图（如图 11-1 所示）为例，使用 jQuery siblings()方法查找其中段落元素\<p>的同胞元素。

```
1.  <!DOCTYPE html>
2.  <html>
3.    <head>
4.        <meta charset="utf-8">
5.        <title>jQuery 同胞遍历 siblings()的应用</title>
6.        <script src="js/jquery-1.12.3.min.js"></script>
7.        <style>
8.        div{
9.            width:300px;
10.       }
11.       span{
12.           display:block;
13.       }
14.       ul{
15.           list-style:none;
16.       }
17.       div,ul,p,li,span{
18.           border:1px solid gray;
19.           padding:10px;
20.           margin:10px;
21.           background-color:white;
22.       }
23.       </style>
24.   </head>
25.   <body>
26.       曾祖父 body
27.       <div>
28.           祖父元素 div
29.           <ul>
30.               父元素 ul
31.               <li>元素 li</li>
32.               <li>元素 li</li>
```

```
33.              </ul>
34.              <p>
35.                 父元素 p
36.                 <span>元素 span</span>
37.              </p>
38.          </div>
39.          <script>
40.              $(document).ready(function(){
41.                  $("p").siblings().css({border:"1px solid red",
                     backgroundColor:"pink"});
42.              });
43.          </script>
44.      </body>
45.</html>
```

运行效果如图 11-4 所示。

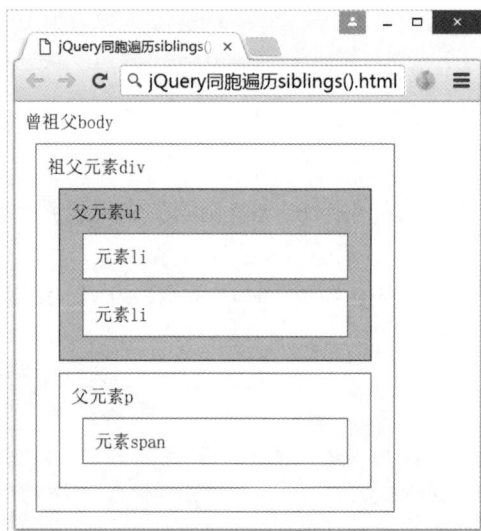

图 11-4   jQuery 同胞遍历 siblings()方法的应用

【代码说明】

本例使用 jQuery siblings()方法查找的是段落元素<p>的同胞元素。由图 11-4 可见，查找结果是将无序列表元素<ul>添加了粉色背景与 1 像素宽的红色实线边框样式。

11.3.2   jQuery next()、nextAll()和 nextUntil()

1 jQuery next()

jQuery next()方法可以查找指定元素的下一个同胞元素，其语法格式如下。

```
. next([selector])
```

其中，selector 参数为可选内容，可以是任意 jQuery 选择器，用于进一步筛选需要匹配的同胞元素。如果不填写任何参数，则表示查找指定元素的下一个同胞元素。例如：

```
$("p").next()
```

上述代码表示查找段落元素<p>的下一个同胞元素。

如果加上参数，可以进一步匹配同胞元素。例如：

```
$("p").next(".style01")
```

上述代码表示查找段落元素<p>的下一个同胞元素，并且该元素必须带有 class="style01"

属性，否则认为没有找到匹配元素。

2 jQuery nextAll()

jQuery nextAll()方法可以查找指定元素后面的所有同胞元素，其语法格式如下。

```
.nextAll([selector])
```

其中，selector 参数为可选内容，可以是任意 jQuery 选择器，用于进一步筛选需要匹配的同胞元素。如果不填写任何参数，则表示查找指定元素后面的所有同胞元素。例如：

```
$("p").nextAll()
```

上述代码表示查找段落元素<p>后面的所有同胞元素。

如果加上参数，可以进一步匹配同胞元素。例如：

```
$("p").nextAll(".style01")
```

上述代码表示查找 class="style01"并且位置处于段落元素<p>后面的所有同胞元素。

3 jQuery nextUntil()

jQuery nextUntil()方法可以查找从指定元素开始往后水平遍历直到指定元素结束的所有同胞元素，不包括作为结束标识的元素本身，其语法格式如下。

```
.nextUntil([selector] [,filter])
```

其中，selector 和 filter 参数均为可选内容，可填入有效的 jQuery 选择器。selector 参数表示水平遍历同胞元素时的结束位置，filter 参数表示进一步筛选指定范围内的同胞元素。

例如以下这种情况：

```
<div>
    <p id="test1">第 1 个子元素</p>
    <p id="test2">第 2 个子元素</p>
    <p id="test3">第 3 个子元素</p>
    <span>第 4 个子元素</span>
</div>
```

使用 nextUntil()方法如下：

```
$("p#test1").nextUntil("span")
```

上述代码表示从 id="test1"的段落元素<p>后面开始查找其同胞元素，直到<span>元素为止，不包括结尾的<span>元素本身。其查找结果如下。

```
<p id="test2">第 2 个子元素</p>
<p id="test3">第 3 个子元素</p>
```

如果加上 filter 参数，可以进一步筛选指定范围内的同胞元素。例如：

```
$("p#test1").nextUntil("span", "#test3")
```

上述代码表示在上述结果中进一步筛选 id="test3"的元素，查找结果如下。

```
<p id="test3">第 3 个子元素</p>
```

【例 11-4】 **jQuery 同胞遍历 next()、nextAll()、nextUntil()方法的应用。**

分别使用 jQuery next()、nextAll()和 nextUntil()方法匹配指定元素的同胞元素。

```
1. <!DOCTYPE html>
2. <html>
3.    <head>
4.        <meta charset="utf-8">
5.        <title>jQuery 同胞遍历 next()、nextAll()、nextUntil()的应用</title>
6.        <script src="js/jquery-1.12.3.min.js"></script>
```

扫一扫

视频讲解

```
7.          <style>
8.          div{
9.              width:300px;
10.         }
11.         ul{
12.             list-style:none;
13.         }
14.         div,ul,li{
15.             border:1px solid gray;
16.             padding:10px;
17.             margin:10px;
18.             background-color:white;
19.         }
20.         .mark{
21.             border: 1px solid red;
22.             background-color:pink;
23.         }
24.         </style>
25.     </head>
26.     <body>
27.         <h3>jQuery 同胞遍历 next()、nextAll()、nextUntil()的应用</h3>
28.         <hr>
29.         <div>
30.             祖父元素 div
31.             <ul>
32.                 父元素 ul
33.                 <li>元素 li</li>
34.                 <li>元素 li</li>
35.                 <li>元素 li</li>
36.                 <li>元素 li</li>
37.                 <li>元素 li</li>
38.             </ul>
39.         </div>
40.         <button id="btn01">$("li:eq(0)").next()</button>
41.         <button id="btn02">$("li:eq(0)").nextAll()</button>
42.         <button id="btn03">$("li:eq(0)").nextUntil("li:eq(3)")</button>
43.         <script>
44.             $(document).ready(function(){
45.                 //按钮 1 的单击事件：标记第 1 个 li 元素的下一个同胞元素
46.                 $("#btn01").click(function(){
47.                     $("li:eq(0)").nextAll().removeClass("mark");
48.                     $("li:eq(0)").next().addClass("mark");
49.                 });
50.                 //按钮 2 的单击事件：标记第 1 个 li 元素后面的所有同胞元素
51.                 $("#btn02").click(function(){
52.                     $("li:eq(0)").nextAll().addClass("mark");
53.                 });
54.                 //按钮 3 的单击事件：标记第 1 个 li 元素之后、第 4 个 li 元素之前的所
                    //有同胞元素
55.                 $("#btn03").click(function(){
56.                     $("li:eq(0)").nextAll().removeClass("mark");
57.                     $("li:eq(0)").nextUntil("li:eq(3)").addClass("mark");
58.                 });
59.             });
60.         </script>
61.     </body>
62.</html>
```

运行效果如图 11-5 所示。

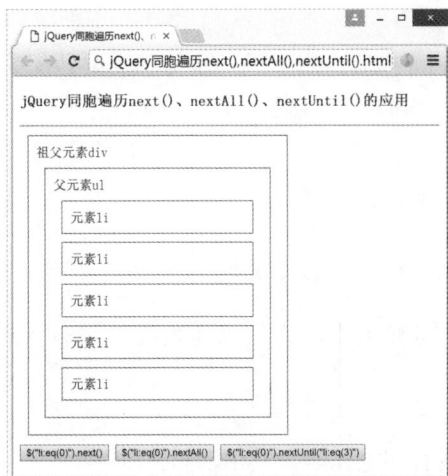

（a）页面初始加载状态　　　　　　　　（b）使用 next()方法选择指定元素的下一个同胞元素

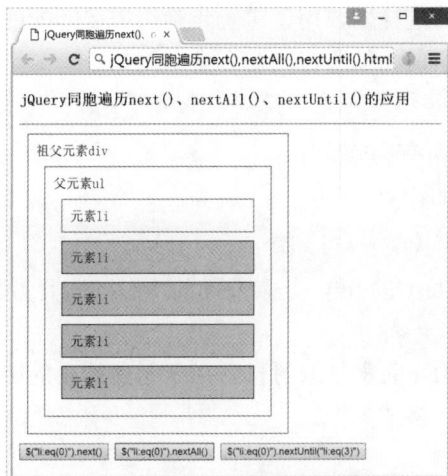

（c）使用 nextAll()方法选择指定元素后面的　　　（d）使用 nextUntil()方法选择指定元素后面指定范围内的
　　　所有同胞元素　　　　　　　　　　　　　　　同胞元素

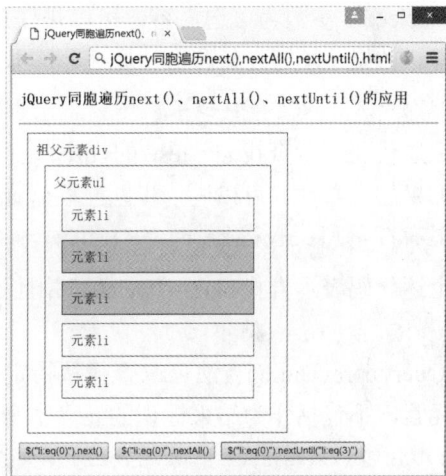

图 11-5　jQuery 同胞遍历 next()、nextAll()、nextUntil()方法的应用

【代码说明】

本例中包含了祖父元素\<div\>、父元素\<ul\>以及 5 个测试需要使用的列表选项元素\<li\>。以第 1 个\<li\>元素作为指定元素，用 jQuery 选择器$("li:eq(0)")表示。查找该元素后面的相关同胞元素，并将其样式设置为 1 像素宽的红色实线边框加上粉色背景。

由图 11-5 可见，图 11-5（a）显示的是页面初始加载的效果，当前尚未选择任何元素；图 11-5（b）显示的是使用 next()方法查找并标记$("li:eq(0)")的后一个同胞元素，即第 2 个\<li\>元素；图 11-5（c）显示的是使用 nextAll()方法查找并标记$("li:eq(0)")后面的所有同胞元素，即第 2～5 个\<li\>元素；图 11-5（d）显示的是使用 nextUntil()方法查找并标记$("li:eq(0)")后面的同胞元素，直到第 4 个\<li\>元素结束，即第 2 个和第 3 个\<li\>元素。

11.3.3　jQuery prev()、prevAll()和 prevUntil()

1 jQuery prev()

jQuery prev()方法可以查找指定元素的前一个同胞元素，其语法格式如下。

```
. prev([selector])
```

其中，selector 参数为可选内容，可以是任意 jQuery 选择器，用于进一步筛选需要匹配的同胞元素。如果不填写任何参数，则表示查找指定元素的前一个同胞元素。例如：

```
$("li").prev()
```

上述代码表示查找列表选项元素<li>的前一个同胞元素。

如果加上参数，可以进一步匹配同胞元素。例如：

```
$("li").prev(".style01")
```

上述代码表示查找列表选项元素<li>的前一个同胞元素，并且该元素必须带有 class="style01"属性，否则认为没有找到匹配元素。

2 jQuery prevAll()

jQuery prevAll()方法可以查找指定元素前面的所有同胞元素，其语法格式如下。

```
.prevAll([selector])
```

其中，selector 参数为可选内容，可以是任意 jQuery 选择器，用于进一步筛选需要匹配的同胞元素。如果不填写任何参数，则表示查找指定元素前面的所有同胞元素。例如：

```
$("div#test").prevAll()
```

上述代码表示查找 id="test"的<div>元素前面的所有同胞元素。

如果加上参数，可以进一步匹配同胞元素。例如：

```
$("div#test").prevAll(".style01")
```

上述代码表示查找 class="style01"并且处于 id="test"的<div>元素前面的所有同胞元素。

3 jQuery prevUntil()

jQuery prevUntil()方法可以查找从指定元素开始往前水平遍历直到指定元素结束的所有同胞元素，不包括作为结束标识的元素本身，其语法格式如下。

```
.prevUntil([selector] [,filter])
```

其中，selector 和 filter 参数均为可选内容，可填入有效的 jQuery 选择器。selector 参数表示水平遍历同胞元素时的结束位置，filter 参数表示进一步筛选指定范围内的同胞元素。

例如以下这种情况：

```
<div>
    <p id="test1">第 1 个子元素</p>
    <p id="test2">第 2 个子元素</p>
    <p id="test3">第 3 个子元素</p>
    <span>第 4 个子元素</span>
</div>
```

使用 prevUntil()方法如下。

```
$("span").prevUntil("p#test1")
```

上述代码表示从<span>元素开始向前查找其同胞元素，直到 id="test1"的段落元素<p>为止，不包括 id="test1"的段落元素<p>本身，查找结果如下。

```
<p id="test2">第 2 个子元素</p>
<p id="test3">第 3 个子元素</p>
```

如果加上 filter 参数，可以进一步筛选指定范围内的同胞元素。例如：

```
$("span").prevUntil("p#test1", "#test2")
```

上述代码表示在上述结果中进一步筛选 id="test2"的元素，查找结果如下。

```
<p id="test2">第 2 个子元素</p>
```

【例 11-5】 jQuery 同胞遍历 prev()、prevAll()、prevUntil()方法的应用。

分别使用 jQuery prev()、prevAll()和 prevUntil()方法匹配指定元素的同胞元素。

```
1.  <!DOCTYPE html>
2.  <html>
3.    <head>
4.        <meta charset="utf-8">
5.        <title>jQuery 同胞遍历 prev()、prevAll()、prevUntil()的应用</title>
6.        <script src="js/jquery-1.12.3.min.js"></script>
7.        <style>
8.        div{
9.            width:300px;
10.       }
11.       ul{
12.           list-style:none;
13.       }
14.       div,ul,li{
15.           border:1px solid gray;
16.           padding:10px;
17.           margin:10px;
18.           background-color:white;
19.       }
20.       .mark{
21.           border: 1px solid red;
22.           background-color:pink;
23.       }
24.       </style>
25.   </head>
26.   <body>
27.       <h3>jQuery 同胞遍历 prev()、prevAll()、prevUntil()的应用</h3>
28.       <hr>
29.       <div>
30.           祖父元素 div
31.           <ul>
32.               父元素 ul
33.               <li>元素 li</li>
34.               <li>元素 li</li>
35.               <li>元素 li</li>
36.               <li>元素 li</li>
37.               <li>元素 li</li>
38.           </ul>
39.       </div>
40.       <button id="btn01">$("li:last").prev()</button>
41.       <button id="btn02">$("li:last").prevAll()</button>
42.       <button id="btn03">$("li:last").prevUntil("li:eq(1)")</button>
43.       <script>
44.           $(document).ready(function(){
45.               //按钮 1 的单击事件：标记最后一个 li 元素的前一个同胞元素
46.               $("#btn01").click(function(){
47.                   $("li:last").prevAll().removeClass("mark");
48.                   $("li:last").prev().addClass("mark");
49.               });
50.               //按钮 2 的单击事件：标记最后一个 li 元素前面的所有同胞元素
51.               $("#btn02").click(function(){
52.                   $("li:last").prevAll().addClass("mark");
53.               });
54.               //按钮 3 的单击事件：标记第 2 个 li 元素之后、最后一个 li 元素之前的
                   //所有同胞元素
```

```
55.                    $("#btn03").click(function(){
56.                        $("li:last").prevAll().removeClass("mark");
57.                        $("li:last").prevUntil("li:eq(1)").addClass("mark");
58.                    });
59.                });
60.        </script>
61.    </body>
62.</html>
```

运行效果如图 11-6 所示。

（a）页面初始加载状态

（b）使用 prev()方法选择元素

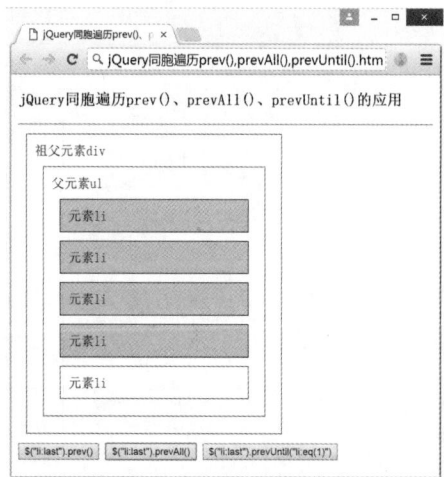

（c）使用 prevAll()方法选择元素

（d）使用 prevUntil()方法选择元素

图 11-6　jQuery 同胞遍历 prev()、prevAll()、prevUntil()方法的应用

【代码说明】

本例中包含了祖父元素<div>、父元素<ul>以及 5 个测试需要使用的列表选项元素<li>。jQuery 选择器$("li:last")表示以最后一个<li>元素为指定元素查找其前面的相关同胞元素，并将其样式设置为 1 像素宽的红色实线边框加上粉色背景。

由图 11-6 可见，图 11-6（a）显示的是页面初始加载的效果，当前尚未选择任何元素；图 11-6（b）显示的是使用 prev()方法查找并标记$("li:last")的前一个同胞元素，即第 4 个<li>元素；图 11-6（c）显示的是使用 prevAll()方法查找并标记$("li:last")前面的所有同胞元素，即第 1～4 个<li>元素；图 11-6（d）显示的是使用 prevUntil()方法查找并标记$("li:last")前面的同胞元素，直到第 2 个<li>元素结束，即第 3 个和第 4 个<li>元素。

11.4　jQuery 祖先遍历

jQuery 祖先遍历指的是以指定元素为出发点遍历该元素的父、祖父、曾祖父元素等，直到全部查找完毕，其常用的方法如下。

- parent()：查找指定元素的直接父元素。
- parents()：查找指定元素的所有祖先元素。
- parentsUntil()：查找指定元素向上指定范围的所有祖先元素。

11.4.1　jQuery parent()

jQuery parent()方法可以查找指定元素的直接父元素，其语法格式如下。

```
.parent([selector])
```

其中，selector 参数为可选内容，可以是任意 jQuery 选择器，用于进一步筛选需要匹配的父元素。如果不填写任何参数，则表示查找所有的父元素。例如：

```
$("p").parent()
```

上述代码表示查找所有段落元素<p>的直接父元素。

如果加上参数，可以进一步匹配父元素。例如：

```
$("p").parent(".style01")
```

上述代码表示查找既是段落元素<p>的父元素，也是 class="style01"的元素。

【例 11-6】　**jQuery 祖先遍历 parent()方法的应用。**

使用 jQuery parent()方法查找指定元素的父元素。

```
1.  <!DOCTYPE html>
2.  <html>
3.    <head>
4.      <meta charset="utf-8">
5.      <title>jQuery 祖先遍历 parent()的应用</title>
6.      <script src="js/jquery-1.12.3.min.js"></script>
7.      <style>
8.      div{
9.          width:300px;
10.     }
11.     span{
12.         display:block;
13.     }
14.     ul{
15.         list-style:none;
16.     }
17.     div,ul,p,li,span{
18.         border:1px solid gray;
19.         padding:10px;
20.         margin:10px;
21.         background-color:white;
22.     }
23.     </style>
24.   </head>
25.   <body>
```

```
26.        曾曾祖父 body
27.        <div>曾祖父元素 div
28.            <ul>祖父元素 ul
29.               <li>父元素 li
30.                  <span>元素 span</span>
31.               </li>
32.            </ul>
33.         </div>
34.        <script>
35.           $(document).ready(function(){
36.                $("span").parent().css({border:"1px solid red",
                   backgroundColor:"pink"});
37.           });
38.        </script>
39.     </body>
40.</html>
```

运行效果如图 11-7 所示。

图 11-7　jQuery 祖先遍历 parent()方法的应用

【代码说明】

本例使用 jQuery parent()方法查找的是<span>元素的父元素。由图 11-7 可见，查找结果是将列表选项元素<li>添加了粉色背景与 1 像素宽的红色实线边框样式。

11.4.2　jQuery parents()

jQuery parents()方法可以查找指定元素的所有祖先元素，其语法格式如下。

```
.parents([selector])
```

其中，selector 参数为可选内容，可以是任意 jQuery 选择器，用于进一步筛选需要匹配的祖先元素。如果不填写任何参数，则表示查找所有的祖先元素。例如：

```
$("p").parents()
```

上述代码表示查找段落元素<p>的所有祖先元素。

如果加上参数，可以进一步匹配祖先元素。例如：

```
$("p").parents(".style01")
```

上述代码表示在段落元素<p>的所有祖先元素中查找 class="style01"的元素。

【例 11-7】　**jQuery 祖先遍历 parents()方法的应用。**

使用 jQuery parents()方法查找指定元素的祖先元素。

扫一扫

视频讲解

```
1.  <!DOCTYPE html>
2.  <html>
3.      <head>
4.          <meta charset="utf-8">
5.          <title>jQuery 祖先遍历 parents()的应用</title>
6.          <script src="js/jquery-1.12.3.min.js"></script>
7.          <style>
8.          div{
9.              width:300px;
10.         }
11.         span{
12.             display:block;
13.         }
14.         ul{
15.             list-style:none;
16.         }
17.         div,ul,p,li,span{
18.             border:1px solid gray;
19.             padding:10px;
20.             margin:10px;
21.             background-color:white;
22.         }
23.         </style>
24.     </head>
25.     <body>
26.         曾祖父 body
27.         <div>
28.             祖父元素 div
29.             <ul>
30.                 父元素 ul
31.                 <li>元素 li</li>
32.                 <li>元素 li</li>
33.             </ul>
34.             <p>
35.                 父元素 p
36.                 <span>元素 span</span>
37.             </p>
38.         </div>
39.         <script>
40.             $(document).ready(function(){
41.                 $("li").parents().css({border:"1px solid red",
                    backgroundColor:"pink"});
42.             });
43.         </script>
44.     </body>
45. </html>
```

运行效果如图 11-8 所示。

【代码说明】

本例使用 jQuery parents()方法查找的是列表选项元素<li>的所有祖先元素。由图 11-8 可见，查找结果是父元素<ul>、祖父元素<div>、曾祖父元素<body>等，并统一为这些祖先元素添加了粉色背景与 1 像素宽的红色实线边框样式。

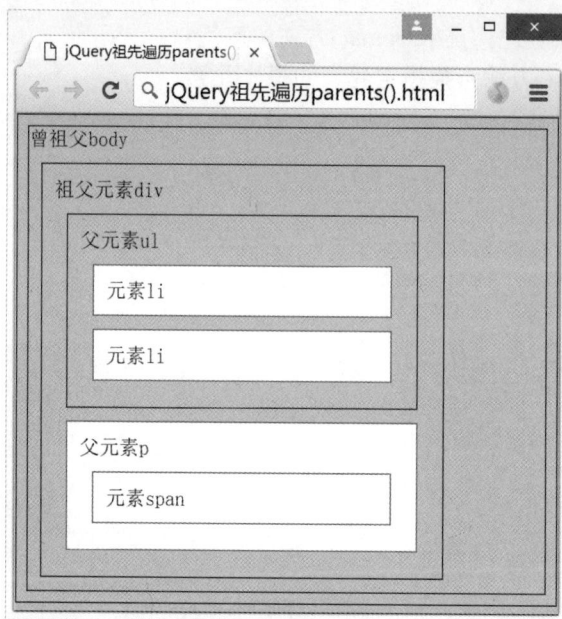

图 11-8　jQuery 祖先遍历 parents()方法的应用

11.4.3　jQuery parentsUntil()

jQuery parentsUntil()方法可以查找指定元素的所有祖先元素,其语法格式如下。

```
.parentsUntil([selector][,filter])
```

其中,selector 和 filter 参数均为可选内容,可填入有效的 jQuery 选择器。selector 参数表示向上遍历祖先元素时的结束位置,filter 参数表示进一步筛选指定范围内的祖先元素。

例如:

```
$("p").parentsUntil()
```

上述代码表示查找段落元素<p>的所有祖先元素。

例如以下这种情况:

```
<div id="layer01">曾祖父元素 div
  <div id="layer02">祖父元素 div
    <ul>父元素 ul
      <li>列表选项元素 li</li>
    </ul>
  </div>
</div>
```

使用 parentsUntil()方法如下。

```
$("li").parentsUntil("div layer01")
```

上述代码表示从<li>元素开始向上追溯其祖先元素,直到<div id="layer01">元素为止,不包括<div id="layer01">元素本身。其查找结果如下。

```
<div id="layer02">祖父元素 div
  <ul>父元素 ul
  </ul>
</div>
```

如果加上 filter 参数,可以进一步筛选指定范围内的祖先元素。

使用 parentsUntil()方法如下。

```
$("li").parentsUntil("div#layer01","#layer02")
```

上述代码表示从<li>元素开始向上查找 id="layer02"的祖先元素，并且其查找范围不可超过 id="layer01"的<div>元素。

其查找结果如下。

```
<div id="layer02">祖父元素 div
</div>
```

【例 11-8】 **jQuery 祖先遍历 parentsUntil()方法的应用。**

使用 jQuery parentsUntil()方法查找指定元素的祖先元素。

```
1.  <!DOCTYPE html>
2.  <html>
3.    <head>
4.      <meta charset="utf-8">
5.      <title>jQuery 祖先遍历 parentsUntil()的应用</title>
6.      <script src="js/jquery-1.12.3.min.js"></script>
7.      <style>
8.      div{
9.          width:300px;
10.     }
11.     span{
12.         display:block;
13.     }
14.     ul{
15.         list-style:none;
16.     }
17.     div,ul,p,li,span{
18.         border:1px solid gray;
19.         padding:10px;
20.         margin:10px;
21.         background-color:white;
22.     }
23.     </style>
24.   </head>
25.   <body>
26.       曾祖父 body
27.       <div>
28.           祖父元素 div
29.           <ul>
30.               父元素 ul
31.               <li>元素 li</li>
32.               <li>元素 li</li>
33.           </ul>
34.           <p>
35.               父元素 p
36.               <span>元素 span</span>
37.           </p>
38.       </div>
39.       <script>
40.         $(document).ready(function(){
41.             $("li").parentsUntil("body").css({border:"1px solid red",
            backgroundColor:"pink"});
42.         });
43.       </script>
44.   </body>
45.</html>
```

运行效果如图 11-9 所示。

图 11-9　jQuery 祖先遍历 parentsUntil()方法的应用

【代码说明】

本例使用 jQuery parentsUntil()方法查找的是从列表选项元素\<li\>开始，向上追溯其所有祖先元素，直到\<body\>元素结束，并且不包含\<body\>元素本身。由图 11-9 可见，查找结果是列表选项元素\<li\>的父元素\<ul\>和祖父元素\<div\>，并统一为这些祖先元素添加了粉色背景与 1 像素宽的红色实线边框样式。

11.5　阶段案例：仿电商购物车效果

11.5.1　案例需求

使用 jQuery 制作一款仿电商购物车效果界面，可以展示购物车中的商品图片、描述、单价、数量、总金额等内容，购物车中的每款商品均可以调整数量或删除。用户可以勾选其中的一个或多个商品进行结算，底部工具栏会根据已勾选商品的单价和数量自动计算并显示需要结算的总金额。

扫一扫

视频讲解

11.5.2　界面设计

1　整体布局

本案例直接使用表格\<table\>来实现整个布局，表格分为表头标签、商品列表明细和底部结算工具栏 3 个区域。整体样式结构如图 11-10 所示。

创建一个 HTML 文件，文件名可自定义，例如 ShoppingCart.html。

在 HTML5 中使用\<table id="shoppingCart"\>元素声明购物车区域，在其中划分若干单元行\<tr\>，以 5 行为例：第 1 行为表头标签，第 2～4 行为商品列表区域，最后一行为结算工具栏。相关代码如下：

```
1. <body>
2. <!--标题-->
3. <h3>仿电商购物车效果</h3>
4. <!--水平线-->
5. <hr>
6. <!--购物车表格-->
7. <table id="shoppingCart">
8.     <!--1 表头标签-->
9.     <tr></tr>
10.     <!--2 商品列表区域开始-->
11.     <!--2-1 商品 1-->
12.     <tr class="goodsBox"></tr>
13.     <!--2-2 商品 2-->
14.     <tr class="goodsBox"></tr>
15.     <!--2-3 商品 3-->
16.     <tr class="goodsBox"></tr>
17.     <!--3 结算区域 -->
18.     <tr></tr>
19. </table>
20. </body>
21. </html>
```

选择	商品图片	商品信息	单价	数量	金额	操作
☐	图片	手机	￥1000	2	￥2000	删除
☐	图片	手机	￥8000	1	￥8000	删除
☐	图片	手机	￥1000	1	￥1000	删除
☐ 全选	清空购物车	合计（不含运费）：￥0.00				结算

图 11-10　整体样式结构图

本案例使用 CSS 外部样式表规定页面样式。在本地 css 文件夹中创建 cart.css 文件，并在 HTML5 文件的<head>首尾标签中声明对 CSS 文件的引用。相关 HTML5 代码片段如下：

```
1. <head>
2. <meta charset="utf-8">
3. <title>仿电商购物车效果</title>
4. <link rel="stylesheet" href="css/cart.css">
5. </head>
```

在 CSS 外部样式表中设置公共样式以及表格基础样式，相关 CSS 代码如下：

```
1. /*公共样式*/
2. body{
3.     background-color: #f5f5f5;          /*背景颜色为灰白色*/
4.     text-align: center;                 /*文本居中*/
5. }
```

为表格设置基础样式，相关 CSS 代码如下：

```
1.  /*购物车区域表格*/
2.  #shoppingCart{
3.      width: 990px;                    /*宽度为 990 像素*/
4.      background-color: white;         /*背景颜色为白色*/
5.      border-radius: 20px;             /*圆角边框*/
6.      margin: 0 auto;                  /*外边距上下为 0、左右为 auto*/
7.  }
8.  /*购物车区域表格-单元行*/
9.  #shoppingCart tr{
10.     height: 50px;                    /*高度为 50 像素*/
11. }
12. /*购物车区域表格-单元格*/
13. #shoppingCart td{
14.     text-align: center;              /*文本居中*/
15.     padding: 20px 10px;              /*内边距上下为 20 像素、左右为 10 像素*/
16. }
```

2 表头设置

表格中的第 1 行<tr>内部使用<th>标签设置 7 个表头，代码如下：

```
1.  <!--购物车表格-->
2.  <table id="shoppingCart">
3.      <!--1 表头标签-->
4.      <tr>
5.          <th>选择</th>
6.          <th>商品图片</th>
7.          <th>商品信息</th>
8.          <th>单价</th>
9.          <th>数量</th>
10.         <th>金额</th>
11.         <th>操作</th>
12.     </tr>
13.     <!--2 商品列表区域开始（代码略）-->
14.     <!--3 结算区域（代码略）-->
15. </table>
```

注意：开发者也可以根据实际需求变更标签名称或表头标签的数量，但是需要注意让商品列表中每一行单元格的数量与表头保持一致。

3 商品列表

表格中的第 2～4 行<tr>内部均使用<td>标签设置 7 个单元格与表头标签对应，由于这 3 行的元素结构完全一样，节选第 2 行<tr>中的商品相关代码如下：

```
1.  <!--购物车表格-->
2.  <table id="shoppingCart">
3.      <!--1 表头标签（代码略）-->
4.      <!--2 商品列表区域开始-->
5.      <!--2-1 商品 1-->
6.      <tr class="goodsBox">
7.          <!-- (1)多选框-->
8.          <td><input type="checkbox"></td>
9.          <!-- (2)商品图片-->
10.         <td><img class="goods" alt="" src="image/1.jpg"/></td>
11.         <!-- (3)商品信息-->
12.         <td>Huawei/华为 畅享 50</td>
```

```
13.              <!--（4）单价-->
14.              <td>¥<span class="unit_price">1299.00</span></td>
15.              <!--（5）数量-->
16.              <td>
17.                  <!--（5）数量-减号按钮-->
18.                  <button class="minusBtn">-</button>
19.                  <!--（5）数量-文本框-->
20.                  <input class="goods_num" type="text" value="1"/>
21.                  <!--（5）数量-加号按钮-->
22.                  <button class="plusBtn">+</button>
23.              </td>
24.              <!--（6）金额-->
25.              <td>¥<span class="price">1299.00</span></td>
26.              <!--（7）操作-->
27.              <td><button class="delBtn"> 删除 </button></td>
28.          </tr>
29.      <!--2-2 商品 2（代码略，参照商品 1 修改数据可得）-->
30.      <!--2-3 商品 3（代码略，参照商品 1 修改数据可得）-->
31.      <!--3 结算区域（代码略）-->
32.</table>
```

其中商品 1 的图片来自 image 目录下的 1.jpg，开发者可以参照商品 1 的信息自行为商品 2 和商品 3 添加一些模拟数据。

在 CSS 外部样式表中为商品图片以及商品数量文本框设置样式，相关 CSS 代码如下：

```
1.  /*商品列表区域-商品图片*/
2.  .goodsBox img.goods{
3.      width: 80px;            /*宽度为 80 像素*/
4.      height: 80px;           /*高度为 80 像素*/
5.      display: block;         /*显示为块级元素*/
6.      margin: 0 auto;         /*外边距上下为 0、左右居中*/
7.  }
8.  /*商品列表区域-文本输入框*/
9.  .goodsBox input[type='text']{
10.     width: 25px;            /*宽度为 25 像素*/
11.     text-align: center;     /*文本水平方向居中*/
12.}
```

此时商品列表区域的样式就完成了。

4 结算区域

结算区域不需要按照表头标签拆分，可以用一个<td>单元格配合属性 colspan="7"来实现合并 7 个单元格竖列。其内部使用<div id="toolbar">表示结算工具栏，该工具栏为左右结构：左边区域是全选框和"清空购物车"按钮，右边区域是结算总金额文本和"结算"按钮。

HTML5 相关代码如下：

```
1. <!--购物车表格-->
2. <table id="shoppingCart">
3.      <!--1 表头标签（代码略）-->
4.      <!--2 商品列表区域开始（代码略）-->
5.      <!--3 结算区域 -->
6.      <tr>
7.          <td colspan="7">
8.              <!--3-1 结算区域-工具栏 -->
```

```
9.                  <div id="toolbar">
10.                     <!--3-1-1 结算区域-工具栏-左侧 -->
11.                     <div id="leftArea">
12.                         <!-- （1）全选框 -->
13.                         <span><input class="selectAll" type="checkbox">全选</span>
14.                         <!-- （2）"清空购物车" 按钮 -->
15.                         <button class="clearBtn">清空购物车</button>
16.                     </div>
17.                     <!--3-1-2 结算区域-工具栏-右侧 -->
18.                     <div id="rightArea">
19.                         <!-- （1）合计金额 -->
20.                         <span>合计（不含运费）：¥<span class="total_price">0.00
                            </span></span>
21.                         <!-- （2）结算 -->
22.                         <button class="submitBtn">结算</button>
23.                     </div>
24.                 </div>
25.         </td>
26.     </tr>
27.</table>
```

上述代码使用<div id="leftArea">和<div id="rightArea">分别表示结算工具栏中的左右区域，并使用<input type="checkbox">制作全选框；工具栏中的文本内容均使用<span>实现，其中总金额先默认写为初始值"0.00"，且使用<span class="total_price">方便后续查找更新；"结算"按钮和"清空购物车"按钮均使用<button>实现。

在 CSS 外部样式表中为结算工具栏及其内部的按钮设置样式，相关 CSS 代码如下：

```
1. /*工具栏区域*/
2. #toolbar{
3.     display: flex;                          /*flex 弹性布局*/
4.     flex-direction: row;                    /*水平方向布局*/
5.     align-items: center;                    /*垂直方向居中*/
6.     justify-content: space-between;         /*垂直方向组件间距相等*/
7.     padding: 0 15px;                        /*内边距上下为 0、右右为 15 像素*/
8. }
9. /*工具栏区域-"清空购物车"按钮*/
10.#toolbar .clearBtn{
11.     margin-left: 15px;                      /*外边距左侧为 15 像素*/
12.}
13./*工具栏区域-"结算"按钮*/
14.#toolbar .submitBtn{
15.     width: 70px;                            /*宽度为 70 像素*/
16.     height: 40px;                           /*高度为 40 像素*/
17.     line-height: 40px;                      /*行高为 40 像素*/
18.     background-color: #ff5000;              /*背景颜色*/
19.     color: white;                           /*文字颜色为白色*/
20.     font-size: 16px;                        /*字体大小为 16 像素*/
21.     border-radius: 20px;                    /*圆角边框效果，圆角半径为 20 像素*/
22.     margin-left: 15px;                      /*外边距左侧为 15 像素*/
23.     outline: none;                          /*无外轮廓*/
24.     border: none;                           /*无边框*/
25.     cursor: pointer;                        /*光标显示为超链接手状指针*/
26.}
```

此时 CSS 样式设置就全部完成了，运行效果如图 11-11 所示。

图 11-11　整体样式效果图

11.5.3　逻辑实现

1　整体逻辑

购物车中的各类操作动作均需要使用 jQuery 的相关功能，因此首先在<head>标签中添加对于 jQuery 的调用。在 js 文件夹中创建 cart.js 文件，并在 ShoppingCart.html 文件的<head>首尾标签中声明对 JS 文件的引用。

相关 HTML5 代码修改后如下：

```
1. <head>
2. <meta charset="utf-8">
3. <title>仿电商购物车效果</title>
4. <link rel="stylesheet" href="css/cart.css">
5. <script src="js/jquery-1.12.3.min.js"></script>
6. <script src="js/cart.js"></script>
7. </head>
```

本案例涉及的所有操作逻辑都来自于商品列表区域和结算工具栏区域。

商品列表区域的相关功能如下。

- 单个商品的勾选/取消：变更当前勾选框和全选框状态，更新结算总金额。
- 加/减号按钮单击事件：商品数量每次加/减 1，更新当前商品总价及结算总金额。
- 数量文本框输入事件：显示用户输入的整数，更新当前商品总价及结算总金额。
- "删除"按钮单击事件：删除对应的商品列表行并更新结算总金额。

结算工具栏区域的相关功能如下。

- 全选框勾选/取消：勾选/取消时联动变更全部商品勾选框和结算总金额。
- "清空购物车"按钮单击事件：清除全部商品列表行，结算总金额为 0。

在 cart.js 文件的文档准备就绪函数中按照上面总结的功能先进行注释，划分好内容区域：

```
1. //文档准备就绪
2. $(document).ready(function(){
3.     //======================
```

```
4.      // 1 商品列表区域事件
5.      //=====================
6.      //1-1 单个商品勾选框单击事件
7.      //1-2 减号按钮单击事件
8.      //1-3 加号按钮单击事件
9.      //1-4 商品数量文本框输入事件
10.     //1-5 "删除" 按钮单击事件
11.
12.     //=====================
13.     // 2 结算工具栏区域事件
14.     //=====================
15.     //2-1 全选勾选框单击事件
16.     //2-2 "清空购物车" 按钮单击事件
17.});
```

2 函数封装

从所有需要实现的功能逻辑中可以总结出两个频繁被使用的功能：一是更新当前商品总价；二是更新底部工具栏的结算总金额。在 cart.js 文件中新增自定义函数 updatePrice() 和 updateTotalPrice()，分别用来实现这两个功能模块，以便后续被其他事件调用。

updatePrice() 的代码如下：

```
1. //函数封装-更新指定商品总价
2. //参数 td：数量控件所在的父单元格对象
3. //参数 num：商品数量
4. function updatePrice(td, num){
5.      //获取当前商品单价
6.      var unit_price = td.prev().children(".unit_price").text();
7.      //计算当前商品总价（保留两位小数）
8.      var price = (unit_price * num).toFixed(2);
9.      //更新当前商品总价
10.     td.next().children(".price").text(price);
11.}
```

上述代码用到了 jQuery 同胞遍历 prev() 和 next() 分别获取参数单元格 td（注意，包含加/减号按钮和数量文本框的单元格，即每行第 5 个单元格）的前后两个单元格对象，使用 jQuery 后代遍历 children(".unit_price") 获得单价后进行计算然后使用 children(".price") 更新当前商品总价。

updateTotalPrice() 的代码如下：

```
1. //函数封装-更新结算总金额
2. function updateTotalPrice(){
3.      //查找所有商品单元行中的勾选框元素
4.      var checkArr = $(".goodsBox input:checkbox");
5.      //初始化结算总金额
6.      var total_price = 0;
7.      //遍历所有元素检查是否被勾选
8.      for(var i = 0; i < checkArr.length; i++){
9.          //确认当前元素被勾选
10.         if(checkArr.eq(i).is(":checked")){
11.             var price = checkArr.eq(i).parents(".goodsBox").find(".price").text();
12.             //将当前金额转为数字类型并加入总金额
13.             total_price += Number(price);
14.         }
15.     }
```

```
16.        //页面上更新结算总金额
17.        $(".total_price").text(total_price.toFixed(2));
18. }
```

上述代码先使用$(".goodsBox input:checkbox")查找所有 class="goodsBox"的<tr>单元行内的勾选框元素<input type="checkbox">，其返回值是一个数组对象。遍历该数组对象依次确认每个勾选框是否为选中状态，如果有选中的勾选框，则使用 jQuery 祖先遍历 parents(".goodsBox")获取当前勾选框的祖先元素<tr>单元行，再使用 jQuery 后代遍历 find(".price")获得当前商品的总价并加入结算总金额。最后在页面上更新结算总金额且保留两位小数。

扫一扫

视频讲解

3　商品列表逻辑

1）单个商品的勾选/取消

当某一行商品的勾选框被勾选或取消时，更新底部结算工具栏中的总金额。如果这是购物车中最后一件被勾选的商品，则将勾选结算工具栏中的全选框；如果是取消勾选，则让结算工具栏中的全选框变更为非勾选状态。

在 cart.js 中使用$(".goodsBox input:checkbox")来监听商品勾选框的单击事件，相关代码如下：

```
1.     //1-1 单个商品勾选框单击事件
2.     $(".goodsBox input:checkbox").click(function(){
3.         //标记全选框是否需要勾选
4.         var isAll = true; //先默认要勾上全选
5.
6.         //当前勾选框被勾选
7.         if($(this).is(":checked")){
8.             //查找所有商品单元行中的勾选框元素
9.             var checkArr = $(".goodsBox input:checkbox");
10.            //遍历所有元素检查是否被勾选
11.            for(var i = 0; i < checkArr.length; i++){
12.                //如果当前元素未被勾选
13.                if(!checkArr.eq(i).is(":checked")){
14.                    isAll = false;  //取消全选
15.                    break;          //停止遍历
16.                }
17.            }
18.        }
19.        //当前勾选框取消勾选
20.        else{
21.            isAll = false;          //取消全选
22.        }
23.        //更新全选勾选框的勾选状态
24.        $(".selectAll").prop("checked", isAll);
25.        //更新结算总价
26.        updateTotalPrice();
27.    });
```

上述代码表示当任意一个勾选框被单击时，如果当前动作是勾选，则遍历所有商品勾选框看其他商品是否也都是勾选状态，先默认标记全选框为勾选状态，只要遍历时有任意一个没被勾选则标记全选框为取消状态；如果当前动作是取消，也是标记全选框为取消状态。最后更新全选框状态和结算总价。

运行效果如图 11-12 所示。

（a）勾选单个商品

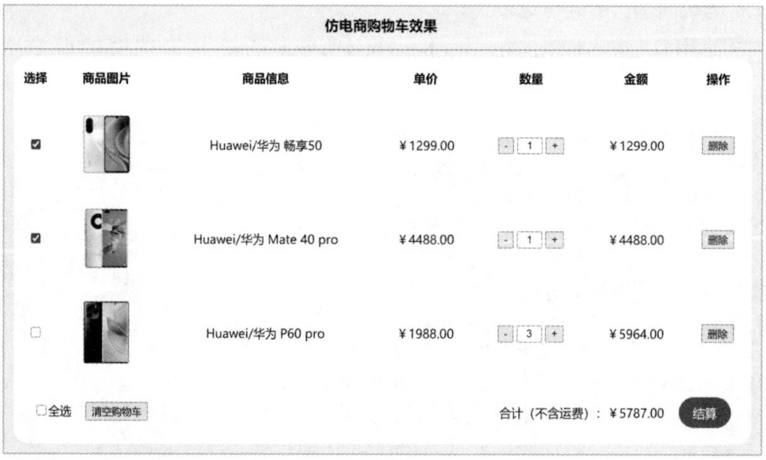

（b）勾选多个商品

（c）勾选全部商品

图 11-12　商品列表逻辑-单个商品的勾选/取消

2）加减号按钮单击事件

当减号按钮被单击时需要将数量文本框中的数字减 1，若达到最小数量 1 则不再变化，并且更新当前商品总价以及底部结算工具栏中的总金额。

在 cart.js 中使用$(".minusBtn")来监听减号按钮的单击事件，相关代码如下：

```
1.    //1-2 减号按钮单击事件
2.    $(".minusBtn").click(function(){
3.        //查找商品数量文本输入框，并获得取值
4.        var num = $(this).siblings("input").val();
5.        //最少要选一个商品，所以数量必须大于 1 才有动作
6.        if(num > 1){
7.            //商品数量减少 1
8.            num--;
9.            //更新商品数量文本输入框内的取值
10.           $(this).siblings("input").val(num);
11.           //更新当前商品总金额
12.           updatePrice($(this).parent(), num);
13.           //更新结算总价
14.           updateTotalPrice();
15.       }
16.   });
```

上述代码先使用 jQuery 同胞遍历 siblings("input")获取与当前减号按钮在同一个单元格中的文本输入框<input>元素，即数量文本输入框对象，并获取其中的数值（商品数量）。当数量大于 1 时才可以有后续动作：商品数量减少 1，然后分别更新数量文本框中显示的数字、当前商品总金额以及结算总价。

当加号按钮被单击时将数量文本框中的数字加 1，若达到最大数量 999 则不再变化，并且更新当前商品总价以及底部结算工具栏中的总金额。

在 cart.js 中使用$(".plusBtn")来监听加号按钮的单击事件，相关代码如下：

```
1.    //1-3 加号按钮单击事件
2.    $(".plusBtn").click(function(){
3.        //查找同胞元素文本输入框，并获得取值
4.        var num = $(this).siblings("input").val();
5.        //最多不可以超过 999 个商品
6.        if(num < 999){
7.            //商品数量增加 1
8.            num++;
9.            //更新文本输入框内的取值
10.           $(this).siblings("input").val(num);
11.           //更新当前商品总金额
12.           updatePrice($(this).parent(), num);
13.           //更新结算总价
14.           updateTotalPrice();
15.       }
16.   });
```

上述代码先使用 jQuery 同胞遍历 siblings("input")获取与当前加号按钮在同一个单元格中的文本输入框<input>元素，即数量文本输入框对象，并获取其中的数值（商品数量）。当数量小于默认最大值 999 时才可以有后续动作：商品数量增加 1，然后分别更新数量文本框中显示的数字、当前商品总金额以及结算总价。

运行效果如图 11-13 所示。

3）数量文本框输入事件

当用户在数量文本框中输入内容时，输入的内容和显示结果的对应关系如下。

- 输入有效范围[1,999]内的整数：显示用户输入的数字。
- 输入超出范围的数字：就近显示 1 或 999，例如输入 0 则显示 1，输入 1000 则显示 999。
- 输入非数字：显示数字 1，例如输入"abc"则显示 1。

- 输入小数：自动四舍五入取整，例如输入"3.14"则自动显示为 3。

图 11-13　商品列表逻辑-加减号按钮单击事件

最后更新当前商品总价以及底部结算工具栏中的总金额。

在 cart.js 中使用$(".goods_num")来监听数量文本框的 change 事件，相关代码如下：

```
1.      //1-4 商品数量文本框输入事件
2.      $(".goods_num").change(function(){
3.          //获取当前输入的文本
4.          var num = $(this).val();
5.          //判断有效性
6.          if(isNaN(num)||num < 1){          //如果不是数字或数字小于 1
7.              num = 1;                       //强制更新数量为 1
8.          } else if(num > 999){             //如果大于 999
9.              num = 999;                     //强制更新数量为 999
10.         } else if(num % 1 !== 0){         //如果不是整数
11.             num = Number(num).toFixed(0); //四舍五入为整数
12.         }
13.         //更新显示的数值
14.         $(this).val(num);
15.         //更新当前商品总金额
16.         updatePrice($(this).parent(), num);
17.         //更新结算总价
18.         updateTotalPrice();
19.     });
```

上述代码先获得了用户在数量文本框中输入的内容，然后根据规则判断有效性并调整应该显示的数字，最后当文本框失去焦点时把正确的数字显示出来，并依次更新当前商品总金额和结算总价。

运行效果如图 11-14 所示。

这里节选了输入非数字的效果，开发者也可以自行尝试输入其他情况看是否可以自动修正成功并显示正确的数字。

4）"删除"按钮单击事件

当"删除"按钮被单击时系统会弹窗提醒用户做二次确认，若用户再次确认删除，则去掉对应的商品列表行并更新底部结算工具栏中的总金额。

（a）故意输入无效字符

（b）系统自动修正后显示正确数字

图 11-14　商品列表逻辑-数量文本框输入事件

在 cart.js 中使用$(".delBtn")来监听"删除"按钮的单击事件，相关代码如下：

```
1.  //1-5 "删除"按钮单击事件
2.  $(".delBtn").click(function(){
3.      //弹出确认框提醒用户（返回值为 true 表示确认）
4.      var result = confirm("您确认删除当前商品吗？");
5.      //用户确认
6.      if (result){
7.          //找到按钮对应的单元行 tr 并删除
8.          $(this).parents(".goodsBox").remove();
9.          //更新结算总价
10.         updateTotalPrice();
11.     }
12.});
```

上述代码使用了 jQuery 祖先遍历 parents(".goodsBox")查找当前按钮的祖先元素<tr>单元行，并使用 remove()全部删除，最后更新结算总价。

运行效果如图 11-15 所示。

（a）单击按钮触发弹窗提醒

（b）原先商品 1 的单元行已被删除

图 11-15　商品列表逻辑-"删除"按钮单击事件

4 结算工具栏逻辑

1）全选框的勾选/取消

当结算工具栏中的全选框被勾选/取消时，商品列表中所有商品的勾选框也都处于被勾选/取消状态，且更新底部结算工具栏中的总金额。

在 cart.js 中使用$(".selectAll")来监听全选框的单击事件，相关代码如下：

```
1. //2-1 全选框单击事件
2. $(".selectAll").click(function(){
3.     //被勾选
4.     if($(this).is(":checked")){
5.         //所有商品都被勾选
6.         $(".goodsBox input:checkbox").prop("checked", true);
7.     }
```

```
8.      //取消勾选
9.      else{
10.         //所有商品都取消勾选
11.         $(".goodsBox input:checkbox").prop("checked", false);
12.     }
13.     //更新购物车商品总价
14.     updateTotalPrice();
15.});
```

上述代码使用 is(":checked") 判断全选框是否被勾选，再使用 prop("checked", true)、prop("checked", false) 更新勾选框状态为勾选或非勾选。

运行效果如图 11-16 所示。

（a）全选框被勾选

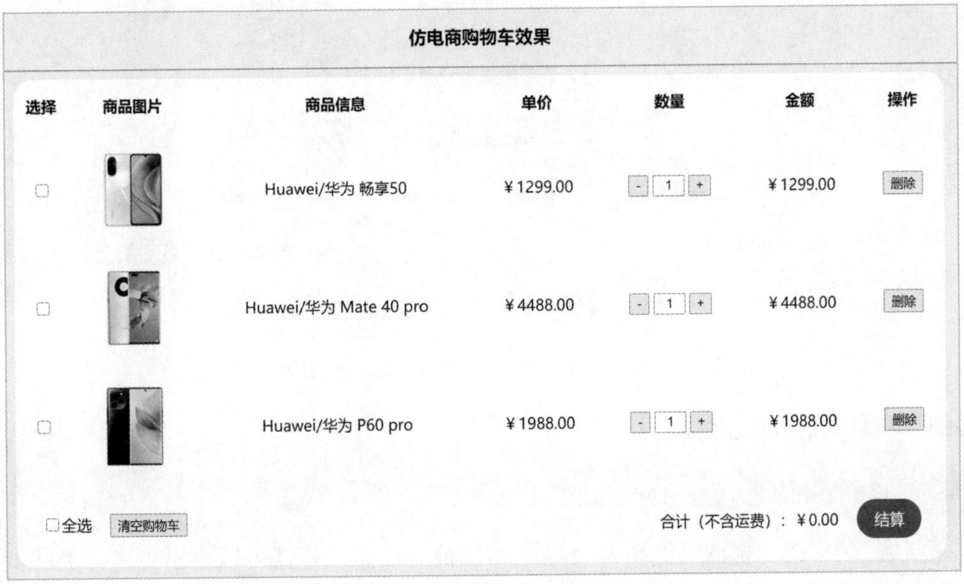

（b）全选框取消勾选

图 11-16　结算工具栏逻辑-全选框的勾选/取消

2）"清空购物车"按钮单击事件

当"清空购物车"按钮被单击时系统会弹窗提醒用户做二次确认，若用户再次确认，则清除全部商品列表行并把结算总价更新为"0.00"。

在 cart.js 中使用$(".clearBtn")来监听"清空购物车"按钮的单击事件，相关代码如下：

```
1. //2-2 "清空购物车" 按钮单击事件
2. $(".clearBtn").click(function(){
3.     //弹出确认框提醒用户（返回值为 true 表示确认）
4.     var result = confirm("您确认清空购物车吗？");
5.     //用户确认
6.     if(result){
7.         //删除所有商品信息行
8.         $("tr.goodsBox").remove();
9.         //页面上更新总价
10.        $(".total_price").text("0.00");
11.    }
12.});
```

运行效果如图 11-17 所示。

（a）单击按钮触发弹窗提醒

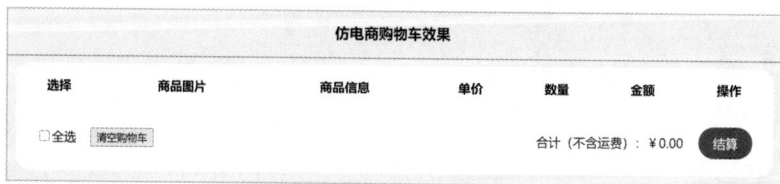

（b）商品列表已被全部删除

图 11-17　商品列表逻辑-"清空购物车"按钮单击事件

此时本项目就全部完成了。

11.5.4　案例思考

【拓展练习】　请变更商品的图片、描述和单价等信息，使其可以显示更多种类的商品。

【进阶改造】　在结算工具栏逻辑中新增"结算"按钮单击事件，当"结算"按钮被单击时弹窗提示已成功支付的总金额并移除已付款商品，然后更新底部结算工具栏中显示的结算总金额。

cart.js 中的部分参考代码如下：

```
1.  //2-3 "结算" 按钮单击事件
2.  $(".submitBtn").click(function(){
3.  //查找所有商品单元行中的勾选框元素
4.  //标记是否有商品被选中
5.  var isAny = false;
6.  //遍历所有元素检查是否被勾选，若有被勾选的则移除
7.
8.  //如果有商品被选中
9.  if(isAny){
10.     //获取总支付金额
11.     //支付成功提醒
12.     //更新结算总价
13. }
14. //如果没有
15. else{
16.     //弹窗告知用户没有需要支付的商品
17. }
18.});
```

本章小结

　　本章首先引入 HTML 家族树的概念，并以此为基础介绍 jQuery 遍历的相关知识。jQuery 遍历这一行为主要指在 HTML 页面上沿着某个指定元素节点位置进行移动，直到查找到需要的 HTML 元素为止。该技术主要用于准确地查找和定位指定的一个或多个元素。jQuery 遍历可以根据查找范围的不同划分为后代遍历、同胞遍历以及祖先遍历 3 种情况。本章阶段案例为仿电商购物车效果，通过对商品列表和结算工具栏的各种操作复习巩固了 jQuery 遍历的各类情形。

习题 11

扫一扫

扫一扫

习题

自测题

jQuery AJAX 技术

AJAX 是一种可以与服务器异步交互数据的网页开发技术，使用该技术可以在不重新加载整个页面的前提下直接更新当前页面中的指定内容。本章主要内容是 jQuery AJAX 技术的应用，包括 jQuery AJAX 技术简介、常用方法和事件处理三部分。

本章学习目标

- 了解什么是 AJAX 以及 AJAX 技术的组成部分；
- 了解什么是 jQuery AJAX；
- 掌握 jQuery load()、get()、post() 以及 ajax() 等常用方法的使用；
- 掌握 jQuery AJAX 事件的用法。

12.1 jQuery AJAX 简介

12.1.1 什么是 AJAX

AJAX 是英文词组 Asynchronous JavaScript and XML（异步 JavaScript 和 XML）的首字母缩写，是一种可以与服务器异步交互数据的网页开发技术。该名称在 2005 年 2 月首次出现，由 Adaptive Path 公司的 Jesse James Garrett 在 Ajax: A new approach to Web Application 一文中提出。使用 AJAX 技术可以在不重新加载整个页面的前提下直接更新当前页面中的指定内容，例如 Google Suggest 和 Google Maps 就是两种使用了 AJAX 技术的 Web 应用。

事实上，AJAX 是由多种当前主流的技术组合而成的，包含如下内容。

- 使用 XTHML 和 CSS 进行标准化表达；
- 使用 DOM（Document Object Model）实现动态展示和交互；
- 使用 XMLHttpRequest 实现异步数据获取；
- 使用 JavaScript 绑定所有技术综合应用。

12.1.2 AJAX 的实现原理

AJAX 可以让浏览器和服务器端进行异步交互，其实现原理可以分成 5 个步骤，如图 12-1 所示。

当网页页面需要显示从服务器端查询到的数据信息时，先使用 JavaScript 调用 XMLHTTPRequest 对象，该对象允许 JavaScript 向服务器端发出 HTTP 请求并且不阻塞用户。服务器收到请求后在自身后台处理请求并将响应结果返回给浏览器，其中有用的数据信息可以封装成文本、HTML、XML 或 JSON 等形式发出，再由浏览器端解析数据包后获取里面的详细内容。最后，继续使用 JavaScript 操作 HTML DOM 对象来直接更新页面中的内容，无须刷新网页。

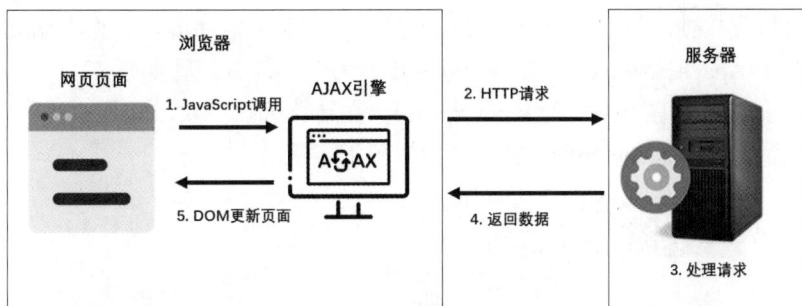

图 12-1　AJAX 的实现原理

12.1.3　jQuery AJAX

在不使用 jQuery AJAX 技术时，JavaScript 创建 XMLHTTPRequest 对象还得考虑不同浏览器的兼容性问题，节选部分参考代码如下：

```
//非 IE 浏览器创建 XmlHttpRequest 对象
if(window.XmlHttpRequest){
    xmlhttpReq = new XmlHttpRequest();
}
//IE 浏览器创建 XmlHttpRequest 对象
if(window.ActiveXObject){
    try{
        xmlhttpReq = new ActiveXObject("Microsoft.XMLHTTP");
    }
    catch(e){
        try{
            xmlhttpReq = new ActiveXObject("msxml2.XMLHTTP");
        }
        catch(ex){ }
    }
}
```

如果使用了 jQuery AJAX 技术，上述代码的复杂内容只需要一个$.ajax()就可以完成。

jQuery 提供了关于 AJAX 的一系列方法，使得开发者可以更方便地从服务器端请求文本、HTML、XML 或 JSON 形式的数据。jQuery AJAX 技术中封装的函数可以简化原本复杂、烦琐的 AJAX 相关代码，使得程序员可以更多关注产品的实现。

注意：由于 Chrome 内核浏览器的安全机制不允许使用 AJAX 请求本地文件，所以本章均使用了在本地计算机中临时搭建服务器的方式（搭建方式见 12.2 节）作为例题运行效果的截图以供参考，后面不再逐一解释。读者在实际运用中如果使用了第三方服务器环境，则无须考虑浏览器的限制问题。

12.2　准备工作

扫一扫

视频讲解

12.2.1　临时服务器的搭建

若开发者条件受限，可以将计算机端临时部署为模拟服务器进行开发和测试。开发者可以根据自己的实际情况选择 Apache、Ngnix、Tomcat 等任意一款服务器软件进行安装部署，以及选用 PHP、Node.js、J2EE 等任意一种语言进行后端开发。

初学者可以直接使用第三方免费套件快速搭建模拟服务器环境，这里以 phpStudy V8.1 套装软件（包含了 Apache/Nginx、PHP 和 MySQL）为例，部署步骤如下：

（1）下载安装包（官方网址为 www.xp.cn），在计算机端中双击安装。

（2）完成后启动 Apache/Nginx 服务器，如图 12-2 所示。

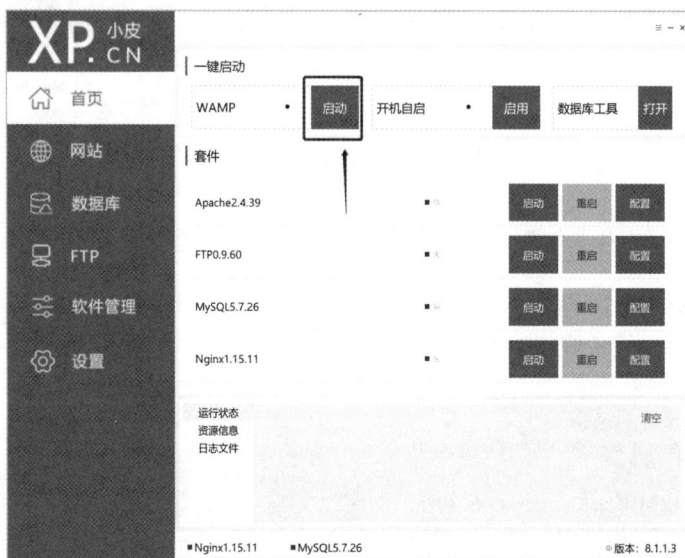

（a）一键启动 WAMP 的按钮位置

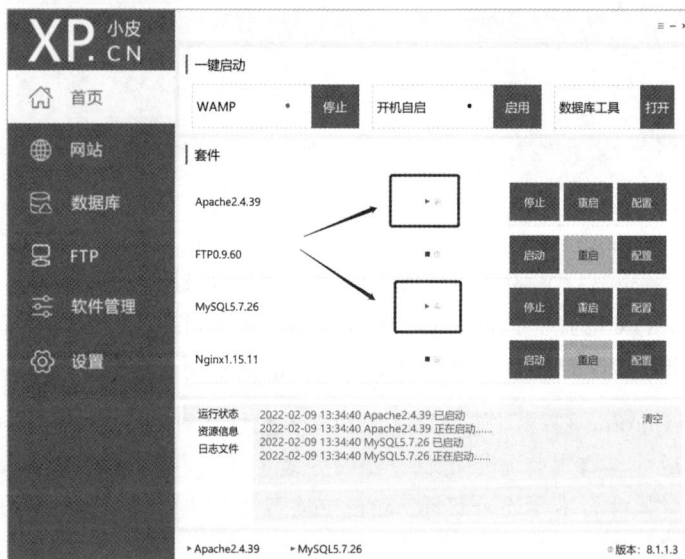

（b）Apache 与 MySQL 已启动状态

图 12-2　phpStudy 启动 WAMP 示例

（3）在 WWW 目录下创建自定义目录，例如 ajaxDemo，未来可以在该目录下放置图片素材或 PHP 文件。

至此临时部署完毕，用户可以随时更改服务器上的目录地址和 PHP 文件代码。

> **注意**：开发者也可以根据自己的使用习惯将 Apache 改为 Nginx，一键启动 WAMP。当不需要用它的时候，开发者可以单击对应的"停止"按钮终止服务器进程，恢复普通计算机状态。

12.2.2　文件访问测试

临时服务器的 WWW 目录就是根目录，它的网络地址是"http://localhost/"或"http://127.0.0.1/"。开发者可以在根目录下自行创建目录和文件，例如在 ajaxDemo 中创建 hello.txt 文件，那么该文件的 URL 地址就是"http://localhost/ajaxDemo/hello.txt"。

在文本文件中随意写一句话，例如写上"Hello"，然后用浏览器访问该文件的地址，效果如图 12-3 所示。

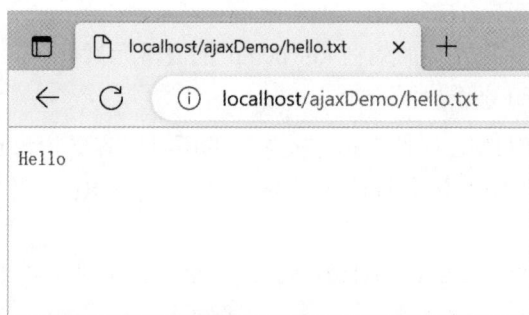

图 12-3　浏览器测试访问 TXT 文本文件

> **注意**：如果要显示中文，需要把文本文件保存为 UTF-8 编码格式，否则可能会显示乱码。

以 PHP 类型的文件为例，可以用来编写代码制作请求接口了。

PHP 文件的返回语句是 echo，例如：

```php
<?php
    echo '你好！';
?>
```

这样发送 AJAX 请求后将会收到引号里面的文字内容。开发者直接用浏览器访问该地址，能获得同样的文字内容（如图 12-4 所示），因此可以在开发之前直接使用浏览器测试 PHP 文件是否正确。

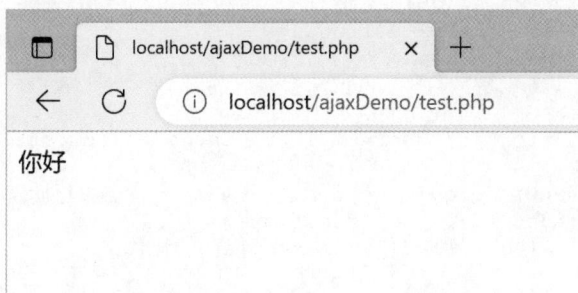

图 12-4　浏览器测试访问 PHP 文件

12.3　jQuery AJAX 常用方法

12.3.1　jQuery AJAX load()方法

jQuery AJAX load()方法可以向服务器端发送数据获取请求，并将已获取到的数据加载到指定的 HTML 元素中，其语法格式如下。

```
$(selector).load(URL [, data] [, callback]);
```

其中，URL 为必填参数，data 和 callback 为可选参数，具体解释如下。

- URL：该参数用于规定需要获取数据的 URL 地址，可以是文本、XML 或者 JSON 数据。
- data：该参数用于规定与请求一起发送给服务器的字符串，该字符串以键/值对集合的形式组成。
- callback：该参数用于规定 load()方法完成后需要执行的函数。

1 常规使用

例如，将 test.txt 文件的内容加载到 id="demo"的段落元素<p>中。

```
$("#demo").load("test.txt");
```

jQuery 将使用.innerHTML 属性把指定元素中的所有内容更新为 test.txt 中的文本内容。

如果只需要加载文件中的某个 HTML 元素，则可以在 URL 参数中追加 jQuery 选择器来筛选需要加载的元素。

例如，将 test.txt 文件中 class="style01"的<div>元素加载到 id="demo"的段落元素<p>中。

```
$("#demo").load("test.txt  div.style01");
```

需要注意的是，以上两种情况的选择器都必须是在网页文档中实际存在的 HTML 元素，否则 AJAX 请求不会被发出。

【例 12-1】 jQuery AJAX load()方法的简单应用。

使用 jQuery AJAX load()方法加载外部的文件资源。

扫一扫

视频讲解

```
1.  <!DOCTYPE html>
2.  <html>
3.      <head>
4.          <meta charset="utf-8">
5.          <title>jQuery AJAX load()方法示例1</title>
6.          <style>
7.              p{
8.                  width:200px;
9.                  height:100px;
10.                 text-align:center;
11.                 border:1px solid;
12.                 margin:20px;
13.             }
14.         </style>
15.         <script src="js/jquery-1.12.3.min.js"></script>
16.         <script>
17.         $(document).ready(function(){
18.             $("#btn01").click(function(){
19.                 $("p").load("txt/example01.txt");
20.             });
21.
22.             $("#btn02").click(function(){
23.                 $("p").load("txt/example01.txt h3");
24.             });
25.         });
26.         </script>
27.     </head>
28.     <body>
29.         <h3>jQuery AJAX load()方法示例1</h3>
30.         <hr>
31.         <p>暂无内容</p>
32.         <button id="btn01">单击此处获取全文</button>
```

```
33.        <button id="btn02">单击此处获取 h3 元素</button>
34.    </body>
35.</html>
```

外部文件 example01.txt 的内容如下。

```
<h2>Hello!</h2>
<h3>jQuery AJAX!</h3>
```

请将本例的 HTML 文件放在临时服务器 WWW 下的 ajaxDemo 目录（仅为示例，也可以自定义其他名称）中，并在同一个目录下新建 txt 文件夹用于存放外部文件 example01.txt，服务器的搭建和启动方式见 12.2 节。

此时本例在浏览器中访问的地址是：

http://localhost/ajaxDemo/Example01jQueryAJAX_load()_1.html

其中 HTML 文件名称也可以由开发者自行修改成其他名称。

运行效果如图 12-5 所示。

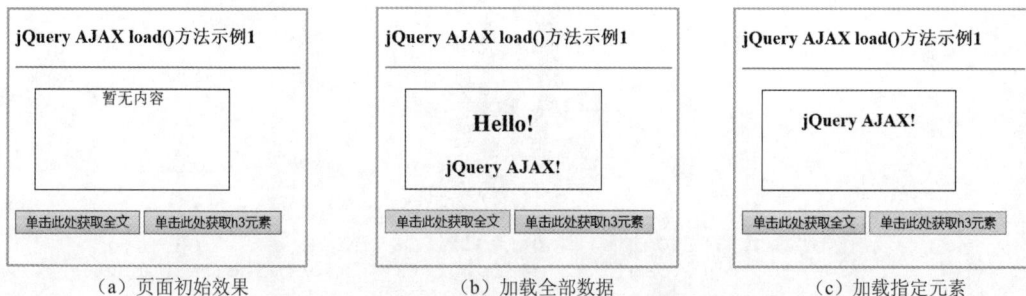

（a）页面初始效果　　　　　　（b）加载全部数据　　　　　　（c）加载指定元素

图 12-5　jQuery AJAX load()方法的简单应用

【代码说明】

本例主要包含了一个段落元素<p>和两个按钮元素<button>，用于测试 load()方法是否生效，其中段落元素用于加载外部数据，两个按钮分别用于加载全部数据和指定元素片段。

图 12-5（a）为页面初始效果，由图可见目前段落元素中尚无任何来自外部文件的内容；图 12-b（b）为段落元素下方左侧按钮的单击效果，由图可见此时外部文件中的所有内容均显示在了段落元素中；图 12-5（c）为段落元素下方右侧按钮的单击效果，由图可见此时外部文件中只有<h3>元素的内容被显示在了段落元素中。

② 回调函数的使用

jQuery AJAX load()方法中的可选参数 callback 规定了数据加载完成后需要执行的回调函数，该函数包含 3 个参数，其语法格式如下。

```
$(selector).load(URL [,data] ,function(response, status, xhr){
    //回调函数的内部代码略
});
```

其中，3 个参数的具体解释如下。

- response：该参数为调用成功时的结果内容。
- status：该参数为调用的状态，例如"success"或"error"等。
- xhr：该参数表示 XMLHttpRequest 对象。

【例 12-2】　jQuery AJAX load()方法中回调函数的使用。

使用 jQuery AJAX load()方法的回调函数确认当前的请求状态。

扫一扫

视频讲解

```
1. <!DOCTYPE html>
```

```
2. <html>
3.     <head>
4.         <meta charset="utf-8">
5.         <title>jQuery AJAX load()方法示例 2</title>
6.         <style>
7.             p{
8.                 width:200px;
9.                 height:100px;
10.                text-align:center;
11.                border:1px solid;
12.                margin:20px;
13.            }
14.        </style>
15.        <script src="js/jquery-1.12.3.min.js"></script>
16.        <script>
17.        $(document).ready(function(){
18.            $("#btn01").click(function(){
19.                $("p").load("txt/example02.txt", function(response,
                   status, xhr){
20.                    if(status=="success"){
21.                        var msg="加载成功, ";
22.                        $("#tip").html(msg+xhr.status+" "+xhr.
                           statusText );
23.                    }
24.                });
25.            });
26.
27.            $("#btn02").click(function(){
28.                $("p").load("txt/exampl02.txt", function(response,
                   status, xhr){
29.                    if(status=="error"){
30.                        var msg="请求发生错误, ";
31.                        $("#tip").html(msg+xhr.status+" "+xhr.statusText);
32.                    }
33.                });
34.            });
35.        });
36.        </script>
37.    </head>
38.    <body>
39.        <h3>jQuery AJAX load()方法示例 2</h3>
40.        <hr>
41.        <div>加载状态: <span id="tip">尚未加载</span></div>
42.        <p id="demo">暂无内容</p>
43.        <button id="btn01">单击此处加载成功示例</button>
44.        <button id="btn02">单击此处加载失败示例</button>
45.    </body>
46.</html>
```

外部文件 example02.txt 的内容如下。

```
<h3>jQuery AJAX load()方法是用于获取数据最常用的方法之一!</h3>
```

请将本例的 HTML 文件放在临时服务器 WWW 下的 ajaxDemo 目录（仅为示例，也可以自定义其他名称）中，并在同一个目录下新建 txt 文件夹用于存放外部文件 example02.txt，服务器的搭建和启动方式见 12.2 节。

此时本例在浏览器中访问的地址是：

http://localhost/ajaxDemo/Example02jQueryAJAX_load()_2.html

其中 HTML 文件名称也可以由开发者自行修改成其他名称。

运行效果如图 12-6 所示。

【代码说明】

本例主要包含了一个区域元素<div>、一个段落元素<p>和两个按钮元素<button>，用于测试 load()方法的回调函数所包含的信息。其中，<div>元素用于显示回调函数中所包含的信息，段落元素<p>用于加载外部数据，两个按钮分别用于测试加载成功与失败的效果。

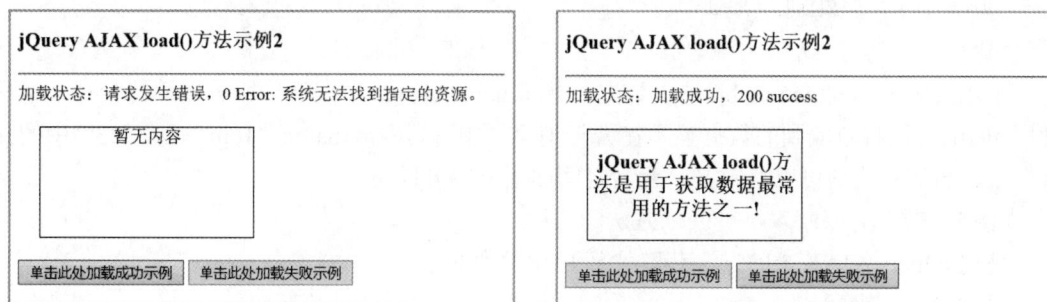

jQuery AJAX load()方法示例2	jQuery AJAX load()方法示例2
加载状态：请求发生错误，0 Error: 系统无法找到指定的资源。	加载状态：加载成功，200 success
暂无内容	**jQuery AJAX load()方法是用于获取数据最常用的方法之一!**
单击此处加载成功示例　单击此处加载失败示例	单击此处加载成功示例　单击此处加载失败示例
（a）加载失败示例	（b）加载成功示例

图 12-6　jQuery AJAX load()方法中回调函数的使用

图 12-6（a）为段落元素下方右侧按钮的单击效果，由图可见目前段落元素中尚无任何来自外部文件的内容，并且段落元素上方的提示信息为"0 Error：系统无法找到指定的资源。"，这是由于对应 load()方法中的 URL 参数内容不正确，加载了一个文件名拼写错误的外部文件"exampl02.txt"（事实上该文件不存在）；图 12-6（b）为段落元素下方左侧按钮的单击效果，由图可见此时外部文件中的所有内容均显示在了段落元素中，并且段落元素上方的提示信息为"200 success"。

需要注意的是，在实际测试中使用不同版本的浏览器会得到不一样的加载失败提示，例如 Chrome 浏览器的错误提示信息为"404 Not Found"。

12.3.2　jQuery AJAX get()方法

jQuery AJAX get()方法通过 HTTP GET 请求从服务器端获取数据，其语法格式如下。

```
$.get(URL [, data] [, success] [, dataType]);
```

其中，URL 为必填参数，data、success 和 dataType 均为可选参数，具体解释如下。

- URL：该参数用于规定请求的 URL 地址。
- data：该参数用于规定与请求一起发送给服务器的字符串，该字符串以键/值对集合的形式组成。
- success：该参数用于规定请求成功后需要执行的函数，如果没有该参数，则返回的数据将被忽略。
- dataType：该参数用于规定从服务器端获取的数据类型，例如 XML、JSON、HTML 等。

如果没有数据需要发送给服务器，也无须处理获取的数据，可以只使用参数 URL。例如：

```
$.get("demo.php");
```

上述代码表示向 demo.php 请求数据，但是获取到的数据将被忽略，不做任何处理。

如果需要处理获取到的数据，则需要追加参数 success。例如：

```
$.get("demo.php", function(data){
   alert("获取的数据是: "+data);
});
```

上述代码表示向 demo.php 请求数据，并使用 alert()方法将获取到的数据显示在警告消息框中。其中，function(data)中的参数 data 就是获取到的数据返回值，在实际开发过程中可以对其进行更加具体的处理。

如果有数据需要一起提交给服务器，则需要再追加参数 data。例如：

```
$.get("demo.php", {name: "Tom", age: "23"}, function(data){
    alert("获取的数据是: "+data);
});
```

上述代码表示向 demo.php 请求数据，并将 name 和 age 值发送给服务器等待处理，最后使用 alert()方法将获取到的数据显示在警告消息框中。其中，{name: "Tom", age: "23"}中的元素个数、名称和值均可以自定义，元素之间用逗号隔开即可。

扫一扫

视频讲解

【例 12-3】 jQuery AJAX get()方法的使用。

使用 jQuery AJAX get()方法获取外部 PHP 文件内容。

```
1.  <!DOCTYPE html>
2.  <html>
3.      <head>
4.          <meta charset="utf-8">
5.          <title>jQuery AJAX get()方法示例</title>
6.          <style>
7.              p{
8.                  width:200px;
9.                  height:100px;
10.                 text-align:center;
11.                 border:1px solid;
12.             }
13.         </style>
14.         <script src="js/jquery-1.12.3.min.js"></script>
15.         <script>
16.         $(document).ready(function(){
17.             $("button").click(function(){
18.                 $.get("txt/example03.php", function(data){
19.                     $("p").html(data);
20.                 });
21.             });
22.         });
23.         </script>
24.     </head>
25.     <body>
26.         <h3>jQuery AJAX get()方法示例</h3>
27.         <hr>
28.         <p>暂无内容</p>
29.         <button>单击此处从服务器获取数据</button>
30.     </body>
31.</html>
```

外部文件 example03.php 的内容如下。

```
<?php
    echo "Hello, jQuery AJAX!";
?>
```

上述代码表示输出"Hello, jQuery AJAX!"字符串。

请将本例的 HTML 文件放在临时服务器 WWW 下的 ajaxDemo 目录（仅为示例，也可以自定义其他名称）中，并在同一个目录下新建 txt 文件夹用于存放外部文件 example03.php，服务器的搭建和启动方式见 12.2 节。

此时本例在浏览器中访问的地址是：

http://localhost/ajaxDemo/Example03jQueryAJAX_get().html

其中 HTML 文件名称也可以由开发者自行修改成其他名称。

运行效果如图 12-7 所示。

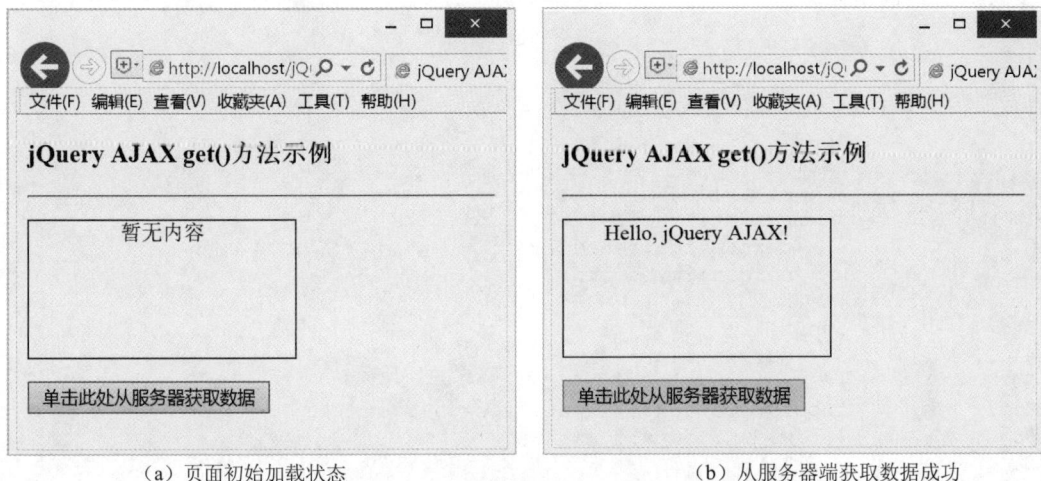

（a）页面初始加载状态　　　　　　　　　　　　　（b）从服务器端获取数据成功

图 12-7　jQuery AJAX get()方法的使用

【代码说明】

本例主要包含了一个段落元素<p>和一个按钮元素<button>，用于测试 get()方法能否成功获取服务器端的数据。由于 PHP 类型的文件需要有服务器环境才能正常运行，所以该例选用了 Tomcat 7.0 与 PHP5 作为服务器环境，将相关文件均部署在服务器端。

图 12-7（a）为页面初始效果，由图可见此时尚未请求获取服务器端的数据；图 12-7（b）为按钮的单击效果，由图可见此时已成功获取服务器端的数据，并将其显示在段落元素中。

12.3.3　jQuery AJAX post()方法

jQuery AJAX post()方法通过 HTTP POST 请求从服务器端获取数据，其语法格式如下。

```
$.post(URL [, data] [, success] [, dataType]);
```

其中，URL 为必填参数，data、success 和 dataType 均为可选参数，具体解释如下。

- URL：该参数用于规定请求的 URL 地址。
- data：该参数用于规定与请求一起发送给服务器的字符串，该字符串以键/值对集合的形式组成。
- success：该参数用于规定请求成功后需要执行的函数，如果没有该参数，则返回的数据将被忽略。
- dataType：该参数用于规定从服务器端获取的数据类型，例如 XML、JSON、HTML 等。

post()与 get()方法的区别在于请求方式不同，它们的代码格式基本一致，因此这里不再举更多的例子，读者可以参照介绍 get()方法时的例子来对比学习。

在实际开发中，如果只是获取数据或查询结果，建议使用 get()方法；如果需要更新资源信息，建议使用 post()方法。用户还可以基于以下两点考虑选用 get()还是 post()方法。

- HTTP GET 请求只能向服务器发送 1024 字节的数据；HTTP POST 请求可以向服务器发送大量数据（理论上无限制，实际根据浏览器的类型上限稍有不同）。

- HTTP GET 请求提交的数据将明文显示在 URL 上; 通过 HTTP POST 提交的数据会被放在 HTTP 包的包体中, 更为安全。

【例 12-4】 **jQuery AJAX post()方法的使用。**

使用 jQuery AJAX post()方法模拟用户登录验证。

```
1.  <!DOCTYPE html>
2.  <html>
3.      <head>
4.          <meta charset="utf-8">
5.          <title>jQuery AJAX post()方法示例</title>
6.          <style>
7.              form{
8.                  width:300px;
9.                  height:130px;
10.                 text-align:center;
11.                 border:1px solid;
12.             }
13.             input{
14.                 margin:10px;
15.             }
16.             input[type=text],input[type=password]{
17.                 width:150px;
18.             }
19.         </style>
20.         <script src="js/jquery-1.12.3.min.js"></script>
21.         <script>
22.     $(document).ready(function(){
23.         $("#form01").submit(function(event){
24.             //禁用表单提交默认操作
25.             event.preventDefault();
26.
27.             //获取用户名和密码框的内容
28.             var value01=$("#username").val();
29.             var value02=$("#password").val();
30.
31.             //使用post()方法验证账号
32.             $.post("txt/example04.php",
33.             {username:value01, password:value02},
34.             function(data){
35.                 if(data=="yes")
36.                     alert("登录成功！");
37.                 else
38.                     alert("用户名或密码不正确！");
39.             });
40.         });
41.     });
42.         </script>
43.     </head>
44.     <body>
45.         <h3>jQuery AJAX post()方法示例</h3>
46.         <hr>
47.         <form id="form01">
48.             用户名:<input type="text" id="username"/>
49.             <br/>
50.             密 码:<input type="password" id="password"/>
51.             <br/>
52.             <input type="submit" value="提交"/>
53.         </form>
54.     </body>
55.</html>
```

外部文件 example04.php 的内容如下。

```php
<?php
    $username=$_POST["username"];
    $password=$_POST["password"];

    if($username=="zhangsan"&&$password=="123")
        echo "yes";
    else
        echo "no";
?>
```

上述代码表示获取通过 HTTP POST 请求传递过来的用户名与密码，如果用户名为 zhangsan、密码为 123 就输出"yes"，否则输出"no"。

请将本例的 HTML 文件放在临时服务器 WWW 下的 ajaxDemo 目录（仅为示例，也可以自定义其他名称）中，并在同一个目录下新建 txt 文件夹用于存放外部文件 example04.php，服务器的搭建和启动方式见 12.2 节。

此时本例在浏览器中访问的地址是：

http://localhost/ajaxDemo/Example04jQueryAJAX_post().html

其中 HTML 文件名称也可以由开发者自行修改成其他名称。

运行效果如图 12-8 所示。

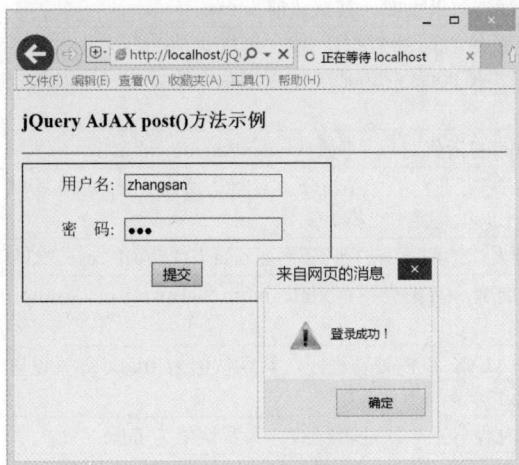

（a）登录成功效果图　　　　　　　　　　　（b）登录失败效果图

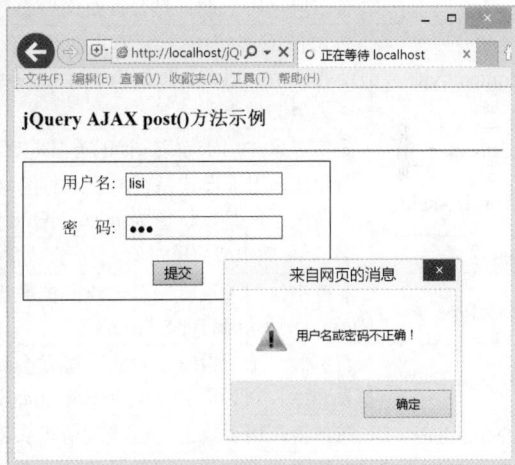

图 12-8　jQuery AJAX post()方法的使用

【代码说明】

本例使用表单元素<form>来模拟登录验证，该表单包含了用户名和密码输入框以及"提交"按钮。由于 PHP 类型的文件需要有服务器环境才能正常运行，所以该例选用了 Tomcat 7.0 与 PHP5 作为服务器环境，将相关文件均部署在服务器端。

图 12-8（a）为输入了正确的用户名和密码的结果，由图可见警告提示框中显示的内容为"登录成功！"；图 12-8（b）为输入了错误的用户名和密码的结果，由图可见此时警告提示框中显示的内容为"用户名或密码不正确！"。

该例仅为 post()的简单用法，旨在让读者了解模拟登录验证的原理。在实际开发中，开发者还需要进一步考虑数据的有效性、安全性以及访问数据库等相关事宜。

12.3.4 jQuery AJAX ajax()方法

jQuery AJAX ajax()是最完整的 AJAX 请求方法，包含了一系列参数的配置，可以供开发者自定义更为灵活的个性化要求。事实上，之前所学习的 load()、get()和 post()方法均为 ajax()方法的简化版（省略了一些固定不变的参数配置），当简化版无法解决某些设置要求的时候可以选择使用 ajax()方法进一步配置。

其语法格式如下。

```
$.ajax({
    name1:value1,
    name2:value2,
    ...
    nameN:valueN
});
```

该方法内部由一个或多个名称/值组成，这些参数的数量、顺序以及值均可以由开发者根据实际开发需求自定义。

jQuery ajax()方法可以使用的参数如表 12-1 所示。

表 12-1　jQuery ajax()方法可以使用的参数

参 数 名 称	解　　释
async	布尔值，用于设置是否允许异步处理。其默认值为 true
cache	布尔值，用于设置是否需要浏览器缓存被请求页面。其默认值为 true
contentType	布尔值或字符串，用于设置发送给服务器端的数据类型。其默认值为"application/x-www-form-urlencoded; charset=UTF-8"（在 jQuery 1.6 版本中可以填 false，表示不发送任何类型的请求头部）
context	简单对象，用于设置 ajax()方法中$(this)的指代对象。例如 context:document.body
crossDomain	布尔值，用于设置是否需要进行跨域请求。在跨域的情况下，其默认值为 true；在非跨域的情况下，其默认值为 false（jQuery 1.5 以上版本支持）
data	字符串、数组或简单对象,用于设置需要发送给服务器的数据。例如 data:{ID: "A01", age: "23"}
dataType	字符串，用于设置服务器返回的数据类型，常见类型有 xml、html、script、json、jsonp、text。例如 dataType: "json"
global	布尔值，用于设置是否需要触发全局 AJAX 事件处理程序，其默认值为 true。如果设置为 false，可以阻止 ajaxStart 或 ajaxStop 等全局事件被触发
ifModified	布尔值，用于规定是否检测请求头部内容与上一次是否一致。其默认值为 false
jsonp	字符串或布尔值，用于重写基于 JSONP 请求的回调函数
jsonpCallback	字符串或函数，用于规定 JSONP 请求的执行函数名称
method	字符串，用于规定请求的 HTTP 形式，例如"GET"、"POST"或"PUT"。其默认值为"GET"（jQuery 1.9.0 以上版本支持）
password	字符串，用于设置在 HTTP 访问认证请求中使用的密码
processData	布尔值，用于规定随着 AJAX 请求发送给服务器端的数据是否转换为查询字符串。其默认值为 true
scriptCharset	字符串，用于规定请求的字符集

statusCode	简单对象，用于存放一系列请求状态代码（例如请求成功对应的代码为 200）和对应的处理方式，其默认值为{}。例如：
	statusCode:{
	　　404: function(){alert("页面无法访问！"); }
	}
	（jQuery 1.5 以上版本支持）

续表

参 数 名 称	解　　释
timeout	\<Number\>类型，用于设置请求超时的时间，单位为毫秒（ms）。例如 timeout:500
tranditional	布尔值，用于规定是否可以使用参数序列化的传统样式
type	字符串，用于规定请求的类型，其默认值为"GET"（仅限 jQuery 1.9.0 之前的版本使用，相当于 method 参数的效果）
url	字符串，用于规定请求的 URL 地址。其默认值为当前页面
username	字符串，用于设置在 HTTP 访问认证请求中使用的用户名
xhr	用于创建 XMLHttpRequest 对象的函数

注：简单对象（Plain Object）指的是包含了零到多个键/值对的 JavaScript 对象。

在 jQuery ajax()方法的内部还可以添加一个或多个函数，可以使用的函数如表 12-2 所示。

表 12-2　jQuery ajax()方法可以使用的函数

函 数 名 称	解　　释
beforeSend(jqXHR)	AJAX 请求发送之前需要执行的函数（例如可自定义请求的头部配置）。如果该函数设置了返回值 false，则会取消当前的 AJAX 请求
complete(jqXHR, status)	当 AJAX 请求完成时（请求成功或失败均可）需要执行的内容。该函数将在 success 和 error 函数之后被调用
dataFilter(data, type)	用于处理原始响应数据的函数
error(jqXHR, status, error)	当 AJAX 请求失败时需要执行的函数
success(result, status, jqXHR)	当 AJAX 请求成功时需要执行的函数

上述函数对应的均为 AJAX 的局部事件，这些事件可以在 ajax()方法中自定义处理内容。常见用法示例如下。

```
$.ajax({
    url: "demo.php",                                //请求的 URL 地址
    method: "POST",                                 //请求的方式
    data:{username: "admin",password: "123"},       //需要发送给服务器端的数据
    dataType: "json",                               //从服务器端获取数据的类型
    success:function(){
        alert("请求成功！");
    },
    error:function(){
        alert("请求失败！");
    }
});
```

上述代码就是一个自定义的 ajax()方法，开发者可以在此模板的基础上修改参数值或追加其他参数内容。

【例 12-5】　jQuery AJAX ajax()方法的使用。

使用 jQuery AJAX ajax()方法改造例 12-4 的登录验证模块。

```
1. <!DOCTYPE html>
2. <html>
3.     <head>
4.         <meta charset="utf-8">
5.         <title>jQuery AJAX ajax()方法示例</title>
6.         <style>
7.             form{
```

扫一扫

视频讲解

```
8.            width:300px;
9.            height:130px;
10.           text-align:center;
11.           border:1px solid;
12.       }
13.       input{
14.           margin:10px;
15.       }
16.       input[type=text],input[type=password]{
17.           width:150px;
18.       }
19.     </style>
20.     <script src="js/jquery-1.12.3.min.js"></script>
21.     <script>
22.     $(document).ready(function(){
23.         $("#form01").submit(function(event){
24.             //禁用表单提交默认操作
25.             event.preventDefault();
26.
27.             //获取用户名和密码框的内容
28.             var value01=$("#username").val();
29.             var value02=$("#password").val();
30.
31.             //使用 ajax()方法验证账号
32.             $.ajax({
33.                 url:"txt/example05.php",
34.                 method:"POST",
35.                 data:{username:value01, password:value02},
36.                 dataType:"json",
37.                 success: function(data){
38.                     alert(data.tip+"，状态代码："+data.code);
39.                 }
40.             });
41.         });
42.     });
43.     </script>
44.  </head>
45.  <body>
46.     <h3>jQuery AJAX ajax()方法示例</h3>
47.     <hr>
48.     <form id="form01">
49.     用户名:<input type="text" id="username"/>
50.     <br/>
51.     密 码:<input type="password" id="password"/>
52.     <br/>
53.     <input type="submit" value="提交" id="btn01"/>
54.     </form>
55.  </body>
56.</html>
```

外部文件 example05.php 的内容如下。

```php
<?php
    $username=$_POST["username"];        //获取用户名
```

```php
$password=$_POST["password"];          //获取密码

$msg["code"]="-1";
$msg["tip"]="尚未开始";

if($username=="zhangsan"&&$password=="123"){
    $msg["code"]="1";
    $msg["tip"]="登录成功";
}else{
    $msg["code"]="0";
    $msg["tip"]="登录失败";
}

echo json_encode($msg);               //以 JSON 形式返回数据
?>
```

上述代码表示获取通过 HTTP POST 请求传递过来的用户名与密码，如果用户名为 zhangsan、密码为 123 就提示"登录成功，状态代码：1"，否则提示"登录失败，状态代码：0"，并将结果以 JSON 数据的形式返回给客户端。

请将本例的 HTML 文件放在临时服务器 WWW 下的 ajaxDemo 目录（仅为示例，也可以自定义其他名称）中，并在同一个目录下新建 txt 文件夹用于存放外部文件 example05.php，服务器的搭建和启动方式见 12.2 节。

此时本例在浏览器中访问的地址是：

http://localhost/ajaxDemo/Example05jQueryAJAX_ajax().html

其中 HTML 文件名称也可以由开发者自行修改成其他名称。

运行效果如图 12-9 所示。

（a）登录成功效果图　　　　　　　　　（b）登录失败效果图

图 12-9　jQuery AJAX ajax()方法的使用

【代码说明】

本例是根据例 12-4 的代码修改的，页面布局样式和例 12-4 完全相同。在发送 AJAX 请求的过程中做了两处修改：一是将原先的 post()方法更新为 ajax()方法，并修改了对应的参数和语法结构；二是修改了数据返回值为 JSON 类型，包含了状态代码 code 和提示语句 tip 两个信息。

图 12-9（a）为输入了正确的用户名和密码的结果，此时警告提示框中显示的内容为"登录成功，状态代码：1"；图 12-9（b）为输入了错误的用户名和密码的结果，此时警告提示框中显示的内容为"登录失败，状态代码：0"。由此可见服务器端的 JSON 数据返回值已经被成功获取。

12.3.5　jQuery AJAX 更多方法介绍

除了上述常用方法外，关于 jQuery AJAX 的更多方法如表 12-3 所示。

表 12-3　jQuery AJAX 的更多方法

方 法 名 称	解　释
ajaxComplete()	当 AJAX 请求完成时触发 ajaxComplete 事件，并执行该方法
ajaxError()	当 AJAX 请求完成并发生错误时触发 ajaxError 事件，并执行该方法
ajaxSend()	在 AJAX 请求发送之前触发 ajaxSend 事件，并执行该方法
jQuery.ajaxSetup()	设置未来 AJAX 请求的默认值，也可以写成$.ajaxSetup()
ajaxStart()	当第一个 AJAX 请求开始时触发 ajaxStart 事件，并执行该方法
ajaxStop()	当所有 AJAX 请求均完成时触发 ajaxStop 事件，并执行该方法
ajaxSuccess()	当 AJAX 请求成功时触发 ajaxSuccess 事件，并执行该方法
jQuery.getJSON()	通过 HTTP GET 请求从服务器获取 JSON 类型的数据返回值，也可以写成$.getJSON()
jQuery.getScript()	通过 HTTP GET 请求从服务器获取 JavaScript 文件，并执行该文件，也可以写成$.getScript()
jQuery.param()	将数组或对象序列化，也可以写成$.param()
serialize()	将表单中的数据序列化为字符串
serializeArray()	将表单中的数据序列化为 JSON 类型的数据

注：表 12-3 中的 ajaxComplete()、ajaxError()、ajaxSend()、ajaxStart()、ajaxStop()、ajaxSuccess()方法均在 AJAX 全局事件触发时执行，关于 AJAX 全局事件的介绍请参考 12.4 节内容。

param()方法的作用示例如下。

```
//临时创建一个对象 x
var x=new Object();
x.name="Mary";
x.age="20";
//开始对 x 进行序列化
var result=$.param(x); //返回值为 name=Mary&age=20
```

serialize()和 serializeArray()方法均是对表单元素进行序列化，前者返回字符串，后者返回 JSON 类型的数据。

例如，一个包含了两个文本输入框的简易表单如下。

```
<form>
  <input type="text" name="productName" value="iPhone6s"/> <br/>
  <input type="text" name="productPrice" value="6800"/>
</form>
```

使用 serialize()将其中的数据值序列化。

```
var result=$("form").serialize();
//返回值为 productName=iPhone6s&productPrice=6800
```

使用 serializeArray()将其中的数据值序列化。

```
var x=$("form").serializeArray(); //此时 x 为数组对象
result=JSON.stringify(x);          //将 x 转换为 JSON 字符串，其返回值如下面一行所示
```

```
//[{"name":"productName","value":"iPhone6s"},{"name":"productPrice",
//"value":"6800"}]
```

需要注意的是，serialize()和 serializeArray()方法均需要表单中的控件具有 name 属性才可以正常使用。

12.4　jQuery AJAX 事件

AJAX 请求发送时会依次触发多个事件，这些事件按照作用范围可以分为局部事件和全局事件两种类型。AJAX 事件如表 12-4 所示（按照被触发的顺序）。

表 12-4　jQuery AJAX 事件

事 件 名 称	事 件 类 型	解　　释
ajaxStart	全局事件	该事件会在新的 AJAX 请求开始时被触发，并且此时没有其他 AJAX 请求正在被处理
beforeSend	局部事件	该事件在 AJAX 请求开始之前被触发
ajaxSend	全局事件	该事件在 AJAX 请求执行之前被触发
success	局部事件	该事件只有在 AJAX 请求成功时才被触发
ajaxSuccess	全局事件	该事件与 success 局部事件的解释相同
error	局部事件	该事件只有在 AJAX 请求发生错误时才被触发，它与 success 事件不能够同时发生
ajaxError	全局事件	该事件与 error 局部事件的解释相同
complete	局部事件	该事件在 AJAX 请求完成时被触发，无论该请求成功与否
ajaxComplete	全局事件	该事件在每一次 AJAX 请求完成时均被触发
ajaxStop	全局事件	该事件在当前所有的 AJAX 请求都已完成时触发

局部事件可以通过前面介绍的 ajax()方法来触发并自定义函数内容。例如：

```
$.ajax({
  beforeSend:function(){
    alert("AJAX 请求即将处理！");
  },
  success:function(){
    alert("AJAX 请求成功！");
  }
});
```

全局事件可以通过 bind()和 unbind()方法进行事件绑定与解除。例如为按钮元素<button>绑定 AJAX 全局事件：

```
$("button").bind("ajaxSend", function(){
  $(this).text("加载中…");
});
```

上述代码表示在 AJAX 请求发送之前将按钮元素的文字内容更新为"加载中…"。

用户也可以直接为指定的元素调用全局事件对应的方法来触发。例如：

```
$("button").ajaxComplete(){
  $(this).text("已提交");
});
```

上述代码表示当 AJAX 请求已经完成时更新按钮元素的文字内容为"已提交"。

12.5　阶段案例：简易单词查询

12.5.1　案例需求

扫一扫

视频讲解

使用 jQuery AJAX 技术制作一款简易单词查询应用，用户输入英文单词提交后可查到单词的中英文释义，如果后台数据中没有此单词信息则提示用户未查到。

12.5.2　准备工作

1 服务器准备

本案例使用计算机端安装第三方免费的 phpStudy v8.1 套件来模拟服务器效果，该套件的下载、安装以及启动步骤见第 12 章 "12.2.1 临时服务器的搭建"。

然后在服务器端的根目录 WWW 下新建一个自定义目录（例如 dict）作为本项目的存放路径，这样后续的文件在浏览器中的访问地址就是：

http://localhost/dict/文件名

或

http://127.0.0.1/dict/文件名

这样服务器的部署工作就完成了。

2 词库文件的制作

综合考虑每个单词需要的通用字段总结如下。

- word：英文单词，例如 "apple"；
- meaning_CN：单词的中文释义，例如 "n.苹果"；
- meaning_EN：单词的英文释义，例如 "n. a round fruit with firm, white flesh and a green, red, or yellow skin."。

本案例将使用较为简单的 JSON 格式文件进行单词数据的存储，开发者若学过数据库技术，也可以自行改造使用数据库对词库数据进行存储。

JSON 格式是一种 "名称:值" 对形式的数据格式，例如：

```
{"stuID":"123", "name":"zhangsan"}
```

上述代码表示存储了学号（stuID）为 123、姓名（name）为 zhangsan 的数据信息。

其也可以用来存储多条记录，例如：

```
[
    {"stuID":"123", "name":"zhangsan"},
    {"stuID":"456", "name":"lisi"},
    {"stuID":"789", "name":"wangwu"}
]
```

这里最外层追加了中括号表示数组，每个数组元素就是原先用大括号括住的每条记录，且数组元素之间使用逗号隔开。

这里节选部分单词的 JSON 格式效果如下：

```
1.  [
2.    {
3.        "word":"apple",
4.        "meaning_CN":"n.苹果",
```

```
5.        "meaning_EN":"n. a round fruit with firm, white flesh and a green,
          red, or yellow skin."
6.    },
7.    …
8.  ]
```

> **注意**：上述示例单词可供参考，其他数据文件见本书配套代码包。

最后，将制作好的数据存到文本文档中并另存为 UTF-8 格式的 JSON 文件，名称可以自定义，例如叫作 data.json。

此时词库素材就制作完成了，请在服务器端的 WWW/dict 目录下新建目录 api（仅为示例，也可以自定义其他目录）并将词库文件存放进去等待使用。

<u>3</u> 接口文件的制作

本案例选用了 PHP 技术来制作接口文件，并自定义文件名为 search.php，同样需要 UTF-8 编码格式。接口文件 search.php 的内容如下：

```php
1.  <?php
2.    //读取小程序端请求的单词
3.    $word = $_GET['word'];
4.
5.    //读取 JSON 文件
6.    $json_data = file_get_contents('data.json');
7.    //把 JSON 字符串强制转换为 PHP 数组
8.    $dict_data = json_decode($json_data, true);
9.
10.   //查询结果
11.   $result['status_code'] = 0;  //0 表示未查到，1 表示查到了
12.   $result['meaning_CN'] = '';
13.   $result['meaning_EN'] = '';
14.   //遍历查单词
15.   foreach($dict_data as $obj){
16.       //如果查到了
17.       if($obj['word']==$word){
18.           //更新查询结果
19.           $result['status_code'] = 1;
20.           $result['meaning_CN'] = $obj['meaning_CN'];
21.           $result['meaning_EN'] = $obj['meaning_EN'];
22.           //停止遍历
23.           break;
24.       }
25.   }
26.
27.   //返回解释（转换成 JSON 格式传输）
28.   echo json_encode($result);
29. ?>
```

上述内容表示根据请求参数 word 的取值查找 data.json 词库文件，并把相同单词 word 的单词释义返回给客户端。

此时接口文件就制作完成了，请把 search.php 放在服务器端的 WWW/dict/api 目录下等待使用。开发者也可以先使用浏览器自测接口是否有效，在浏览器的地址栏中输入：

http://localhost/dict/api/search.php?word=apple

或

http://127.0.0.1/dict/api/search.php?word=apple

浏览器运行效果如图 12-10 所示。

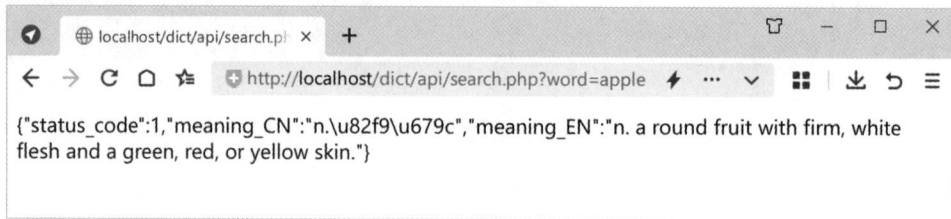

图 12-10　接口文件在浏览器中的测试效果

如果可以看到其中的"status_code"取值为 1，说明查到了对应的题目数据。

12.5.3　界面设计

本案例主要分成表单和查询结果两个区域，其中表单内部包含单行文本输入框、提交按钮和重置按钮。结构如图 12-11 所示。

创建一个 HTML 文件，文件名可自定义，例如 Dictionary.html。

在 HTML5 中使用<div class="container">元素声明查单词整体区域，在其中嵌套表单<form id="form01">和段落元素<p id="result">分别表示表单和查询结果区域，相关代码如下：

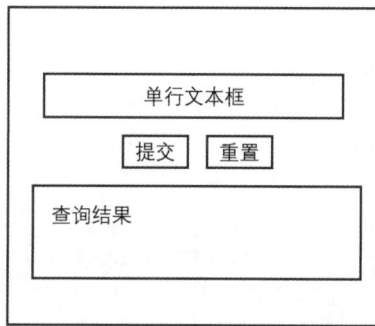

图 12-11　整体样式结构图

```
1. <body>
2. <!--标题-->
3. <h3>简易单词查询程序</h3>
4. <!--水平线-->
5. <hr>
6. <!--查单词区域-->
7. <div class="container">
8.     <!--1 表单-->
9.     <form id="form01"></form>
10.    <!--2 查询结果-->
11.    <p id="result"></p>
12.</div>
13.</body>
```

继续补充表单中的内容，代码片段如下：

```
1.     <!--1 表单-->
2.     <form id="form01">
3.         <!--1-1 单行文本输入框-->
4.         <input id="word" type="text" placeholder="请输入您要查询的单词"/>
5.         <!--1-2 提交按钮-->
6.         <input type="submit" value="提交"/>
7.         <!--1-3 重置按钮-->
8.         <input type="reset" value="重置"/>
9.     </form>
```

单行文本输入框<input>的 placeholder 属性是用于在未输入内容时显示的提示。

本案例使用 CSS 外部样式表规定页面样式。在 css 文件夹中创建 dict.css 文件，并在

HTML5 文件的<head>首尾标签中声明对 CSS 文件的引用。相关 HTML5 代码片段如下：

```
1.  <head>
2.  <meta charset="utf-8">
3.  <title>简易单词查询程序</title>
4.  <link rel="stylesheet" href="css/dict.css">
5.  </head>
```

在 CSS 外部样式表中设置公共样式，相关 CSS 代码如下：

```
1.  /*公共样式*/
2.  *{
3.      box-sizing: border-box;      /*盒了尺寸包含了边框和内边距*/
4.  }
5.  body{
6.      text-align: center;          /*文本居中*/
7.  }
```

为单词查询区域设置样式，相关 CSS 代码如下：

```
1.  /*查单词区域*/
2.  .container{
3.      width: 500px;                /*宽度为 500 像素*/
4.      height: auto;                /*高度自适应内容*/
5.      margin: 20px auto;           /*外边距上下为 20 像素、左右为 auto*/
6.      padding: 15px 40px;          /*内边距上下为 15 像系、左右为 40 像素*/
7.      border: 1px solid silver;    /*1 像素宽的银色实线边框*/
8.  }
```

为表单区域和查询结果段落区域设置样式，相关 CSS 代码如下：

```
1.  /*表单*/
2.  form{
3.      width: 100%;             /*宽度 100%自适应父容器*/
4.      height: 90px;            /*高度为 90 像素*/
5.  }
6.  /*单行文本输入框*/
7.  input[type=text]{
8.      width: 100%;             /*宽度 100%自适应父容器*/
9.      height: 30px;            /*高度为 30 像素*/
10.     margin: 10px 0;          /*外边距上下为 10 像素、左右为 0*/
11.     font-size: 16px;         /*字体大小为 16 像素*/
12. }
13. /*查询结果文本*/
14. #result{
15.     width: 100%;             /*宽度 100%自适应父容器*/
16.     height: auto;            /*高度自适应内容*/
17.     text-align: left;        /*文本左对齐*/
18. }
```

此时 CSS 样式设置就全部完成了，由于谷歌内核的浏览器禁止跨域访问，请将本项目案例涉及的 html、css 目录及内部文件、js 目录及内部文件全部放置到服务器 WWW/dict 目录下，然后在浏览器中访问：

http://localhost/dict/Dictionary.html

或

http://127.0.0.1/dict/Dictionary.html

此时页面就可以正确显示出来，如图 12-12 所示。

图 12-12　整体样式效果图

12.5.4　逻辑实现

本案例使用外部 JS 文件实现 jQuery 相关代码。在 js 文件夹中创建 dict.js 文件，并在 Dictionary.html 文件的<head>首尾标签中声明对 JS 文件的引用。相关 HTML5 代码片段如下：

```
1. <head>
2. <meta charset="utf-8">
3. <title>简易单词查询程序</title>
4. <link rel="stylesheet" href="css/dict.css">
5. <script src="js/jquery-1.12.3.min.js"></script>
6. <script src="js/dict.js"></script>
7. </head>
```

在 dict.js 中添加自定义函数 requestData()，用于向服务器发出请求获取当前单词释义：

```
1. //向服务器请求数据并更新页面
2. function requestData(wordTxt){
3.      //使用 ajax()方法获取查询结果
4.      $.ajax({
5.          url: "api/search.php",          //请求 url 地址
6.          method: "GET",                   //请求方式
7.          data: {
8.              word: wordTxt                //请求参数
9.          },
10.         dataType: "json",                //请求数据格式为 JSON 格式
11.         success: function(data){
12.             //判断是否查到了单词释义
13.             if(data.status_code == 1){ //查到了
14.                 //更新页面上的查询结果
15.                 $("p#result").html("中文释义: " + data.meaning_CN + "<br>
                    英文释义: " + data.meaning_EN);
16.             }else{ //没查到
17.                 //更新页面上的查询结果
18.                 $("p#result").html("未查到此词。");
19.             }
20.         }
21.     });
22.}
```

在 dict.js 的文档准备就绪函数中添加关于表单的提交动作监听，代码如下：

```
1. //文档准备就绪
2. $(document).ready(function(){
3.     $("#form01").submit(function(event){
4.         //禁用表单提交默认操作
5.         event.preventDefault();
6.         //获取单词输入框的内容
7.         var wordTxt = $("#word").val();
8.         //向服务器请求数据并更新页面
9.         requestData(wordTxt);
10.     });
11.});
```

当捕获到表单提交动作时，先禁用表单提交的默认操作，以免实现页面跳转，然后使用 jQuery HTML DOM 技术获取文本输入框中的单词，最后调用 requestData()函数获取服务器端的查询并显示到页面上。

此时本项目就全部完成了，运行效果如图 12-13 所示。

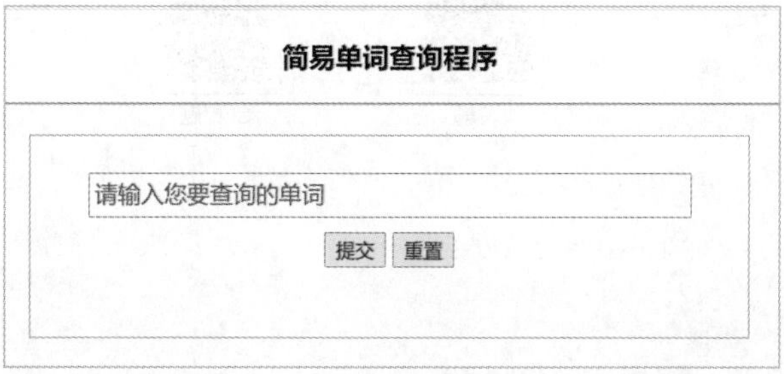

（a）页面初始状态

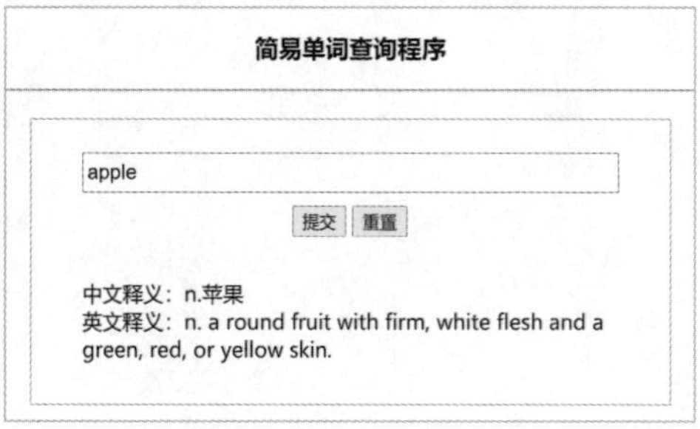

（b）成功查询结果 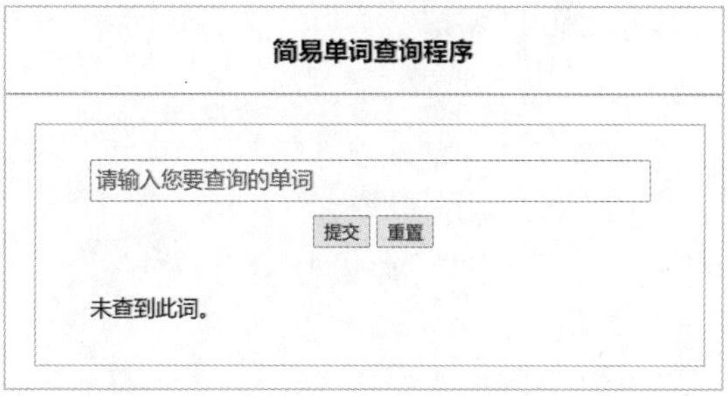　　　　　　　　　　（c）未查到单词

图 12-13　第 12 章阶段案例最终效果图

12.5.5　案例思考

【拓展练习】　请按照原数据格式丰富词库内容，添加更多单词进行查询试验。
【进阶改造】　制作一款汉语成语查询小词典。

本章小结

本章主要介绍了 jQuery AJAX 技术，在不重新加载整个页面的前提下可以直接更新当前页面中的指定内容。在实际开发中通常使用 load()和 get()方法查询结果或获取数据，也可以使用 post()方法进行数据提交或资源更新。如果需要进一步配置 AJAX 的各项参数,可以使用 ajax()方法。

AJAX 请求发送时会依次触发多个事件,这些事件按照作用范围可以分为局部事件和全局事件两种类型。局部事件可以通过 ajax()方法来触发并自定义函数内容;全局事件可以通过 bind()和 unbind()方法进行事件绑定与解除,也可以直接为指定的元素调用对应的方法来触发。

本章阶段案例介绍了简易单词查询应用,用户输入单词后通过 AJAX 请求与服务器交互获取单词释义并显示到页面上。

习题 12

扫一扫

习题

扫一扫

自测题

第四部分 综 合 篇

天气预报查询的设计与实现

本章将从零开始详解如何调用第三方服务平台接口制作一款天气预报查询程序，通过对完整项目实例的解析与实现，提高开发者的项目分析能力以及强化对于 JavaScript 和 jQuery 的综合应用能力。

本章学习目标

- 掌握第三方服务平台的密钥申请和调用方法；
- 掌握 JavaScript 和 jQuery 基础知识；
- 掌握 jQuery AJAX 的用法，实现服务器请求和回调处理。

13.1 案例背景

探索我国的气象历史文脉，一定会提到北极阁。北极阁是南京城内的一座丘陵，位于鼓楼东面，北依台城、玄武湖，西连鼓楼岗，东连覆舟山，因刘宋时山上建立日观台而得名"鸡鸣山"，因形似鸡笼又名"鸡笼山"，明朝时"国朝于山巅置仪表，以测玄纬，名观象台，更名钦天山"。

北极阁的气象历史源远流长。早在南北朝时，北极阁即建有"灵台候楼"，用于观天测候；明朝洪武年间，在此建"观象台"，又名"钦天台"，既观气象又观天象；清朝康熙皇帝第六次下江南，曾登台远眺，亲笔"旷观"二字；民国时期，卓越的气象、地理学家——竺可桢先生在此创建中国历史上第一个气象研究所。我国近、现代一批顶级气象学家，如涂长望、赵九章、叶笃正、陶诗言等都曾在此工作、学习过。因此，南京北极阁被海内外气象学界誉为中国近代气象发祥地。新中国成立至今，北极阁一直是江苏气象台所在地，是江苏气象业务服务中心。1999 年，北极阁被国家科技部、教育部、中央宣传部和中国科协命名为"全国青少年科技教育基地"。2000 年，北极阁被南京大学选定为"产学科研基地"。（摘自"中国天气网"，网址为 http://www.weather.com.cn/）

北极阁既见证了民族历史的沧桑一隅，也经历了气象创业的悠久历程。

13.2 案例需求

本章将综合应用 jQuery AJAX 技术开发一个天气预报查询页面，用户通过切换城市名称可以查询该地区当天的天气情况。为了达到真实效果，本案例将选用一款具有气象数据服务的免费、开源 API 作为 AJAX 请求接口。

用户可以使用下拉菜单切换城市，用 jQuery AJAX 技术获取当前城市的一系列气象数据，最后将数据展现在界面上。本案例节选了 4 个直辖市（北京、重庆、上海和天津）的天气数据，具体效果如图 13-1 所示。

（a）北京市实时气象数据展示　　　　　　（b）重庆市实时气象数据展示

（c）上海市实时气象数据展示　　　　　　（d）天津市实时气象数据展示

图 13-1　jQuery AJAX 天气预报查询的最终效果图

13.3　准备工作

13.3.1　API 密钥申请

本节主要介绍如何申请获得开源 API 的密钥。由于百度 API Store 目前已经不再提供服务，所以这里选择了可以提供全球气象数据服务接口的和风天气 API，其官方网址为 https://dev.qweather.com/（如图 13-2 所示）。

用户使用邮箱进行注册并激活后，每次使用都可以免费获取未来三天之内全球各地区的实时天气，免费接口调用流量为 1000 次/天、频率为 200 次/分钟，该数据基本上可以满足读者的开发、学习需求。

在注册完毕之后可以访问 https://console.qweather.com/#/console 来查看账号信息，用户登录后即可看到开发者申请到的个人认证 KEY，如果列表是空白的，则可以单击"添加 KEY"按钮创建一个新的应用 KEY，具体操作如图 13-3 所示。

图 13-2 "和风天气"开发平台主页（访问时间：2023.01.18 12:35）

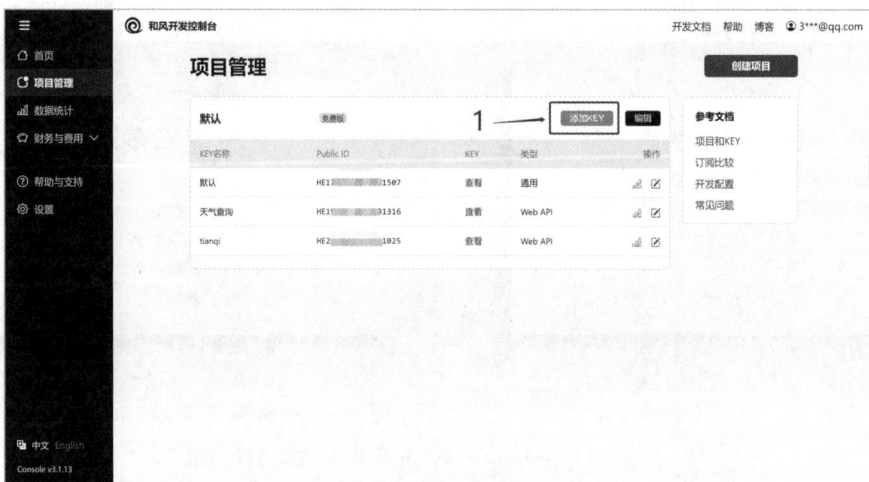

（a）单击"添加 KEY"按钮创建新的应用

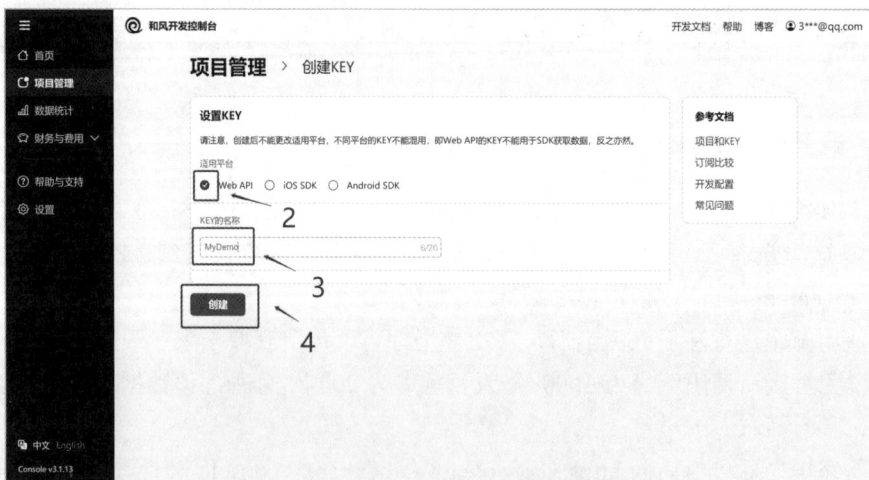

（b）选择平台并填写自定义 KEY 名称来创建应用

图 13-3 个人认证 KEY 查询页面（访问时间：2023.01.18 12:37）

（c）在应用列表页单击"查看"按钮复制 KEY 信息

图 13-3 （续）

开发者需要记录上述页面中的个人认证 KEY，该信息在 AJAX 请求时会作为身份识别的标识一起发送给服务器。至此，开源 API 的密钥申请就已经顺利完成，读者可以进行下一节的学习，了解如何调用 API 获取气象数据。

扫一扫

视频讲解

13.3.2 API 调用方法

免费用户可以调用的接口地址为 https://devapi.qweather.com/v7/，其服务器节点在中国境内。在该接口地址后面追加不同的关键词将获取不同的气象数据信息，例如 alarm 为天气自然灾害预警，读者可以访问官方文档 https://dev.qweather.com/docs/api/ 了解各类关键词的使用方法。

本案例将选用关键词 weather/now 进行实况天气数据的获取。实况天气即为当前时间点的天气状况以及温度、湿度、风力、气压等气象指数，具体包含的数据为体感温度、实测温度、天气状况、风力、风速、风向、相对湿度、大气压强、降水量、能见度等。目前该接口允许查询的城市覆盖范围为全球的任意一个城市。

基于关键词 weather/now 的接口具有两个必填参数和 3 个可选参数，如表 13-1 所示。其中与 unit 参数相关的公制和英制单位对比如表 13-2 所示。

表 13-1 weather 接口的参数

参 数 名 称	参 数 类 型	解　释
location	必填参数	用于规定需要查询的地区，可以填入查询地区的 LocationID 或经纬度坐标（十进制）。 例如： location=101010100（查询地区的 LocationID） location=120.343,36.088（经纬度）
key	必填参数	需要填入用户的个人认证 KEY 字符串，接口将通过该数据判断是否为授权用户，并可以进一步判断是否为付费用户。 例如：key=123abc456dfg
gzip	可选参数	对接口进行压缩，可以大幅度节省网络消耗、减少接口获取延迟。该参数的默认值是 y，表示开启 gzip，将参数值改成 n 表示不使用压缩
lang	可选参数	用于指定数据的语言版本，不添加 lang 参数则默认为简体中文。 例如：lang=en 需要注意的是，国内某些特定数据（例如生活指数、空气质量等）不支持多语言版

续表

参 数 名 称	参 数 类 型	解　　释
unit	可选参数	单位选择，公制（m）或英制（i），默认为公制单位。 例如：unit=i 详见表 13-2 度量衡单位

表 13-2　度量衡单位

数 据 项	公 制 单 位	英 制 单 位
温度	摄氏度（℃）	华氏度（℉）
风速	公里/小时（km/h）	英里/小时（mile/h）
能见度	公里（km）	英里（mile）
大气压强	百帕（hPa）	百帕（hPa）
降水量	毫米（mm）	毫米（mm）
PM2.5	微克/立方米（$\mu g/m^3$）	微克/立方米（$\mu g/m^3$）
PM10	微克/立方米（$\mu g/m^3$）	微克/立方米（$\mu g/m^3$）
O_3	微克/立方米（$\mu g/m^3$）	微克/立方米（$\mu g/m^3$）
SO_2	微克/立方米（$\mu g/m^3$）	微克/立方米（$\mu g/m^3$）
CO	毫克/立方米（mg/m^3）	毫克/立方米（mg/m^3）
NO_2	微克/立方米（$\mu g/m^3$）	微克/立方米（$\mu g/m^3$）

注：部分数据项无论选择何种单位均会使用公制单位。

免费用户调用接口的常见语法格式如下：

```
https://devapi.qweather.com/v7/weather/now?[parameters]
```

其中，[parameters]需要替换成使用到的参数，多个参数之间使用&符号隔开。

例如，使用 LocationID 查询上海市天气数据的写法如下：

```
https://devapi.qweather.com/v7/weather/now?location=101020100&key=1234abcd
```

注意：其中 KEY 的值 1234abcd 为随机填写的内容，请在实际开发中将其替换为真实的个人认证 KEY，否则接口将无法获取数据。

可以直接将这段地址输入浏览器的地址栏中测试数据返回结果，如图 13-4 所示。

```
{"code":"200","updateTime":"2021-01-12T20:36+08:00","fxLink":"http:/hfx.link/2bc1","now":{"obsTime":"2021-
01-12T20:04+08:00","temp":"5","feelsLike":"3","icon":"150","text":"晴","wind360":"270","windDir":"西
风","windScale":"0","windSpeed":"0","humidity":"33","precip":"0.0","pressure":"1017","vis":"15","cloud":"0","
dew":"-9"},"refer":{"sources":["Weather China"],"license":["no commercial use"]}}
```

图 13-4　免费天气查询接口返回结果页面

由该图可见，指定城市的天气数据返回结果是 JSON 数据格式的文本内容，其中包含的数据以"名称:值"的形式存放。本案例将节选实况天气 now 中的部分内容进行处理和使用。

为了方便用户查看，将图 13-4 返回的数据内容整理格式后节选如下：

```
{
    "code":"200",
    "updateTime":"2021-01-12T20:36+08:00",
    "fxLink":"http://hfx.link/2bc1",
    "now":{
        "obsTime":"2021-01-12T20:04+08:00",
```

```
        "temp":"5",
        "feelsLike":"3",
        "icon":"150",
        "text":"晴",
        "wind360":"270",
        "windDir":"西风",
        "windScale":"0",
        "windSpeed":"0",
        "humidity":"33",
        "precip":"0.0",
        "pressure":"1017",
        "vis":"15",
        "cloud":"0",
        "dew":"-9"
    },
    "refer":{
        "sources":["Weather China"],
        "license":["no commercial use"]
    }
}
```

返回字段的说明如表 13-3 所示。

表 13-3　实况天气返回字段说明

参　　数	描　　述	示　例　值
code	接口请求状态码，例如 200 表示请求成功	200
updateTime	当前 API 的最新更新时间	2021-01-12T20:36+08:00
fxLink	该城市的天气预报和实况自适应网页，可嵌入网站或应用	http://hfx.link/2bc1
now 实况天气		
obsTime	实况观测时间	2021-01-12T20:04+08:00
temp	温度，默认单位为摄氏度	5
feelsLike	体感温度，默认单位为摄氏度	3
icon	实况天气状况的图标代码	150
text	实况天气状况的文字描述	晴
wind360	风向 360 角度	270
windDir	风向	西风
windScale	风力	0
windSpeed	风速，公里/小时	0
humidity	相对湿度	33
precip	降水量	0.0
pressure	大气压强	1017
vis	能见度，默认单位为公里	15
cloud	云量	0
dew	实况露点温度	−9
refer 数据来源		
sources	原始数据来源，该值有可能为空值	Weather China
license	数据许可证（例如免费版、商业版）	no commercial use

表 13-3 中参数 code 的状态码及错误码如表 13-4 所示。

323

表 13-4　接口状态码及错误码说明

代　　码	说　　明
200	请求成功
204	请求成功，但所查询的地区暂时没有需要的数据
400	请求错误，可能包含错误的请求参数或缺少必选的请求参数
401	认证失败，可能使用了错误的 KEY、数字签名错误、KEY 的类型错误
402	超过访问次数或余额不足以支持继续访问服务，可以充值、升级访问量或等待访问量重置
403	无访问权限，可能是绑定的 PackageName、BundleID、域名 IP 地址不一致，或者是需要额外付费的数据
404	查询的数据或地区不存在
429	超过限定的 QPM（每分钟访问次数）
500	无响应或超时

如果接口无法正确地获取数据，可以根据状态码对比表 13-4 查询原因。

用户可以根据指定的名称找到对应的数据值，例如在实况天气数据 now 中可以查到当前城市的温度，对应的字段节选如下：

```
"temp":"5"
```

上述代码表示当前城市的温度为 5 摄氏度，用户也可以自行选用其他数据（例如空气质量指数 air/now 等）完成开发练习。下一节将介绍天气查询界面的设计方案。

13.4　界面设计

13.4.1　整体布局设计

本项目的主要内容分为 3 个版块：切换城市、天气状况、实况气象数据。其界面结构设计效果如图 13-5 所示。

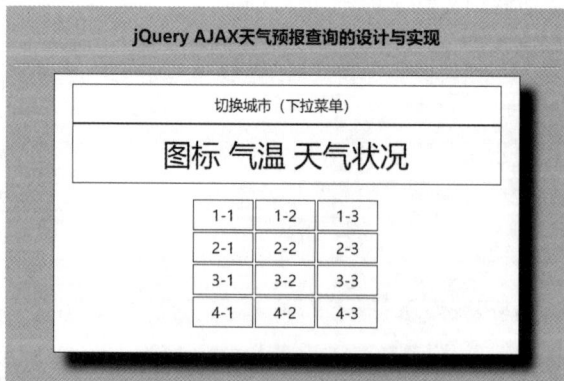

图 13-5　整体样式结构设计图

该图中的 3 个版块内容的具体解释如下。

- 切换城市：使用 \<div\> 元素完成，主要包含下拉菜单元素，用户可以自行切换城市。
- 天气状况：使用 \<div\> 元素完成，主要包含当前城市的天气图标、气温以及天气状况描述（例如晴、多云、雷阵雨等）。

- 实况气象数据：使用<table>元素完成，主要包含体感温度、相对湿度、降水量、气压、能见度和风力共 6 种实时气象数据，在<table>中形成四行三列表格内容。

在 HTML5 中使用<div>元素将这 3 个版块嵌套在内部，相关代码如下：

```
1.  <body>
2.      <!--标题-->
3.      <h3>jQuery AJAX 天气预报查询的设计与实现</h3>
4.      <!--水平线-->
5.      <hr>
6.      <!--天气查询版块-->
7.      <div id="content">
8.          <!--1 切换城市-->
9.          <div id="location">
10.             切换城市（下拉菜单）
11.         </div>
12.
13.         <!--2 天气描述区域-->
14.         <div id="weather">
15.             图标 气温 天气状况
16.         </div>
17.
18.         <!--3 实况数据-->
19.         <table id="now">
20.             <!--3-1 第一行（数据）-->
21.             <tr id="line01">
22.                 <td>1-1</td>
23.                 <td>1-2</td>
24.                 <td>1-3</td>
25.             </tr>
26.             <!--3-2 第二行（单位名称）-->
27.             <tr id="line02">
28.                 <td>2-1</td><td>2-2</td><td>2-3</td>
29.             </tr>
30.             <!--3-3 第三行（数据）-->
31.             <tr id="line03">
32.                 <td>3-1</td>
33.                 <td>3-2</td>
34.                 <td>3-3</td>
35.             </tr>
36.             <!--3-4 第四行（单位名称）-->
37.             <tr id="line04">
38.                 <td>4-1</td><td>4-2</td><td>4-3</td>
39.             </tr>
40.         </table>
41.     </div>
42.</body>
```

在上述代码中，首先使用了 id="content"的<div>元素包括整个天气预报查询版块，在其中继续使用<div>元素拆分成上下 3 个模块，其 id 名称分别为 location（城市位置）、weather（天气状况）以及 now（实况气象数据）。

本案例使用 CSS 外部样式表规定页面样式。在本地 css 文件夹中创建 weather.css 文件，并在<head>首尾标签中声明对 CSS 文件的引用。相关 HTML5 代码片段如下：

```
1.  <head>
2.      <meta charset="utf-8">
3.      <title>jQuery AJAX 天气预报查询的设计与实现</title>
4.      <link rel="stylesheet" href="css/weather.css">
5.  </head>
```

在 CSS 外部样式表中首先为页面设置整体样式，相关 CSS 代码片段如下：

```
1. /*公共样式*/
2. body{
3.     text-align: center;   /*文本居中*/
4.     background: silver;   /*背景颜色为灰色*/
5. }
```

接下来在 CSS 外部样式表中为<div>元素设置统一样式，相关 CSS 代码片段如下：

```
1. div{
2.     padding: 10px 20px;        /*内边距上下为 10 像素、左右为 20 像素*/
3.     border: 1px solid red;     /*1 像素宽的红色实线边框 (仅在设计时使用，最终将去掉)*/
4. }
```

然后继续为 id="content"的<div>元素设置样式，相关 CSS 代码片段如下：

```
1. /*天气查询内容区域*/
2. #content{
3.     margin: 0px auto;                     /*外边距上下为 0、左右为 auto*/
4.     max-width: 480px;                     /*最大宽度为 480 像素*/
5.     background: white;                    /*背景颜色为白色*/
6.     box-shadow: 15px 15px 10px black;     /*右下方 10 像素宽的黑色阴影*/
7. }
```

其中，box-shadow 属性可以实现边框投影效果，4 个参数分别代表水平方向的偏移（向右偏移 15 像素）、垂直方向的偏移（向下偏移 15 像素）、阴影宽度（10 像素）和阴影颜色（黑色），均可自定义成其他值。该属性属于 CSS3 新特性中的一种，在这里仅为美化页面使用。

继续为 id="weather"的<div>元素以及内部气象图标设置样式，相关 CSS 代码片段如下：

```
1. /*天气描述区域*/
2. #weather{
3.     font-size: 2em;            /*两个浏览器默认字符宽*/
4.     border: 1px solid red;     /*1 像素宽的红色实线边框 (仅在设计时使用，最终将去掉)*/
5. }
6. /*天气描述区域-气象图标*/
7. #weather img{
8.     vertical-align: middle;    /*垂直方向居中*/
9. }
```

在 CSS 外部样式表中为<table>及其内部子元素设置样式效果，相关 CSS 代码如下：

```
1. /*表格*/
2. table{
3.     margin: 15px auto;v       /*外边距上下为 15 像素、左右为 auto*/
4. }
5. /*表格-单元格*/
6. td{
7.     padding: 5px 20px;         /*内边距上下为 5 像素、左右为 20 像素*/
8.     border: 1px solid red;     /*1 像素宽的红色实线边框 (仅在设计时使用，最终将去掉)*/
9. }
10./*表格-第 1、3 行*/
11.#line01, #line03{
12.     font-size: 1.3em;         /*1.3 个浏览器默认字符宽*/
13.}
14./*表格-第 2、4 行*/
15.#line02, #line04{
16.     color: gray;v             /*文字颜色为灰色*/
17.}
```

此时整体界面设计已完成，效果如图 13-6 所示。

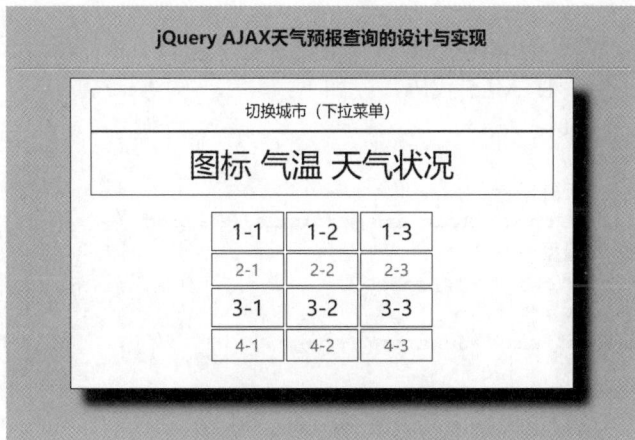

图 13-6　整体样式效果图

接下来将分别填充每个版块中的具体内容。

扫一扫

视频讲解

13.4.2　切换城市版块设计

该版块是 id="location"的<div>元素内部的内容，包含一个下拉菜单<select>元素。

本项目以 4 个直辖市为例，相关 HTML5 代码片段如下：

```
1. <!--1 切换城市-->
2. <div id="location">
3.     切换城市：
4.     <select id="city">
5.         <option value="101010100" selected>北京市</option>
6.         <option value="101040100">重庆市</option>
7.         <option value="101020100">上海市</option>
8.         <option value="101030100">天津市</option>
9.     </select>
10.</div>
```

其中，第一个<option>使用了关键词 selected 使其处于默认被选中状态。开发者后续也可以根据实际需要追加更多的城市选项。

此时切换城市版块的界面设计已完成，效果如图 13-7 所示。

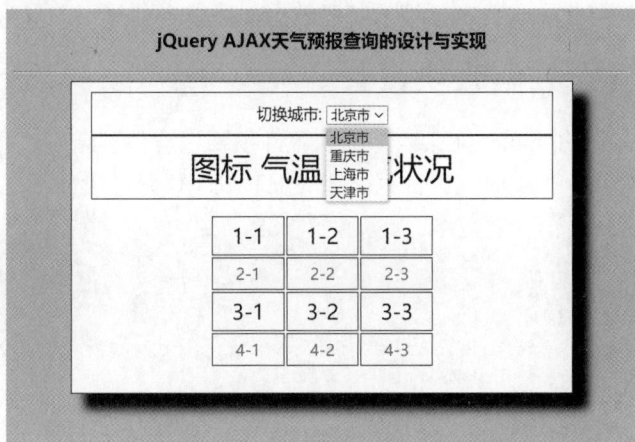

图 13-7　切换城市版块样式效果图

13.4.3　天气状况版块设计

该版块是 id="weather"的<div>元素内部的内容，从左往右依次包含天气图标、气温数据以及天气状况描述。相关 HTML5 代码片段如下：

```
1.      <!--2 天气描述区域-->
2.   <div id="weather">
3.        <!--2-1 天气图标-->
4.        <img id="icon"  src="image/icons/999.png"/>
5.        <!--2-2 温度-->
6.        <span id="temp">0</span>℃
7.        <!--2-3 文字描述-->
8.        <span id="text">Unknown</span>
9.   </div>
```

其中 3 个元素分别解释如下。

- <img id="icon">元素：用于显示天气状况描述对应的天气图标。图标素材可以自行准备，也可以从和风天气的官网下载（https://dev.qweather.com/docs/start/icons/）。
- <span id="temp">元素：用于显示当前城市的气温（单位：摄氏度（℃））。
- <span id="text">元素：用于显示当前城市的天气状况描述，例如多云、晴等。

此时天气状况版块的界面设计已完成，效果如图 13-8 所示。

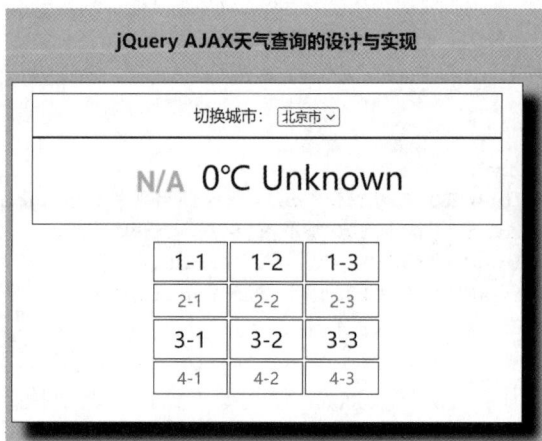

图 13-8　天气状况版块样式效果图

由于当前尚未使用 jQuery AJAX 技术获取数据，所以当前显示的仅为样式效果。

13.4.4　实况气象数据版块设计

该版块是 id="now"的<table>元素内部的内容，主要包含体感温度、相对湿度、降水量、气压、能见度和风力共 6 种实时气象数据。相关 HTML5 代码片段如下：

```
1.  <!--3 实况数据-->
2.  <table id="now">
3.      <!--3-1 第一行（数据）-->
4.      <tr id="line01">
5.          <td><span id="feelsLike">0</span>℃</td>
6.          <td><span id="humidity">0</span>%</td>
7.          <td><span id="precip">0</span>mm</td>
8.      </tr>
9.      <!--3-2 第二行（单位名称）-->
```

```
10.     <tr id="line02">
11.        <td>体感温度</td>
12.        <td>相对湿度</td>
13.        <td>降水量</td>
14.     </tr>
15.     <!--3-3 第三行（数据）-->
16.     <tr id="line03">
17.        <td><span id="pressure">0</span>hPa</td>
18.        <td><span id="vis">0</span>km</td>
19.        <td><span id="windScale">0</span><span id="windDir">0</span></td>
20.     </tr>
21.     <!--3-4 第四行（单位名称）-->
22.     <tr id="line04">
23.        <td>气压</td>
24.        <td>能见度</td>
25.        <td>风力</td>
26.     </tr>
27.</table>
```

表格共计四行三列，其中第 1、3 两行为实况气象数据，第 2、4 两行为上一行数据对应的文字描述。此时实况气象数据版块的界面设计已完成，效果如图 13-9 所示。

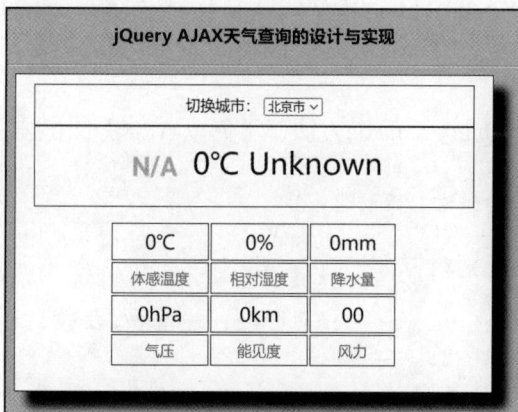

图 13-9　实况气象数据版块样式效果图

由于当前尚未使用 jQuery AJAX 技术获取数据，所以当前显示的仅为样式效果。

最后整理一下 CSS 外部样式表，去掉代码中所有设置的红色实线边框（border:1px solid red）效果。此时界面设计正式完成，最终样式效果如图 13-10 所示。

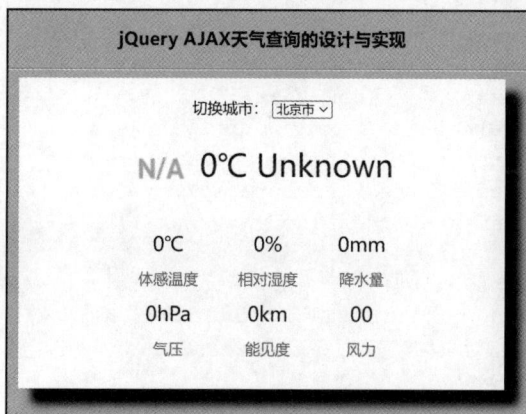

图 13-10　最终样式效果图

下一节将介绍如何使用 jQuery AJAX 技术调用气象数据 API，并从获取到的数据内容中筛选出指定的数据值。

13.5 天气预报查询的实现

13.5.1 jQuery AJAX 请求接口的实现

本案例使用外部 JS 文件 weather.js 实现 jQuery 相关代码。在本地 js 文件夹中创建 weather.js 文件，并在<head>首尾标签中声明对 JS 文件的引用。相关 HTML5 代码片段如下：

```
1. <head>
2. <meta charset="utf-8">
3. <title>jQuery AJAX 天气预报查询的设计与实现</title>
4. <link rel="stylesheet" href="css/weather.css">
5. <script src="js/jquery-1.12.3.min.js"></script>
6. <script src="js/weather.js"></script>
7. </head>
```

本案例选用了 jQuery $.ajax()方法进行接口请求，并检测是否获取到了数据内容。由于城市 ID 是动态变化的，所以声明自定义函数 getWeather(cityID)，根据参数 cityID 的不同获取对应城市的气象数据。

在 weather.js 中使用 jQuery $.ajax()方法调用免费 API 获取数据的代码如下：

```
1. //换成自己的密钥
2. var key = 'abcd123456 换成自己的密钥';
3. //获取指定城市的天气预报数据
4. function getWeather(cityID){
5.     $.ajax({
6.         url: "https://devapi.qweather.com/v7/weather/now?key=" + key +
             "&location=" + cityID,
7.         method: "GET",
8.         dataType: "json",
9.         success: function(data){
10.            //获取失败
11.            if (data.code != "200") return;
12.            //当前气候
13.            var now = data.now;
14.            //更新当前气候相关数据
15.            $("#icon").attr("src", "image/icons/" + now.icon + ".png");
               //图标
16.            $("#temp").text(now.temp);              //气温
17.            $("#text").text(now.text);              //气候（晴、多云等描述）
18.            $("#feelsLike").text(now.feelsLike);    //体感温度
19.            $("#humidity").text(now.humidity);      //湿度
20.            $("#precip").text(now.precip);          //降水量
21.            $("#pressure").text(now.pressure);      //气压
22.            $("#vis").text(now.vis);                //能见度
23.            $("#windScale").text(now.windScale);    //风力等级
24.            $("#windDir").text(now.windDir);        //风向
25.        }
26.    });
27.}
```

上述方法的返回值即为从服务器端获取到的完整气象数据，后续需要进行筛选使用。

13.5.2　根据城市查询天气数据的实现

在 weather.js 中添加自定义函数 updateInfo()用于更新页面上的气象数据，具体 jQuery 代码如下：

```
1. //更新页面数据
2. function updateInfo(){
3.     //获取当前城市名称
4.     var cityID = $("#city").val();
5.     //获取当前城市的全部天气数据
6.     getWeather(cityID);
7. }
```

在页面准备就绪时执行 updateInfo()函数，使得默认城市的气象数据可以正常显示出来。然后对下拉菜单进行监听，一旦发生变化，则再次执行 updateInfo()更新页面数据内容。具体 jQuery 代码如下：

```
1. //文档准备就绪
2. $(document).ready(function(){
3.     //页面准备就绪时更新天气数据
4.     updateInfo();
5.     //监听下拉菜单变化
6.     $("#city").change(function(){
7.         updateInfo();    //更新页面数据
8.     });
9. });
```

此时本项目已全部完成。

13.6　最终效果展示

最终效果如图 13-11 所示。

（a）北京市实时气象数据展示

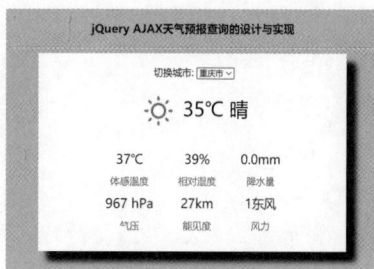

（b）重庆市实时气象数据展示

（c）上海市实时气象数据展示

（d）天津市实时气象数据展示

图 13-11　jQuery AJAX 天气预报查询的实现（访问时间：2020.07.26）

由于篇幅有限，本案例在下拉菜单选项中仅添加了 4 个直辖市作为测试用例。开发者未来可以尝试追加新的城市，自定义天气图标或者更改需要展示的数据内容。

本章小结

本章通过天气预报查询项目的开发练习主要学习了以下知识点和操作：

- 第三方平台的密钥申请和 API 调用文档的学习；
- jQuery 中 ID 选择器、类选择器等各类选择器的综合应用；
- jQuery DOM 操作更新页面数据；
- jQuery ajax()方法的理解与应用。

通过本章的学习，读者可以提高 HTML、CSS、JavaScript 与 jQuery 的综合应用能力，熟悉 jQuery 特效中常用的方法以及 AJAX 技术的使用。

参考资料

- 和风天气开发文档：https://dev.qweather.com/docs/start/.
- 周文洁. HTML5 网页前端设计-微课视频版. 2 版. 北京：清华大学出版社，2021.
- 周文洁. HTML5 网页前端设计实战. 北京：清华大学出版社，2017.
- 周文洁. 微信小程序开发实战-微课视频版. 北京：清华大学出版社，2020.

习题 13

扫一扫

自测题

第14章 ← Chapter 14

思政答题程序的设计与实现

本章将从零开始详解如何开发实现一个基于 Windows+Apache/Nginx+PHP 服务器环境的思政答题程序，通过对完整项目实例的解析与实现，提高开发者的项目分析能力以及强化对于 JavaScript 和 jQuery 的综合应用能力。

本章学习目标

- 掌握服务器的部署和启/停；
- 掌握用 JSON 格式文件制作题库数据和接口的编写；
- 掌握 JavaScript 和 jQuery 基础知识；
- 掌握 jQuery AJAX 的用法，实现服务器请求和回调处理。

14.1 案例背景 ◀◀◀

2019 年 1 月 1 日由中宣部组织建设的"学习强国"学习平台在全国正式上线，该平台由计算机端和手机 App 端两大终端组成，是立足全党、面向全社会的科学理论学习阵地、思想文化聚合平台。其中，手机 App 端的知识答题功能深受党员、群众的一致好评，以"每日答题""专项答题""每周答题"等不同的种类提供优质学习内容，帮助学习者对知识进行复习巩固，如图 14-1 所示。

2022 年 10 月 16 日上午 10 时，中国共产党第二十次全国代表大会在北京人民大会堂开幕。习近平代表第十九届中央委员会向大会作报告。报告的第五部分是"实施科教兴国战略，强化现代化建设人才支撑"，将其专章部署，传递了鲜明信号（来源：《中国远程教育》杂志网易号 学习贯彻党的二十大精神 着力推进教育数字化与终身学习）。二十大报告指出，必须坚持科技是第一生产力、人才是第一资源、创新是第一动力，深入实施科教兴国战略、人才强国战略、创新驱动发展战略。报告强调，"我们要坚持教育优先发展、科技自立自强、人才引领驱动，加快建设教育强国、科技强国、人才强国""建成世界上规模最大的教育体系"。其中特别指出，要办好人民满意的教育，坚持以人民为中心发展教

图 14-1 "学习强国"手机 App 端专项答题页面

育，加快建设高质量教育体系，发展素质教育，促进教育公平，推进教育数字化，建设全民终身学习的学习型社会、学习型大国。

14.2　案例需求

本章将综合应用 JavaScript 与 jQuery 技术开发一个思政答题程序，题目素材来源为党的二十大报告内容，主题为"'学习党的二十大精神'专项答题"。题库包含判断题、单选题和多选题 3 种类型，共 10 题，每题 10 分，总分为 100 分。

用户勾选选项进行作答，单击底部的"上一题"或"下一题"按钮可进行题目的切换，所有已作答的题目在切换返回时仍可以显示当时作答的历史选项记录。在答题过程中也可以单击"查看解析"按钮查看关键点解析，帮助答题者进行相关知识的复习与回顾。答完最后一题并选择"立即交卷"按钮后页面将切换到结果页显示最终得分，单击结果页中的"重新作答"按钮可回到答题页重新开始新的一轮答题。

思政答题程序原型图如图 14-2 所示。

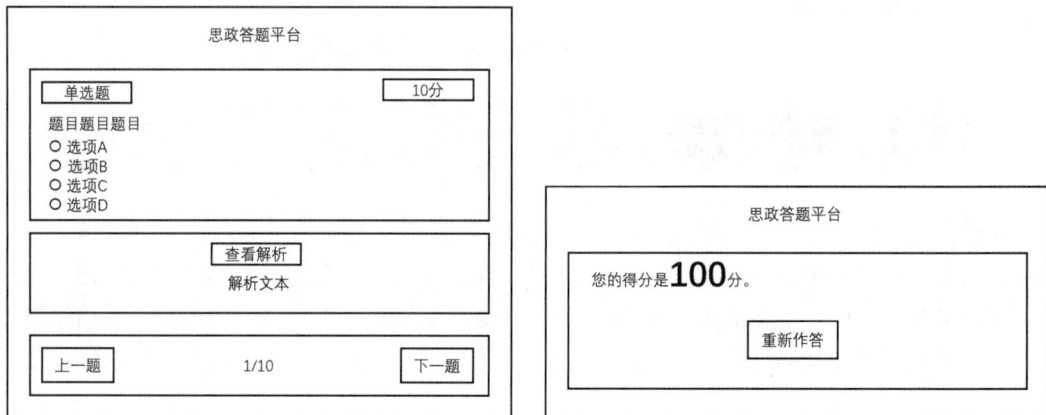

（a）答题页效果　　　　　　　　　　　（b）结果页效果

图 14-2　思政答题程序原型图

14.3　准备工作

14.3.1　服务器端准备

本案例使用计算机端安装第三方免费的 phpStudy v8.1 套件来模拟服务器效果，该套件的下载、安装以及启动步骤见第 12 章"12.2.1 临时服务器的搭建"。启动后的效果如图 14-3 所示。

然后在服务器端的根目录 WWW 下新建一个自定义目录（例如 redQuiz），作为本项目的存放路径，这样后续的文件在浏览器中的访问地址就是：

http://localhost/redQuiz/文件名

或

http://127.0.0.1/redQuiz/文件名

这样服务器的部署工作就完成了。

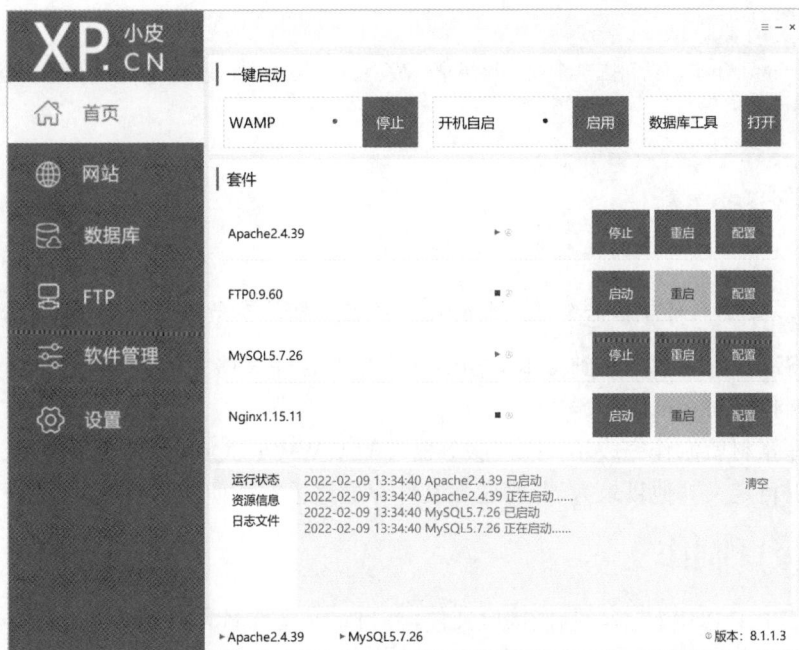

图 14-3 phpStudy 启动 WAMP 示例

14.3.2 题库素材

扫一扫

视频讲解

本节主要介绍思政答题程序的题库素材的制作思路以及最终需要的文件格式。

根据题型、选项、分值等因素，综合考虑每个题目，需要的通用字段总结如下。

- id：题目序号，数字形式。
- type：题目类型，可以输入文字也可以用数字来标识，这里使用文字。
- question：题目，纯文本。
- optionA：选项 A 的文字描述。
- optionB：选项 B 的文字描述。
- optionC：选项 C 的文字描述，判断题无此字段。
- optionD：选项 D 的文字描述，判断题无此字段。
- score：当前题目的分值，数字形式，例如 10 就表示 10 分。
- answer：正确答案，如果是多选题，中间用英文半角的逗号隔开，例如"A,C,D"。
- tips：答案解析，纯文本。

本案例将使用较为简单的 JSON 格式文件进行题库的存储，开发者若学过数据库技术，也可以自行改造使用数据库对题库数据进行存储。关于 JSON 格式的介绍见第 12 章阶段案例"简易单词查询"中的案例分析。

这里节选部分题目的 JSON 格式效果如下：

```
[
  {
    "id":1,
    "type":"判断题",
    "question":"党的二十大报告指出，十年来，党和国家事业取得历史性成就、发生历史性变革，推动我国迈上全面建设社会主义现代化国家新征程。",
    "optionA":"对",
    "optionB":"错",
```

```
        "score":10,
        "answer":"A",
        "tips":"十年来，党和国家事业取得历史性成就、发生历史性变革，推动我国迈上全面建设社会
主义现代化国家新征程。"
    },
    { "id":2, … },
    { "id":3, … },
    …
]
```

> **注意：** 上述示例题目可供参考，全套题库数据文件见本书配套代码包。

　　最后，将制作好的数据存到文本文档中并另存为 UTF-8 格式的 JSON 文件，名称可以自定义，例如叫作 data.json。

　　此时题库素材就制作完成了，请在服务器端的 WWW/redQuiz 目录下新建目录 api（仅为示例，也可以自定义其他目录），并将题库文件存放进去等待使用。

14.3.3　接口制作

　　本案例选用了 PHP 技术来制作接口文件，并自定义文件名为 search.php，同样需要 UTF-8 编码格式。接口文件 search.php 的内容如下：

```php
1.  <?php
2.      //读取客户端请求的题目编号
3.      $id = $_GET['id'];
4.
5.      //读取 JSON 文件
6.      $json_data = file_get_contents('data.json');
7.      //把 JSON 字符串强制转换为 PHP 数组
8.      $php_data = json_decode($json_data, true);
9.
10.     //查询状态标记
11.     $result['status_code'] = 0;    //0 表示未查到，1 表示查到了
12.
13.     //遍历查单词
14.     foreach($php_data as $obj){
15.         //如果查到了
16.         if($obj['id']==$id){
17.             $result['status_code'] = 1;        //更新查询状态标记
18.             $result['question_data'] = $obj;   //更新查询结果
19.             break;                             //停止遍历
20.         }
21.     }
22.
23.     //返回解释（转换成 JSON 格式传输）
24.     echo json_encode($result);
25. ?>
```

　　上述内容表示根据请求参数 id 的取值查找 data.json 题库文件，并把相同题目 id 编号的数据返回给客户端。

　　此时接口文件就制作完成了，请把 search.php 放在服务器端的 WWW/redQuiz/api 目录下等待使用。开发者也可以先使用浏览器自测接口是否有效，在浏览器的地址栏中输入：

http://localhost/redQuiz/api/search.php?id=1

或

http://127.0.0.1/redQuiz/api/search.php?id=1

浏览器中的运行效果如图 14-4 所示。

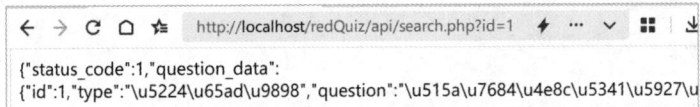

{"status_code":1,"question_data":
{"id":1,"type":"\u5224\u65ad\u9898","question":"\u515a\u7684\u4e8c\u5341\u5927\u

图 14-4　接口文件在浏览器中的测试效果

如果可以看到其中的"status_code"取值为 1，则说明查到了对应的题目数据。

14.4　界面设计

14.4.1　公共样式

本案例使用 CSS 外部样式表规定页面样式，在 css 文件夹中创建 common.css 文件并声明一系列公共样式，以方便答题页与结果页共享。

创建 UTF-8 格式的网页文件 RedQuiz.html 和 Result.html，分别用于展示答题页和结果页，并在两个 HTML 文件的\<head\>首尾标签中均声明对 common.css 文件的引用。

相关 HTML5 代码片段如下：

```
1. <head>
2. <meta charset="utf-8">
3. <title>思政答题平台</title>
4. <link rel="stylesheet" href="css/common.css">
```

此时公共样式文件中的代码会同时影响答题页和结果页的页面效果。

common.css 中的代码片段如下：

```
1.  /*一、公共样式*/
2.  body{
3.      background-color: #f5f5f5;        /*背景颜色为浅灰色*/
4.      text-align: center;              /*文本居中*/
5.      box-sizing: border-box;          /*盒子尺寸包含边框和内边距*/
6.  }
7.  /*隐藏当前元素*/
8.  .hide{
9.      display: none;                   /*不显示当前元素*/
10. }
11. /*水平方向布局*/
12. .flexH{
13.     display: flex;                   /*弹性布局*/
14.     flex-direction: row;             /*水平布局*/
15. }
16. /*垂直方向布局*/
17. .flexV{
18.     display: flex;                   /*弹性布局*/
19.     flex-direction: column;          /*垂直布局*/
20. }
21. /*布局交叉方向上居中*/
22. .alignCenter{
23.     align-items: center;             /*垂直布局则水平方向居中，反之亦然*/
24. }
25. /*弹性布局between*/
```

```
26.  .flexBetween{
27.      justify-content: space-between;      /*元素之间空一样多，两头贴边*/
28.  }
29.  /*盒子区域*/
30.  .box{
31.      width: 740px;                        /*宽度为 740 像素*/
32.      background-color: white;             /*背景颜色为白色*/
33.      border-radius: 10px;                 /*圆角边框效果*/
34.      margin: 20px auto;                   /*外边距上下为 20 像素、左右自动居中*/
35.      padding: 20px 30px;                  /*内边距上下为 20 像素、左右为 30 像素*/
36.      line-height: 35px;                   /*行高为 35 像素*/
37.  }
38.  /*红色主题按钮*/
39.  .redBtn{
40.      color: white;                        /*文字颜色为白色*/
41.      background-color: #890000;           /*背景颜色为红色*/
42.      outline: none;                       /*无立体轮廓*/
43.      border: none;                        /*无边框*/
44.      border-radius: 5px;                  /*圆角边框效果*/
45.      padding: 10px 20px;                  /*内边距上下为 10 像素、左右为 20 像素*/
46.      cursor: pointer;                     /*鼠标为手指指示图标*/
47.  }
48.  /*段落文字*/
49.  p{
50.      text-indent: 2em;                    /*段落首行缩进两个字符*/
51.      text-align: left;                    /*文本左对齐*/
52.  }
```

扫一扫

视频讲解

14.4.2 答题页设计

1 整体布局设计

答题页主要分为答题区域、解析区域和按钮区域，如图 14-5 所示。

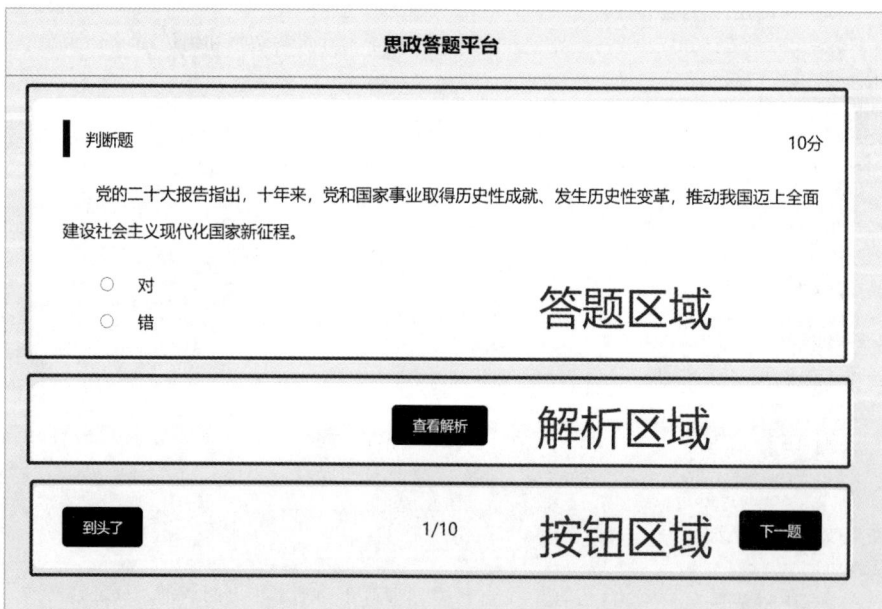

图 14-5　答题页的整体样式结构设计图

该图中的 3 个区域的内容具体解释如下。

- 答题区域：使用\<div\>元素完成，主要包含状态栏（题目类型和分值）、题目、选项。
- 解析区域：使用\<div\>元素完成，主要包含"查看解析"按钮和一段解析文本。
- 按钮区域：使用\<div\>元素完成，主要包含"上一题""下一题"按钮以及中间显示
  "?/10"的文本（表示当前第几题）。

在 RedQuiz.html 中使用\<div class="box"\>元素将这 3 个区域依次呈现出来，相关代码如下：

```
1.  <body>
2.  <!--标题-->
3.  <h3>思政答题平台</h3>
4.  <!--水平线-->
5.  <hr/>
6.  <!--1.答题区域-->
7.  <div class="box">
8.  </div>
9.
10. <!--2.解析区域-->
11. <div class="box">
12. </div>
13.
14. <!--3.按钮区域-->
15. <div class="box">
16. </div>
17. </body>
```

在上述代码中，3 个区域均使用了\<div class="box"\>元素来形成宽度为 740 像素的圆角边框
白色盒子，其中 box 样式在公共样式表 common.css 中已事先声明。

运行效果如图 14-6 所示。

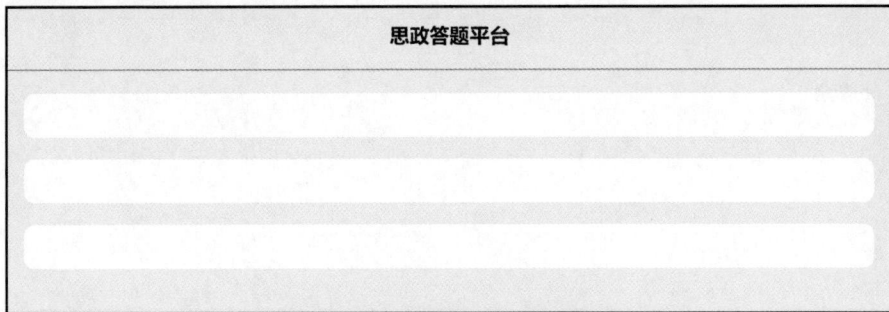

图 14-6　答题页的整体布局效果图

此时答题页整体布局结构就完成了，接下来分别填充每个区域中的具体内容。

<u>2</u> 答题区域设计

该区域是第一个\<div class="box"\>元素内部的内容，包含状态栏和题目区域。

相关 HTML5 代码片段如下：

```
1.  <!--1.答题区域-->
2.  <div class="box">
3.      <!--1-1 状态栏-->
4.      <div class="flexH alignCenter flexBetween">
5.      </div>
6.      <!--1-2 题目区域-->
7.      <div class="flexV">
8.      </div>
9.  </div>
```

上述代码仍然使用<div>分割了状态栏和题目区域,并直接使用公共样式文件中事先已声明的 flexH 和 flexV 分别表示水平布局和垂直布局,alignCenter 在这里表示垂直方向上居中,flexBetween 用于将内容拉到两端展示。

接下来填充状态栏,相关 HTML5 代码片段如下:

```
1.     <!--1-1 状态栏-->
2.     <div class="flexH alignCenter flexBetween">
3.         <!--1-1-1 题目类型-->
4.         <div id="type">单选题</div>
5.         <!--1-1-2 分值-->
6.         <div id="score">10 分</div>
7.     </div>
```

由于答题页自身的样式不多,可以继续写到 common.css 中,这里新增一段关于题目类型样式的美化的代码。相关 CSS 文件代码片段如下:

```
1.  /*一、公共样式(内容略)*/
2.
3.  /*二、答题页样式*/
4.  /*题型*/
5.  #type{
6.      border-left: 7px solid #890000;      /*左侧 7 像素粗细实线红色边框*/
7.      padding-left: 15px;                   /*内边距左侧空 15 像素*/
8.  }
```

此时答题区域顶部的状态栏就完成了,如图 14-7 所示。

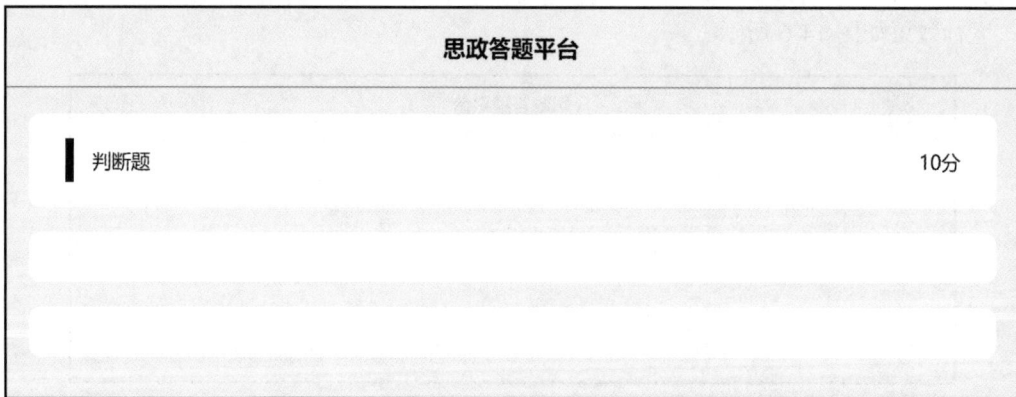

思政答题平台

判断题   10分

图 14-7 答题页中答题区域顶部的状态栏效果图

继续填充题目区域,相关 HTML5 代码片段如下:

```
1.     <!--1-2 题目区域-->
2.     <div class="flexV">
3.         <!--1-2-1 题目-->
4.         <p id="question"> 题目。 </p>
5.         <!--1-2-2 选项表单-->
6.         <form id="optionForm" class="flexV">
7.             <!--选项 A 区域-->
8.             <!--选项 B 区域-->
9.             <!--选项 C 区域-->
10.            <!--选项 D 区域-->
11.        </form>
12.    </div>
```

在题目区域内部使用段落元素\<p id="question">来显示题目文本，使用表单元素\<form id="optionForm">来显示选项表单。其中\<form>元素也使用了公共样式中声明的 flexV 样式表示垂直布局。

在\<form>表单内部最多有 4 个选项（判断题只有选项 A 和 B），它们的布局结构完全相同，以选项 A 为例，相关 HTML5 代码如下：

```
1. <!--选项 A 区域-->
2. <div>
3.     <input id="optionA" name="options" type="radio" value="A">
4.     <span class="optionsTxt">选项 A</span>
5. </div>
```

上述代码表示每个选项区域均使用\<div>区分，其内部均放置了\<input>元素（暂时用于显示单选框）和\<span class="optionsTxt">元素（用于显示当前选项的文本内容）。其中，\<input>元素的属性 name="options"的取值为开发者自定义，所有选项都要用同一个 name 名称，以确保单选框或多选框可以分到同一组内；type="radio"表示当前是单选框，如果后期需要改成多选框，可以使用 type="checkbox"；属性 id="optionA"和 value="A"用于标识当前选项，每个选项对应的取值不同。

其余选项区域的 HTML5 代码和选项 A 区域基本相同，这里就不再重复展示，请开发者根据上面的代码自行补充完整（提示：只需要把\<input>元素中的 id="optionA" 和 value="A" 以及\<span>元素中的文本"选项 A"这 3 处里面的字母"A"分别改成对应的选项 B、C、D 即可）。

在公共样式文件 common.css 中继续追加关于表单的样式，代码片段如下：

```
1. /*一、公共样式（内容略）*/
2. 
3. /*二、答题页样式*/
4. （内容略）
5. /*表单*/
6. form{
7.     align-items: flex-start;     /*水平方向左对齐布局*/
8.     text-indent: 2em;            /*段落首行缩进两个字符*/
9. }
10./*选项*/
11.input{
12.     display: inline-block;      /*行内块级元素*/
13.     margin-right: 20px;         /*外边距右侧空 20 像素*/
14.}
```

运行效果如图 14-8 所示。

此时答题页的答题区域就已经设计完成，下面将介绍解析区域设计。

3 解析区域设计

该区域是第二个\<div class="box">元素内部的内容，包含按钮和解析文本。

相关 HTML5 代码片段如下：

```
1. <!--2.解析区域-->
2. <div class="box">
3.     <!--2-1 "查看解析"按钮-->
4.     <button class="redBtn">查看解析</button>
5.     <!--2-2 解析文本-->
6.     <p id="tips"> 答案解析。 </p>
7. </div>
```

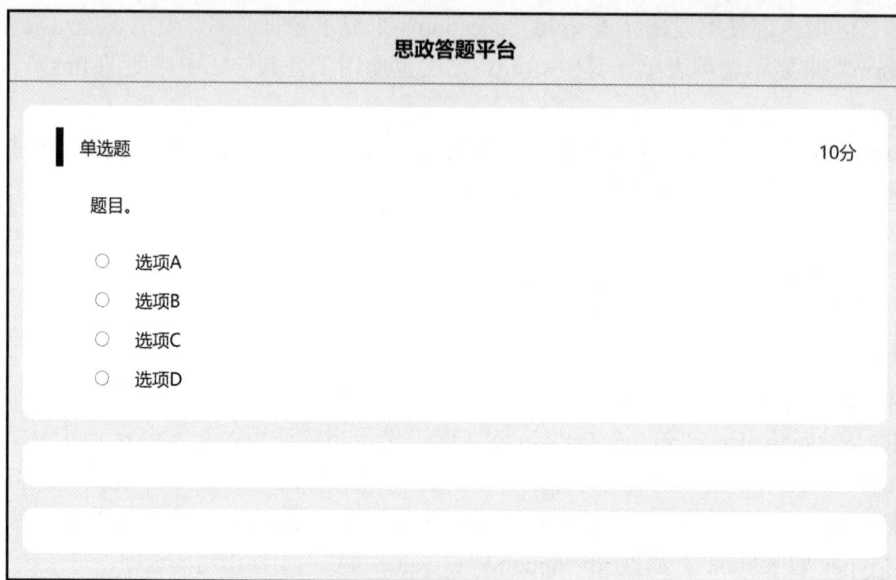

图 14-8　答题页的答题区域设计完成效果图

上述代码使用按钮元素 <button class="redBtn"> 显示红底白字的圆角按钮风格，其中 redBtn 是在公共样式表中事先声明过的样式；段落元素 <p> 用于显示答案解析的文本内容，此时公共样式表中事先声明的段落样式会直接应用到这里，并且为了方便后续定位，为其配置了 id="tips" 属性。

运行效果如图 14-9 所示。

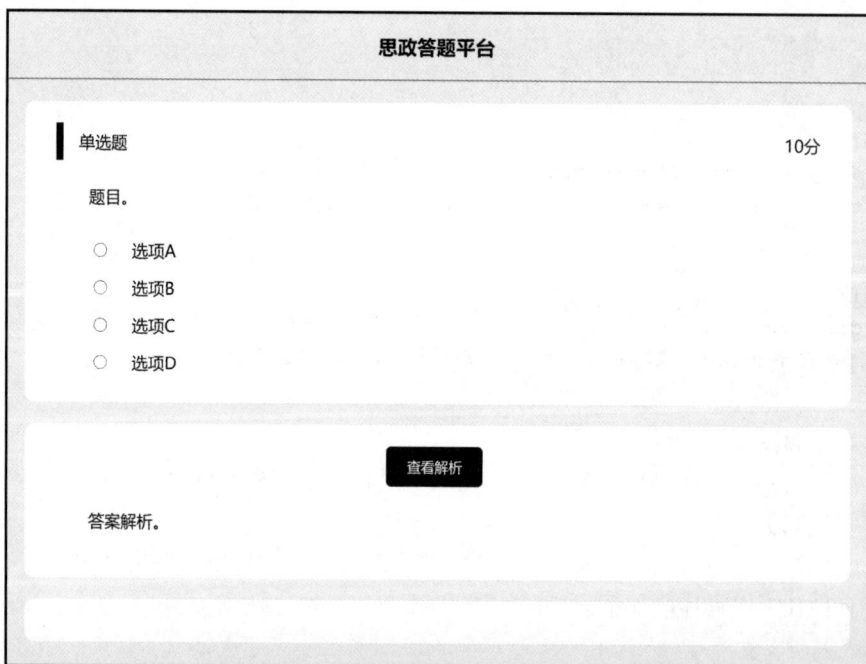

图 14-9　答题页的解析区域设计完成效果图

此时答题页的解析区域就已经设计完成，下面将介绍底部按钮区域设计。

4 按钮区域设计

该区域是 id="btnBox" 的 <div> 元素内部的内容，包含两个按钮和中间的数字文本。

相关 HTML5 代码片段如下：

```
1. <!--3.按钮区域-->
2. <div id="btnBox" class="box flexH alignCenter flexBetween">
3.     <!--3-1 "上一题" 按钮-->
4.     <button class="redBtn">上一题</button>
5.     <!--3-2 中间的数字标识-->
6.     <div> <span id="currentNum">1</span>/10 </div>
7.     <!--3-3 "下一题" 按钮-->
8.     <button class="redBtn">下一题</button>
9. </div>
```

上述代码使用按钮元素<button class="redBtn">显示左右两侧的按钮，其中 redBtn 是在公共样式表中事先声明过的样式，表示红底白字的圆角按钮风格；中间使用了<div>显示数字标识区域，其内部格式为"1/10"，表示一共有 10 题，当前是第 1 题，由于当前是第几题未来需要动态变化，这里使用<span id="currentNum">括住当前题号，以便后续可以快速定位到此处。

运行效果如图 14-10 所示。

图 14-10　答题页的按钮区域设计完成效果图

此时答题页的按钮区域就已经设计完成，整个答题页设计完毕。

由于当前尚未使用 jQuery AJAX 技术获取题库数据，所以当前显示的仅为样式效果。

下一节将介绍结果页设计。

14.4.3　结果页设计

结果页主要分为分数展示区域和按钮区域两个部分，如图 14-11 所示。

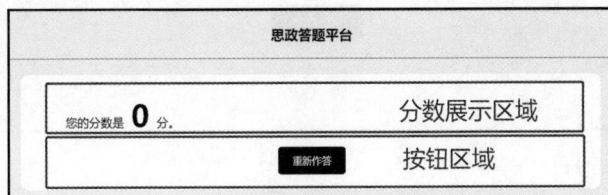

图 14-11　结果页的整体样式结构设计图

该图中的两个区域的内容具体解释如下。

- 分数展示区域：使用<p>元素完成，并将其中的数字用<span>元素括住，以便于定位。
- 按钮区域：使用<button>元素完成。

在 Result.html 中使用<div class="box">元素将这两个区域嵌套在内部呈现出来，相关代码如下：

```
1. <body>
2. <!--标题-->
3. <h3>思政答题平台</h3>
4. <!--水平线-->
5. <hr/>
6. <!--结果展示区域-->
7. <div class="box">
8.     <!--分数展示文本-->
9.     <p> 您的分数是<span id="finalScore">0</span>分。 </p>
10.    <!-- "重新作答" 按钮-->
11.    <button class="redBtn">重新作答</button>
12.</div>
13.</body>
```

上述代码使用段落元素<p>显示分数描述文本，并在其中使用了<span id="finalScore">特别表示分数数值，以方便未来定位和更新；按钮元素<button class="redBtn">显示 "重新作答" 按钮，其中 redBtn 是在公共样式表中事先声明过的样式，表示红底白字的圆角按钮风格。

由于结果页自身的样式不多，可以继续写到 common.css 中，这里新增一段关于分数数值样式的美化的代码。相关 CSS 文件代码片段如下：

```
1. /*一、公共样式（内容略）*/
2. /*二、答题页样式（内容略）*/
3.
4. /*三、结果页样式*/
5. /*分数文本*/
6. #finalScore{
7.     color: #890000;        /*文字颜色为红色*/
8.     font-size: 40px;       /*字体大小*/
9.     font-weight: bold;     /*字体加粗*/
10.    padding: 10px;         /*内边距为 10 像素*/
11.}
```

运行效果如图 14-12 所示。

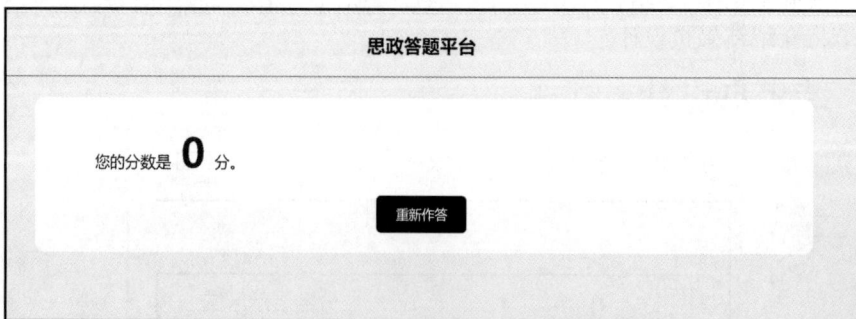

图 14-12　结果页设计完成效果图

此时结果页就已经设计完成。

14.5　逻辑实现

14.5.1　答题页逻辑

扫一扫

1 初始化公共参数

本案例使用外部 JS 文件实现 jQuery 相关代码。在 js 文件夹中创建 quiz.js 文件，并在 RedQuiz.html 文件的<head>首尾标签中声明对 JS 文件的引用。相关 HTML5 代码片段如下：

视频讲解

```
1. <head>
2.     <meta charset="utf-8">
3.     <title>思政答题平台</title>
4.     <link rel="stylesheet" href="css/common.css">
5.     <script src="js/jquery-1.12.3.min.js"></script>
6.     <script src="js/quiz.js"></script>
7. </head>
```

首先进行公共参数的声明和初始化，quiz.js 中的相关代码如下：

```
1. //公共参数
2. var total = 10;           //题目总数
3. var current = 1;          //当前是第几题
4. var question = {};        //当前题目数据
5. var answerArr = [];       //记录每题用户的选项与得分
6. //初始化每题的选项与得分
7. for(var i = 0; i < total; i++){
8.     answerArr[i] = {
9.         score: 0,
10.        answer: ''
11.    };
12.}
```

上述代码将公共参数进行了初始化，其中 answerArr 是数组的形式，用于记录答题情况，由于当前尚未开始答题，所以先将每题的用户得分都归零，当用户开始答题后再更新此数组。

扫一扫

2 请求获取数据

在 quiz.js 中添加自定义函数 requestData()，用于向服务器发出请求获取当前题目数据：

视频讲解

```
1. //更新当前数据
2. function requestData(){
3.     //使用ajax()方法调用服务器端接口获取数据
4.     $.ajax({
5.         url: "api/search.php",
6.         method: "GET",
7.         data: {
8.             id: current
9.         },
10.        dataType: "json",
11.        success: function(data){
12.            //判断是否查到了结果
13.            if(data.status_code == 1){ //查到了
14.                //获取题目数据
15.                question = data.question_data;
16.                //更新题目数据
17.                updateQuestion();
18.            }else{ //没查到
19.                alert("Ops...没有查到这道题目");
```

```
20.              }
21.          }
22.      });
23.}
```

上述代码表示使用 jQuery AJAX 技术向服务器同一个目录下的 api/search.php 接口文件发起请求，且请求参数 id 是携带的取值，就是题号 current 的值。如果返回值中 status_code 的取值是 1，表示获取到了题目数据并将数据更新给公共参数 question，以便后续使用；如果是 0，则表示没有查到相关题目。

在 ajax()方法的成功回调函数内更新题目用的 updateQuestion()为自定义函数，用于把公共参数 question 的数据值依次更新到页面的对应位置上。quiz.js 中的相关代码如下：

```
1. //更新题目数据
2. function updateQuestion(){
3.      //更新题型
4.      $("#type").text(question.type);
5.      //更新分值
6.      $("#score").text(question.score + "分");
7.      //更新题目
8.      $("#question").text(question.question);
9.      //更新选项
10.     updateOptions();
11.     //更新解析
12.     $("#tips").text(question.tips);
13.     //更新当前是第几题
14.     $("#currentNum").text(current);
15.     //更新底部按钮文字的显示
16.     updateBtnTxt();
17.}
```

大部分数据都可以直接通过 id 选择器更新文本内容，例如题型 type、分值 score、题目 question、解析 tips 等，只要字段名都对应上即可。其中，更新选项和更新底部按钮文字的显示需要执行的代码内容较多，可以先分别封装成自定义函数 updateOptions()和 updateBtnTxt()的形式，然后逐一补充完整。

updateOptions()用于更新选项显示效果，在 quiz.js 中的代码如下：

```
1. //更新选项
2. function updateOptions(){
3.      //清除所有选中状态
4.      $("#optionForm input:checked").prop("checked", false);
5.      //清除所有隐藏状态
6.      $("#optionForm>div").show();
7.      //默认先切换为单选框
8.      $("#optionForm input").attr("type", "radio");
9.      //更新全部选项文字
10.     $(".optionsTxt:eq(0)").text(question.optionA);
11.     $(".optionsTxt:eq(1)").text(question.optionB);
12.     $(".optionsTxt:eq(2)").text(question.optionC);
13.     $(".optionsTxt:eq(3)").text(question.optionD);
14.
15.     //如果当前是判断题
16.     if(question.type == "判断题"){
17.         //隐藏选项 C 和 D
18.         $("#optionForm>div:eq(2)").hide();
19.         $("#optionForm>div:eq(3)").hide();
20.     }
21.     //如果当前是多选题
```

```
22.      else if(question.type == "多选题"){
23.          //切换为多选框
24.          $("#optionForm input").attr("type", "checkbox");
25.      }
26.}
```

updateBtnTxt()用于更新底部按钮文字的显示，例如在做最后一题时不再显示"下一题"按钮文字，改成显示"立即交卷"，而在做第一题时不再显示"上一题"按钮，显示"到头了"。在 quiz.js 中的代码如下：

```
1. //更新底部按钮文字的显示
2. function updateBtnTxt() {
3.      //更新按钮显示默认文字
4.      $("#btnBox button:eq(0)").text("上一题");
5.      $("#btnBox button:eq(1)").text("下一题");
6.      //如果当前是第一题
7.      if(current == 1){
8.          //左侧按钮文字变更
9.          $("#btnBox button:eq(0)").text("到头了");
10.     }
11.     //如果当前是最后一题
12.     else if(current == total){
13.         //右侧按钮文字变更
14.         $("#btnBox button:eq(1)").text("立即交卷");
15.     }
16.}
```

最后在页面准备就绪时也执行 requestData()函数，使得题库中第一题的数据可以正常显示出来。quiz.js 中的具体 jQuery 代码如下：

```
1. //文档准备就绪
2. $(document).ready(function(){
3.      //获取题目
4.      requestData();
5. });
```

由于谷歌内核的浏览器禁止跨域访问，请将本案例涉及的 html、css 目录及内部文件、js 目录及内部文件全部放置到服务器端的 WWW/redQuiz 目录下，然后在浏览器中访问：

http://localhost/redQuiz/RedQuiz.html

或

http://127.0.0.1/redQuiz/RedQuiz.html

此时第一题就可以正确显示出来，如图 14-13 所示。

由于当前尚未实现"下一题"按钮的逻辑，开发者可以直接修改 quiz.js 中公共参数 current 的初始值，然后重新刷新页面，抽查题目的显示是否正确。

3 显示/隐藏答题解析

修改 RedQuiz.html 文件，找到其中的解析区域，并为其内部的\<button>按钮追加单击事件 showTips()，HTML5 相关代码如下：

```
1. <!--2.解析区域-->
2. <div class="box">
3.      <!--2-1 "查看解析"按钮-->
4.      <button class="redBtn" onclick="showTips()">查看解析</button>
5.      <!--2-2 解析文本（代码略）-->
6. </div>
```

扫一扫

视频讲解

图 14-13　答题页中请求获取数据的逻辑实现

在 quiz.js 文件中追加自定义函数 showTips()，代码如下：

```
1. //显示或隐藏答题解析
2. function showTips(){
3.     $("#tips").toggle(); //切换元素的显示或隐藏状态
4. }
```

其中 toggle()方法来自 jQuery 技术，用于切换指定元素的显示或隐藏状态。

此时就可以切换答题解析的显示或隐藏状态了，如图 14-14 所示。

扫一扫

视频讲解

4 切换题目

修改 RedQuiz.html 文件，找到其中的底部按钮区域，并为其内部的两个<button>按钮分别追加单击事件 prev()和 next()，用于表示切换上一题或下一题，HTML5 相关代码如下：

```
1. <!--3.按钮区域-->
2. <div id="btnBox" class="box flexH alignCenter flexBetween">
3.     <!--3-1 "上一题"按钮-->
4.     <button class="redBtn" onclick="prev()">上一题</button>
5.     <!--3-2 中间的数字标识（代码略）-->
6.     <!--3-3 "下一题"按钮-->
7.     <button class="redBtn" onclick="next()">下一题</button>
8. </div>
```

在 quiz.js 文件中追加自定义函数 prev()实现切换上一题功能，代码如下：

```
1. //切换上一题
2. function prev(){
3.     //如果不是第一题
4.     if(current > 1){
5.         current--;        //当前题号自减 1
6.         requestData(); //重新获取题目
7.     }
8. }
```

只要不是第一题，就可以把当前题号减少 1，然后重新获取题目并显示在页面上。

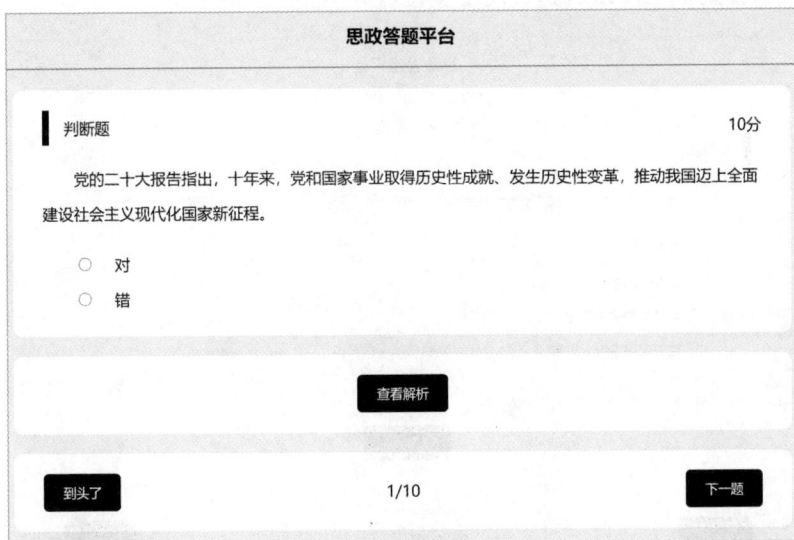

（a）默认隐藏答题解析效果

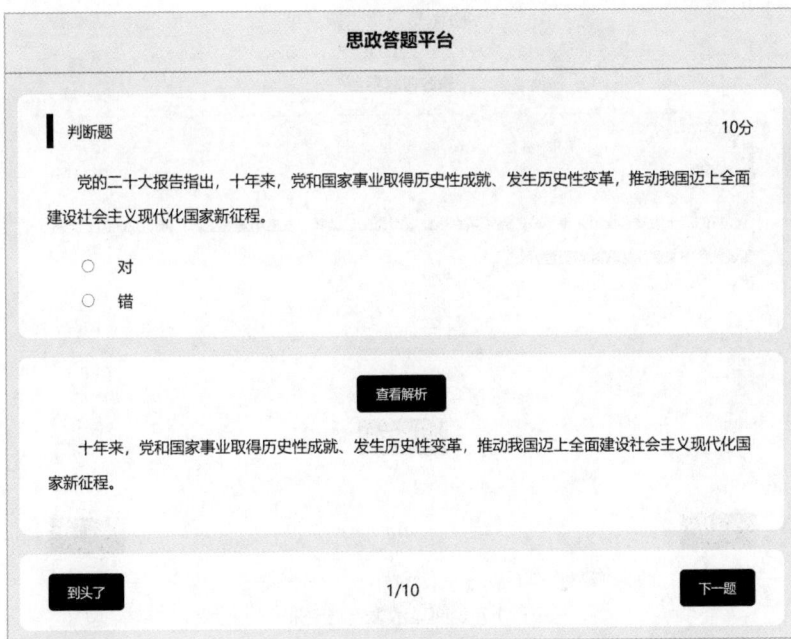

（b）切换显示答题解析效果

图 14-14　答题页中显示/隐藏答题解析的逻辑实现

在 quiz.js 文件中追加自定义函数 next()，实现切换下一题功能，代码如下：

```
1. //切换下一题
2. function next(){
3.     //如果尚未到最后一题
4.     if(current < total){
5.         current++;         //当前题号自增 1
6.         requestData();   //重新获取题目
7.     }
8. }
```

只要不是最后一题，就可以把当前题号增加 1，然后重新获取题目并显示在页面上。此时就可以看到单击按钮后题目发生变化，如图 14-15 所示。

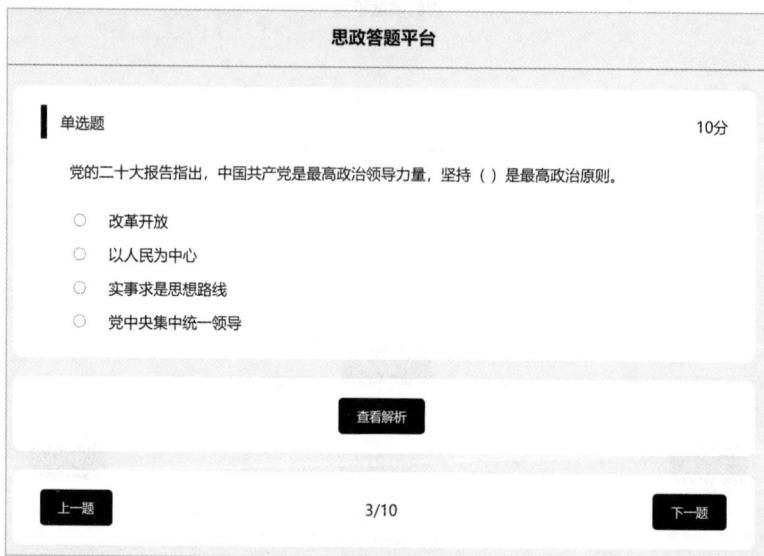

思政答题平台

| 单选题 | 10分 |

党的二十大报告指出，中国共产党是最高政治领导力量，坚持（ ）是最高政治原则。

○ 改革开放
○ 以人民为中心
○ 实事求是思想路线
○ 党中央集中统一领导

查看解析

上一题   3/10   下一题

（a）切换显示第三题效果

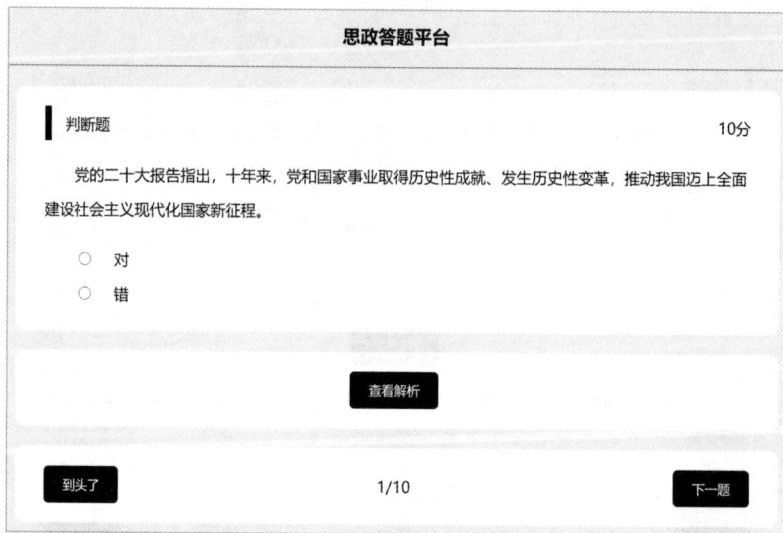

思政答题平台

| 判断题 | 10分 |

党的二十大报告指出，十年来，党和国家事业取得历史性成就、发生历史性变革，推动我国迈上全面建设社会主义现代化国家新征程。

○ 对
○ 错

查看解析

到头了   1/10   下一题

（b）返回显示第一题效果

图 14-15　答题页中切换题目的逻辑实现

此时在第一题单击左侧按钮或在最后一题单击右侧按钮均不会有切换动作，因为两边题目都到头了。目前还不能保留答题者已经选过的选项信息，例如某个题目已经选过选项，但是切换到上一题或下一题再回来还得重新作答。下面将介绍如何保留答题痕迹。

扫一扫

视频讲解

⑤ 保留答题痕迹

可以考虑在单击切换题目按钮时记录当前已经选过的选项信息。

在 quiz.js 中新增自定义函数 processAnswer()，用于记录已经作答的选项，代码如下：

```
1. //记录当前题目答案
2. function processAnswer(){
3.     //获取当前表单中的数据值并序列化为数组
```

```
4.      var arr = $("#optionForm").serializeArray();
5.      //预留空数组存放取值（多选题考虑）
6.      var a = [];
7.      //遍历数组元素获取选项值
8.      for(var i = 0; i < arr.length; i++){
9.          a.push(arr[i].value);
10.     }
11.     //组合最终答案为字符串
12.     a = a.join();
13.     //记录作答选项
14.     answerArr[current - 1].answer = a;
15.}
```

答题者的作答结果有两种可能：一是单选题和判断题只有唯一选项；二是多选题可能会有多个选项被同时选择。因此首先对表单使用 serializeArray()方法把选中的数据值序列化为数组的形式，然后预留一个临时变量 a，用于存放数组中的每个选项值，使用 push()方法形成["A", "B", "C"]这样的数组形式，再使用 join()方法把数组 a 变成一个字符串，并且中间自动加上英文半角逗号，例如"A,B,C"的形式（如果数组中只有一个元素，join()方法会直接把选项答案转换为字符串，不会追加逗号，例如"A"这样的形式）。最后把答案记录到公共参数 answerArr 数组中对应元素的 answer 属性中，当前题目的数组下标就是题号 current 减少 1，因为数组是从 0 开始计数的。

分别修改 quiz.js 中的 prev()和 next()函数，在切换题目之前都追加上调用 processAnswer()函数来记录当前答题者的答题痕迹，相关代码如下：

```
1. //切换上一题
2. function prev(){
3.      //处理当前题目的作答情况
4.      processAnswer();
5.      //如果不是第一题
6.      if(current > 1){代码略}
7. }
8. //切换下一题
9. function next(){
10.     //处理当前题目的作答情况
11.     processAnswer();
12.     //如果尚未到最后一题
13.     if(current < total){代码略}
14.}
```

在 quiz.js 中新增自定义函数 updateChecked()，用于更新答题痕迹（更新已作答选项的选中效果），代码如下：

```
1. //更新已作答选项的选中效果
2. function updateChecked(){
3.      //获取当前题目的作答数据
4.      var curAnswer = answerArr[current - 1].answer;
5.      //如果当前题目已经作答，更新选中状态
6.      if(curAnswer != ""){
7.          //如果选了多个选项
8.          if(curAnswer.length > 1){
9.              //拆分多个选项为数组模式
10.             var options = curAnswer.split(",");
11.             //遍历每个数组元素
12.             options.forEach(function(item){
13.                 //更新每个已选选项
```

```
14.                     $("#optionForm input#option" + item).prop("checked", true);
15.             })
16.         }
17.         //只选了单个选项
18.         else{
19.             $("#optionForm input#option" + curAnswer).prop("checked", true);
20.         }
21.     }
22.}
```

其中，split(",")方法指的是把字符串按照","逗号分隔成数组的形式，逗号本身不保留；prop()方法用于变更选项框的 checked 属性状态，布尔值 true 表示选中、false 表示不选中。

在 updateQuestion()函数中调用 updateChecked()函数，这样每次更新题目数据时也一起更新答题痕迹，quiz.js 的代码修改如下：

```
1. //更新题目数据
2. function updateQuestion(){
3.     //更新题型（代码略）
4.     //更新分值（代码略）
5.     //更新题目（代码略）
6.     //更新选项（代码略）
7.     //更新已作答选项的选中效果
8.     updateChecked();
9.     //更新解析（代码略）
10.    //更新当前是第几题（代码略）
11.    //更新底部按钮文字的显示（代码略）
12.}
```

此时就可以在保留当前题目的作答情况的前提下切换题目了，如图 14-16 所示。

图 14-16　答题页中保留答题痕迹的逻辑实现

6 跳转结果页

当全部题目都作答完毕后可以跳转结果页显示分数了，这里会需要 3 个步骤：一是每题答完后顺便计算是否得分；二是交卷时统计总分并存到会话存储中跨页面保存；三是跳转结果页。

首先修改 processAnswer()函数，在代码的最后顺便对比一下正确答案，看是否得分并记录，quiz.js 的代码修改如下：

```
1. //记录当前题目答案
2. function processAnswer(){
3.     ...
4.     //记录作答选项（代码略）
5.     //记录成绩
6.     if(a == question.answer){ //做对了
7.         answerArr[current - 1].score = question.score;
8.     } else{ //做错了
9.         answerArr[current - 1].score = 0;
10.    }
11.}
```

如果答案正确，记录当前题目的分值，如果答案错误则记录 0 分。

在 quiz.js 中新增自定义函数 goToResult()，用于计算总分并跳转结果页，代码如下：

```
1. //计算成绩并跳转新页面
2. function goToResult() {
3.     //初始化总分
4.     var finalScore = 0;
5.     //遍历每一题把成绩加到总分中
6.     for(var i = 0; i < total; i++){
7.         finalScore += answerArr[i].score;
8.     }
9.     //将总分存储到 session 会话中
10.    sessionStorage.setItem("finalScore", finalScore);
11.    //跳转结果页
12.    window.location.replace("Result.html");
13.}
```

先初始化总分为 0 分，再遍历每一题把成绩依次加到总分中；使用 sessionStorage 对象的 setItem(key, value)方法把总分存储到 session 数据中，这样就可以跨页面使用；最后使用 window 对象的 location.replace()方法重定向到指定的新页面。

注意：对于 sessionStorage 对象的方法，仅在本章中简单使用，不再展开详细介绍。如果大家想了解更多，可以参考作者在清华大学出版社出版的另外一本书《HTML5 网页前端设计》，查看更多用法和例题。

最后修改 next()函数，加上 else if 判断如果当前已经是最后一题就跳转结果页，quiz.js 的相关代码如下：

```
1. function next(){
2. //处理当前题目的作答情况
3. processAnswer();
4. //如果尚未到最后一题
5. if(current < total){
6.     current++;              //当前题号自增1
7.     requestData();          //重新获取题目
8. }
```

```
9.  //已经是最后一题
10.    else if (current == total) {
11.        //计算成绩并跳转新页面
12.        goToResult();
13.    }
14.}
```

此时答题页就全部完成了，还需要在结果页读取总分后显示出来。

扫一扫

14.5.2　结果页逻辑

视频讲解

1 显示最终成绩

结果页也需要使用外部 JS 文件实现 jQuery 相关代码。在 js 文件夹中创建 result.js 文件，并在 Result.html 文件的<head>首尾标签中声明对 JS 文件的引用。相关 HTML5 代码片段如下：

```
1. <head>
2.    <meta charset="utf-8">
3.    <title>思政答题平台</title>
4.    <link rel="stylesheet" href="css/common.css">
5.    <script src="js/jquery-1.12.3.min.js"></script>
6.    <script src="js/result.js"></script>
7. </head>
```

在 result.js 中创建自定义函数 updateScore()，用于读取分数并显示到页面上，如果没有分数记录，则显示分数为 0，相关代码片段如下：

```
1. //获取分数并显示
2. function updateScore(){
3.    //获取分数
4.    var finalScore = sessionStorage.getItem("finalScore") || 0;
5.    //显示到页面上
6.    $("#finalScore").text(finalScore);
7. }
```

使用 sessionStorage 对象的 getItem(key)方法从 session 数据中读取到答题页记录的总分，这样就可以跨页面使用。

然后在 result.js 页面准备就绪时也执行 updateScore()函数，使得总分可以正常显示出来。相关代码如下：

```
1. //文档准备就绪
2. $(document).ready(function(){
3.    //获取分数并显示
4.    updateScore();
5. });
```

此时再次进行答题并交卷，就可以看到分数显示出来，如图 14-17 所示。

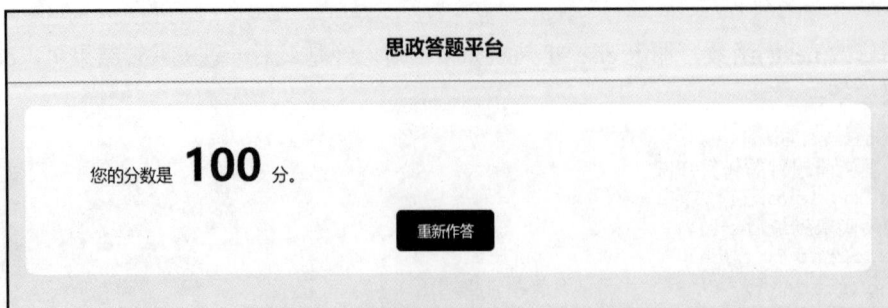

图 14-17　结果页中显示总分的逻辑实现

2 重新作答

修改 Result.html 文件，为按钮追加单击事件 restart()，用于跳转回到答题页重新开始答题，相关代码如下：

```
1. <!--结果展示区域-->
2. <div class="box">
3.     <!--分数展示文本（代码略）-->
4.     <!--"重新作答"按钮-->
5.     <button class="redBtn" onclick="restart()">重新作答</button>
6. </div>
```

修改 result.js 文件，新增自定义函数 restart()，相关代码如下：

```
1. //重新作答
2. function restart(){
3.     //将成绩从 session 会话中删除
4.     sessionStorage.clear();
5.     //跳转答题页
6.     window.location.replace("RedQuiz.html");
7. }
```

使用 sessionStorage 对象的 clear()方法可以清空 session 数据记录，然后和答题页跳转来结果页的方式一样，仍然使用 window 对象的 location.replace()方法重定向回到答题页。

运行效果如图 14-18 所示。

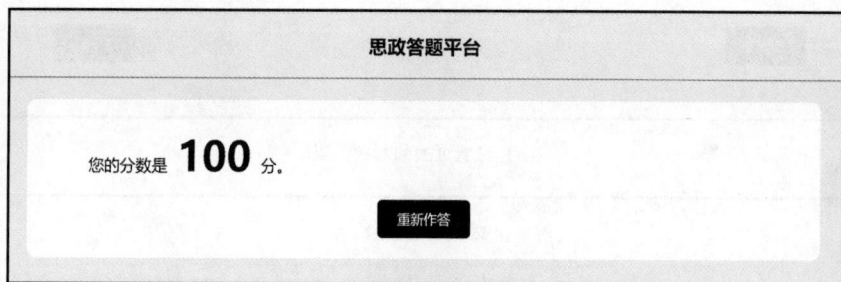

（a）结果页显示效果

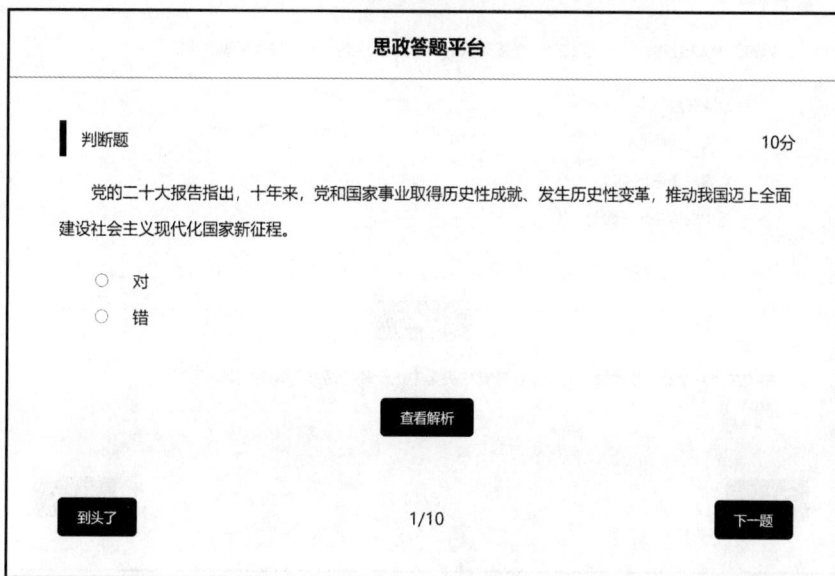

（b）单击"重新作答"按钮后回到答题页

图 14-18　结果页中重新作答的逻辑实现

此时整个项目就全部完成了。

14.6 最终效果展示

具体效果如图 14-19 所示。

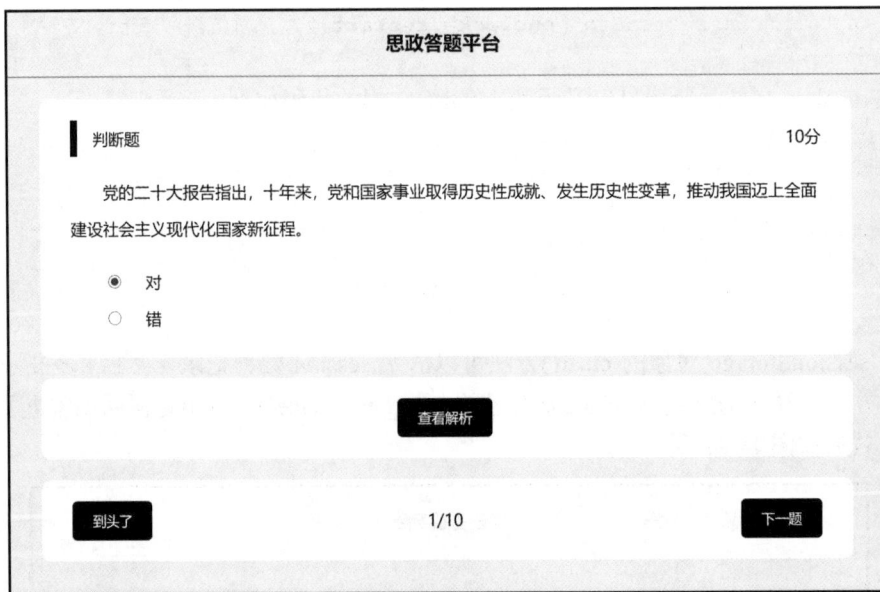

（a）答题页的判断题效果

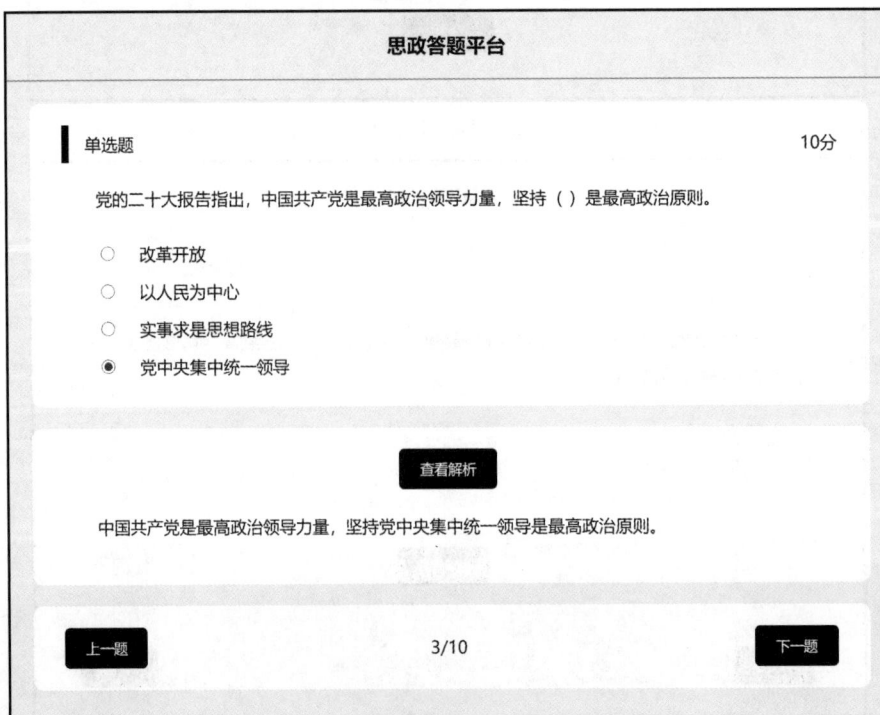

（b）查看解析效果

图 14-19　思政答题程序的最终效果图

思政答题平台

多选题 10分

党的二十大报告指出，从现在起，中国共产党的中心任务就是（ ）。

☐ 全面深化改革开放

☑ 团结带领全国各族人民全面建成社会主义现代化强国

☑ 实现第二个百年奋斗目标

☑ 以中国式现代化全面推进中华民族伟大复兴

查看解析

中国共产党的中心任务就是团结带领全国各族人民全面建成社会主义现代化强国、实现第二个百年奋斗目标、以中国式现代化全面推进中华民族伟大复兴。

上一题 10/10 立即交卷

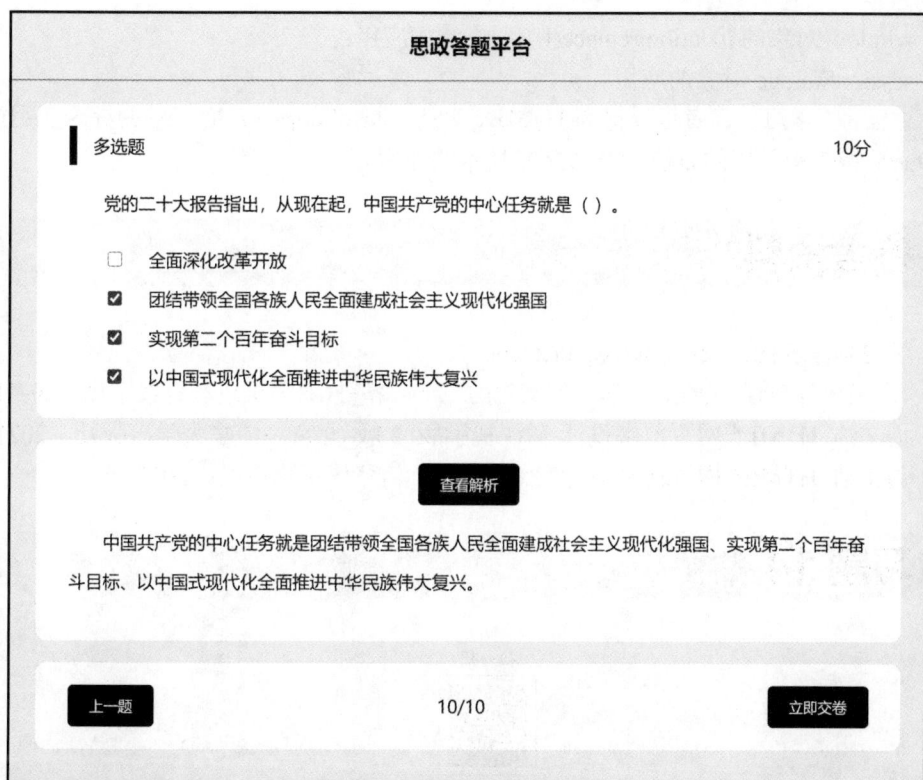

（c）多选题答题效果

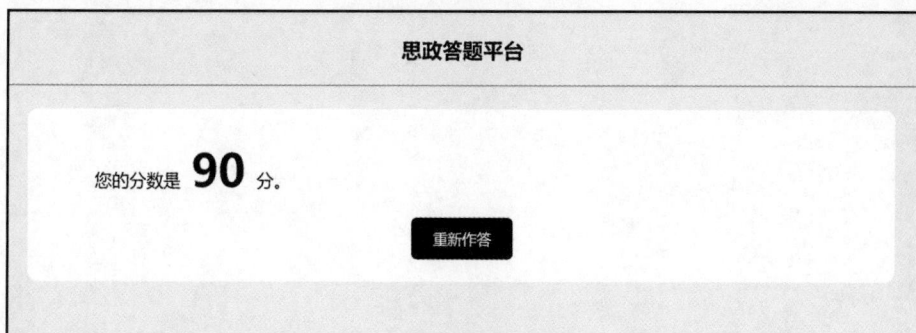

思政答题平台

您的分数是 **90** 分。

重新作答

（d）结果页显示得分

图 14-19 （续）

本章小结

本章通过思政答题程序项目的开发练习主要学习了以下知识点和操作：

- phpStudy v8.1 套件的安装和 WAMP 服务器环境的启动模拟；
- JSON 格式题库文件的制作及 PHP 简易接口的制作；
- JavaScript 中数组的相关操作：push()、split()以及数组下标的理解；
- jQuery 中 ID 选择器、类选择器等各类选择器的综合应用；
- jQuery DOM 操作更新页面数据；
- jQuery ajax()方法的理解与应用；

- window 对象的 location.replace(URL)方法的应用；
- sessionStorage 对象的应用。

通过本章的学习，读者可以提高 HTML、CSS、JavaScript 与 jQuery 的综合应用能力，熟悉 jQuery 特效中常用的方法以及 AJAX 技术的使用。

参考资料

- 学习强国官网：https://www.xuexi.cn/.
- 《中国远程教育》杂志：《学习贯彻党的二十大精神 着力推进教育数字化与终身学习》.
- 周文洁. HTML5 网页前端设计-微课视频版. 2 版. 北京：清华大学出版社，2021.
- 周文洁. HTML5 网页前端设计实战. 北京：清华大学出版社，2017.

习题 14

扫一扫

自测题